学用一册通：20小时网站建设完整案例实录

使用层制作下拉菜单

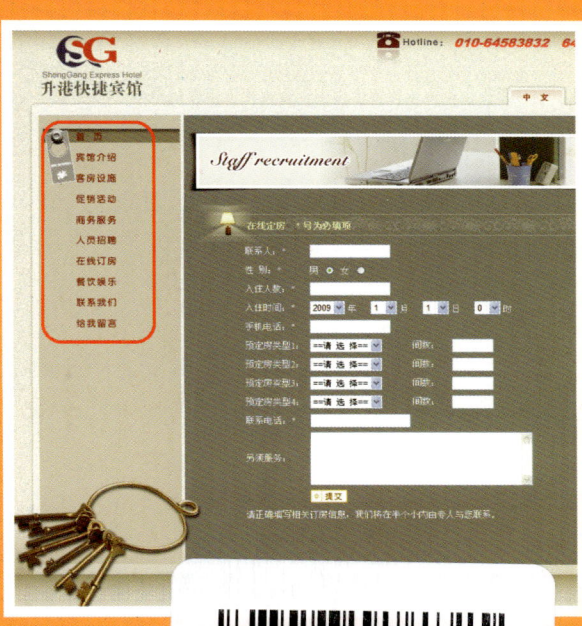

网站

页面中使用了大图片

在网页中插入图像

学用一册通：20小时网站建设完整案例实录

蓝色搭配的网页

冷色系蓝色为主的网页

上边、左边、下边相结合

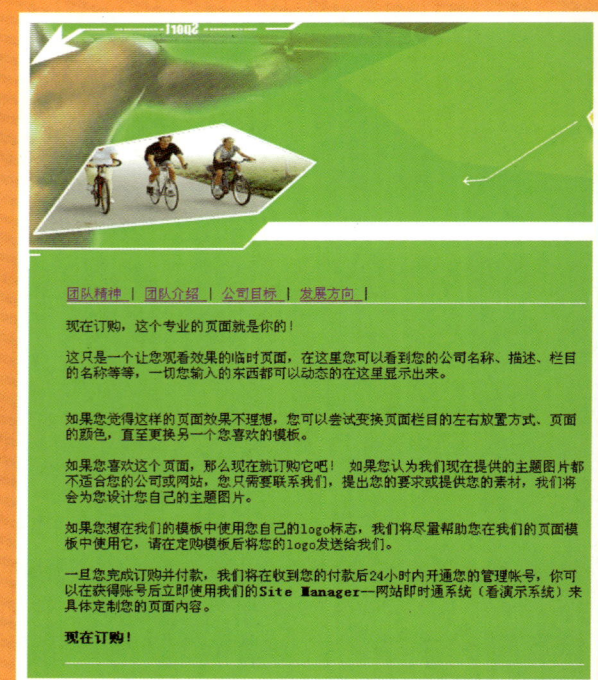

上边和右边结合的布局

学用一册通：20小时网站建设完整案例实录

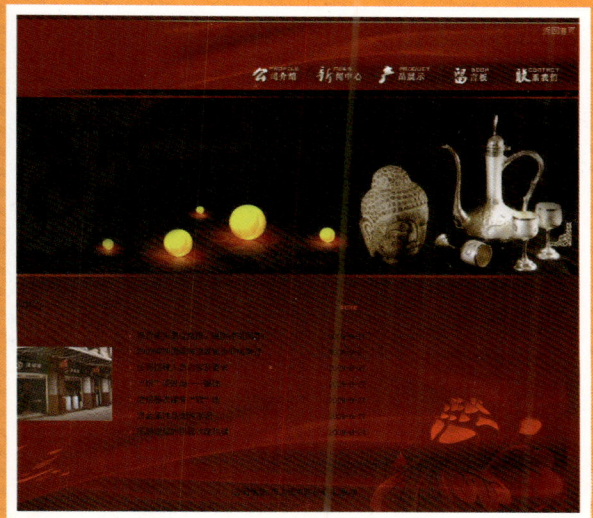

黑色与红色搭配的

插入鼠标经过图像

创建文本链接

多级导航栏目

学用一册通：20小时网站建设完整案例实录

黄色搭配的网页　　　　　　　　红色搭配的网页

利用Applet制作动感网页　　　　　　　　绿色旅游类网页

学用一册通

20小时网站建设完整案例实录

徐洪峰 编著

电子工业出版社
Publishing House of Electronics Industry
北京·BEIJING

内 容 简 介

本书以商业网站的开发过程为流程,全面介绍了利用 Dreamweaver 创建整个网站的方法,通过 20 小时的设计讲解了一个网站从策划、制作、开发、上传及维护到推广等环节的完整过程。以实例的形式具体讲解了网站开发者在面对一个网站设计任务时所要做的日常设计工作,并在其中穿插讲解了网页设计制作的各方面知识,全面解析了一位成功的网站设计师需要具备的技能和素质。

本书语言叙述通俗易懂,突出了实用性,采用由浅入深的编排方法,内容丰富、结构清晰、语言简练、图文并茂。适合作为网站设计与网页制作初学者、网站建设与开发人员、个人网站爱好者与自学读者的入门教材,也可作为计算机培训班的培训教材。

未经许可,不得以任何方式复制或抄袭本书之部分或全部内容。
版权所有,侵权必究。

图书在版编目(CIP)数据

学用一册通. 20 小时网站建设完整案例实录 / 徐洪峰编著. —北京:电子工业出版社,2013.6
ISBN 978-7-121-20240-7

Ⅰ. ①学… Ⅱ. ①徐… Ⅲ. ①网站－建设 Ⅳ.①TP393.092

中国版本图书馆 CIP 数据核字(2013)第 084482 号

策划编辑:胡辛征
责任编辑:李云静
特约编辑:赵树刚
印　　刷:三河市双峰印刷装订有限公司
装　　订:三河市双峰印刷装订有限公司
出版发行:电子工业出版社
　　　　　北京市海淀区万寿路 173 信箱　邮编 100036
开　　本:787×1092　1/16　印张:26.25　字数:672 千字　彩插:2
印　　次:2013 年 6 月第 1 次印刷
印　　数:4000 册　　定价:59.80 元(含光盘 1 张)

凡所购买电子工业出版社图书有缺损问题,请向购买书店调换。若书店售缺,请与本社发行部联系,联系及邮购电话:(010)88254888。
质量投诉请发邮件至 zlts@phei.com.cn,盗版侵权举报请发邮件至 dbqq@phei.com.cn。
服务热线:(010)88258888。

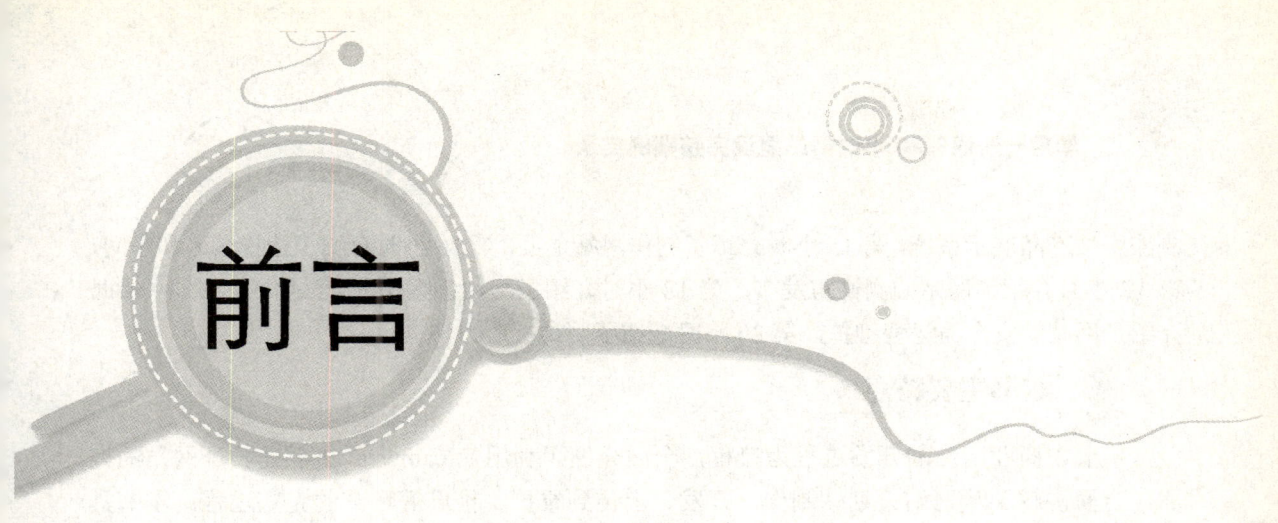

前言

随着网络的发展,目前建设一个网站虽然比以前要容易了许多,但对非专业用户而言,期间编写的程序还是较为复杂的。这是因为建设一个网站涉及的知识较多:既有图像处理、动画制作等基础工作;又有网站程序开发的困难,还有网站后期管理与维护的艰巨任务。所以,成功建设一个网站需要的是综合的系统知识。

当前,介绍网站建设的书籍繁多。但是,这些书往往侧重于网站建设的一个或几个方面,如有的侧重于动态网站开发技术;有的侧重于网页设计软件。通过这些书籍的学习,我们虽然能够掌握网站建设的某个或某几个环节的相关知识,但是,很难对网站建设有一个全面的认识。

全球网站中绝大部分为中小型网站,这些网站的开发、运行与维护很可能只由一个或几个技术人员来完成。这种情况下,就要求技术人员全面掌握网站建设各个环节的综合技术。基于以上原因,本书以商业网站的开发过程为流程,通过 20 小时的任务期限,以一小时一项任务、一小时掌握一项技能项目实战的学习模式,全面讲解了一个网站的策划、制作、开发、上传及维护、推广等环节的完整过程,详细叙述了商业网站开发的一般性知识和网站建设所涉及的各方面技术和管理问题。

 本书主要内容

本书采用由浅入深、循序渐进的介绍方法,在内容编写上充分考虑到初学者的实际阅读需求,通过大量实用的操作步骤,逐步讲解在 Dreamweaver 中进行网页设计与 ASP 技术编辑的各种技巧和相关知识。本书由多年从事数据库网站开发的人员编写,力图做到理论与实践相结合。

本书共分 20 小时,第 1 小时介绍了网站建设入门知识,第 2 小时介绍了网站制作工具 Dreamweaver CS6,第 3 小时介绍了网站的整体策划,第 4 小时介绍了网站页面设计策划,第 5 小时介绍了网站页面的配色,第 6 小时介绍了设计网站的 Logo 和 Banner,第 7 小时介绍了设计和处理网页图像素材,第 8 小时介绍了设计制作网站封面页,第 9 小时介绍了创建本地站点平台,第 10 小时介绍了制作网站模板,第 11 小时介绍了制作公司介绍页面,第 12 小时介绍了制作网站留言系统,第 13 小时介绍了制作网站新闻发布系统,第 14 小时介绍了制作网站产品展示系统，第 15 小时介绍了制作网站主页，第 16 小时介绍了选择域名和空间，第 17 小时介绍了网站的测试与发布，第 18 小时介绍了网站备案获取合法身份，第 19 小时介绍了网站的安全与运营维护，第 20 小时介绍了网站推广方法。

 ## 本书主要特点

本书以商业网站的开发过程为流程，全面介绍了利用 Dreamweaver 创建整个网站的方法，全面讲解了从网站策划、制作、开发、上传到维护、推广等环节的完整过程。本书具有以下特点。

（1）本书的最大特点是不同于以往的图书完全讲解软件知识，本书讲解了一个网站从策划到运营推广的完整过程，以实例的形式具体讲解了建设一个网站的步骤，并在其中穿插讲解了网站建设制作的各方面知识。在讲解实例的同时，作者介绍了自己长期工作实践中的一些经验和技巧，旨在帮助读者快速掌握独立建设网站的方法和技巧。

（2）典型企业网站实例，实用性很强：本书以 Dreamweaver 作为开发网站的工具，以一个实际的企业网站为范例，除了基本功能的介绍外，还包含了留言系统、新闻发布系统、产品展示系统等丰富的内容，让读者用最短的时间掌握动态网页的常见模块制作。

（3）图解方式讲述：采用图解的方式讲解软件的使用和技巧，不管是初学者还是有一定基础的读者，只要根据这些操作步骤一步一步地操作，就能完成网站的建设。

（4）超值经验和技巧：本书不是单纯介绍软件操作的技术手册，而是以网站的建设过程为主线，讲述网页制作与网站建设的方方面面，涵盖众多优秀网页设计师的宝贵实战经验，以及丰富的创作和设计理念。

（5）提示标注：一步一图，图文对应，并在图中添加了操作提示标注，以便于读者快速学习。

（6）专家秘籍：每章最后一部分均安排了专家秘籍，这些秘籍来源于网站建设专家多年的经验和技巧总结，解答了初学者常见的困惑，又扩大了初学者的知识面。

（7）配套多媒体光盘：本书所附光盘的内容为书中介绍的范例的源文件及网页制作软件的操作演示视频，供读者学习时参考和对照使用。

 ## 本书读者对象

本书语言叙述通俗易懂，突出了实用性，采用由浅入深的编排方法，内容丰富、结构清晰、语言简练、图文并茂。本书适合下列读者：

- 网页设计与制作人员
- 商业网站建设与开发人员
- 网页制作培训班学员
- 大中专院校相关专业师生
- 需要建设企业网站的计算机管理人员和领导者

前　言

　　本书由国内著名网页设计培训专家编写，参与编写的除了封面署名的专家外，还有邓静静、李银修、刘宇星、徐洪峰、邓方方、张礼明、杨建伟、李晓民、何海霞、刘中华、陈石送、孙良军、孙起云、吕志彬等。由于作者水平有限，加之创作时间仓促，本书不足之处在所难免，欢迎广大读者批评指正。

目录

学用一册通：20小时网站建设完整案例实录

第1篇 建站入门与工具

第01小时 网站建设入门 2

1.1 常见的网站类型 3
    1.1.1 个人网站 3
    1.1.2 企业类网站 3
    1.1.3 机构类网站 3
    1.1.4 娱乐休闲类网站 4
    1.1.5 行业信息类网站 5
    1.1.6 购物类网站 5
    1.1.7 门户类网站 6

1.2 建站软件和技术 7
    1.2.1 网页编辑排版软件 Dreamweaver CS6 7
    1.2.2 网页动画制作软件 Flash CS6 8
    1.2.3 网页图像设计软件 Photoshop CS6 和 Fireworks CS6 8
    1.2.4 网页标记语言 HTML 介绍 10
    1.2.5 网页脚本语言 VBScript、JavaScript 10
    1.2.6 动态网页编程语言 ASP 11
    1.2.7 网页样式表 CSS 12

1.3 网站建设的一般流程 13
    1.3.1 网站的需求分析 13
    1.3.2 规划站点结构 14
    1.3.3 收集素材 14
    1.3.4 设计网页图像 16
    1.3.5 制作网页 16
    1.3.6 开发动态网站模块 17
    1.3.7 申请域名和服务器空间 17
    1.3.8 网站的测试 18
    1.3.9 网站的推广 18

1.4 本章小结 18

第02小时 网站制作工具 Dreamweaver CS6 19

2.1 Dreamweaver CS6 工作环境 21

目录

2.1.1	工作界面布局	21
2.1.2	菜单栏	21
2.1.3	文档窗口	22
2.1.4	插入栏	22

2.2 插入文本 23
   2.2.1 插入文本 23
   2.2.2 设置文本属性 24
2.3 插入图像 25
   2.3.1 常见的网页图像格式 26
   2.3.2 在网页中插入图像 26
   2.3.3 设置图像属性 28
   2.3.4 插入鼠标经过图像 30
2.4 插入多媒体 32
   2.4.1 插入 Flash 32
   2.4.2 利用 Applet 制作动感网页 34
   2.4.3 利用插件制作背景音乐网页 36
2.5 创建超链接 38
   2.5.1 创建文本链接 38
   2.5.2 创建电子邮件链接网页 40
   2.5.3 创建图像热点链接网页 41
   2.5.4 创建锚点网页 43
2.6 利用 CSS 美化网页 47
   2.6.1 添加 CSS 的方法 47
   2.6.2 应用 CSS 固定字体大小 49
2.7 网页布局技术 50
   2.7.1 利用表格布局网页实例 51
   2.7.2 使用层制作下拉菜单 55
2.8 创建模板网页 58
   2.8.1 创建模板 58
   2.8.2 创建可编辑区域 59
   2.8.3 利用模板创建网页 61
2.9 专家秘籍 64
2.10 本章小结 66

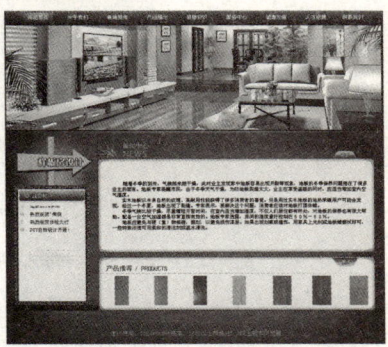

第 2 篇

网站的前期策划

第 03 小时 网站的整体策划 68

3.1 为什么要进行网站策划 69

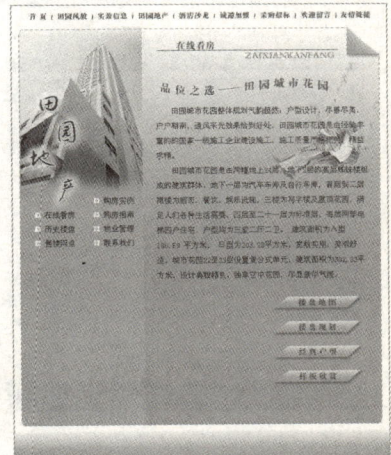

目录

学用一册通：20小时网站建设完整案例实录

  3.2 怎样进行网站策划 70
    3.2.1 网站策划的原则 70
    3.2.2 网站策划的关键点 71
  3.3 如何确定网站的定位 72
  3.4 确定网站的目标用户 73
  3.5 网站的内容策划 74
    3.5.1 网站内容策划的重要性 74
    3.5.2 如何做好网站内容策划 74
  3.6 本章小结 75

第04小时　网站页面设计策划 76

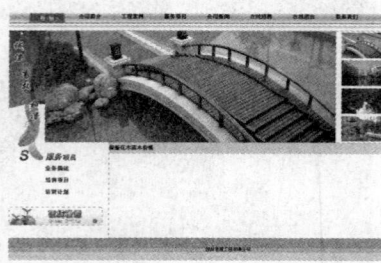

  4.1 网站栏目和页面设计策划 77
    4.1.1 网站的栏目策划 78
    4.1.2 网站的页面策划 79
  4.2 网站导航设计 80
    4.2.1 导航设计的基本要求 81
    4.2.2 全局导航的基础要素 81
    4.2.3 辅助导航的设计要点 82
    4.2.4 导航设计注意要点 83
  4.3 网站页面版式风格设计 84
    4.3.1 网站内容的排版 84
    4.3.2 网站网页的布局形式 85
    4.3.3 网站界面设计的兼容性 87
    4.3.4 界面布局与内容的相关性 88

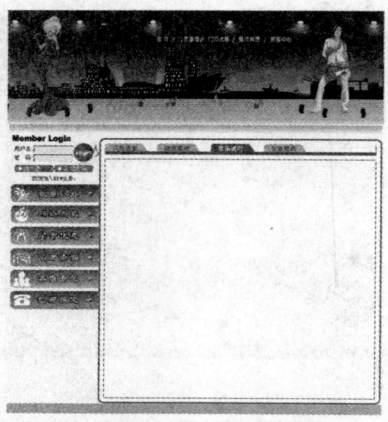

  4.4 网站视觉元素设计 89
    4.4.1 让文字易辨识 89
    4.4.2 让图片更合理 90
    4.4.3 让表单更易用 91
    4.4.4 让按钮更易点击 92
  4.5 本章小结 93

第05小时　网站页面的配色 94

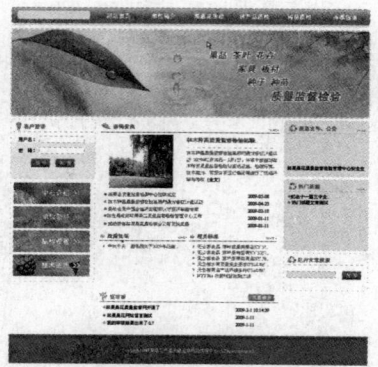

  5.1 网页配色原理 95
    5.1.1 色彩的产生 95
    5.1.2 色彩的三要素 96
  5.2 色彩与网页表现 98
    5.2.1 红色 98
    5.2.2 黄色 100
    5.2.3 蓝色 101
    5.2.4 绿色 102

	5.2.5	紫色 103
	5.2.6	橙色 104
	5.2.7	黑色 105
	5.2.8	灰色 105
5.3	网页色彩搭配 106
	5.3.1	网页色彩搭配技巧 106
	5.3.2	网页的主色与配色 108
	5.3.3	网页色彩搭配方法 109
5.4	本章小结 112

第 3 篇

设计处理网页图像

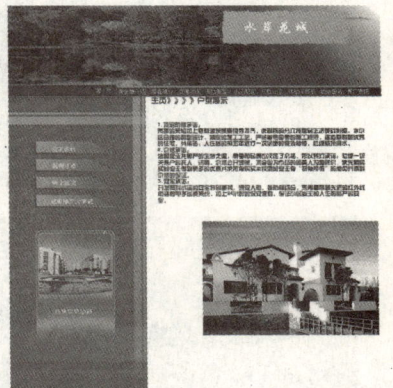

第 06 小时 设计网站的 Logo 和 Banner 114

6.1 设计网站标识 115
    6.1.1 网站 Logo 规范 115
    6.1.2 网站 Logo 设计准则 115
    6.1.3 如何自我评估自己的网站 Logo 115
    6.1.4 设计企业网站 Logo 116
6.2 设计网站广告 119
    6.2.1 什么是 Banner 广告 119
    6.2.2 网络广告设计要素 119
    6.2.3 网络广告设计技巧 120
    6.2.4 设计网站 Banner 广告 121
6.3 专家秘籍 124
6.4 本章小结 125

第 07 小时 设计和处理网页图像素材 126

7.1 处理产品图像 127
    7.1.1 调整图像大小 127
    7.1.2 调整图像色彩 128
    7.1.3 羽化图像边缘 128
7.2 设计网页按钮和导航 130
    7.2.1 设计网页翻转按钮 130
    7.2.2 制作网页导航栏 132
7.3 专家秘籍 134
7.4 本章小结 135

目录

学用一册通：20小时网站建设完整案例实录

第 08 小时　设计制作网站封面页 136

8.1 设计封面页 137
- 8.1.1 设置网页背景 138
- 8.1.2 设计导航条 140
- 8.1.3 页面正文部分设计 141

8.2 切割封面页图像 146
- 8.2.1 创建切片 146
- 8.2.2 保存切片为网页图像 147

8.3 给网页添加特效 148
- 8.3.1 制作弹出页面 148
- 8.3.2 给封面页添加弹出信息特效 150

8.4 专家秘籍 152
8.5 本章小结 152

第 4 篇

制作网页

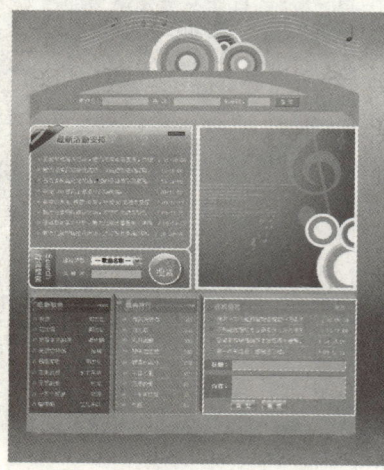

第 09 小时　创建本地站点平台 154

9.1 创建站点 155
9.2 使用站点地图创建站点文件 157
- 9.2.1 查看站点地图 157
- 9.2.2 创建文件/文件夹 158

9.3 创建动态网站平台 158
- 9.3.1 IIS 服务器的安装 158
- 9.3.2 创建虚拟目录 160
- 9.3.3 IIS 服务器的设置 162

9.4 专家秘籍 163
9.5 本章小结 164

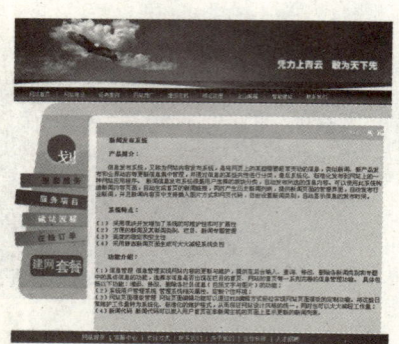

第 10 小时　制作网站模板 165

10.1 制作网页公共包含文件 166
- 10.1.1 制作网站顶部文件 166
- 10.1.2 制作网站底部文件 169

10.2 创建模板 171
- 10.2.1 新建模板 171

目录

学用一册通：20小时网站建设完整案例实录

    10.2.2 制作顶部导航 172
    10.2.3 设置模板的左侧可编辑区 174
    10.2.4 设置模板的右侧正文可编辑区 179
    10.2.5 插入底部文件 180
10.3 专家秘籍 181
10.4 本章小结 182

第 11 小时　制作公司介绍页面 183

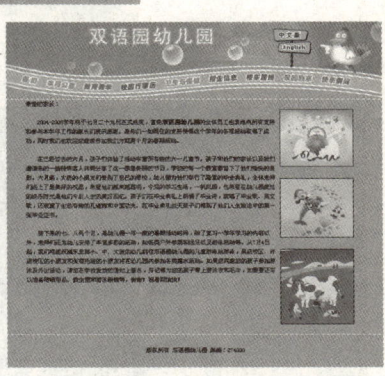

11.1 制作公司概况页面 184
    11.1.1 利用模板创建网页 184
    11.1.2 在右侧可编辑区中输入正文 185
11.2 制作联系我们页面 188
11.3 制作在线订购页面 191
11.4 专家秘籍 197
11.5 本章小结 198

第 5 篇

开发网站功能模块

第 12 小时　制作网站留言系统 200

12.1 留言系统页面分析 201
12.2 创建数据表与数据库连接 202
    12.2.1 设计数据库 202
    12.2.2 创建数据库连接 203
12.3 设计留言系统的各个页面 205
    12.3.1 留言列表页面 205
    12.3.2 留言详细信息页面 210
    12.3.3 发表留言页面 212
12.4 专家秘籍 216
12.5 本章小结 217

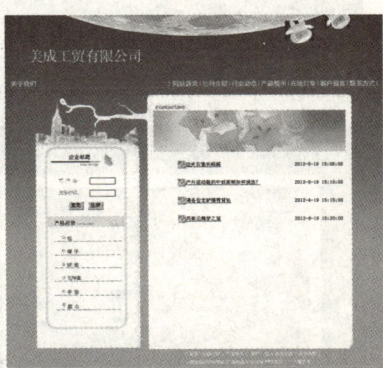

第 13 小时　制作网站新闻发布系统 218

13.1 需求分析与系统设计 219
13.2 创建数据表 221
13.3 制作新闻发布系统后台管理页面 221
    13.3.1 新闻列表管理页面 221

· XI ·

目录

学用一册通：20小时网站建设完整案例实录

13.3.2 后台登录页面 226
13.3.3 添加新闻页面 230
13.3.4 删除新闻页面 233
13.3.5 修改新闻页面 235
13.4 制作新闻系统前台页面 237
　13.4.1 制作新闻列表首页 237
　13.4.2 新闻详细页面 240
13.5 专家秘籍 242
13.6 本章小结 244

第14小时　制作网站产品展示系统 245

14.1 需求分析与系统设计 246
14.2 创建数据库表与数据库连接 248
　14.2.1 创建数据库表 248
　14.2.2 创建数据库连接 250
14.3 设计产品展示前台页面 251
　14.3.1 设计产品分类展示页面 251
　14.3.2 设计商品详细信息页面 257
14.4 设计产品展示后台管理 258
　14.4.1 制作添加产品页面 259
　14.4.2 制作产品管理页面 263
　14.4.3 制作修改产品页面 267
　14.4.4 制作删除产品页面 270
14.5 专家秘籍 273
14.6 本章小结 276

第15小时　制作网站主页 277

15.1 网站主页设计指南 278
15.2 开始制作主页 279
　15.2.1 利用模板新建网页 279
　15.2.2 制作关于我们的正文 280
　15.2.3 制作新闻动态 284
　15.2.4 制作产品展示 289
　15.2.5 制作留言部分 293
15.3 专家秘籍 297
15.4 本章小结 298

目录

第 6 篇
发布与备案网站

第 16 小时　选择域名和空间 300

16.1 域名选择 301
  16.1.1 域名概述 301
  16.1.2 节域名的分类 301
  16.1.3 选择域名的方法 301
  16.1.4 怎样选择最佳的域名 302
  16.1.5 域名申请流程 304
16.2 服务器空间选择 306
  16.2.1 服务器空间的几种类型 306
  16.2.2 如何来选择网站的服务器空间 307
  16.2.3 空间申请流程 308
16.3 专家秘籍 310
16.4 本章小结 311

第 17 小时　网站的测试与发布 312

17.1 网站的测试 313
  17.1.1 报告 313
  17.1.2 检查站点范围的链接 314
  17.1.3 改变站点范围的链接 314
  17.1.4 查找和替换 315
  17.1.5 清理文档 HTML/XHTML 316
17.2 网站的发布 317
  17.2.1 使用 Dreamweaver 上传 317
  17.2.2 使用 FTP 软件上传 319
17.3 专家秘籍 322
17.4 本章小结 322

第 18 小时　网站备案获取合法身份 323

18.1 网站备案 324
  18.1.1 什么是网站备案 324
  18.1.2 为什么要备案 324
  18.1.3 哪些网站需要 ICP 备案 324
18.2 完整备案基本流程 325

目录

学用一册通：20小时网站建设完整案例实录

18.2.1 注册过程 325
18.2.2 备案过程 327
18.3 经营性网站备案 328
　18.3.1 经营性网站备案须知 328
　18.3.2 经营性网站备案名称规范 328
18.4 专家秘籍 329
18.5 本章小结 330

第7篇
网站的维护与营销推广

第19小时　网站的安全与运营维护 332

19.1 Web服务的高级设置 333
　19.1.1 设置用户 333
　19.1.2 NTFS权限的设置 335
　19.1.3 目录和应用程序访问权限的设置 336
　19.1.4 匿名和授权访问控制 337
　19.1.5 备份与还原 IIS 338
19.2 反黑客技术 339
　19.2.1 计算机的设置 339
　19.2.2 隐藏IP地址 342
　19.2.3 操作系统账号管理 343
　19.2.4 安装必要的安全软件 344
　19.2.5 做好浏览器的安全设置 345
　19.2.6 网站防火墙的应用 345
19.3 网站运营 346
　19.3.1 网站运营的工作内容 346
　19.3.2 网站运营的关键问题 347
19.4 备份网站 348
　19.4.1 整站的备份 348
　19.4.2 数据库的备份 349
19.5 本章小结 349

第20小时　网站推广 350

20.1 为什么要推广网站 352
20.2 搜索引擎推广 352
　20.2.1 搜索引擎的排名原理 352
　20.2.2 什么是SEO 353

目录

学用一册通：20小时网站建设完整案例实录

    20.2.3   关键词选择技巧 354
    20.2.4   将网站提交到各大搜索引擎 354
20.3   电子邮件营销 355
    20.3.1   电子邮件营销的优势 355
    20.3.2   让客户一定回复你的邮件技巧 357
    20.3.3   吸引用户点击的邮件主题 357
    20.3.4   邮件推广营销的营销诀窍 359

20.4   博客营销 360
    20.4.1   博客营销的优势 360
    20.4.2   怎样写好博文标题 362
    20.4.3   怎样写好博客文章 362
    20.4.4   增加博客点击量妙计 363
20.5   社区营销式的推广 365
    20.5.1   什么是社区营销式推广 365
    20.5.2   BBS 论坛宣传 365
    20.5.3   利用 SNS 推广网站 366

20.6   QQ 营销 367
    20.6.1   设置 QQ 签名营销 367
    20.6.2   QQ 群营销技巧 368
    20.6.3   QQ 营销推广小技巧 369
20.7   网络做广告 370
    20.7.1   网络广告及其主要形式 370
    20.7.2   网络广告的特点 373
    20.7.3   网络广告策略 374
    20.7.4   怎样让人疯狂点击你的广告 374

20.8   传统网下营销 376
    20.8.1   将网址印在信纸、名片、宣传册、印刷品上 ... 376
    20.8.2   多参与活动，派发名片 376
20.9   本章小结 376

附录 A   HTML 常用标记手册 377

附录 B   JavaScript 语法手册 382

附录 C   CSS 属性一览表 389

附录 D   VBScript 语法手册 393

目录

学用一册通：20 小时网站建设完整案例实录

附录 E ADO 对象方法属性详解 399

第1篇

建站入门与工具

- 第 01 小时　网站建设入门
- 第 02 小时　网站制作工具 Dreamweaver CS6

第 01 小时　网站建设入门

本章导读

本章是为了使网页制作初学者对网页设计和网站建设有一个总体认识，从而为后面设计更复杂的网站打下良好的基础。

内容要点

◎ 熟悉常见的网站类型　　◎ 熟悉常用网页设计软件和技术
◎ 掌握网站建设的一般流程

本章学习流程

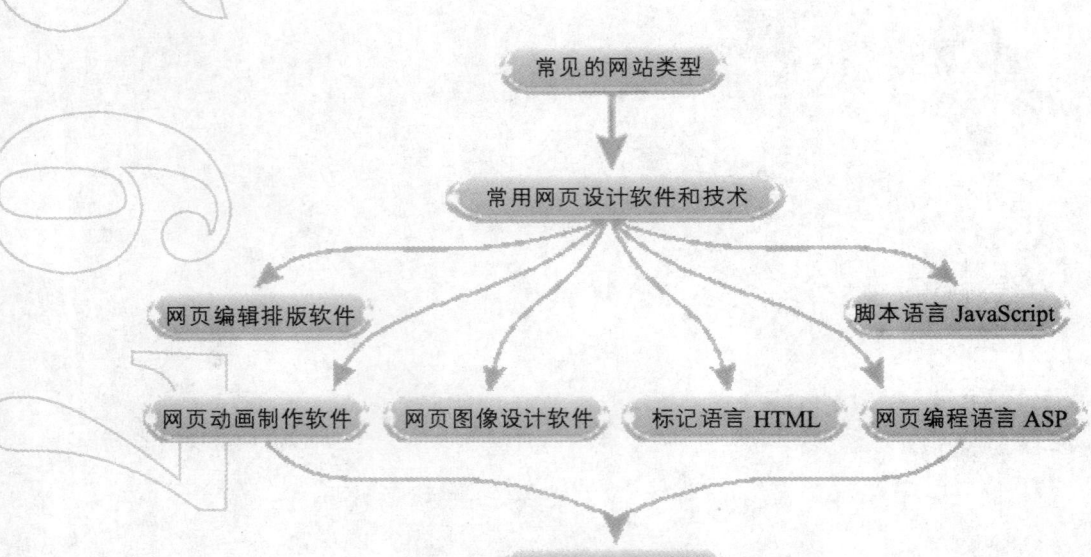

第 01 小时　网站建设入门

1.1　常见的网站类型

> 网站就是把一个个网页系统地链接起来的集合，如新浪、搜狐、网易等。网站按其内容的不同可分为个人网站、企业类网站、机构类网站、娱乐休闲类网站、行业信息类网站、门户网站和购物类网站等，下面分别进行介绍。

1.1.1　个人网站

个人网站是以个人名义开发创建的具有较强个性化的网站。一般是个人为了兴趣爱好或展示个人等目的而创建的，具有较强的个性化特色，带有很明显的个人色彩，无论从内容、风格、样式上都形色各异、包罗万象。

这类网站一般不具有商业性质，通常规模不大，在互联网中随处可见，也有不少优秀的站点，图 1-1 所示为个人网站。

1.1.2　企业类网站

所谓企业网站，就是企业在互联网上进行网络建设和形象宣传的平台。企业网站就相当于一个企业的网络名片。企业网站不但对企业的形象是一个良好的宣传，同时可以辅助企业的销售，甚至可以通过网络直接帮助企业实现产品的销售。企业网站的作用为展现公司形象，加强客户服务，完善网络业务，图 1-2 所示为企业类网站。

企业网站的作用类似于企业在报纸和电视上所做的宣传公司本身及品牌的广告。不同之处在于企业网站容量更大，几乎可以把任何想让客户及公众知道的内容放入网站。

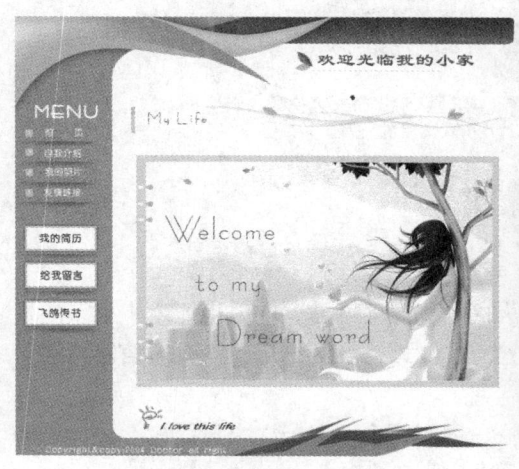
图 1-1　个人网站

图 1-2　企业类网站

1.1.3　机构类网站

所谓机构类网站通常指政府机关、非营利性机构或相关社团组织建立的网站，网站的内容多以机构或社团的形象宣传和政府服务为主，网站的设计通常风格一致、功能明确，受众面也较为明确，内容上相对较为专一，图1-3所示为机构类网站。

政府机构类网站作为政府提供为民服务的窗口，是有别于娱乐类网站的，作为机构网站，应该大方、庄重、美观，切忌花哨和笨重，格调明朗。在页面设计时要采用友好的网站界面，合理、清晰的网站导航，完善的帮助系统，完整的信息和完善的在线服务等，方便网站用户使用。

图1-3　机构类网站

1.1.4　娱乐休闲类网站

随着互联网的飞速发展，不仅涌现出了很多个人网站和商业网站，同时也产生了很多的娱乐休闲类网站，如电影网站、音乐网站、游戏网站、交友网站、社区论坛、手机短信网站等。这些网站为广大网民提供了娱乐休闲的场所。

这类网站的特点也非常显著，通常色彩鲜艳明快，内容综合，多配以大量图片，设计风格或轻松活泼，或时尚另类，图1-4所示为在线视频网站。

娱乐休闲类网站的设计要以内容为着手点，在网站设计规划前，首先要对信息内容进行必要的分析，探讨网站的定位和采用的设计方式，并且通过色彩、图像和细节设计等多个方面共同营造符合网站信息内容的文化气质。

第 01 小时　网站建设入门

图 1-4　在线视频网站

1.1.5　行业信息类网站

随着互联网的发展、网民人数的增多及网上不同兴趣群体的形成，门户网站已经明显不能满足不同上网群体的需要。一批能够满足某一特定领域上网人群及其特定需要的网站应运而生。由于这些网站的内容服务更为专一和深入，因此人们将其称为行业信息类网站，也称为垂直网站。行业信息类网站只专注于某一特定领域，并通过提供特定的服务内容，有效地把对某一特定领域感兴趣的用户与其他网民区分开，并长期持久地吸引这些用户，从而为其发展提供理想的平台，图 1-5 所示是行业信息类网站搜房网。

图 1-5　行业信息类网站搜房网

1.1.6　购物类网站

随着网络的普及和人们生活水平的提高，网上购物已成为一种时尚。丰富多彩的网上资源、价格实惠的打折商品、服务优良送货上门的购物方式,已成为人们休闲、购物两不误的首选方式。网上购物也为商家有效地利用资金提供了帮助,而且通过互联网来宣传自己的产品覆盖面较广,因此,现实生活中涌现出了越来越多的购物网站。

在线购物网站在技术上要求非常严格,其工作流程主要包括商品展示、商品浏览、添加购物车、结账等,图1-6所示为购物类网站。

图1-6 购物类网站

1.1.7 门户类网站

门户类网站将无数信息整合、分类,为上网者打开方便之门,绝大多数网民通过门户类网站来寻找自己感兴趣的信息资源,巨大的访问量给这类网站带来了无限的商机。门户类网站涉及的领域非常广,是一种综合性网站,如搜狐、网易、新浪等。此外这类网站还具有非常强大的服务功能,如搜索、论坛、聊天室、电子邮箱、虚拟社区、短信等。门户类网站的外观通常整洁大方,用户所需的信息在上面基本都能找到。

目前国内较有影响力的门户类网站有很多,如新浪(www.sina.com.cn)、搜狐(www.sohu.com)和网易(www.163.com)等,图1-7所示为新浪首页。

第 01 小时　网站建设入门

图 1-7　新浪首页

1.2　建站软件和技术

> 不论是制作大型网站还是一般的企业网站，无非都是做出一个又一个的网页，再把它们链接起来。制作网页可以直接使用 HTML，也可以使用工具软件。由于使用语言工作量很大，制作一个页面往往要写成百上千行代码，非常麻烦，而且出错率高，错误也不易检测和排除。所以，对于大多数人来说，使用工具软件制作网页是最常用的。

用于设计网页的工具软件很多，如 Adobe 公司的 Dreamweaver、Flash、Fireworks，以及 Photoshop 等，都是很受欢迎的网页制作软件，拥有庞大的用户群。

 1.2.1　网页编辑排版软件 Dreamweaver CS6

Dreamweaver 是大众化的专业网页编辑排版软件，它的排版能力较强，功能全面，操作灵活，专业性强，因而受到广大网站专业设计人员的青睐。使用 Dreamweaver CS6 编辑网页如图 1-8 所示。

图 1-8 使用 Dreamweaver CS6 编辑网页

 1.2.2 网页动画制作软件 Flash CS6

随着网络技术的发展，网页上出现了越来越多的 Flash 动画。一个优秀的网站是离不开动画的，无论是 Banner、按钮、网站宣传动画，还是整个网站的首页等，都需要使用动画制作软件。Flash 动画已经成为当今网站必不可少的部分，美观的动画能够为网页增色不少，从而吸引更多的浏览者。使用 Flash CS6 制作的动画如图 1-9 所示。

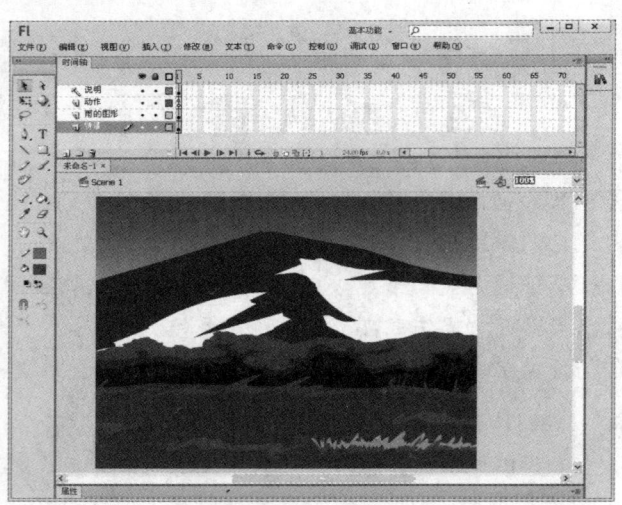

图 1-9 Flash CS6 制作的动画

 1.2.3 网页图像设计软件 Photoshop CS6 和 Fireworks CS6

常用的图像设计软件有 Photoshop 和 Fireworks。Photoshop 是 Adobe 公司推出的图像处理软件。它具有界面友好、易学、易用等优点，目前已被广泛应用于印刷、广告设计、封面制作、网页图像制作和照片编辑等领域。在网页制作过程中，首先要使用 Photoshop 设计网页的整体

第 01 小时 网站建设入门

效果图、处理网页中的图像、背景图处理、网页图标和按钮的设计等。使用 Photoshop CS6 设计的网页图像效果如图 1-10 所示。

图 1-10 Photoshop CS6 设计的网页图像

Fireworks CS6 是一款用来设计网页图形的应用程序，它所含的创新性解决方案解决了图形设计人员和网站管理人员面临的主要问题。Fireworks 中的工具种类齐全，使用这些工具，可以在单个文件中创建和编辑位图和矢量图像，设计网页效果、修剪和优化图形以减小其文件大小。Fireworks CS6 的工作界面如图 1-11 所示。

图 1-11 Fireworks CS6 的工作界面

1.2.4 网页标记语言 HTML 介绍

HTML（Hyper Text Markup Language，超文本标记语言）是一种用来制作超文本文档的简单标记语言。用 HTML 编写的超文本文档称为 HTML 文档，它能独立于各种操作系统平台。所谓超文本，就是它可以加入图片、声音、动画、影视等内容。

HTML 的任何标记都由"<"和">"围起来，如<HTML>、<I>。在起始标记的标记名前加上符号"/"便是其终止标记，如</I>，夹在起始标记和终止标记之间的内容受标记的控制，如<I>一路顺风</I>，夹在标记 I 之间的"一路顺风"将受标记 I 的控制。

超文本文档分为头和主体两部分，在文档头中，对这个文档进行了一些必要的定义，文档主体才是要显示的各种文档信息，代码如下：

```
<HTML>
    <HEAD>
        网页头部信息
    </HEAD>
    <BODY>
        网页主体正文部分
    </BODY>
</HTML>
```

- HTML 标记：<HTML>标记用于 HTML 文档的最前面，用来标识 HTML 文档的开始。而</HTML>标记恰恰相反，它放在 HTML 文档的最后面，用来标识 HTML 文档的结束，两个标记必须一起使用。
- Head 标记：<Head>和</Head>构成 HTML 文档的开头部分，此标记对之间可以使用<Title></Title>、<Script></Script>等标记对，它们都是用来描述 HTML 文档相关信息的标记对。<Head></Head>标记对之间的内容不会在浏览器中显示，两个标记必须一块使用。
- Body 标记：<Body></Body>是 HTML 文档的主体部分，此标记对之间可包含<p></p>、<h1></h1>、
</br>等众多的标记，它们所定义的文本、图像等将在浏览器中显示，两个标记必须一起使用。
- Title 标记：使用过浏览器的人可能都会注意到浏览器窗口最上边蓝色部分显示的文本信息，那些信息一般是网页的"标题"，要将网页的标题显示到浏览器的顶部其实很简单，只要在<Title></Title>标记对之间加入要显示的文本即可。

1.2.5 网页脚本语言 VBScript、JavaScript

使用 VBScript、JavaScript 等简单易懂的脚本语言，结合 HTML 代码，即可快速完成网站的应用程序。

脚本语言（如 JavaScript、VBScript 等）介于 HTML 和 C、C++、Java、C#等编程语言之间。脚本是使用一种特定的描述性语言，依据一定的格式编写的可执行文件，又称为宏或批处理文件。脚本通常可以由应用程序临时调用并执行。各类脚本目前被广泛应用于网页设计中，因为脚本不仅可以减小网页的规模和提高网页浏览速度，而且可以丰富网页的表现，如动画、声音等。

第 01 小时　网站建设入门

脚本与 VB、C 语言的主要区别如下：
- 脚本语法比较简单，容易掌握。
- 脚本与应用程序密切相关，所以包括相对应用程序自身的功能。
- 脚本一般不具备通用性，所能处理的问题范围有限。
- 脚本多为解释执行。

图 1-12 所示为使用脚本语言制作的特效漂浮广告网页。

图 1-12　使用脚本语言制作的漂浮广告网页

1.2.6　动态网页编程语言 ASP

所谓动态网页是指网页文件中包含了程序代码，通过后台数据库与 Web 服务器的信息交互，由后台数据库提供实时数据更新和数据查询服务。这种网页的扩展名一般根据不同的程序设计语言而有所不同，如常见的以 .asp、.jsp、.php、.perl、.cgi 等形式为扩展名。

ASP（Active Server Pages）是微软公司开发的服务器端脚本环境，内含 IIS3.0 及以上版本，通过 ASP 可以结合 HTML 网页、ASP 指令和 ActiveX 控件，建立动态、交互且高效的 Web 服务器应用程序。有了 ASP 就不必担心客户的浏览器是否能够运行所有编写代码，因为所有的程序都将在服务器端执行，包括所有嵌在普通 HTML 中的脚本程序。当程序执行完毕后，服务器仅将执行的结果返回给客户端浏览器，这样就减轻了客户端浏览器的负担，大大提高了交互的速度。

图 1-13 所示为使用 ASP 开发的动态网页，在"用户名"和"密码"文本框中输入正确的内容，然后单击"登录"按钮，即可进入后台管理页面。

图 1-13　使用 ASP 开发的动态网页

1.2.7　网页样式表 CSS

CSS（Cascading Style Sheet，层叠样式表）是一种制作网页的新技术，现在已经为大多数的浏览器所支持，成为网页设计必不可少的工具之一。实际上，CSS 是一系列格式规格或样式的集合，主要用于控制页面的外观，是目前网页设计中一种常用的技术与手段。

CSS 具有强大的页面美化功能。通过使用 CSS，可以控制许多使用 HTML 标记无法控制的属性，并能轻而易举地实现各种特效。

CSS 的每一个样式表是由相对应的样式规则组成的，使用 HTML 中的<style>标签可以将样式规则加入到 HTML 中。<style>标签位于 HTML 的 head 部分，其中也包含网页的样式规则。可以看出，CSS 的语句是可以内嵌在 HTML 文档中的。所以，编写 CSS 的方法和编写 HTML 的方法是一样的，代码如下：

```
<html>
<head>
<meta http-equiv="Content-Type" content="text/html; charset=gb2312" />
<title></title>
<style type="text/css">
<!--.y {
    font-size: 12px;
    font-style: normal;
    line-height: 20px;
    color: #FF0000;
    text-decoration: none;
}-->
</style>
</head>
<body>
</body>
</html>
```

第 01 小时　网站建设入门

CSS 还具有便利的自动更新功能。在更新 CSS 样式时，所有使用该样式的页面元素的格式都会自动更新为当前所设定的新样式。

CSS 的语法结构由 3 个部分组成，分别为选择符、样式属性和值，基本语法如下：
选择符{样式属性:取值;样式属性:取值;样式属性:取值；…}

● 选择符（Selector）：指这组样式编码所要针对的对象，可以是一个 XHTML 标签，如 body、hl；也可以是定义了特定 id 或 class 的标签，如 # main 选择符表示选择<div id=main>，即一个被指定了 main 为 id 的对象。浏览器将对 CSS 选择符进行严格的解析，每一组样式均会被浏览器应用到对应的对象上。

● 属性（Property）：是 CSS 样式控制的核心，对于每一个 XHTML 中的标签，CSS 都提供了丰富的样式属性，如颜色、大小、定位和浮动方式等。

● 值（Value）：是指属性的值，形式有两种，一种是指定范围的值，如 float 属性，只可以应用到 left、right 和 none 3 种值中；另一种为数值，如 width 能够取值于 0～9999px，或通过其他数学单位来指定。

在实际应用中，往往使用以下类似的应用形式：

```
body {background-color:blue}
```

表示选择符为 body，即选择了页面中的<body>标签，属性为 background-color，这个属性用于控制对象的背景色，而值为 blue。页面中的 body 对象的背景色通过使用这组 CSS 编码，被定义为蓝色。

1.3　网站建设的一般流程

创建一个网站并不复杂，但要创建一个优秀的网站则并非易事。创建网站前了解一下网站建设的基本流程是十分必要的。因为网站建设流程可以明确网站的目标和方向，提高效率，使网站的结构更加清晰，起到事半功倍的效果。

 1.3.1　网站的需求分析

不论是简单的个人主页，还是复杂的、几千个页面的大型网站，对网站的需求分析都要放到第一步，因为它直接关系到网站的功能是否完善、是否够层次、是否达到预期的目的等。

需求分析是指通过分析单位的战略目标和管理情况，确定网络建设的必要性、目标、功能和主要工作等。因为网站对外树立形象、发布重大信息、提供技术支持、客户服务甚至进行电子商务等有很大作用，所以只有详细了解和分析需求才能设计出适合自己特点的网站，对于大型商业网站还要进行可行性研究。

网站的需求分析主要包括以下几点。

● 了解相关行业的市场是怎样的，市场有什么样的特点，是否能够在互联网上开展公司业务。

● 市场主要竞争者分析，分析竞争对手上网情况及其网站规划、功能作用。

- 确定网站建设的目的是宣传产品，进行电子商务，还是建立行业性网站。
- 确定哪些人应该参与网站开发项目的需求分析活动。
- 在需求分析的过程中，往往有很多不明确的用户需求，这时项目负责人需要调查用户的实际情况，明确用户需求。
- 通过市场调研活动，分析同类网站的功能，可以帮助项目负责人更加清楚地构想出自己开发网站的大体架构和模样，在总结同类网站优势和缺点的同时，博采众长，开发出更加优秀的网站。

1.3.2 规划站点结构

网站规划是网站开发必不可少的重要一环，直接关系到整个网站的整体风格、布局结构等，规划内容包括颜色风格倾向、网站栏目设置、结构布局及功能实现等。如果是公司网站或商业网站，还需要进行网站客户分析、目标定位、营销方案、网站品牌规划、软/硬件配置及数据库开发方案；如果是电子商务网站，还需要进行电子商务方案分析与确定。图1-14所示为规划的站点结构。

目前大多数网站缺乏灵魂，主旨松散、混乱，原因就在于缺乏策划。在建立自己的企业站点时，网站策划贯穿于网站建设的全过程，是网站建设最重要的环节，也是最容易被企业忽视的环节。

规划一个网站，可以用树状结构先把每个页面的内容大纲列出来，尤其当要制作一个很大的网站（有很多页面）时，必须把这个架构规划好，也要考虑到以后可能的扩充性，免得做好以后又要一改再改，这样十分累人，也十分费钱。

大纲列出来后，还必须考虑每个页面之间的链接关系，是星形、树形还是网状链接，这也是判别一个网站优劣的重要标志。

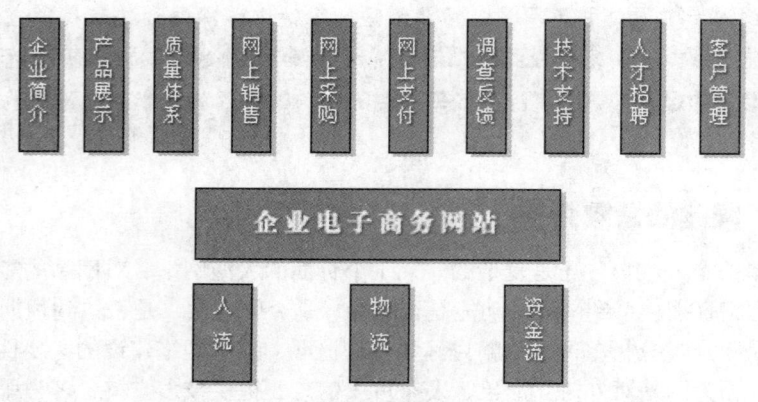

图1-14 规划的站点结构

1.3.3 收集素材

网页制作之前要收集好相关的素材，对收集的素材进行分类管理。首先要创建一个新的总目录（文件夹），比如D:\我的网站，来放置建立网站的所有文件，然后在这个目录下建立两个子目录，即"文字资料"和"图片资料"。放入目录中的文件名最好全部用英文小写，因为有些

第 01 小时 网站建设入门

主机不支持大写和中文，以后增加的内容可再创建子目录。

1．文本内容素材的收集

具体的文本内容，可以让访问者清楚地知道作者的网页中想要说明的东西。我们可以从网络、书本、报刊上找到需要的文字材料，也可以使用平时的试卷和复习资料，还可以自己编写有关的文字材料，将这些素材制作成 Word 文档保存在"文字资料"子目录下。收集的文本素材既要丰富，又要便于有机地组织，这样才能做出内容丰富、整体感强的网站。

2．艺术内容素材的收集

只有文本内容的网站对于访问者来讲，是枯燥乏味、缺乏生机的。如果加上艺术内容素材，如静态图片、动态图像、音像等，将使网页充满动感与生机，也将吸引更多的访问者。这些素材主要来自于以下 4 个方面。

- 从 Internet 上获取。可以充分利用网上的共享资源，如使用百度、Sohu 等引擎收集图片素材。图 1-15 所示为从百度搜索素材。

图 1-15　从百度搜索素材

- 从 CD-ROM 中获取。在市面上，有许多关于图片素材库的光盘，也有许多教学软件，可以选取其中的图片资料。
- 利用现成图片或自己拍摄。既可以从各种图书出版物（如科普读物、教科书、杂志封面、摄影集、摄影杂志等）获取图片，也可以使用自己拍摄和积累的照片资料。将杂志的封面彩图用彩色扫描仪扫描下来，经过加工后，整合制作到网页中。
- 自己动手制作一些特殊效果的图片，特别是动态图像，往往效果更好。可采用 3ds Max 或 Flash 进行制作。

鉴于网上只能支持几种图片格式，所以可先将以上途径收集的图片用 Photoshop 等图像处理工具转换成 JPG、GIF 形式，再保存到"图片资料"子目录下。另外，图片应尽量精美而小巧，不要盲目追求大而全，要以在网页的美观与网络的速度两者之间取得良好的平衡为宜。

提示　搜集素材是网站建设关键性一步，要学会搜集素材的方法与方式，并且能分类保存、整理需要的素材，切不可引用一些不健康或是过于花哨的动画图片素材。

1.3.4　设计网页图像

在确定好网站的风格和搜集完资料后就需要设计网页图像了，网页图像设计包括 Logo、标准色彩、标准字、导航条和首页布局等。可以使用 Photoshop 或 Fireworks 软件来具体设计网站的图像。有经验的网页设计者，通常会在使用网页制作工具制作网页前，设计好网页的整体布局，这样在具体设计过程中将会胸有成竹，大大节省工作时间。图 1-16 所示为设计的网页按钮图像。

图 1-16　设计的网页按钮图像

1.3.5　制作网页

网页制作是一个复杂而细致的过程，一定要按照先大后小、先简单后复杂的顺序制作。所谓先大后小，就是说在制作网页时，先把大的结构设计好，然后再逐步完善小的结构设计。所谓先简单后复杂，就是先设计出简单的内容，然后再设计复杂的内容，以便出现问题时好修改。在制作网页时要灵活运用模板和库，这样可以大大提高制作效率。如果很多网页都使用相同的版面设计，就应为这个版面设计一个模板，然后就可以以此模板为基础创建网页了。以后如果想要改变这些网页的版面设计，只需简单地改变模板即可。图 1-17 所示为利用 Dreamweaver CS6 制作的网页。

第 01 小时　网站建设入门

图 1-17　利用 Dreamweaver CS6 制作的网页

1.3.6　开发动态网站模块

页面设计制作完成后，如果还需要动态功能的话，就需要开发动态功能模块。网站中常用的功能模块有新闻发布系统、搜索功能、留言板、产品展示管理系统、在线调查系统、在线购物、会员注册管理系统、招聘系统、统计系统、留言系统、论坛及聊天室等。图 1-18 所示为开发的动态购物模块。

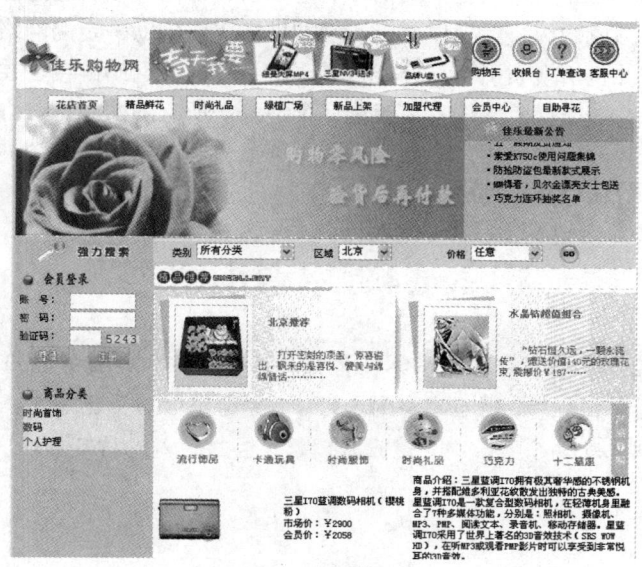

图 1-18　动态购物模块

1.3.7　申请域名和服务器空间

要想拥有属于自己的网站，首先要拥有域名。域名在互联网上代表名字，只有靠这个名字，

17

别人才可以在互联网上与你接触和沟通。域名是 Internet 上的服务器或网络系统的名字，在全世界没有重复的域名。域名是以若干个英文字母和数字组成，由"."分隔成几部分，如 sina.com 就是域名。

Internet 域名如同商标，是互联网上的标志之一。Internet 上的域名是非常有限的，因为每个域名都只有一个。

注册域名之后，下一步就是为网站申请空间，其实就是经常说的主机。这个主机必须是一台功能相当的服务器级的电脑，并且要用专线或其他的形式 24 小时与互联网相连。

这台网络服务器除存放公司的网页为浏览者提供浏览服务之外，同时充当"电子邮局"的角色，负责收发公司的电子邮件。还可以在服务器上添加各种各样的网络服务功能，前提是有足够的技术支持。

1.3.8 网站的测试

在网站发布之前，通常都会检查网页在不同版本浏览器下的显示情况。尤其是制作大型的或访问量高的网站，这个步骤十分必要。由于各种版本的浏览器支持的 HTML 语言的版本不同，所以要让网页能够在大多数浏览器中顺利显示，就不得不做仔细的检查，必要时还得舍弃一些较新的效果。

1.3.9 网站的推广

网站推广的目的在于让尽可能多的潜在用户了解并访问网站，通过网站获得有关产品和服务等信息，为最终形成购买决策提供支持。网站推广需要借助一定的网络工具和资源，常用的网站推广工具和资源包括搜索引擎、分类目录、电子邮件、网站链接、在线黄页和分类广告、电子书、免费软件、网络广告媒体、传统推广渠道等。所有的网站推广方法实际上都是对某种网站推广手段和工具的合理利用，因此制定和实施有效的网站推广方法的基础是对各种网站推广工具和资源的充分认识和合理应用。

1.4 本章小结

本章主要讲述了常见的网站类型、建站软件和需要掌握的技术、网站建设的基本流程等。通过本章的学习，读者可以根据自己的需要来选择合适的网页制作软件，了解网站建设入门等，为建设网站打下基础。

第  小时 网站制作工具
Dreamweaver CS6

本章导读

Dreamweaver CS6 是集网页制作和网站管理于一身的所见即所得网页编辑器，被称为三剑客之一，利用 Dreamweaver 可以轻而易举地制作出精美动感的网页。它不仅是专业人员制作网站的首选工具，而且普及到广大网页制作爱好者中。下面就来学习 Dreamweaver CS6 的基本应用，每一节都配合以精美的范例进行讲解，由浅入深、由点到面地全面阐明 Dreamweaver CS6 的使用方法及网页的制作方法和技巧，培养实际制作网页的能力。

学习要点

- ◎ Dreamweaver CS6 工作环境
- ◎ 掌握插入文本
- ◎ 掌握插入图像
- ◎ 掌握插入多媒体
- ◎ 掌握创建超链接
- ◎ 利用 CSS 美化网页
- ◎ 网页布局技术
- ◎ 创建模板网页

本章学习流程

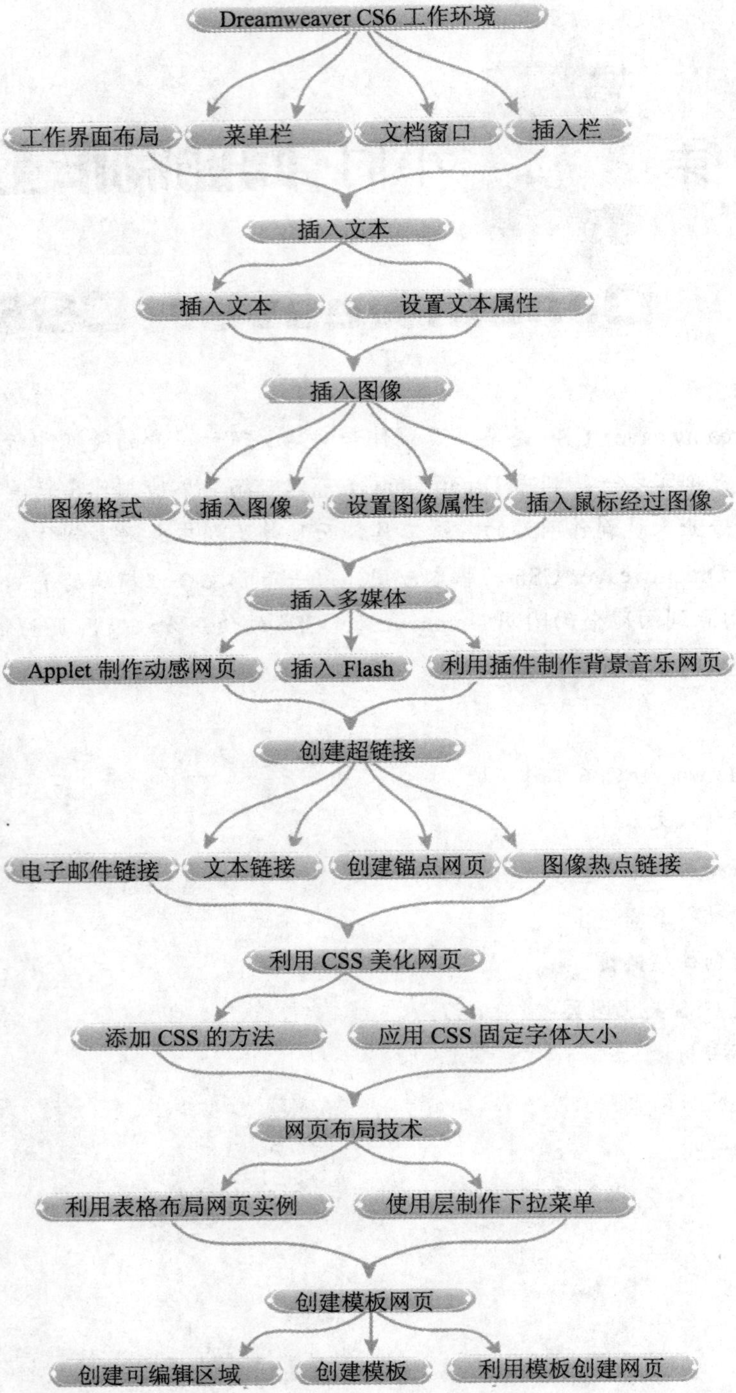

```
                    Dreamweaver CS6 工作环境
                    ↓      ↓       ↓       ↓
              工作界面布局  菜单栏  文档窗口  插入栏

                          插入文本
                         ↓       ↓
                      插入文本   设置文本属性

                          插入图像
                    ↓      ↓       ↓       ↓
                图像格式  插入图像  设置图像属性  插入鼠标经过图像

                          插入多媒体
                    ↓           ↓              ↓
            Applet 制作动感网页  插入 Flash   利用插件制作背景音乐网页

                          创建超链接
                ↓        ↓        ↓           ↓
            电子邮件链接  文本链接  创建锚点网页  图像热点链接

                        利用 CSS 美化网页
                         ↓          ↓
                    添加 CSS 的方法  应用 CSS 固定字体大小

                          网页布局技术
                         ↓          ↓
                  利用表格布局网页实例  使用层制作下拉菜单

                          创建模板网页
                    ↓          ↓           ↓
              创建可编辑区域  创建模板   利用模板创建网页
```

第 02 小时　网站制作工具 Dreamweaver CS6

2.1　Dreamweaver CS6 工作环境

> Dreamweaver CS6 是 Dreamweaver CS5 的升级版本，较前一版本在界面和功能上，都有较大幅度的改进，尤其是在编辑窗口方面有了很大的改变，下面就来认识它的工作界面。

2.1.1　工作界面布局

　　Dreamweaver 是美国 Adobe 公司开发的集网页制作和管理网站于一身的所见即所得网页编辑器，它是第一套针对专业网页设计师特别发展的视觉化网页开发工具。Dreamweaver CS6 是最新推出的网页制作软件，它提供了方便快捷的工具，不仅使得网页制作过程更加直观，同时也大大简化了网页制作步骤，以快速制作网站雏形、设计、更新和重组网页。图 2-1 所示的是 Dreamweaver CS6 的工作界面。

图 2-1　Dreamweaver CS6 的工作界面

 2.1.2　菜单栏

　　标题栏下方显示的是菜单栏，它包括"文件"、"编辑"、"查看"、"插入"、"修改"、"格式"、"命令"、"站点"、"窗口"和"帮助"10 个菜单项，如图 2-2 所示。

| 文件(F) | 编辑(E) | 查看(V) | 插入(I) | 修改(M) | 格式(O) | 命令(C) | 站点(S) | 窗口(W) | 帮助(H) |

图 2-2　菜单栏

　　➢　文件：用来管理文件，包括创建与保存、导入与导出、预览与打印文件等。
　　➢　编辑：用来编辑文本，包括撤销与恢复、复制与粘贴、查找与替换、首选参数设置与快捷键设置等。
　　➢　查看：用来查看对象，包括代码的查看、网格线与标尺的显示、面板的隐藏及工具栏的显示等。
- 插入：用来插入网页元素，包括插入图像、多媒体、AP Div、框架、表格、表单、电子邮件链接、日期、特殊字符及标签等。
- 修改：用来实现对页面元素修改的功能，包括页面元素、面板、快速标签编辑器、链接、表格、框架、导航条、对象的对齐方式、层与表格的转换、模板、库及时间轴等。
- 格式：用来对文本进行操作，包括字体、字形、字号、字体颜色、HTML/CSS样式、段落格式化、扩展、缩进、列表、文本的对齐方式和检查拼写等。
- 命令：收集了所有的附加命令项，包括应用记录、编辑命令清单、获得更多命令、插件管理器、应用源代码格式、清除 HTML/Word HTML、设置配色方案、格式化表格、表格排序等。
- 站点：用来创建与管理站点，包括站点显示方式；新建、打开与自定义站点；上传与下载；登记与验证；查看链接；查找本地/远程站点等。
- 窗口：用来打开与切换所有的面板和窗口，包括插入栏、属性面板、站点窗口、CSS面板等。
- 帮助：内含 Dreamweaver 联机帮助、注册服务、技术支持中心和 Dreamweaver 的版本说明。

2.1.3 文档窗口

文档窗口主要用于文档的编辑，可同时打开多个文档进行编辑，可以在"代码"视图、"拆分"视图和"设计"视图中分别查看文档，如图 2-3 所示。

2.1.4 插入栏

插入栏包含用于创建和插入对象的按钮。当将鼠标移到一个按钮上时，会出现一个提示信息，其中包括该按钮的名称，单击该按钮即可插入相应的元素，如图 2-4 所示。

图 2-3 文档窗口

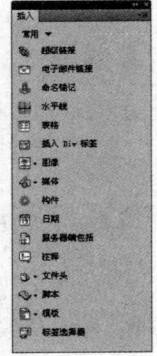

图 2-4 插入栏

第 02 小时　网站制作工具 Dreamweaver CS6

2.2　插入文本

> 一般来说，网页中显示最多的是文本。所以对文本的控制及布局在设计网页中占了很大的比重，能否对各种文本控制手段运用自如，是决定网页设计是否美观、是否富有创意及提高工作效率的关键。

 2.2.1　插入文本

插入普通文本的方法非常简单，效果如图 2-5 所示，具体操作步骤如下。

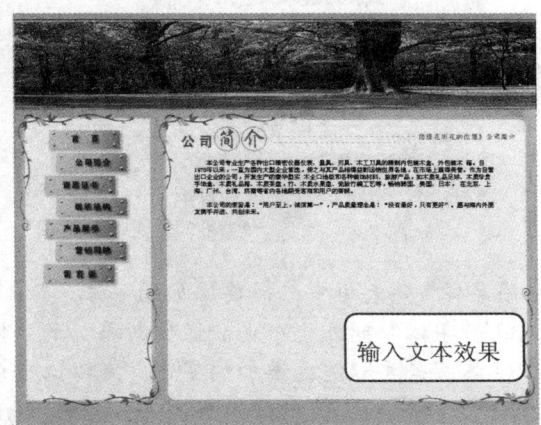

图 2-5　输入文字效果

练习文件　实例素材/练习文件/CH02/2.2.1/index.html

完成文件　实例素材/完成文件/CH02/2.2.1/index1.html

（1）打开网页文档，如图 2-6 所示。

（2）将光标置于文档中，输入文字，如图 2-7 所示。

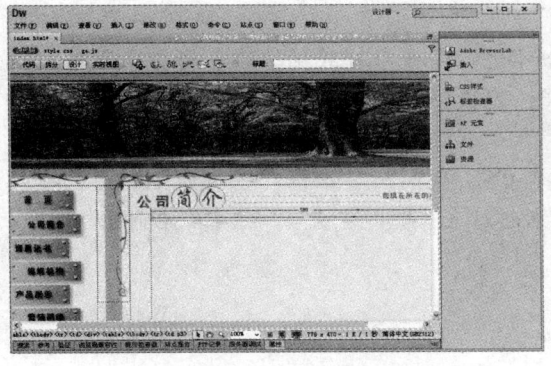

图 2-6　打开网页文档　　　　　　　　图 2-7　输入文字

23

2.2.2 设置文本属性

输入文本后,可以在"属性"面板中对文本的大小、字体、颜色等进行设置。设置文本属性的具体操作步骤如下。

在"属性"面板中的"字体"下拉列表中选择"编辑字体列表"选项,如图2-8所示。

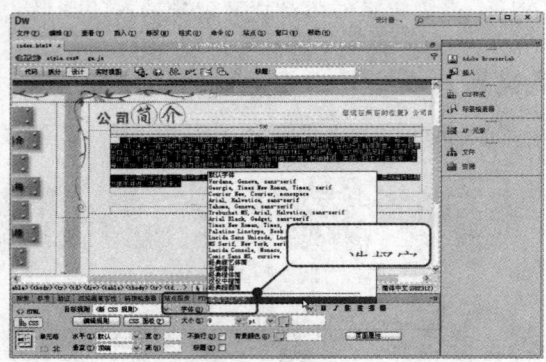

图2-8 选择"编辑字体列表"选项

在对话框中的"可用字体"列表框中选择要添加的字体,单击按钮添加到左侧的"选择的字体"列表框中,在"字体"列表框中也会显示新添加的字体,如图2-9所示。重复以上操作即可添加多种字体。若要取消已添加的字体,可以选中该字体单击按钮。

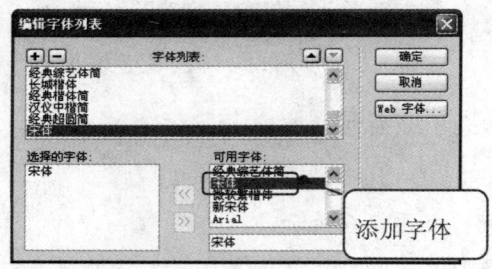

图2-9 "编辑字体列表"对话框

完成一个字体样式的编辑后,单击按钮可进行下一个样式的编辑。若要删除某个已经编辑的字体样式,可选中该样式单击按钮。完成字体样式的编辑后,单击"确定"按钮关闭该对话框。

这里选择"字体"为"宋体",弹出"新建CSS规则"对话框,在对话框的"选择器类型"中选择"类",在"选择器名称"中输入名称,在"规则定义"中选择"仅限该文档",如图2-10所示。

第 02 小时 网站制作工具 Dreamweaver CS6

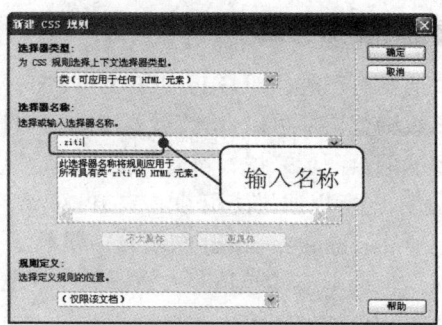

图 2-10 "新建 CSS 规则"对话框

 **提示** 也可以执行"格式"|"字体"|"编辑字体列表"命令,在弹出的"编辑字体列表"对话框中添加新字体。

选择一种合适的字体,是决定网页美观、布局合理的关键,在设置网页时,应对文本设置相应的字体字号。选中要设置字号的文本,在"属性"面板中的"大小"下拉列表中选择字号的大小,或者直接在文本框中输入相应大小的字号,如图 2-11 所示。

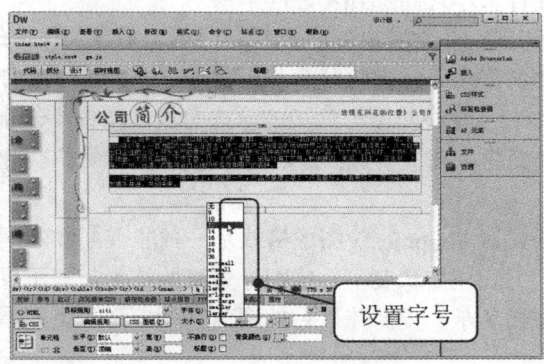

图 2-11 设置文本的字号

2.3 插入图像

图像是网页中不可缺少的素材,利用丰富多彩的图像,可以使页面呈现出绚丽多彩的效果。将图像插入到 Dreamweaver 文档中时,Dreamweaver 会自动在 HTML 源代码中生成对该图像文件的引用代码。为了确保此引用的正确性,该图像文件必须位于当前站点中。如果图像文件不在当前站点中,Dreamweaver 会询问是否要将此文件复制到当前站点中。

2.3.1 常见的网页图像格式

网页中常用的图像格式通常有三种,即 GIF、JPEG 和 PNG。目前,GIF 和 JPEG 文件格式的支持情况最好,使用大多数浏览器都可以查看它们。PNG 文件具有较大的灵活性,并且文件较小,它对于几乎所有类型的网页图形来说,都是最适合的,但是,Microsoft Internet Explorer 只能部分支持 PNG 图像的显示,所以建议使用 GIF 或 JPEG 格式,以满足更多人的需求。

GIF 是英文单词 Graphic Interchange Format 的缩写,即图像交换格式,该种格式文件最多使用 256 种颜色,最适合显示色调不连续或具有大面积单一颜色的图像,如导航条、按钮、图标、徽标或其他具有统一色彩和色调的图像。

GIF 格式的最大优点是用来制作动态图像,可以将数张静态文件作为动画帧串联起来,转换成一张动画文件。

GIF 格式的另一优点是可以让图像以交错的方式在网页中呈现。所谓交错显示,就是当图像尚未下载完成时,浏览器会先以马赛克的形式让图像慢慢显示,让浏览者可以大略猜出所下载图像的雏形。

JPEG 是英文单词 Joint Photographic Experts Group 的缩写,它是一种图像压缩格式。该种文件格式是用于摄影或连续色调图像的高级格式,这是因为 JPEG 文件可以包含数百万种颜色。随着 JPEG 文件品质的提高,文件的大小和下载时间也会随之增加。通常,可以通过压缩 JPEG 文件,在图像品质和文件大小之间达到良好的平衡。

JPEG 格式是一种压缩得非常紧凑的格式,专门用于不含大色块的图像。JPEG 的图像有一定的失真度,但在正常的损失下,肉眼分辨不出 JPEG 和 GIF 图像的区别,而 JPEG 文件大小只有 GIF 文件大小的 1/4。JPEG 对图标之类的含大色块的图像不是很有效,不支持透明图和动态图,但它能够保留全真的色调板格式。如果图像需要全彩模式才能表现效果的话,JPEG 就是最佳的选择。

PNG(Portable Network Graphics)图像格式是一种非破坏性的网页图像文件格式,它提供了将图像文件以最小的方式压缩却又不造成图像失真的技术。它不仅具备了 GIF 图像格式的大部分优点,能更快地交错显示,支持跨平台的图像亮度控制、更多层的透明度设置。

2.3.2 在网页中插入图像

下面通过实例来介绍如何在网页中插入图像,效果如图 2-12 所示,具体的操作步骤如下。

第 02 小时　网站制作工具 Dreamweaver CS6

图 2-12　在网页中插入图像的效果

练习文件　实例素材/练习文件/CH02/2.3.2/index.html
完成文件　实例素材/完成文件/CH02/2.3.2/index1.html

（1）打开网页文档，如图 2-13 所示。

（2）将光标置于要插入图像的位置，执行"插入"|"图像"命令，弹出"选择图像源文件"对话框，在对话框中选择图像文件，如图 2-14 所示。

图 2-13　打开网页文档

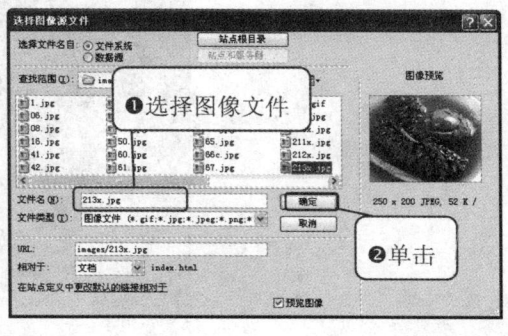
图 2-14　"选择图像源文件"对话框

> 提示　单击"常用"插入栏中的"图像"按钮，也可以打开"选择图像源文件"对话框，在对话框中选择相应的图像，插入图像。

（3）单击"确定"按钮，插入图像，如图 2-15 所示。

（4）保存文档，按"F12"键在浏览器中预览，效果如图 2-12 所示。

学用一册通：20 小时网站建设完整案例实录

图 2-15　插入图像

 **2.3.3　设置图像属性**

选中插入的图像，属性面板同时会打开，面板中会显示出关于图像的属性设置，这时，就可以根据需要设置图像属性，下面通过实例介绍如何设置图像的对齐方式，效果如图 2-16 所示，具体的操作步骤如下。

图 2-16　设置图像属性效果

◎练习文件　实例素材/练习文件/CH02/2.3.3/index.html
◎完成文件　实例素材/完成文件/CH02/2.3.3/index1.html

（1）打开网页文档，选中插入的图像，如图 2-17 所示。

（2）单击鼠标右键，在弹出的快捷菜单中，执行"对齐"|"右对齐"命令，如图 2-18 所示。

第 02 小时　网站制作工具 Dreamweaver CS6

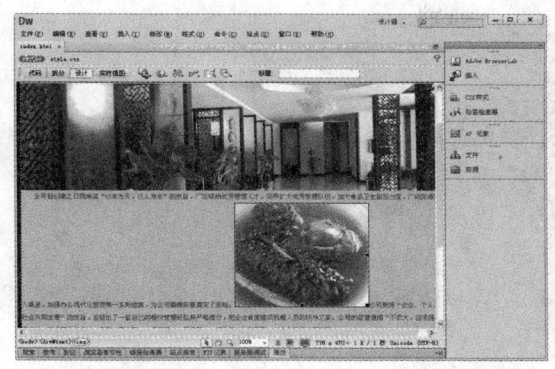

图 2-17　打开网页文档

图 2-18　设置对齐方式

（3）选中命令后，设置图像对齐方式，在属性面板中通过改变图像的"宽"和"高"来调整图像的大小，在"替换"文本框中输入替换文本，如图 2-19 所示。

图像属性面板中主要有以下参数。

> 图像：设置图像的名称。

> 宽和高：以像素为单位设定图像的宽度和高度。当在网页中插入图像时，Dreamweaver CS6 自动使用图像的原始尺寸，可以使用以下单位指定图像大小：点、英寸、毫米和厘米。在 HTML 源代码中，Dreamweaver CS6 将这些值转换为以像素为单位。

> 源文件：指定图像的具体路径，单击 按钮选择源文件或直接输入源文件路径。

> 链接：为图像设置超链接，可以单击 按钮选择要链接的文件，或者直接输入文件的 URL 路径。

> 目标：链接时的目标窗口或框架，在其下拉列表中包括 4 个选项。

● _blank：将链接的对象在一个未命名的新浏览器窗口中打开。

● _parent：将链接的对象在含有该链接的框架的父框架集或父窗口中打开。

● _self：将链接的对象在该链接所在的同一框架或窗口中打开。_self 是默认选项，通常不需要指定它。

● _top：将链接的对象在整个浏览器窗口中打开，因此会替代所有框架。

> 替换：图片的注释。当浏览器不能正常显示图像时，便会在图像的位置处用这个注释代替图像。

> 编辑：启动"外部编辑器"首选参数中指定的图像编辑器，并使用该图像编辑器打开选定的图像。

> 地图名称和热点工具：允许标注与创建客户端图像地图。

图 2-19　图像属性面板

2.3.4 插入鼠标经过图像

鼠标经过图像是一种在浏览器中查看，当鼠标指针移过它时发生变化的图像。使用两个图像文件创建鼠标经过图像：主图像（当首次载入网页时显示的图像）和次图像（当鼠标指针移过主图像时显示的图像）。鼠标经过图像中的这两个图像大小应相等，如果这两个图像大小不同，Dreamweaver 将自动调整第二个图像的大小以匹配第一个图像的属性。下面通过实例介绍鼠标经过图像的插入操作，鼠标经过前的效果如图 2-20 所示，是鼠标经过时的效果如图 2-21 所示，具体的操作步骤如下。

 练习文件　实例素材/练习文件/CH02/2.3.4/index.html

 完成文件　实例素材/完成文件/CH02/2.3.4/index1.html

图 2-20　鼠标经过图像前的效果　　图 2-21　鼠标经过图像时的效果

（1）打开网页文档，如图 2-22 所示。

（2）将光标置于要插入鼠标经过图像的位置，执行"插入"|"图像对象"|"鼠标经过图像"命令，弹出"插入鼠标经过图像"对话框，如图 2-23 所示。

第 02 小时　网站制作工具 Dreamweaver CS6

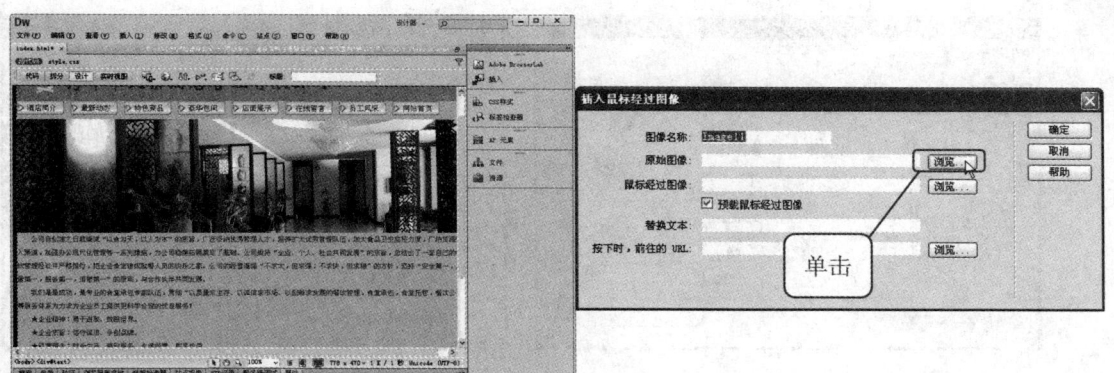

图 2-22　打开网页文档　　　　　　　　　图 2-23　"插入鼠标经过图像"对话框

在"插入鼠标经过图像"对话框中主要有以下参数。

> 图像名称：在文本框中输入名称。

> 原始图像：单击文本框右侧的"浏览"按钮，选择图像源文件或直接输入图像路径。

> 鼠标经过图像：单击文本框右侧的"浏览"按钮，选择图像文件或直接输入图像路径，设置鼠标经过时显示的图像。

> 预载鼠标经过图像：选中此复选项，可以让图像预先加载到浏览器的缓存中，使图像显示速度快一点。

> 按下时，前往的 URL：单击文本框右侧的"浏览"按钮，选择文件或者直接输入当单击鼠标经过图像时打开的文件路径。如果没有设置链接，Dreamweaver 会自动在 HTML 代码中为鼠标经过图像加上一个空链接（#）。如果将这个空链接除去，鼠标经过图像将不起作用。

> **提示**　单击"常用"插入栏中的"鼠标经过图像"按钮，弹出"插入鼠标经过图像"对话框，也可以插入鼠标经过图像，或者将"常用"插入栏中的"鼠标经过图像"按钮拖曳到要插入鼠标经过图像的位置，打开"插入鼠标经过图像"对话框，也可以插入鼠标经过图像。

（3）在对话框中单击"原始图像"文本框右侧的"浏览"按钮，弹出"原始图像"对话框，如图 2-24 所示，在对话框中选择图像文件，单击"确定"按钮，将路径添加到对话框中。

（4）单击"鼠标经过图像"文本框右侧的"浏览"按钮，弹出"鼠标经过图像"对话框，如图 2-25 所示，在对话框中选择图像文件。

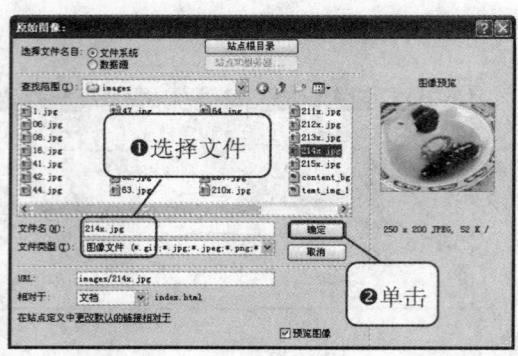
图 2-24 "原始图像"对话框

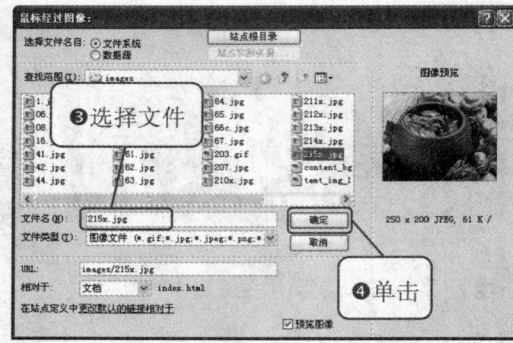
图 2-25 "鼠标经过图像"对话框

（5）单击"确定"按钮，添加到对话框中，如图 2-26 所示。
（6）单击"确定"按钮，插入鼠标经过图像，如图 2-27 所示。

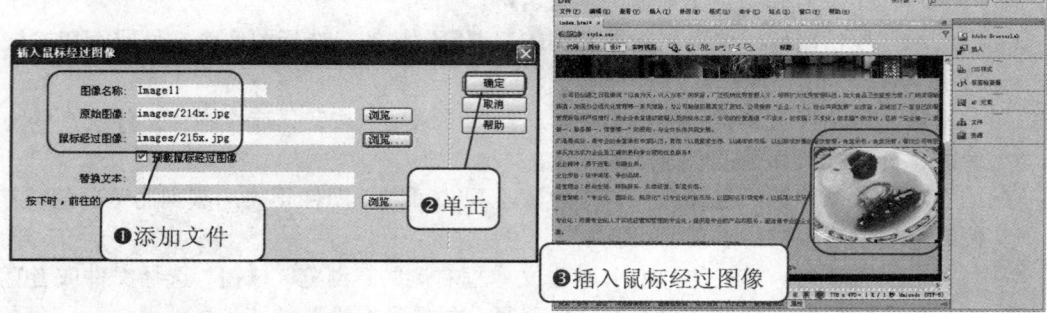

图 2-26 添加图像路径到对话框　　　　　图 2-27 插入鼠标经过图像

（7）保存文档，按"F12"键在浏览器中预览，鼠标经过图像前与鼠标经过图像时的效果分别如图 2-20 和图 2-21 所示。

2.4　插入多媒体

> SWF 动画也就是 Flash 动画，在网页中插入 SWF 动画能给网页增添动感效果，SWF 动画以文件小巧、速度快、特效精美、支持流媒体和交互功能强大等特点，成为网页中最流行的动画格式，大量应用于网页中。

2.4.1　插入 Flash

下面通过如图 2-28 所示的实例介绍 SWF 动画的插入方法，具体的操作步骤如下。

第 02 小时　网站制作工具 Dreamweaver CS6

图 2-28　SWF 动画的插入

◎练习文件　实例素材/练习文件/CH02/2.4.1/index.html

◎完成文件　实例素材/完成文件/CH02/2.4.1/index1.html

（1）打开网页文档，如图 2-29 所示。

（2）将光标置于要插入 SWF 的位置，执行"插入"|"媒体"|"SWF"命令，打开"选择文件"对话框，在对话框中选择"top.swf"，如图 2-30 所示。

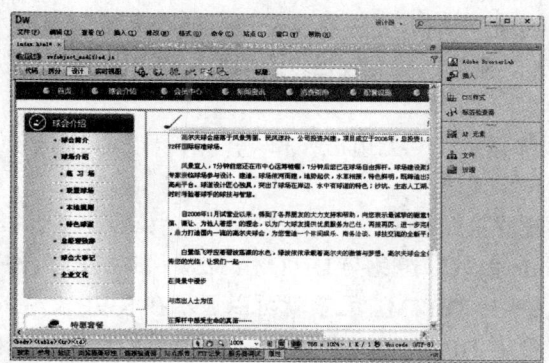

图 2-29　打开网页文档

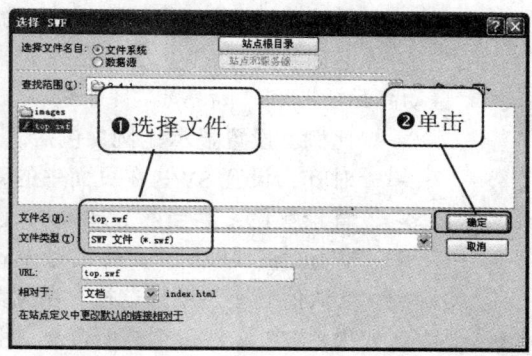

图 2-30　选择文件

> 提示　插入 Flash 动画还有下面两种方法：
> 　　单击"常用"插入栏中的 SWF ▾-按钮，弹出"选择文件"对话框，选择插入 SWF。
> 　　拖曳"常用"插入栏中的 ▾-按钮至所需要的位置，弹出"选择文件"对话框，选择插入 SWF。

（3）单击"确定"按钮，插入 SWF，如图 2-31 所示。

（4）保存文档，按"F12"键在浏览器中预览，效果如图 2-28 所示。

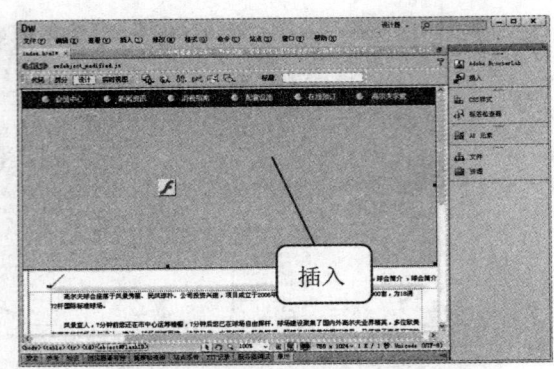

图 2-31　插入 SWF

SWF 属性面板主要有以下参数。
> "SWF"文本框：输入 SWF 动画的名称。
> 宽、高：设置文档中 SWF 动画的尺寸，设计者可以输入数值改变其大小，也可以通过在文档中直接拖动来改变其大小。
> 文件：指定 SWF 文件的路径。
> 循环：选中此复选项，可以重复播放 SWF 动画。
> 自动播放：选中此复选项，当在浏览器中载入网页文档时，自动播放 SWF 动画。
> 垂直边距和水平边距：指定动画边框与网页上边界及左边界的距离。
> 品质：设置 SWF 动画在浏览器中的播放质量，包括"低品质"、"自动低品质"、"自动高品质"和"高品质"4 个选项。
> 比例：设置显示比例，包括"全部显示"、"无边框"和"严格匹配"3 个选项。
> 对齐：设置 SWF 在页面中的对齐方式。
> 背景颜色：为当前 SWF 动画设置背景颜色。
> Wmode：为 SWF 文件设置 Wmode 参数以避免与 DHTML 元素（如 Spry 构件）相冲突。默认值是不透明，这样，在浏览器中，DHTML 元素就可以显示在 SWF 文件的上面。如果 SWF 文件包括透明度，并且希望 DHTML 元素显示在它们的后面，则选择"透明"选项。选择"窗口"选项，可从代码中删除 Wmode 参数并允许 SWF 文件显示在其他 DHTML 元素的上面。
> 编辑：用于自动打开 SWF 软件，对源文件进行处理。
> 播放：用于在设计视图中播放 Flash 动画。
> 参数：用来打开一个对话框，在其中输入能使该 SWF 顺利运行的附加参数。

2.4.2　利用 Applet 制作动感网页

下面通过 Java Applet 制作一个具有如图 2-32 所示的水中倒影特效的网页。

第 02 小时　网站制作工具 Dreamweaver CS6

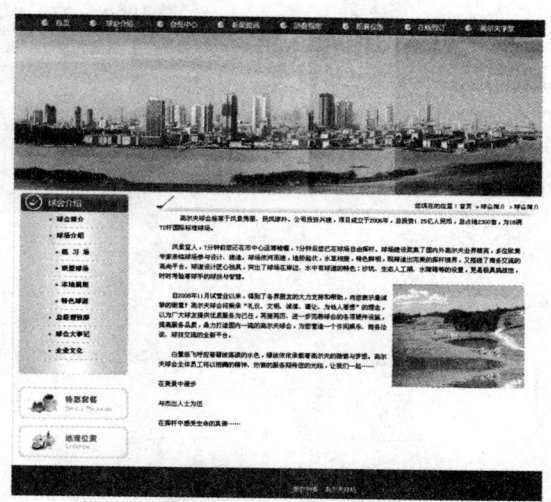

图 2-32　水中倒影特效

练习文件　实例素材/练习文件/CH02/2.4.2/index.html
完成文件　实例素材/完成文件/CH02/2.4.2/index1.html

（1）打开网页文档，如图 2-33 所示。

（2）将光标置于网页中想插入 Applet 的位置，执行"插入"|"媒体"|"Applet"命令，弹出"选择文件"对话框，在对话框中选择 Applet 文件"Lake.class"，如图 2-34 所示。

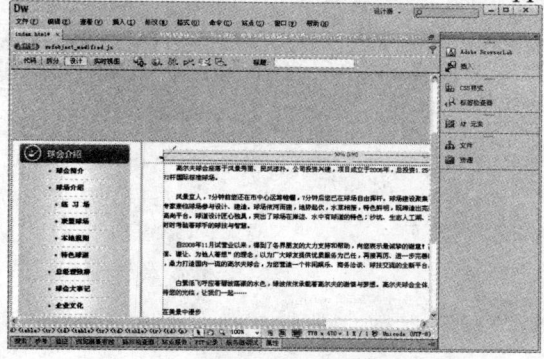

图 2-33　打开网页文档

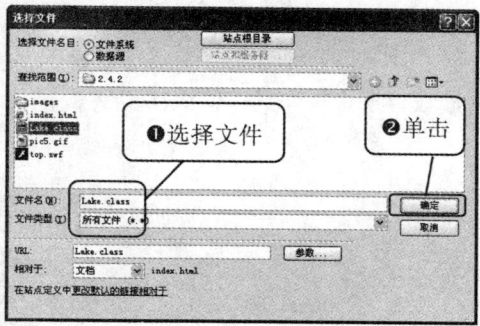

图 2-34　选择文件

（3）单击"确定"按钮，插入 Applet，在属性面板中将"宽"设置为 250，"高"设置为 200，如图 2-35 所示。

（4）切换到拆分视图，在拆分视图中修改以下代码，如图 2-36 所示。

```
<applet code="Lake.class" width="250" height="200" align="right">
<PARAM NAME="image" VALUE="pic5.gif">
// pic5.gif 换为图像的名称
</applet>
```

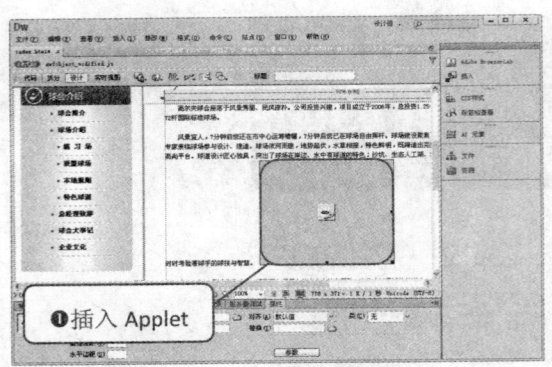
图 2-35 插入 Applet

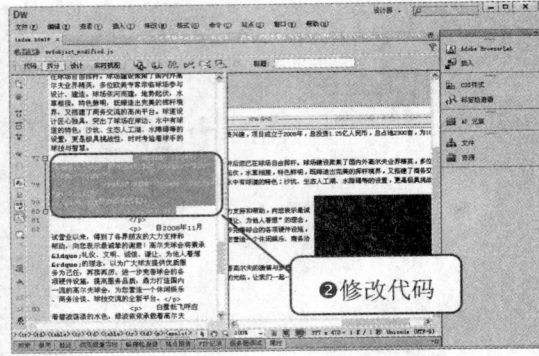
图 2-36 修改代码

> 提示："Lake.class" 文件、图像及网页必须放在同一个文件夹下。

（5）保存文档，按"F12"键在浏览器中预览，效果如图 2-32 所示。

2.4.3 利用插件制作背景音乐网页

为网页加入背景音乐，使访问者一进入网站就能听到优美的音乐，可以大大增强网站的娱乐性。为网页添加背景音乐的方法很简单，通过单击"常用"插入栏中的"媒体"按钮组中的"插件"按钮，即可快速完成背景音乐的插入。下面通过如图 2-37 所示的实例介绍如何利用插件插入背景音乐，具体的操作步骤如下。

图 2-37 插入背景音乐

练习文件　实例素材/练习文件/CH02/2.4.3/index.html
完成文件　实例素材/完成文件/CH02/2.4.3/index1.html

（1）打开网页文档，如图 2-38 所示。

第 02 小时　网站制作工具 Dreamweaver CS6

（2）单击"常用"插入栏中的"媒体"按钮组中的"插件"按钮，弹出"选择文件"对话框，在对话框中选择音乐文件，如图 2-39 所示。

图 2-38　打开网页文档

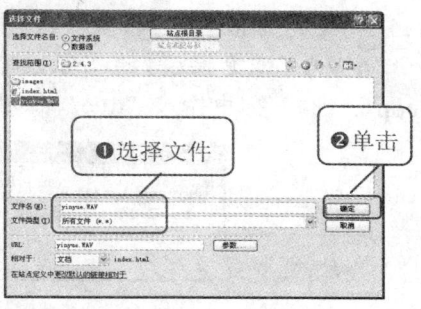

图 2-39　"选择文件"对话框

（3）单击"确定"按钮，在文档窗口中会出现插件图标，如图 2-40 所示。
（4）选中插入的插件，打开属性面板，在面板中进行相应的设置，如图 2-41 所示。

图 2-40　插入插件

图 2-41　设置插件的属性

插件属性面板中主要有以下参数。

> 插件名称：设置插件的名称，以便在脚本中能够引用。
> 宽和高：设置插件在浏览器中显示的宽度和高度，默认以像素为单位。
> 源文件：设置插件的文件地址，单击　　按钮，在弹出的对话框中选择文件或者直接输入文件地址。
> 对齐：设置插件和页面的对齐方式。
> 插件 URL：设置包含插件的地址，如果浏览者的系统中没有装该类型的插件，则浏览器从该地址下载它。
> 垂直边距和水平边距：设置插件的上、下、左、右与页面元素的距离。
> 边框：设置插件边框的宽度，可输入数值，单位是像素。
> ▶ 播放 ：单击该按钮，可在 Adobe Dreamweaver CS6 编辑窗口中预览这个插

件的效果，单击"播放"按钮后，该按钮会变成"停止"按钮，单击则停止插件的预览。

> 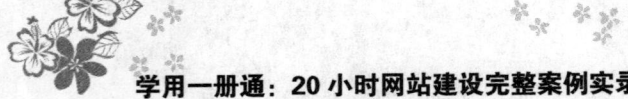：单击此按钮，弹出"参数"对话框，可以设置插件的参数。

（5）为了隐藏影响网页美观的播放器，单击属性面板中的 按钮，弹出"参数"对话框，在对话框中的"参数"列中输入"hidden"，"值"列中输入"true"，如图2-42所示。

（6）为了重复播放背景音乐，单击"参数"对话框中的 按钮，在"参数"列中输入"loop"，"值"列中输入"true"，如图2-43所示。

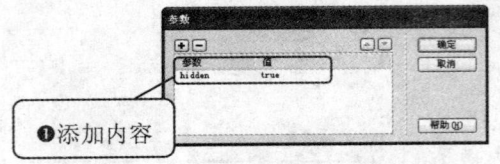
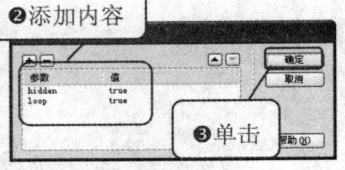

图2-42 "参数"对话框　　　　图2-43 添加参数

（7）单击"确定"按钮，保存文档，按"F12"键在浏览器预览效果，可以看到多媒体播放器已经从页面中隐藏，但音乐却重复播放，如图2-37所示。

> **提示**　如何选择要添加的背景音乐文件？
>
> 在网页中可以插入多种不同类型的声音文件，如.wav、.midi和.mp3。在确定采用哪种格式和方法添加声音前，需要考虑以下一些因素：添加声音的目的、页面访问者、文件大小、声音品质和不同浏览器的差异。

2.5 创建超链接

> 使用Dreamweaver CS6创建链接非常简单、方便，只要选中要设置为超链接的文字或图像，然后在属性面板的"链接"文本框中输入相应的URL路径即可。

2.5.1 创建文本链接

当浏览网页时，鼠标经过某些文本，会出现一个小手，同时文本也会发生相应的变化，提示浏览者这是带链接的文本。此时单击，会打开所链接的网页，这就是文本超链接。

创建文本链接的效果如图2-44所示，具体操作步骤如下。

第 02 小时　网站制作工具 Dreamweaver CS6

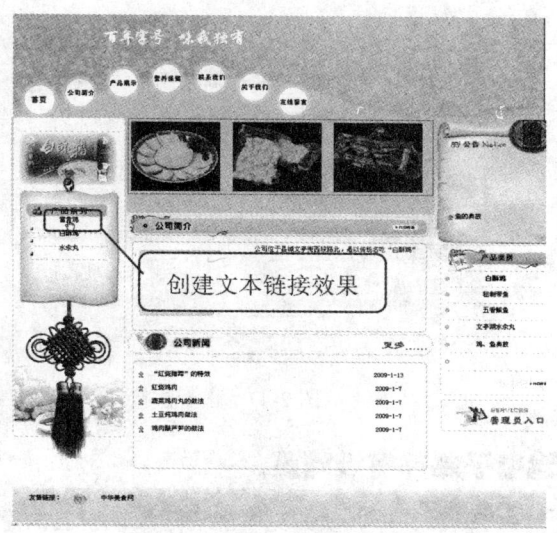

图 2-44　创建文本链接的效果

练习文件　实例素材/练习文件/CH02/2.5.1/index.html

完成文件　实例素材/完成文件/CH02/2.5.1/index1.html

（1）打开网页文档，选中要创建链接的文本，如图 2-45 所示。

（2）打开"属性"面板，在面板中单击"链接"文本框右边的浏览按钮图标，弹出"选择文件"对话框，在对话框中选择链接的文件，将如图 2-46 所示。

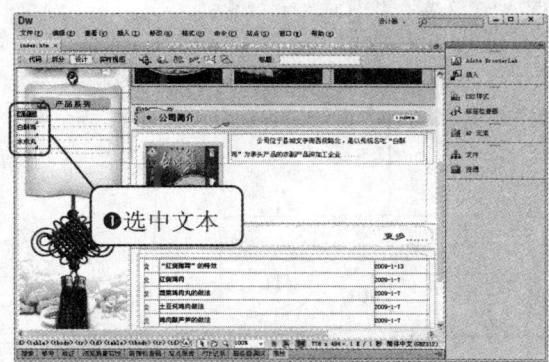

图 2-45　打开原始文件

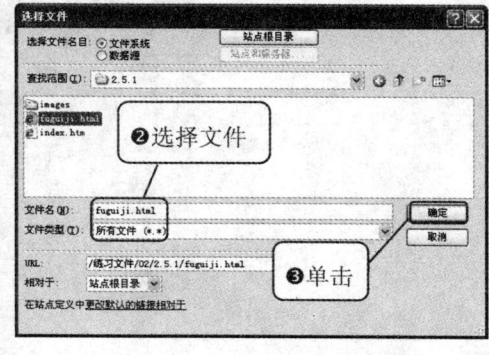

图 2-46　链接文件

（3）单击"确定"按钮，文件添加到"链接"文本框中，如图 2-47 所示。

（4）保存网页文档，按 F12 键在浏览器中浏览，效果如图 2-44 所示。

图 2-47　设置链接

2.5.2　创建电子邮件链接网页

在网页上创建电子邮件链接，可以使浏览者能快速反馈自己的意见。当浏览者单击电子邮件链接时，可以立即打开浏览器默认的 E-mail 处理程序，收件人邮件地址被电子邮件链接中指定的地址自动更新，无须浏览者输入。下面通过实例讲述电子邮件链接的创建方法，如图 2-48 所示，具体操作步骤如下。

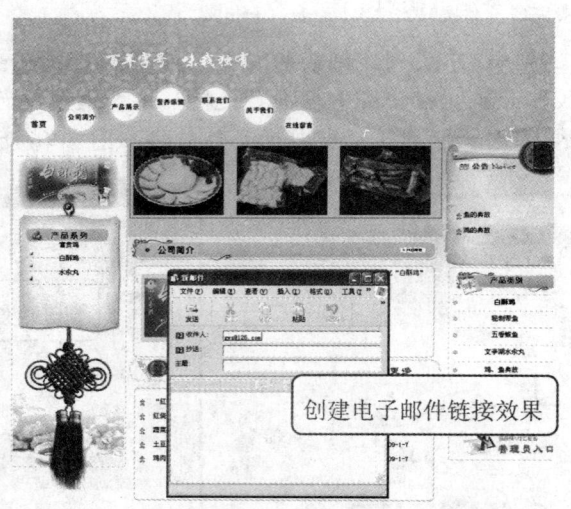

图 2-48　电子邮件链接效果

练习文件　实例素材/练习文件/CH02/2.5.2/index.html

完成文件　实例素材/完成文件/CH02/2.5.2/index1.html

> 提示　单击电子邮件链接后，系统将自动启动电子邮件软件，并在收件人地址中自动填写上电子邮件链接所指定的邮箱地址。

第02小时 网站制作工具 Dreamweaver CS6

（1）打开网页文档，将光标置于创建电子邮件的位置，如图2-49所示。

（2）执行"插入"|"电子邮件链接"命令，弹出"电子邮件链接"对话框，在"文本"文本框中输入文字"联系我们"，"电子邮件"文本框中输入"gws@126.com"，如图2-50所示。

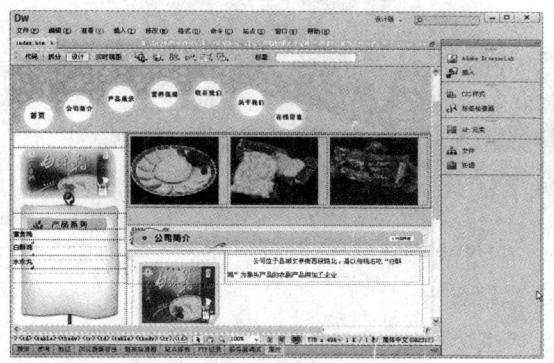

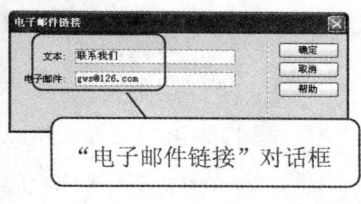

图 2-49 打开网页文档　　　　　　　　　图 2-50 "电子邮件链接"对话框

 单击"常用"插入栏中的 按钮，弹出"电子邮件链接"对话框，也可以创建电子邮件链接。

（3）单击"确定"按钮，创建电子邮件链接，如图2-51所示。

图 2-51 创建电子邮件链接

（4）保存文档，按F12键在浏览器中预览效果，单击创建的电子邮件链接，将弹出"新邮件"对话框，如图2-48所示。

2.5.3 创建图像热点链接网页

有些网页在一幅大图片上做了多个链接，这样访问者可以通过单击图片的不同位置进入不同的页面，这是应用了图像热点链接。下面通过实例创建如图2-52所示的图像热点链接效果，具体操作步骤如下：

图 2-52　图像热点链接效果

练习文件　实例素材/练习文件/CH02/2.5.3/index.html

完成文件　实例素材/完成文件/CH02/2.5.3/index1.html

（1）打开网页文档，在文档中选中需要设置热点的图像，如图 2-53 所示。

（2）打开属性面板，在属性面板中选择"矩形热点工具"，如图 2-54 所示。

图 2-53　打开网页文档

图 2-54　选择"矩形热点工具"

>  提示　　在属性面板中包括 3 种热点工具，分别是"矩形热点工具"、"椭圆形热点工具"和"多边形热点工具"，可以根据需要选择相应的热点工具。

（3）在属性面板中包括 3 种热点工具，分别是"矩形热点工具"、"椭圆形热点工具"和"多边形热点工具"，可以根据需要选择相应的热点工具，如图 2-55 所示。

（4）按照步骤（2）和（3）的方法，绘制其他热点，并设置链接，如图 2-56 所示。

> 提示　　图像热点链接和图像链接有很多相似之处，有些情况下你在浏览器中甚至都分辨不出它们。虽然它们的最终效果基本相同，但两者实现的原理还是有很大差异的。读者在为自己的网页加入链接之前，应根据具体的实际情况，选择和使用适合的链接方式。

第 02 小时　网站制作工具 Dreamweaver CS6

图 2-55　绘制热点

图 2-56　绘制热点

（5）保存网页，按 F12 键在浏览器中预览效果，如图 2-52 所示。

> **提示**　当预览网页时，热点链接不会显示，当光标移至热点链接上时会变为手形，以提示浏览者该处为超链接。

2.5.4　创建锚点网页

锚点链接常用于长篇文章、技术文件等内容的网页，在网页中使用锚点来链接文章的每一个段落，以方便文章的阅读。这样当浏览者单击某一个超链接时，可以转到同一网页的特定段落位置。下面通过实例讲述锚点链接网页的创建方法，效果如图 2-57 所示，具体操作步骤如下。

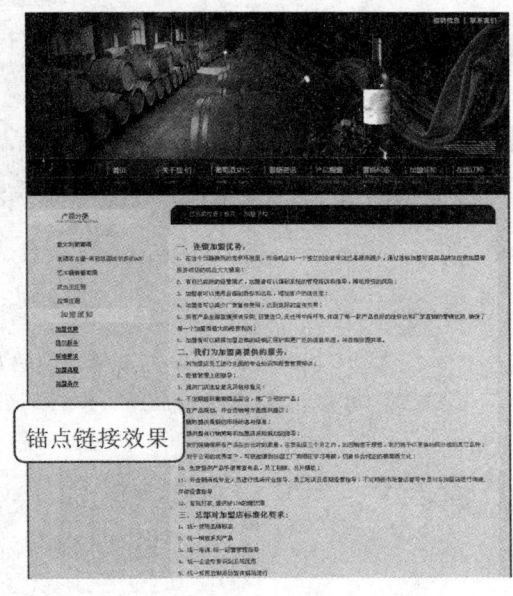

图 2-57　锚点链接效果

学用一册通：20小时网站建设完整案例实录

◎练习文件 实例素材/练习文件/CH02/2.5.4/index.html
◎完成文件 实例素材/完成文件/CH02/2.5.4/index1.html

（1）打开网页文档，如图 2-58 所示。

（2）将光标置于文本"一、连锁加盟优势:"的前面，执行"插入"|"命名锚记"命令，弹出"命名锚记"对话框，在对话框中的"锚记名称"文本框中输入 a1，如图 2-59 所示。

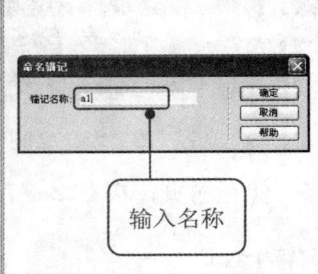

图 2-58　打开网页文档　　　　　　　　图 2-59　"命名锚记"对话框

（3）单击"确定"按钮，插入锚记 a1，如图 2-60 所示。

（4）选中左侧导航文本"加盟优势"，在属性面板中的"链接"文本框中输入#a1，进行链接，如图 2-61 所示。

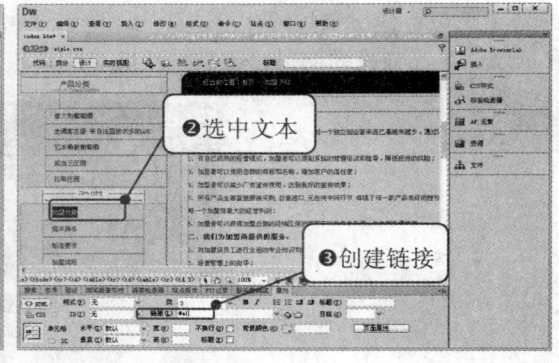

图 2-60　插入锚记 a1　　　　　　　　　图 2-61　创建锚记链接

（5）将光标置于文字"二、我们为加盟商提供的服务:"的前面，执行"插入"|"命名锚记"命令，弹出"命名锚记"对话框，在对话框中的"锚记名称"文本框中输入 a2，如图 2-62 所示。

（6）单击"确定"按钮，插入命名锚记 a2，如图 2-63 所示。

第 02 小时　网站制作工具 Dreamweaver CS6

 如果看不到锚记标记，可以执行"查看"|"可视化助理"|"不可见元素"命令，勾选"不可见元素"复选框，即可看到锚记标记。

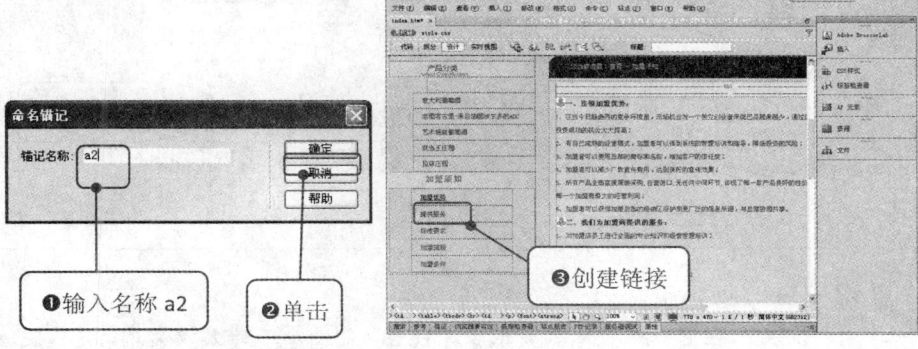

图 2-62　"命名锚记"对话框　　　　图 2-63　插入命名锚记 a2

（7）选中上部导航文字"提供服务"，在属性面板中的"链接"文本框中输入#a2，进行链接，如图 2-64 所示。

（8）将光标置于文字"三、总部对加盟店标准化要求："的前面，执行"插入"|"命名锚记"命令，弹出"命名锚记"对话框，在对话框中的"锚记名称"文本框中输入 a3，如图 2-65 所示。

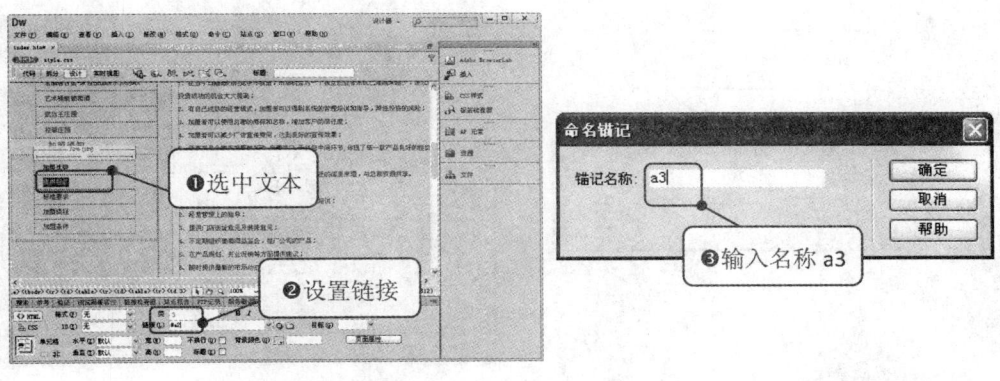

图 2-64　设置链接　　　　　　　　图 2-65　"命名锚记"对话框

（9）单击"确定"按钮，插入命名锚记 a3，如图 2-66 所示。

（10）选中左侧导航文字"标准要求"，在属性面板中的"链接"文本框中输入#a3，进行链接，如图 2-67 所示。

45

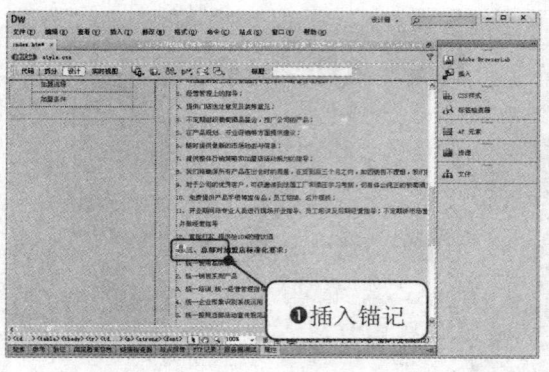
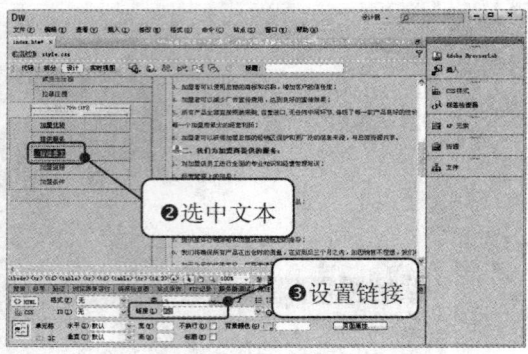

图 2-66　插入命名锚记 3　　　　　　　　　图 2-67　设置链接

> **提示**
> 　　在遇到网页中拥有很多的内容，如网页中的大段文章，这将使滚动条变得很长，浏览时频繁地使用鼠标并不是十分的方便，这时就可以制作一个"命名锚记"链接，当它被单击时，页面立即跳转到指定的位置上，便于浏览者的查看。锚记和文本一样可以进行剪切、复制和粘贴等操作，还可以在网页中随意移动其位置。

（11）将光标置于文字"四、加盟流程"的前面，执行"插入"|"命名锚记"命令，弹出"命名锚记"对话框，在对话框中的"锚记名称"文本框中输入 a4，如图 2-68 所示。

（12）单击"确定"按钮，插入命名锚记 a4，如图 2-69 所示。

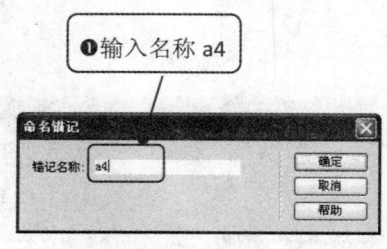
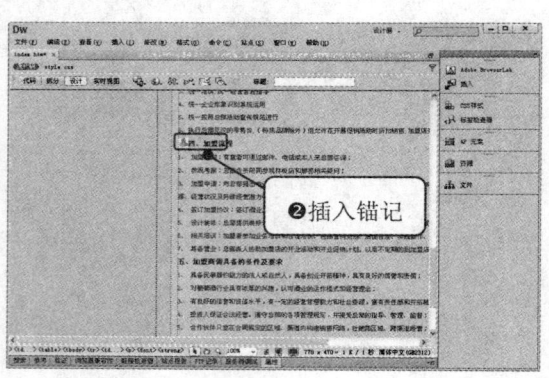

图 2-68　"命名锚记"对话框　　　　　　　图 2-69　插入命名锚记 a4

（13）选中左侧导航文字"加盟流程"，在属性面板中的"链接"文本框中输入#a4，进行链接，如图 2-70 所示。

（14）将光标置于文字"五、加盟商需具备的条件及要求"的前面，执行"插入"|"命名锚记"命令，弹出"命名锚记"对话框，在对话框中的"锚记名称"文本框中输入 a5，如图 2-71 所示。

第 02 小时　网站制作工具 Dreamweaver CS6

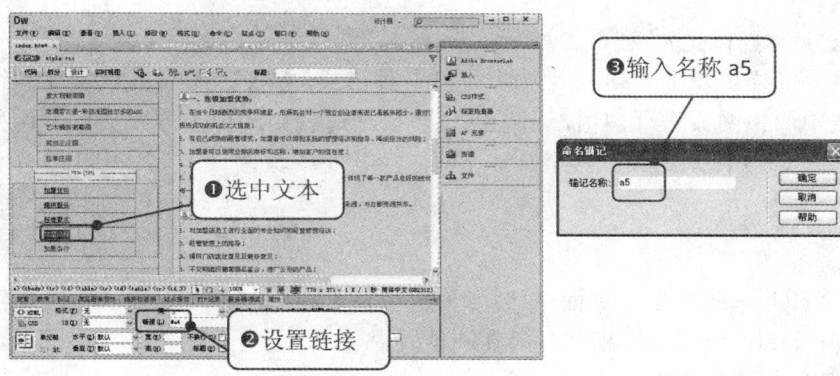

图 2-70　设置链接　　　　　　　　　　图 2-71　"命名锚记"对话框

（15）单击"确定"按钮，插入命名锚记 a5，如图 2-72 所示。

（16）选中左侧导航文字"加盟条件"，在属性面板中的"链接"文本框中输入#a5，进行链接，如图 2-73 所示。

（17）保存文档，按 F12 键在浏览器中预览效果，当单击某一个锚点链接时，会跳转到相应的位置，如图 2-57 所示。

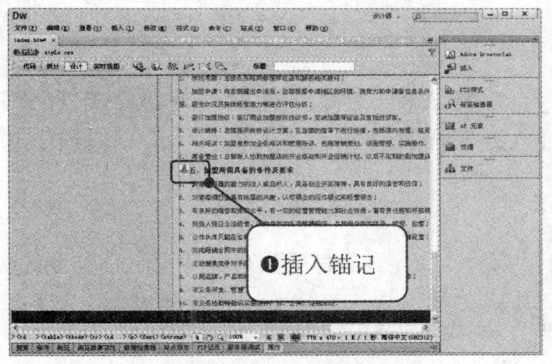

图 2-72　插入命名锚记 a5

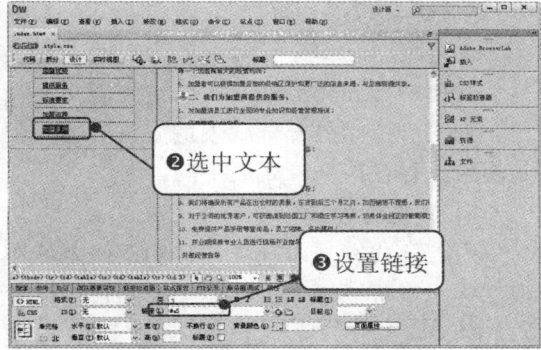

图 2-73　设置链接

2.6　利用 CSS 美化网页

> CSS 层叠样式表，是在网页制作过程中普遍用到的技术，现在已经为大多数浏览器所支持，成为网页设计必不可少的工具之一。使用 CSS 技术，可以更轻松、有效地对页面的整体布局、字体、图像、颜色、背景和链接等元素实现更加精确的控制，完成许多使用 HTML 无法实现的任务。

2.6.1　添加 CSS 的方法

在 HTML 文档中添加 CSS 的方法主要有 4 种，分别为链接外部样式表、导入外部样式表、内部样式表和内嵌样式。下面分别进行介绍。

1. 链接外部样式表

链接外部样式表是 CSS 应用中最好的一种形式，它将 CSS 样式代码单独编写在一个独立文件之中，由网页进行调用，多个网页可以同时使用同一个样式文件。这种形式最适合大型网站的 CSS 样式定义，其格式如下。

```
<head>
<link href="ys.css" rel="stylesheet" type="text/css">
</head>
```

rel="stylesheet" 指在页面中使用外部的样式表；type="text/css" 指文件的类型是样式表文件；href="ys.css" 指文件所在的位置。

2. 导入外部样式表

导入外部样式表是指在内部样式表的 <style> 里导入一个外部样式表，导入时用 @import，其格式如下。

```
<head>
<style type="text/css">
<!--
@import url("ys.css");
-->
</style>
</head>
```

此例中 @import url("ys.css") 表示导入 ys.css 样式表。注意使用时，外部样式表的路径、方法和链接外部样式表的方法类似，但导入外部样式表输入方式更有优势。实质上它是相当于存在内部样式表中的。

3. 内部样式表

内部样式表与内嵌样式表的相似之处在于，都将 CSS 样式编写到页面中。而不同的是，内部样式表可以统一放置在一个固定的位置，其格式如下。

```
<head>
<style type="text/css">
<!--
body {
background-color: #990066;
margin-left: 0px;
margin-top: 0px;
}
-->
</style>
</head>
```

4. 内嵌样式表

内嵌样式表是混合在 HTML 标记里使用的，用这种方法，可以很简单地对某个元素单独定义样式，主要是在 body 内实现。内嵌样式表的使用是直接在 HTML 标记里加入 style 参数，而 style 参数的内容就是 CSS 的属性和值，在 style 参数后面的引号里的内容相当于在样式表大括号里的内容，其格式如下。

第 02 小时　网站制作工具 Dreamweaver CS6

```
<td style="color:#3366FF; margin:auto; size:13px; font:"宋体""></td>
```

这种方法虽然使用比较简单和显示直观，但是无法发挥样式表的优势，因此不推荐使用。

2.6.2　应用 CSS 固定字体大小

利用 CSS 可以固定字体大小，使网页中的文本始终不随浏览器改变而发生变化，总是保持着原有的大小，应用 CSS 固定字体大小的效果如图 2-74 所示，具体的操作步骤如下。

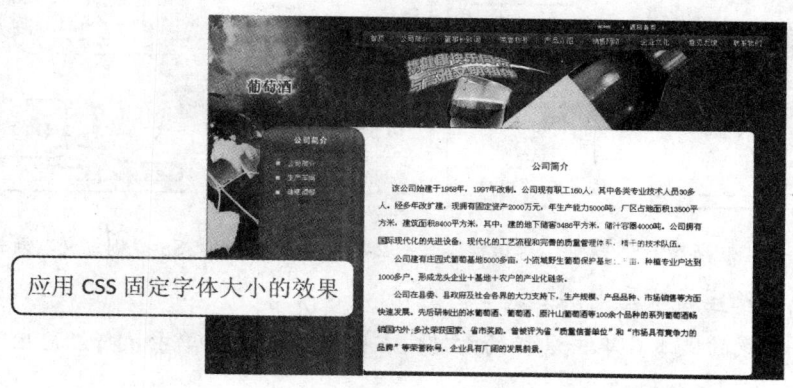

图 2-74　应用 CSS 固定字体大小的效果

◎练习文件　实例素材/练习文件/CH02/2.6.4/index.html
◎完成文件　实例素材/完成文件/CH02/2.6.4/index1.html

（1）打开网页文档，如图 2-75 所示。
（2）执行"窗口"|"CSS 样式"命令，打开"CSS 样式"面板，在"CSS 样式"面板中单击鼠标右键，在弹出的快捷菜单中执行"新建"命令，如图 2-76 所示。

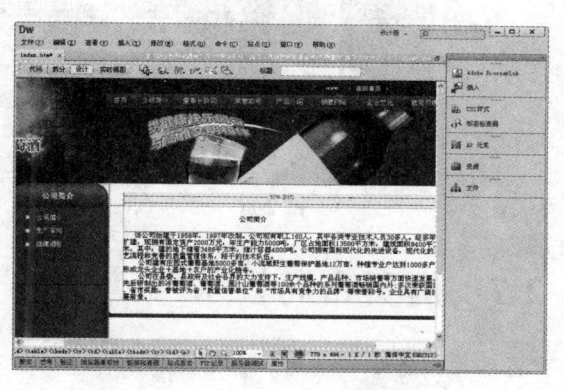

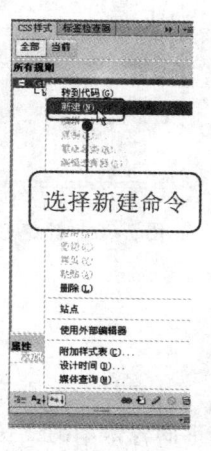

图 2-75　打开网页文档　　　　　　图 2-76　执行"新建"命令

（3）弹出"新建 CSS 规则"对话框，在对话框中的"选择器类型"中选择"类"，在"选择器名称"中输入名称，在"规则定义"中选择"仅限该文档"，如图 2-77 所示。

（4）单击"确定"按钮，弹出".daxiao 的 CSS 规则定义"对话框，在对话框中将"Font-family"设置为宋体，"Font-size"设置为14像素，"Color"设置为#A62F1B，"Line-height"设置为230%，如图 2-78 所示。

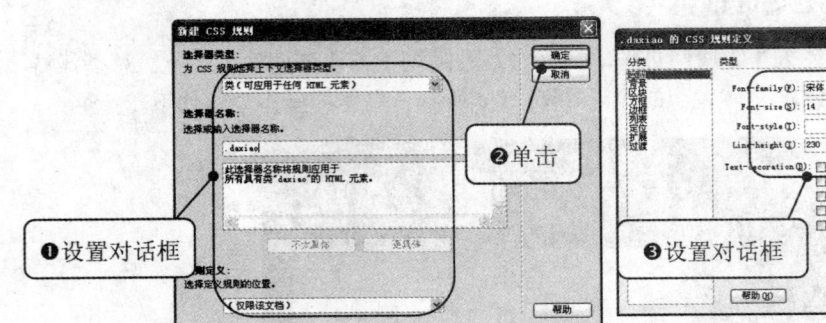

图 2-77　"新建CSS规则"对话框　　　图 2-78　".daxiao 的 CSS 规则定义"对话框

（5）单击"确定"按钮，新建CSS样式，如图 2-79 所示。

（6）选中应用样式的文本，单击鼠标的右键，在弹出的快捷菜单中执行"应用"命令，如图 2-80 所示。

（7）保存文档，按"F12"键在浏览器中浏览，效果如图 2-74 所示。

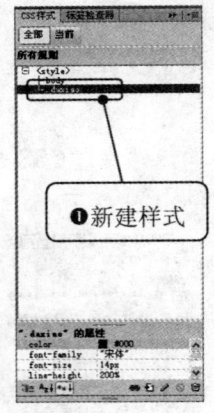
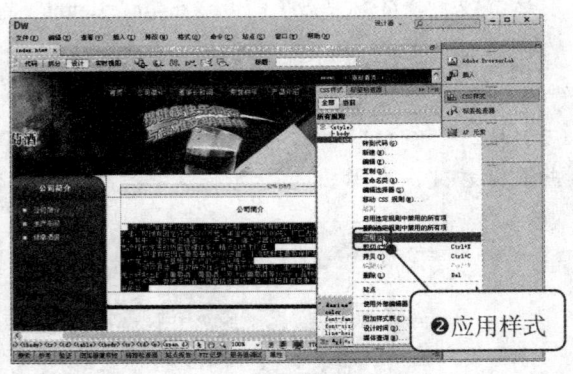

图 2-79　新建CSS样式　　　　　　图 2-80　应用CSS样式

2.7　网页布局技术

表格是网页布局定位的最佳选择，使用表格布局的网页在不同平台、不同分辨率的浏览器中都能保持原有页面布局和对齐状态。另外，使用表格还可以清晰地显示列表数据，可以将各种数据排成行和列，从而更容易阅读信息。本章就来介绍表格的插入、表格属性的设置、表格的基本操作、导入表格式数据、表格排序及特殊表格的创建。

第 02 小时　网站制作工具 Dreamweaver CS6

 2.7.1　利用表格布局网页实例

表格是基本的网页排版工具，常用来排列网页元素。利用表格排列数据的效果如图 2-81 所示，具体操作步骤如下。

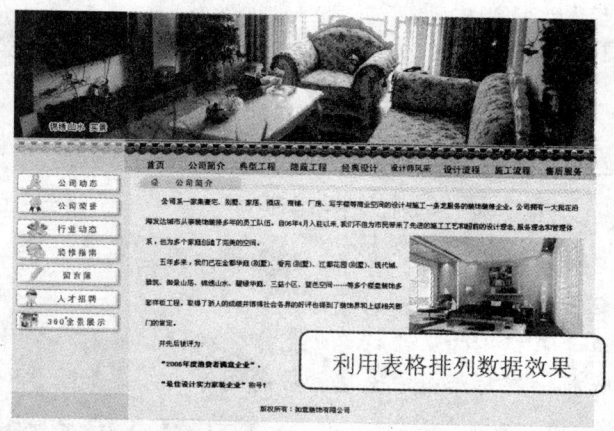

图 2-81　利用表格排列数据的效果

练习文件　实例素材/练习文件/CH02/2.7.1/index.html

完成文件　实例素材/完成文件/CH02/2.7.1/index1.html

（1）执行"文件"｜"新建"命令，弹出"新建文档"对话框，在对话框中执行"空白页"｜"HTML"｜"无"命令，如图 2-82 所示。

（2）单击"创建"按钮，创建文档，如图 2-83 所示。

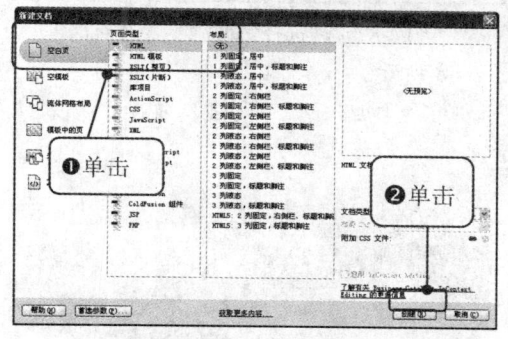

图 2-82　"新建文档"对话框

图 2-83　创建文档

（3）将光标置于页面中，执行"修改"｜"页面属性"命令，弹出"页面属性"对话框，在对话框中进行相应的设置，如图 2-84 所示。

（4）单击"确定"按钮，修改页面属性，将光标置于页面中，执行"插入"｜"表格"命令，打开"表格"对话框，在对话框中将"行数"设置为"3"，"列数"设置为"1"，"表格宽度"设置为"1009 像素"，如图 2-85 所示。

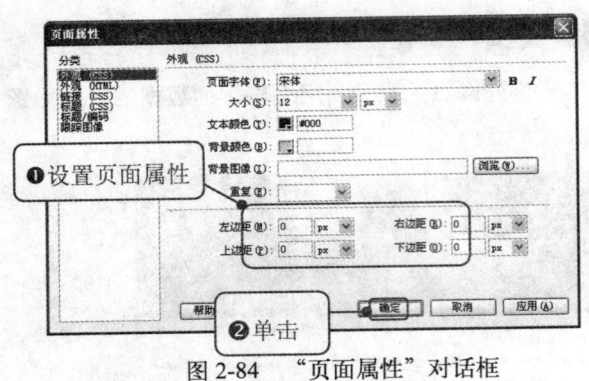

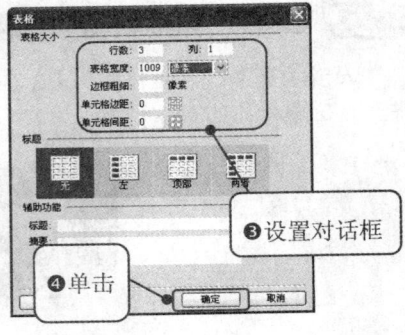

图 2-84 "页面属性"对话框　　　　图 2-85 "表格"对话框

（5）单击"确定"按钮，插入表格，此表格记为表格 1，将光标置于表格 2 的第 1 行单元格中，如图 2-86 所示。

（6）将光标置于表格 1 的第 1 行单元格中，执行"插入"|"图像"命令，弹出"选择图像源文件"对话框，在对话框中选择相应的图像文件，如图 2-87 所示。

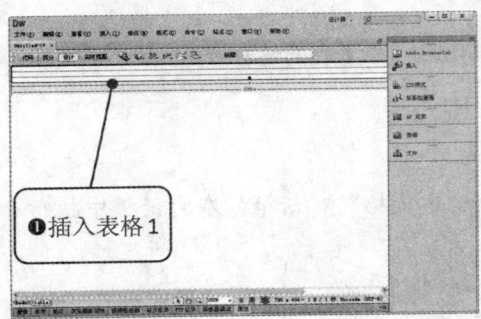

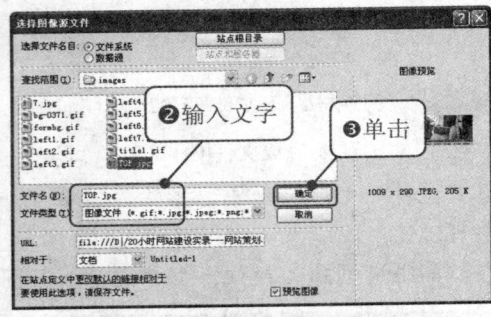

图 2-86 插入表格 1　　　　图 2-87 "选择图像源文件"对话框

（7）单击"确定"按钮，插入图像，如图 2-88 所示。

（8）将光标置于表格 1 的第 2 行单元格中，执行"插入"|"表格"命令，插入 1 行 2 列的表格，此表格记为表格 2，如图 2-89 所示。

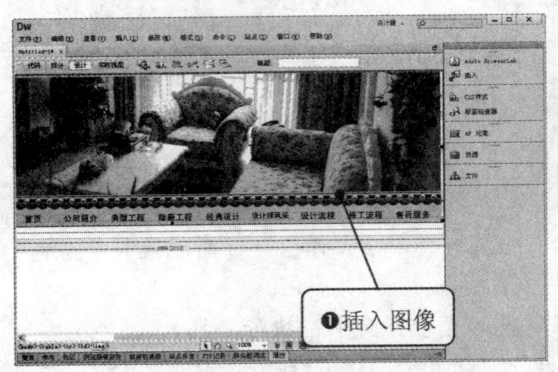

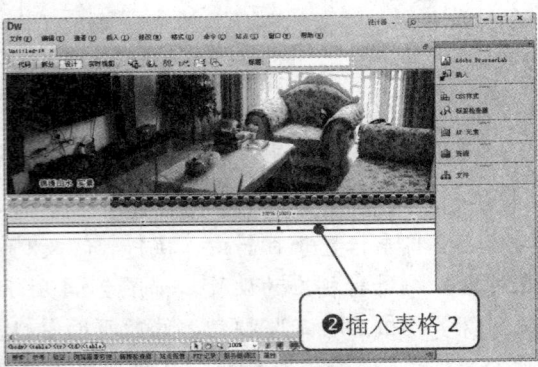

图 2-88 插入图像　　　　图 2-89 插入表格 2

第02小时 网站制作工具 Dreamweaver CS6

（9）将光标置于表格2的第1列单元格中，将单元格的背景颜色设置为"#efeccf"，如图 2-90 所示。

（10）将光标置于表格2的第1列单元格中，插入7行1列的表格，此表格记为表格3，如图 2-91 所示。

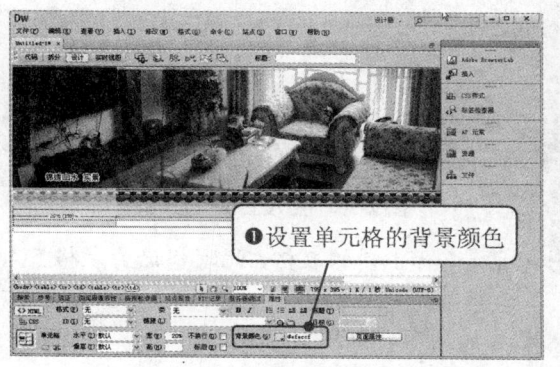

图 2-90 设置单元格的背景颜色

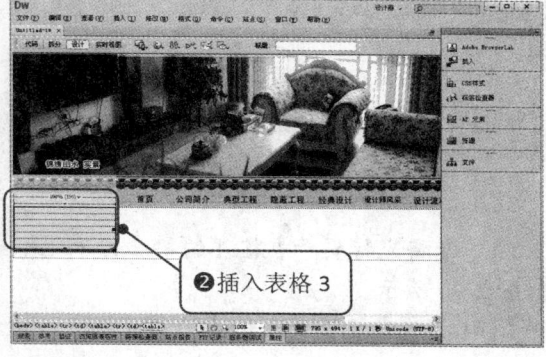

图 2-91 插入表格3

（11）在表格3的单元格中分别输入相应的图像文件，如图 2-92 所示。

（12）将光标置于表格2的第2列单元格中，打开代码视图，在代码中输入背景图像代码，如图 2-93 所示。

图 2-92 插入图像

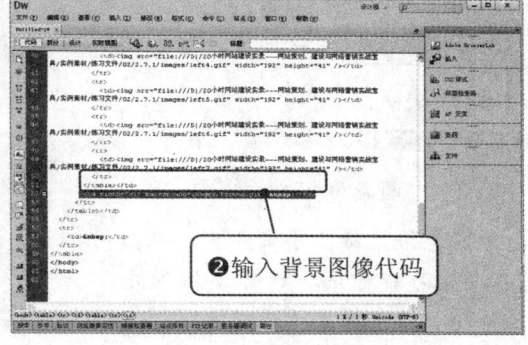

图 2-93 输入背景图像代码

（13）返回设计视图，可以看到输入的背景图像，将光标置于背景图像上，插入2行1列的表格，此表格记为插入表格4，如图 2-94 所示。

（14）将光标置于表格4的第1行单元格中，执行"插入"|"图像"命令，插入图像，如图 2-95 所示。

53

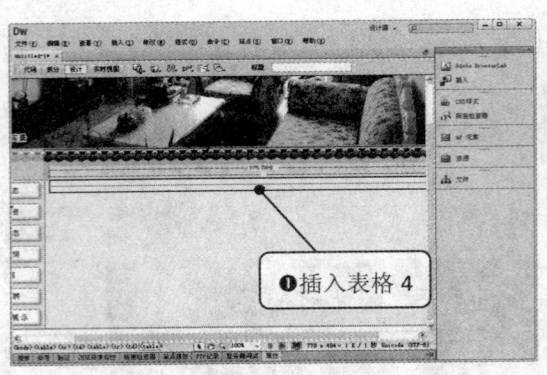

图 2-94 插入表格 4

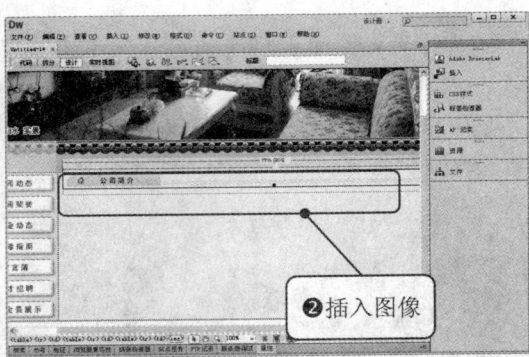

图 2-95 插入图像

（15）将光标置于表格 4 的第 2 行单元格中，插入 1 行 1 列的表格，此表格记为表格 5，如图 2-96 所示。

（16）将光标置于表格 5 的单元格中，输入相应的文字，如图 2-97 所示。

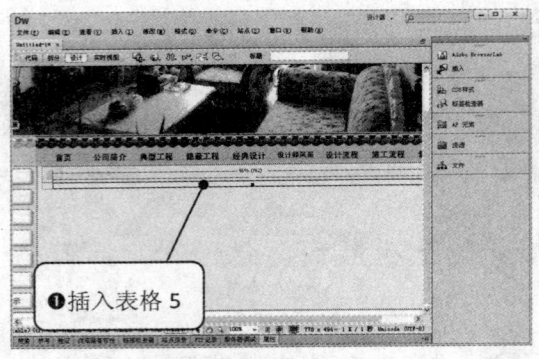

图 2-96 插入表格 5

图 2-97 输入文字

（17）将光标置于文字中，执行"插入"|"图像"命令，插入图像 images/tu.jpg，并将图像设置为右对齐，如图 2-98 所示。

（18）将光标置于表格 1 的第 3 行单元格中，执行"插入"|"表格"命令，插入 1 行 2 列的表格，此表格记为表格 6，如图 2-99 所示。

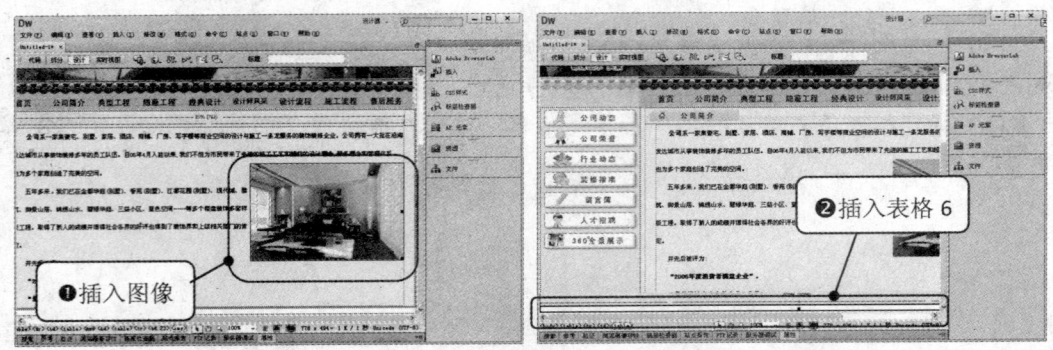

图 2-98 插入图像　　　　　　　　　　图 2-99 插入表格 6

第 02 小时　网站制作工具 Dreamweaver CS6

（19）将光标置于表格 6 的第 1 列单元格中，将单元格的背景颜色设置为#e0d98d，如图 2-100 所示。

（20）将光标置于表格 6 的第 2 列单元格中，将单元格的背景颜色设置为#f0efe5，如图 2-101 所示。

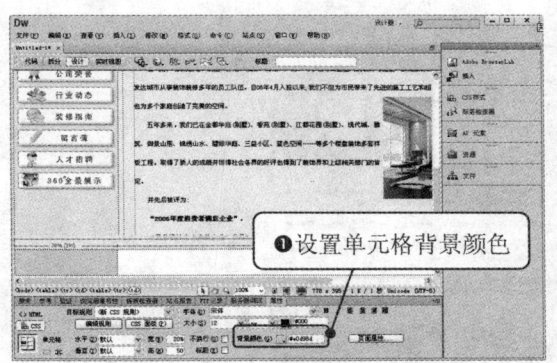
图 2-100　设置单元格背景颜色

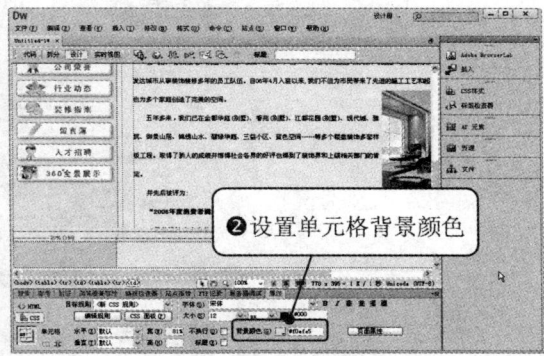
图 2-101　设置单元格背景颜色

（21）将光标置于表格 6 的第 2 列单元格中，输入相应的文字，如图 2-102 所示。

（22）执行"文件"|"保存"命令，弹出"另存为"对话框，在对话框中的"文件名"文本框中输入名称，如图 2-103 所示。

（23）然后单击"保存"按钮，保存文档，按 F12 键在浏览器中预览，效果如图 2-81 所示。

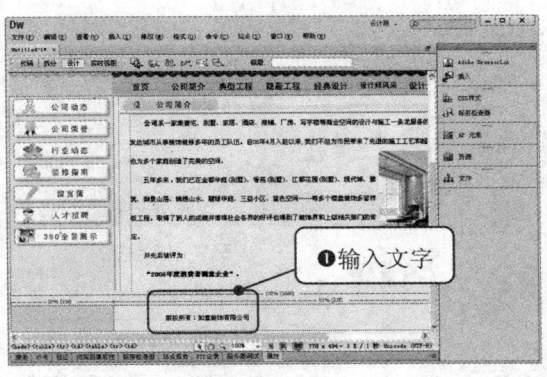
图 2-102　输入文字

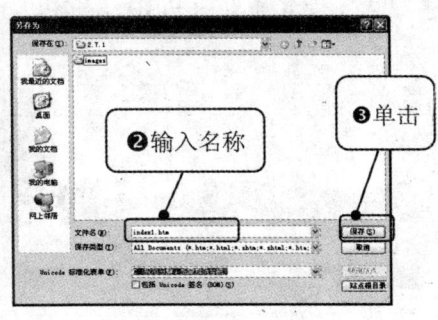
图 2-103　"另存为"对话框

2.7.2　使用层制作下拉菜单

下拉菜单是网上最常见效果之一，下拉菜单不仅节省了网页排版上的空间，使网页布局简洁有序，而且一个新颖美观的下拉菜单为网页增色不少。Div 拥有很多表格所不具备的特点，如可以重叠、便于移动、可设为隐藏等。这些特点有助于我们的设计思维不受局限，从而发挥更多的想象力。利用 AP Div 制作网页下拉菜单效果如图 2-104 所示，具体操作步骤如下。

55

学用一册通：20 小时网站建设完整案例实录

图 2-104　利用 AP Div 制作网页下拉菜单效果

练习文件　实例素材/练习文件/CH02/2.7.2/index.html

完成文件　实例素材/完成文件/CH02/2.7.2/index1.html

（1）打开网页文档，图 2-105 所示。

（2）将光标置于页面中，执行"插入"|"布局对象"|"AP Div"命令，插入 AP Div，在属性面板中将"左"、"上"、"宽"、"高"分别设置为 287px、237px、77px、114px，"背景颜色"设置为#FFEDBB，如图 2-106 所示。

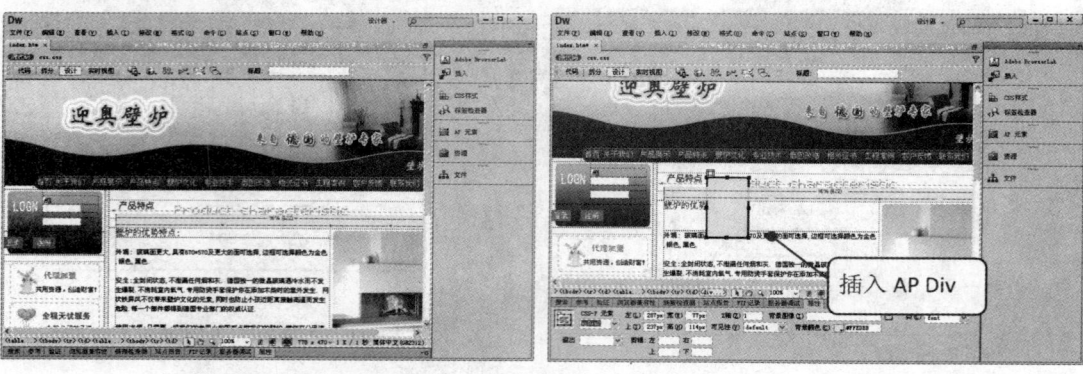

图 2-105　打开网页文档　　　　　　　　　　图 2-106　插入 AP Div

（3）将光标置于 AP Div 中，插入 4 行 1 列的表格，如图 2-107 所示。

（4）在单元格中输入文字，"大小"设置为 12 像素，如图 2-108 所示。

第 02 小时 网站制作工具 Dreamweaver CS6

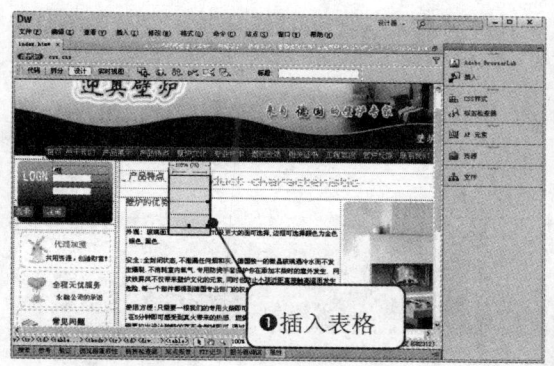

图 2-107 插入表格

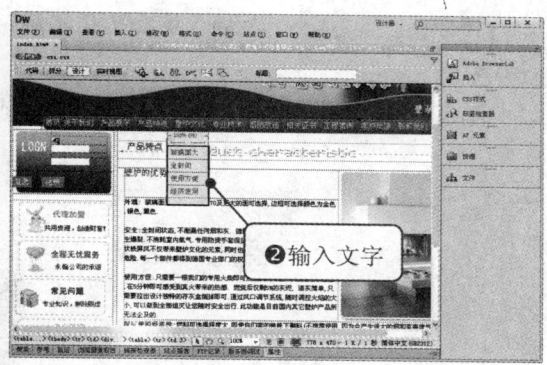

图 2-108 输入文字

（5）选中文字"产品特点"，打开"行为"面板，在面板中单击添加行为按钮，在弹出的菜单中选择"显示-隐藏元素"选项，如图 2-109 所示。

（6）弹出"显示-隐藏元素"对话框，在对话框中单击"显示"按钮，如图 2-110 所示。

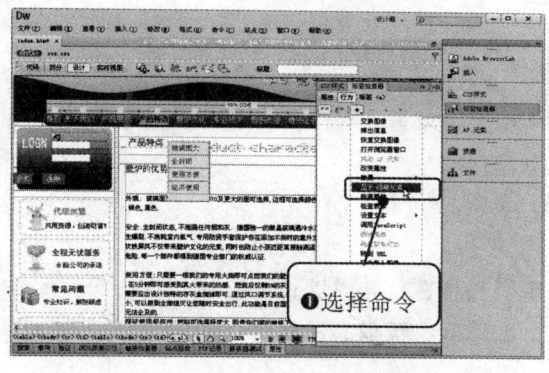

图 2-109 选择"显示-隐藏元素"选项

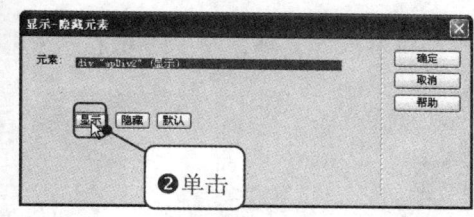

图 2-110 单击"显示"按钮

（7）单击"确定"按钮，将行为添加到"行为"面板中，将事件设置为 onMouseOver，如图 2-111 所示。

（8）在"行为"面板中单击添加行为按钮，在弹出的菜单中执行"显示-隐藏元素"命令，弹出"显示-隐藏元素"对话框，单击"隐藏"按钮，如图 2-112 所示。

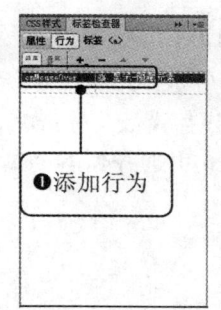

图 2-111 设置事件

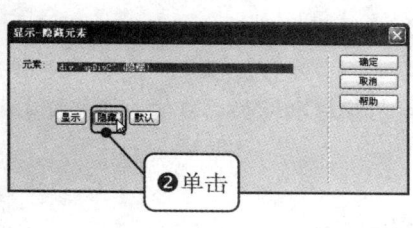

图 2-112 "显示-隐藏元素"对话框

57

（9）单击"确定"按钮，将行为添加到"行为"面板中，将事件设置为 onMouseOut，如图 2-113 所示。

（10）执行"窗口"|"AP 元素"命令，打开"AP 元素"面板，在面板中的 apDiv1 前面单击 按钮，如图 2-114 所示。

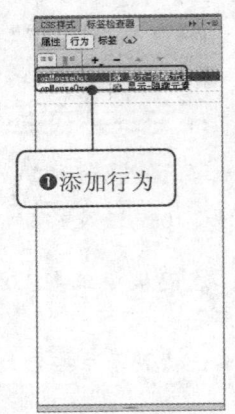
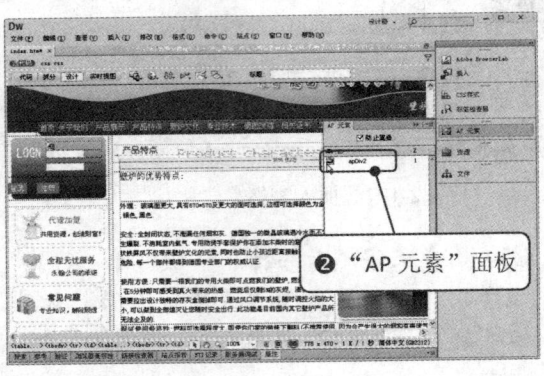

图 2-113　添加到"行为"面板　　　　图 2-114　"AP 元素"面板

（11）保存文档，按 F12 键在浏览器中预览，效果如图 2-104 所示。

2.8　创建模板网页

> 模板创建好之后，就可以应用模板快速、高效地设计风格一致的网页了，可以使用模板创建新的文档，也可以将模板应用于已有的文档。如果对模板不满意，还可以修改原有的模板。

2.8.1　创建模板

如果要创建的模板文档和现有的网页文档相同，那么就可以将现有文档保存成模板文件，具体的操作步骤如下。

练习文件　实例素材/练习文件/CH02/2.8.1/index.html

完成文件　实例素材/完成文件/CH02/2.8.1/Templates\moban.dwt

（1）打开要创建为模板的网页文档，如图 2-115 所示。

（2）执行"文件"|"另存为模板"命令，弹出"另存模板"对话框，在对话框中的"另存为"文本框中输入模板的名称，在"站点"下拉列表中选择保存的站点位置，如图 2-116 所示。

第 02 小时　网站制作工具 Dreamweaver CS6

图 2-115　打开网页文档

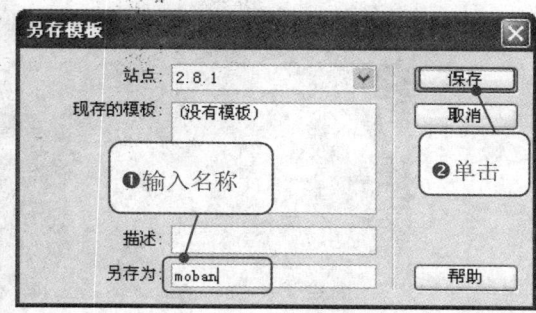

图 2-116　"另存模板"对话框

（3）单击"保存"按钮，弹出如图 2-117 所示的提示对话框。

（4）单击"是"按钮，即可在站点的"Templates"文件夹中创建一个模板文件，如图 2-118 所示。

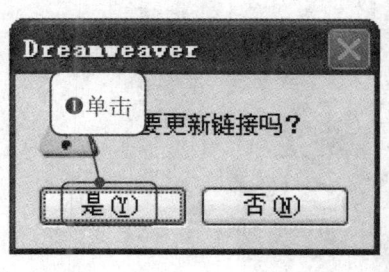

图 2-117　提示对话框

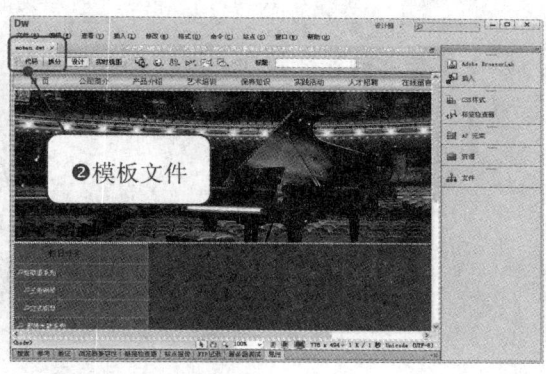

图 2-118　创建模板文件

2.8.2　创建可编辑区域

可编辑区域就是基于模板文档的未锁定区域，是网页套用模板后，可以编辑的区域。在创建模板后，模板的布局就固定了，如果要在模板中针对某些内容进行修改，即可为该内容创建可编辑区。创建可编辑区域的具体操作步骤如下。

（1）打开创建的模板，如图 2-119 所示。

（2）将光标置于页面中要创建可编辑区域的位置，执行"插入"|"模板对象"|"可编辑区域"命令，弹出"新建可编辑区域"对话框，在对话框中的"名称"文本框中输入可编辑区域的名称，如图 2-120 所示。

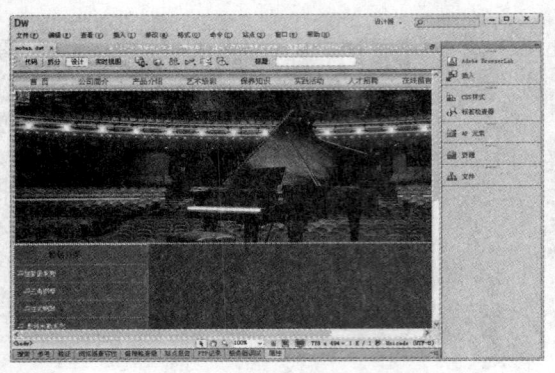 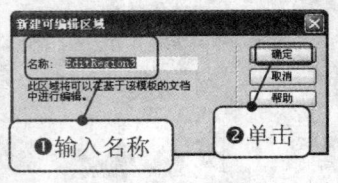

图 2-119　打开模板　　　　　　图 2-120　"新建可编辑区域"对话框

> **提示**　单击"常用"插入栏中的"模板"按钮，在弹出的下拉菜单中单击"可编辑区域"按钮，也可以创建可编辑区域。

（3）单击"确定"按钮，即可插入可编辑区域，如图 2-121 所示。

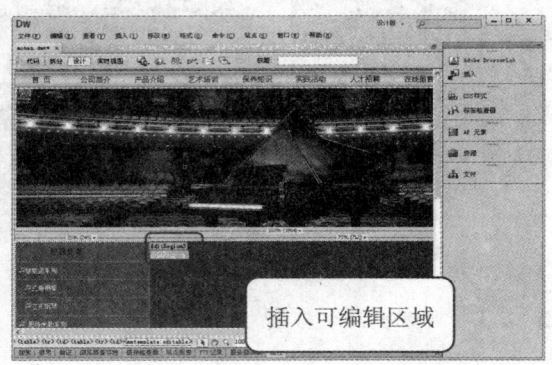

图 2-121　创建可编辑区域

> **提示**　什么时候需要使用模板？
>
> 　　创建一个站点时，保持统一的风格很重要。风格主要从视觉方面来辨别，其中一个就是网站的色调使用。不能这个页面采用黑色，另一个页面采用黄色，这样会使浏览者彻底感觉到站点不统一。还有一项就是网页的布局结构，不能采用这个页面结构是上下的，那个页面结构是左右的，这样不便于网站的导航，令浏览者觉得混乱。
> 　　站点中的页面就具有这样的相似或相同点，在 Dreamweaver 中，要快速而高效地将这些页面制作出来，使用模板即可。

第 02 小时　网站制作工具 Dreamweaver CS6

2.8.3　利用模板创建网页

下面通过实例介绍如何利用模板创建网页，效果如图 2-122 所示，具体的操作步骤如下。

图 2-122　应用模板创建网页的效果

练习文件　实例素材/练习文件/CH02/2.8.1/Templates\moban.dwt

完成文件　实例素材/完成文件/CH02/2.8.1/index1.html

（1）执行"文件"|"新建"命令，弹出"新建文档"对话框，在对话框中执行"模板中的页"|"2.8.3"|"moaban"命令，如图 2-123 所示。

（2）单击"创建"按钮，创建一个基于模板的文档，如图 2-124 所示。

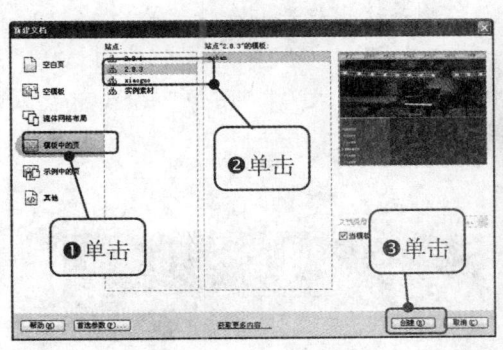

图 2-123　"新建文档"对话框

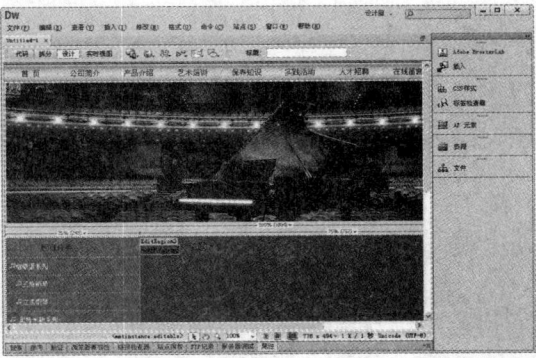

图 2-124　基于模板的文档

61

 怎样指定一个页面中可以更改的部分？

在由模板生成的网页上，哪些地方可以编辑，是需要预先设定的。设定可编辑区域，需要在制作模板的时候完成。用户可以将网页上任意选中的区域设置为可编辑区域，但是最好是基于 HTML 代码的，这样，在制作的时候更加清楚。

（3）将光标置于可编辑区域中，执行"插入"|"表格"命令，弹出"表格"对话框，将"行数"设置为"2"，"列"设置为"1"，"表格宽度"设置为"95"，如图 2-125 所示。

（4）单击"确定"按钮，插入表格，如图 2-126 所示。

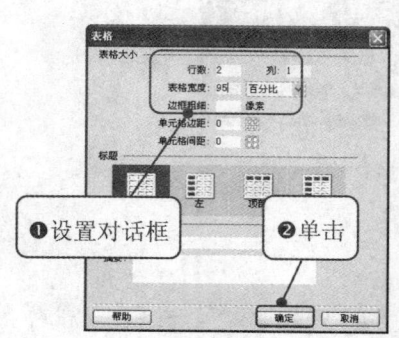

图 2-125 "表格"对话框

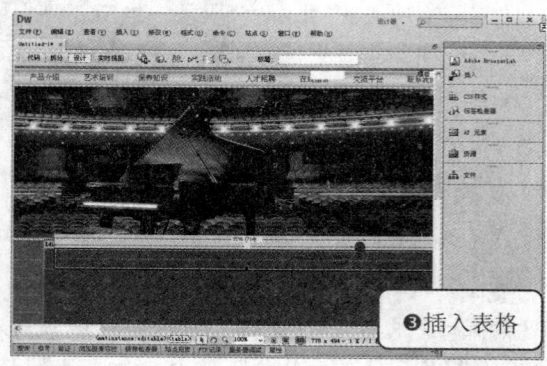

图 2-126 插入表格

（5）将光标置于表格的第 1 行单元格中，将单元格的背景颜色设置为#A36512，如图 2-127 所示。

（6）将光标置于表格的第 2 行单元格中，执行"插入"|"图像"命令，插入图像 images/tu1_12.gif，如图 2-128 所示。

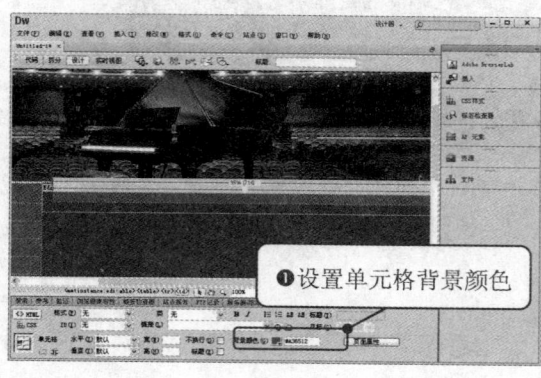

图 2-127 设置单元格背景颜色

图 2-128 插入图像

（7）将光标置于图像的右边，输入文字，将"大小"设置为 12 像素，"颜色"设置为 #ffffff，如图 2-129 所示。

第 02 小时　网站制作工具 Dreamweaver CS6

（8）将光标置于表格的第 2 行单元格中，执行"插入"|"表格"命令，插入 1 行 1 列的表格，如图 2-130 所示。

图 2-129　输入文字

图 2-130　插入表格

（9）将光标置于刚插入的表格中，输入相应的文字，如图 2-131 所示。
（10）将光标置于文字中，插入 tu1_31.jpg，如图 2-132 所示。

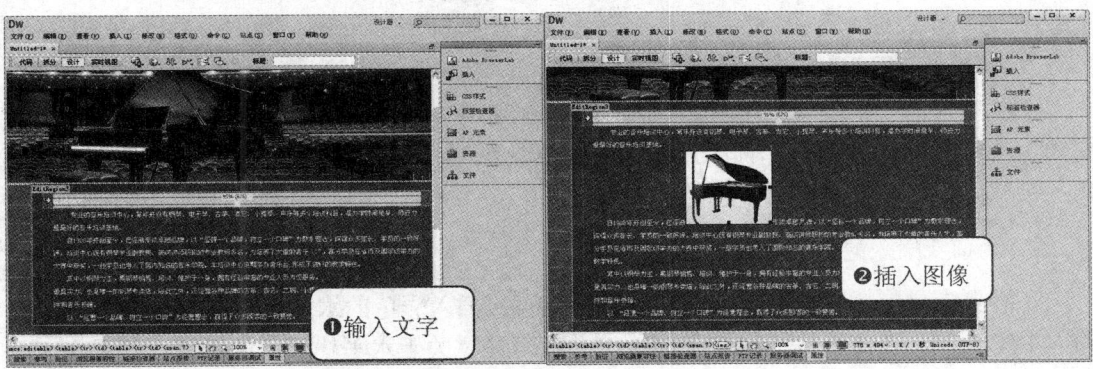

图 2-131　输入文字　　　　　　　　　　　图 2-132　插入图像

（11）选中插入的图像，将图像的对齐设置为左对齐，如图 2-133 所示。
（12）执行"文件"|"保存"命令，弹出"另存为"对话框，在对话框中的"文件名"文本框中输入名称，如图 2-134 所示。

图 2-133　设置图像的对齐方式

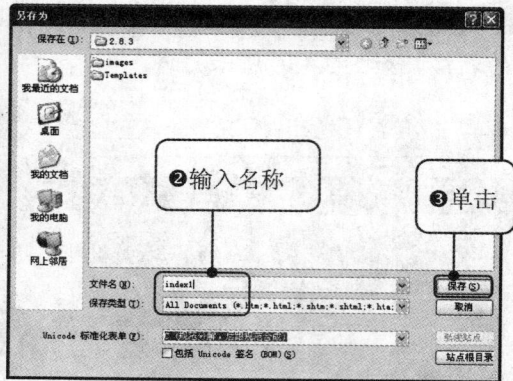

图 2-134　插入图像

（13）单击"保存"按钮，保存文档，在浏览器中预览，效果如图 2-122 所示。

2.9　专家秘籍

1．怎样在 Dreamweaver 中输入多个空格？

平时输入的空格是半角字符，在 Dreamweaver 中只能输入一个，要想输入多个空格只要输入全角空格就可以了。输入全角空格的方法是：打开中文输入法，按 Shift+Space 切换到全角状态。这时输入的空格就是全角空格了。

2．为何我插入的水平线无法修改颜色？

在网页中只能插入黑色的水平线，而不能直接插入彩色的水平线，在 Dreamweaver 中插入水平线时，在水平线"属性"面板中并没有提供关于水平线颜色的设置，这是由于早期的 Netscape 浏览器并不支持水平线的颜色属性，所以在 Dreamweaver 中也没有在面板中提供其设置。可以通过在水平线"属性"面板中的快速标签编辑器来设置水平线的颜色。

3．为什么让一行字居中，其他行也居中？

在 Dreamweaver 中进行居中、居右操作时，默认的区域是 P、H1-H6、Div 等格式标识符，因此，如果语句没有用上述标识符隔开，Dreamweaver 会将整段文字均做居中处理，解决方法就是将居中文本用 P 隔开。

4．为什么在 Dreamweaver 中按 Enter 键换行时，与上一行的距离却很大？

在 Dreamweaver 中按 Enter 键换行时，与上一行的距离却很远这是因为按下 Enter 键时默认的是一个段落，而不是一般的单纯的换行所造成的。因此若要换行，则先按下 Shift 键不放，然后再按下 Enter 键，这样两行间的距离就不会差一大段了。

第 02 小时 网站制作工具 Dreamweaver CS6

5．为何我设置的背景图像不显示？

在 Dreamweaver 中显示是正常的，启动 IE 浏览这个页面，背景图却看不到。这时返回到 Dreamweaver 中，查看光标所在处的代码，会发现 background 设置在<tr>标签中。在 IE 中表格的背景不能设置在<tr>中，只能放在<td>中。将背景代码移到<td>中，保存文档后，再浏览，背景图就能正常显示。

6．如何制作当鼠标移到图片上时会自动出现该图片的说明文字？

选中要设置的图片及链接，在"属性"面板中的"替换"文本框中输入说明文字，在浏览时，当鼠标移到图片上时会自动出现输入的说明文字。

7．为何我做的网页，传到网上后不显示图片？

出现这种情况，一般有下面两种可能，第一是图片使用的是绝对路径，第二是大小写的问题。第一种情况是使用了绝对路径，并且使用了本地盘符，则上传后就找不到此图片文件。第二种情况是图像文件名或图像文件所在的目录中有大写字母，或有中文，因为服务器一般使用的是 UNIX 或 Linux 平台，而 UNIX 系统是区分大小写的。

8．怎样让表格给网页留白？

在 Dreamweaver 的新网页上输入文字时，默认格式是顶天立地的，十分不美观。要避免这一缺憾其实很简单，只要大家用好表格工具就行了。具体做法是：在新页面上插入一张居中对齐的表格，为了能够使表格方便控制，最好设定奇数列，并且数值不要太大。这样在单元格内输入的文字就被限制在一个可以随意调整宽度的区域内。

9．为何在 Dreamweaver 中把单元格宽度或高度设置为"1"没有效果？

Dreamweaver 生成表格时会自动地在每个单元格里填充一个 代码，即空格代码。如果有这个代码存在，那么把该单元格宽度和高度设置为 1 就没有效果。

实际预览时该单元格会占据 10px 左右的宽度。如果把" "代码去掉，再把单元格的宽度或高度设置为 1，就可以在 IE 中看到预期的效果。但是在 NS（Netscape）中该单元格不会显示，就好像表格中缺了一块。在单元格内放一个透明的 GIF 图像，然后将"宽度"和"高度"都设置为 1，这样就可以同时兼容 IE 和 NS 了。

10．为何两个表格不能并排？

使两个表格并排的方法是：先插入一个 1 行 2 列的表格，在表格中的第 1 列和第 2 列单元格中分别插入表格，这样的话这两个表格就并排了。

11．制作细线表格有哪些方法？

（1）选中一个 1 行 1 列的表格，设置它的"填充"为 0，"边框"为 0，"间距"为 1，"背景颜色"为要显示的边框线的颜色。之后将光标置入表格内，设置单元格的"背景颜色"与网页的底色相同即可。

（2）选中一个 1 行 1 列的表格，设置它的"填充"为 1，"边框"为 0，"间距"为 0，

65

"背景颜色"为要显示的边框线的颜色。之后将鼠标置入表格内,插入一个与该表格"宽"和"高"都相等的嵌套表格,嵌套表格的"填充"、"边框"和"间距"均为 0,"背景颜色"与网页的底色相同即可。

2.10 本章小结

> Dreamweaver 是网页设计与网站建设领域中用户最多、应用最广、功能最强的软件,无论在国内还是国外,它都是备受专业 Web 开发人员喜爱的软件。本章从实用的角度出发,讲解了使用 Dreamweaver CS6 进行网页设计、制作的基本知识及实践方法。

第 2 篇

网站的前期策划

- 第 03 小时　网站的整体策划
- 第 04 小时　网站页面设计策划
- 第 05 小时　网站页面的配色

第 03 小时　网站的整体策划

本章导读

　　网站策划是整个网站构建的灵魂，网站策划在某种意义上就是一个导演，它引领了网站的方向，赋予网站生命，并决定着它能否走向成功。本章主要介绍了为什么要进行网站策划、怎样进行网站策划、如何确定网站定位、网站的目标用户及网站内容策划等。

内容要点

◎ 熟悉网站策划的目的　　　　　　　◎ 掌握怎样进行网站策划
◎ 确定网站定位　　　　　　　　　　◎ 掌握网站的内容策划

本章学习流程

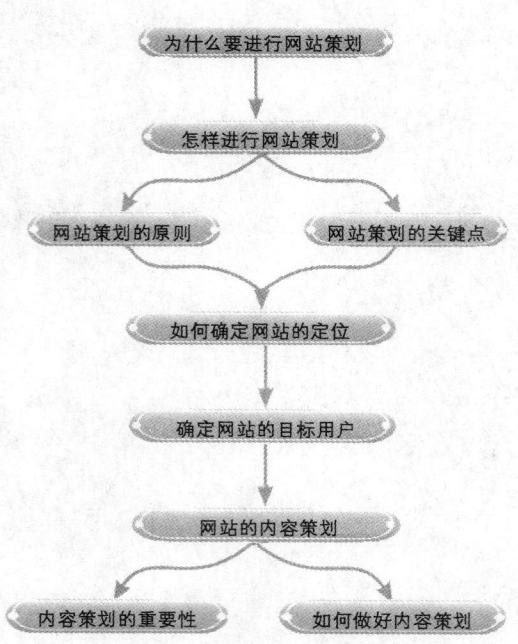

第 03 小时　网站的整体策划

3.1　为什么要进行网站策划

> 网站策划是指在网站建设前对市场进行分析，确定网站的功能及要面对的用户，并根据需要对网站建设中的技术、内容、费用、测试、推广、维护等做出策划。网站策划对网站建设起到计划和指导的作用。

一个网站的成功与否和建站前的网站策划有着极为重要的关系。在建立网站前应明确建设网站的目的；确定网站的功能；确定网站规模、投入费用；明确要做成什么样的网站；网站建成后面对的是广大网民，还是有针对性的客户。这些问题只有详细规划并进行必要的市场分析，才能避免在网站建设中出现很多问题，使网站建设顺利进行。

为什么目前大部分的网站会成为摆设？为什么数以百万计的网站无声无息？为什么同样的网站模式却有着截然不同的价值？其实很简单，因为这些网站根本没有事先进行全面的策划，很多网站还没有意识到网站策划的重要意义。网站策划是网站建设过程中最重要的一部分，从网站如何架设，到确定网站的浏览人群、受众目标，再到网站的栏目设置、宣传推广策略、更新维护等都需要慎重而缜密的策划。

一个成功的网站，不在于投资多少钱，不在于有多少高深的技术，也不在于市场有多大，而在于这个网站是否符合市场需求，是否符合体验习惯，是否符合运营基础。专业的网站策划可以带来以下几个好处：

- 避免日后返工，提高运营效率。很多网站投资人不是IT行业人士，以为有了网站开发人员、编辑人员和市场人员就可以将一个网站运营成功。但是当网站建设好以后，市场工作却无法展开。为什么？因为技术人员总是在不断地修改网站，而技术人员也总是叫苦连天，因为老板今天要求这样明天要求那样。所以，为了避免以后不停地返工修改网站，事先对网站的各个环节进行细致的策划是非常必要的。
- 避免重复烧钱，节约运营成本。当网站建设好后，为什么总是没有用户呢？然后花很多钱去推广，到最后也没有留住用户。那是因为网站的各环节，尤其是用户的体验环节定位出了问题。所以网站做出来之后，总是无法留住用户。因此，如果想节省网站推广的钱，那就仔细反省一下网站自身的定位，做好网站的策划。
- 避免投资浪费，提高成功概率。在投资网站之前，一定要做一次细致的策划，如市场的考察、赢利模式的研究、网站的定位。只有具备了专业的思考和策划，才能使投资人的钱不白花，避免投资浪费。
- 避免教训，成功运营。当建设网站时，不要以为有了技术、内容、市场人员就万事大吉了，其实不是这样。策划网站时，不但是要策划网站的具体东西，更多的时候是要策划网站的市场定位、赢利模式、运营模式、运营成本等重要的运营环节。如果投资人连投资网站要花多少钱、什么时候有回报都不了解的话，那么投资这个网站最终也会失败。

学用一册通：20小时网站建设完整案例实录

3.2 怎样进行网站策划

> 如果网站策划得好可以说已经成功一半，甚至会事半功倍，在以后的运营中会省掉很多麻烦。如果网站建设前期不做好网站策划，等网站运营到一定的程度时就会发现网站有很多问题，投入很多却不见成效。下面讲述怎样进行网站策划。

 3.2.1 网站策划的原则

网站失败的原因各不相同，但是成功的原因却有着相似的策划理念。如果想要自己的网站成功，就得借鉴其他网站成功的经验，以下这些原则是一个成功网站必不可少的前提。

1．保持网页的朴素

一个好的网站最重要的一点就是页面简单、朴素。网页设计者很容易掉入这样一个陷阱，即把所有可能用到的网页技巧，如漂浮广告、网页特效、GIF 动画等都用上。使用一些网页技巧无可厚非，但如果多了的话就会让访问者眼花缭乱，不知所措，也不会给他们留下很深的印象。当要使用一个技术时，记住先问一问自己：在网页上加入这个技术有什么价值？是否能更好地向访问者表达网站的主题？

2．简单有效

许多人会被网站的奇特效果所迷惑，而忽视了信息的有效性。保持简单的真正含义就是：如何使网站的信息与访问者所需要的一样。应该把技术和效果用在适当的地方，即用在有效信息上，让访问者关注他们想要的东西。

3．了解用户

发布网站的目的就是希望网民浏览，而这些网民就是网站的用户。越了解网站的用户，网站影响力就会越大。如果用户希望听到优美的音乐，那么就在网页上添加合适的背景音乐。一个好站点的定义是：通过典雅的风格设计提供给潜在用户高质量的信息。

4．清晰的导航

对一个好的网站来说，清晰的导航也是最基本的标准。应该让访问者知道在网站中的位置，并且愉快地通过导航的指引浏览网站。例如，可以做到的一件事情就是"下一步"的选择数目尽量少，以便用户不会迷失在长长的选择项目列表中。

5．快捷

让用户在获取信息时不要超过 3 次点击。当访问者在访问一个网站时，如果点击了七八次才能找到想要的信息，或者还没找到，他肯定会离开你的网站去别的网站查找了，而且可能再也不会来你的网站了。访问者进入网站后，他应该可以不费力地找到所需要的资料。

第 03 小时 网站的整体策划

6. 30 秒的等待时间

有一条不成文的法则:当访问者在决定下一步该去哪之前,不要让他现在所处页面的下载时间超过 30 秒钟。保证页面有个适度的大小而不会无限制地下载。

7. 平衡

平衡是一个好网站设计的重要部分,如文本和图像之间的平衡、背景图像和前景内容之间的平衡。

8. 测试

一定要在多种浏览器、多种分辨率下测试每个网页。现在 Firefox 用户越来越多,至少要在 Firefox 和 Internet Explorer 下都测试一遍。

9. 学习

网站风格、页面设计只是网站策划的一小部分内容,必须有好的网站策划思想才能策划出好的页面,因为页面是用户体验的一个重要部分。网站策划与设计是一个不断学习的过程,技术和工具在不断进步,现在又流行 DIV+CSS 了,网民的上网习惯及方式也在不断变化,这一切都需要我们不断学习、不断进步。

 3.2.2 网站策划的关键点

网站策划是网站能够成功的一个关键因素。在网站策划中,有两个核心关键点最需要注意。

1. 不受经验约束

网站策划没有固定的模式,重要的是符合商业的战略目标。很多策划人员在策划会员管理的注册流程时,喜欢把注册流程简化,目的就是让用户能够很快就注册完毕。但是,这并不适合所有网站。成立于 1999 年的 Rent.com 是美国最受欢迎的公寓租赁网站,2005 年 2 月 Rent.com 被 eBay 以 4.33 亿美元现金收购。后来有人总结它成功的一个重要因素,就是它比其他租赁网站有着更为繁复的用户注册流程,Rent.com 在用户注册流程上收集了比其他租赁网站更多的顾客信息。这样做带来的好处是 Rent.com 的用户成交率大大提高。

当然并不是说所有网站都应该这样做,重要的是根据每个网站的经营目标来定。像一些 Web 2.0 的网站,并不需要为每个用户定制服务,也就没有必要去搜集那些用不上的信息。而 Rent.com 这样的网站需要通过注册搜索到用户的很多信息,这些信息可以为用户提供差异化的服务。

2. 系统思维

先举个例子,1997 年,世界卫生组织宣布要在非洲消灭疟疾。但是 8 年后,非洲的疟疾发病率整整提高了几倍。为什么初衷很好,但造成的后果却更加严重呢?原因是世界卫生组织在制定目标之后,开始大量采购一家日本公司的药品,使当地生产疟疾药物的厂商倒闭,进而导致当地一种可以治疗疟疾的植物无人种植,结果预防疟疾的天然药物由此消失。管理学大师彼得圣吉总结认为，造成这个结果的重要原因在于没有系统性的思考，只治标不治本。"他们没有看到种棉花的农民也在其中起作用，更没有意识到预防疟疾的天然药物到底起什么作用，外来的系统如果不考虑原来体系的话就只能是适得其反。"

对于网站策划而言，道理是一样的，系统思维就在推出功能点并做出决策时，需要考虑所有的因素。一个功能可能从一个方面看上去会给用户带来价值，但是从另外一个角度或从长久来看，是不是有价值，这就需要找到平衡点，进而找到解决问题的关键。

3.3 如何确定网站的定位

> 做网站时，首先要解决两个问题：一是网站有没有定位，二是网站定位是不是合适。如果不能够用一句话来概括网站是做什么的，那么网站就没有清晰的定位。网站有定位也不一定是对的，定位于一个竞争激烈的市场或者已经饱和的市场，跟没有定位是没有差别的。所以，一个网站不仅要有定位，而且要有一个差异化的定位。不是为了差异化而差异化，而是为了目标用户群的需求而差异化，为了市场空间的不同而差异化。

有清晰而合适的定位，本身就是一种竞争的优势，能比对手少走弯路，以更少的资源做更多的事，所以也比竞争对手跑得更快，走得更远。

在网站发展的初始阶段，网站的目标最好要够小，小并不一定就不好，大并不一定就好。目标很高远，定位很宏大，并不代表网站就能达到定位希望实现的目标。为了实现大目标，最好从小目标开始。

定位小目标，也不是否定将来的大目标。精确的定位反而有利于网站的进一步发展，因为在不同的发展阶段定位是可以变化的。如美国著名的社交网站脸谱网Facebook，原来是为美国部分著名高校的学生提供服务的社区，而后来则向社会开放。如果一开始就制定一个面向全球的目标，很难想象Facebook能够流行起来。如果一开始定位过大，往往造成战线过长、资源及精力不够集中，最后很难形成优势。

网站目标定位不仅要小，而且还需要找到一个基点，这个点是网站创立、发展、壮大的依靠点，像迅雷以下载为基点、百度以搜索为基点等。刚开始时，这个点可能很小，但是网站发展壮大之后，就可以繁衍出无数的应用。如果一开始点太大、太多，什么都想做，什么都不肯放弃，最后的结果将是什么都得不到。

确定网站的定位，就要找到这个基点，需要从以下3个方面考虑：第一要有良好的性价比的市场空间；第二网站定位必须考虑用户的新需求；第三相比于竞争对手应具有独特优势。

1．网站定位必须考虑市场前景，找到性价比高的市场空间

如果现在做门户网站，也许投入上亿元，都不能保证做得好。因为这个市场经过多年的发展，基本格局已经定下来了，要跻身门户的行列，需要花费大量的人力、资金和资源，也不一定能建立起来。用户的习惯、门户本身的优势都不是一天建立起来的，这都是长期积累的结果。

第 03 小时　网站的整体策划

确定网站的定位要找到性价比高的市场。什么是性价比高的市场？我们从用户的需求考虑这个问题。如率先进入网络销售钻石等 B2C 领域。当初 hao123 的网址导航网站是性价比高的典型例子。

2．网站定位必须考虑用户的新需求

用户的需求分为已满足的需求和尚未满足的需求。进入已充分满足需求的领域，进入成本将会非常高；如果能找到用户未被满足的需求，进入成本就会大大降低，而网站成功的可能性也会增大。如率先进入了某些行业的网络 B2C 直销服务。

3．网站定位必须考虑竞争对手，找到独特的竞争优势

网站要有独特的优势，如当初的 Google 搜索引擎，这是竞争对手一时难以企及的。拥有了这些独特的竞争优势，网站也会迅速成长起来。

总之，前面的几点可以总结为一点，那就是用户价值。能够提供给用户价值的网站最终都能实现商业价值的转化。最后，在确定网站定位之前，可以反思一下：如果网站这样定位能给用户提供什么样的价值？这个价值是不是用户需要的？如果需要，有多少用户需要它？用户是不是愿意为它付钱？这样的价值是不是其他网站已经提供？这样的价值是不是其他网站也很容易提供？

3.4　确定网站的目标用户

> 当中、小企业投资建立企业网站后，有很多的中、小企业每天都在关注企业网站的流量，想知道每天能有多少人在查询网站内容，以此来推断企业网站的作用，流量越多则说明成交的机会越多；也有部分的中、小企业更注重通过网站来得到目标用户。得到更多的目标用户，就说明增加了生意的成交概率。不过，到底是流量重要还是用户重要呢？

很多网站经营者不知道网站的目标用户群在哪里，更不用说了解网站的目标群了。而这又恰恰是一个决定网站质量的直接因素。不要只是盲目地做网站，要花点时间弄清楚网站的目标用户群，进一步了解他们，让网站发挥更大的作用。

选择好目标用户，做起网站来也就更明确了。了解用户需要什么，才能更好地为用户服务。只有针对目标用户，网站的作用才能得到更好的发挥。如果只是为了流量而投入太大，那就太不值得了。试想如果浏览者不是目标用户，网站没有他想要的东西，他再次来的机会就很渺茫了。这样的点击可谓真正的"无效点击"。而我们要的是有效点击，只有有效点击才能给网站带来效益。网站必须有明确的目标用户群，才能充分发挥网站的作用，实现效益最大化。

3.5 网站的内容策划

> 网站的内容策划，就是策划网站需要什么样的内容、内容以什么样的方式产生、以什么样的方式组织内容。这里所指的网站内容策划包括了网站整体架构的策划，同时也包括具体栏目、版块、功能的策划，产品和服务的详细功能、规则及流程也属于网站的内容策划。

3.5.1 网站内容策划的重要性

首先一个成功的网站一定要注重外观布局。外观是给用户的第一印象，给浏览者留下一个好的印象，那么他看下去或再次光顾的可能性才会更大。但是一个网站要想留住更多的用户，最重要的还是网站的内容。网站内容是一个网站的灵魂，内容做得好、做到有自己的特色，才会脱颖而出。做内容一定要做出自己的特点。当然有一点需要注意的是不要为了差异化而差异化，只有满足用户核心需求的差异化才是有效的，否则跟模仿其他网站功能没有实质的区别。

一般的网站都讲究实用，有用才是最重要的。如 hao123 这个网站，既没艺术，又没技术，可为什么这个网站很成功呢？一个很重要的原因就是实用。中国网民上网，一般不愿意甚至不会输入冗长的难记的网址。所以 hao123 这个网址导航网站很实用。

形式美只会给浏览者留下一个好的印象，好的印象固然可以让浏览者进一步浏览网站。可如果从网站上看到的都是些垃圾信息，没有浏览者需要的实用信息，那么浏览者估计很快就会离开。

3.5.2 如何做好网站内容策划

网站的内容是浏览者停留时间的决定要素，内容空泛的网站，访客会匆匆离去。只有内容充实丰富的网站，才能吸引访客细细阅读，深入了解网站的产品和服务，进而产生合作的意向。

每个用户都有其理性需求与感性需求，网站内容要想打动浏览者，归根结底无非是 8 个字：晓之以理，动之以情。

1. 晓之以理

晓之以理，即以理性的语言向客户透彻介绍产品与服务，并清晰地指出企业的优势所在，让客户可以明确地进行选择。然而，"理性"不等于枯燥，要让客户信服，采用以下方法，可以更好地向客户讲"理"。

- 图片说话：俗话说一图胜千言，与其大篇幅地介绍公司的规模、架构、企业文化，不如采用图片来与客户沟通。好的图片可以令客户更真实地了解企业，并产生信赖感。
- 案例佐证：过于夸大产品优点，有"王婆卖瓜"的嫌疑，采用案例就可信得多了，详细地介绍重点案例，会令网站的信任指数大大提升。
- 突出数字和图表：浏览者在网站上停留的时间往往很短，突出数字和图表可以帮助浏览者在短时间内了解网站的实力和优势，减少阅读的时间。

第03小时 网站的整体策划

2. 动之以情

动之以情,即以客户喜爱的语言和内容来打动客户,令客户停留。

- 亲切的问候与提示:网站的问候与提示多用敬语,如"请"、"您"、"谢谢"、"对不起"等,令客户觉得亲切与温馨。
- 讲故事的叙述方式:试着采用更轻松的表达方式,无论是介绍公司还是说明产品,采用朋友般的语气跟客户沟通,让客户阅读起来更加轻松,也更容易接受。
- 给予用户足够的帮助:当用户阅读网站内容时,给予用户充分的提示和帮助,如产品的帮助文档、操作步骤说明、问题解答等,让客户感觉如同有一位热情的销售人员在为其提供服务,从而倍感亲切。

3.6 本章小结

> 网站策划直接决定网站能否成功。如果在网站建设之前没有经过整体策划,一般这样的网站很难达到预期的目标。网站策划是网站建设必须要做的工作,网站策划工作不能省略。网站策划是关键的一环,网站策划的好坏会直接导致网站的运营效果。

第04小时 网站页面设计策划

本章导读

网站页面的设计对于网站要表达的理念起到关键的作用。网站页面设计是为了服务于目标用户,这是网站设计最优先考虑的因素。网站页面风格的设计是网站竞争力的一个重要方面,在同质化非常严重的互联网网站中,有自己风格的网站更容易让用户喜欢并成为网站的忠实用户。

内容要点

◎ 掌握网站栏目和页面设计策划
◎ 掌握网站导航的设计
◎ 掌握网站页面版式风格设计
◎ 掌握网站视觉元素的设计

第 04 小时　网站页面设计策划

本章学习流程

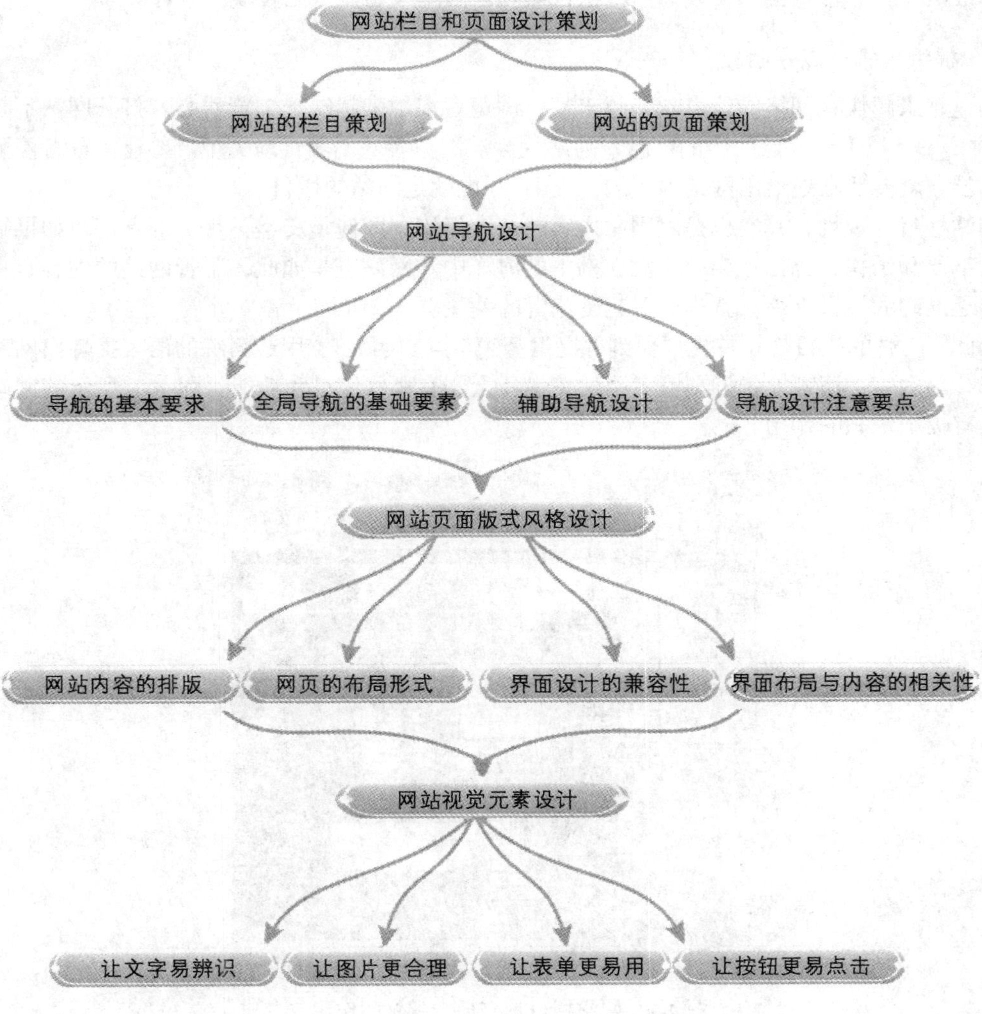

```
网站栏目和页面设计策划
    ├── 网站的栏目策划
    └── 网站的页面策划
          │
      网站导航设计
          ├── 导航的基本要求
          ├── 全局导航的基础要素
          ├── 辅助导航设计
          └── 导航设计注意要点
                │
          网站页面版式风格设计
                ├── 网站内容的排版
                ├── 网页的布局形式
                ├── 界面设计的兼容性
                └── 界面布局与内容的相关性
                      │
                  网站视觉元素设计
                      ├── 让文字易辨识
                      ├── 让图片更合理
                      ├── 让表单更易用
                      └── 让按钮更易点击
```

4.1　网站栏目和页面设计策划

> 只有准确把握用户需求，才能做出用户真正喜欢的网站。如果不考虑用户需求，网站的页面设计得再漂亮、功能再强大，也只能作为摆设，无法吸引用户，更谈不上将网站用户变为客户。

4.1.1 网站的栏目策划

相对于网站页面及功能规划，网站栏目策划的重要性常被忽略。其实，网站栏目策划对于网站的成败有着非常直接的关系，网站栏目兼具以下两个功能，二者缺一不可。

1．提纲挈领，点题明义

网速越来越快，网络的信息越来越丰富，浏览者却越来越缺乏浏览耐心。打开网站不超过 10 秒钟，一旦找不到自己所需的信息，网站就会被浏览者毫不客气地关掉。要让浏览者停下匆匆的脚步，就要清晰地给出网站内容的"提纲"，也就是网站的栏目。

网站栏目的规划，其实也是对网站内容的高度提炼。即使是文字再优美的书籍，如果缺乏清晰的纲要和结构，恐怕也会被淹没在书本的海洋中。网站也是如此，不管网站的内容有多精彩，缺乏准确的栏目提炼，就难以引起浏览者的关注。

因此，网站的栏目规划首先要做到"提纲挈领、点题明义"，用最简练的语言提炼出网站中每个部分的内容，清晰地告诉浏览者网站在说什么、有哪些信息和功能。图 4-1 所示的网站的栏目具有提纲挈领的作用。

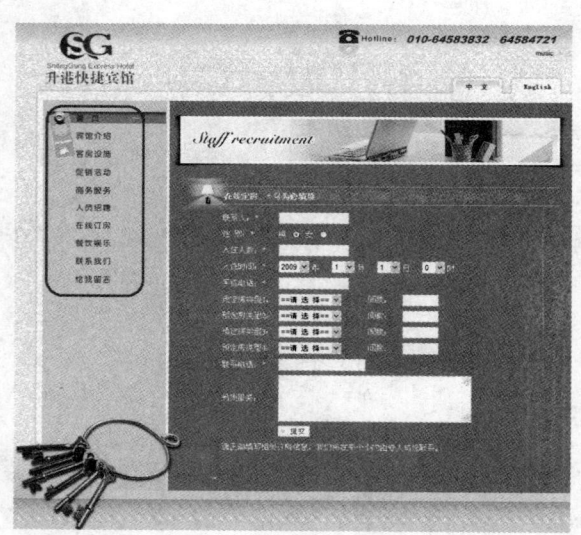

图 4-1 网站栏目具有提纲挈领的作用

2．指引迷途，清晰导航

网站的内容越多，浏览者就越容易迷失。除了"提纲"的作用之外，网站栏目还应该为浏览者提供清晰直观的指引，帮助浏览者方便地到达网站的所有页面。网站栏目的导航作用通常包括以下 4 种情况。

- 全局导航：全局导航可以帮助用户随时跳转到网站的任何一个栏目。通常来说，全局导航的位置是固定的，以减少浏览者查找的时间。
- 路径导航：路径导航显示了用户浏览页面的所属栏目及路径，帮助用户访问该页面的上下级栏目，从而更完整地了解网站信息。

第 04 小时　网站页面设计策划

- 快捷导航：对于网站的老用户而言，需要快捷地到达所需栏目，快捷导航为这些用户提供了直观的栏目链接，减少用户的点击次数和时间，提升浏览效率。
- 相关导航：为了增加用户的停留时间，网站策划者需要充分考虑浏览者的需求，为页面设置相关导航，让浏览者可以方便地到所关注的相关页面，从而增进对企业的了解，提升合作概率。

在图 4-2 所示的网页中，可以看到多级导航栏目，顶部有一级页面导航，左侧又有产品展示和服务范围下的二级导航。

图 4-2　多级导航栏目，方便用户浏览

归根结底，成功的栏目规划还是基于对用户需求的理解。对用户和需求理解得越准确、越深入，网站的栏目就越具有吸引力，也就能够留住越多的潜在客户。

4.1.2　网站的页面策划

网站页面是网站营销策略的最终表现层，也是用户访问网站的直接接触层。同时，网站页面的规划也最容易让项目团队产生分歧。

对于网页设计的评估，最有发言权的是网站的用户，然而用户却无法明确地告诉网站设计者，他们想要的是怎样的网页，停留或者离开网站是他们表达意见的最直接方法。好的网站策划者除了要听取团队中各个角色的意见之外，还要善于从用户的浏览行为中捕捉用户的意见。

网站策划者在做网页策划时，应遵循以下原则。

- 符合客户的行业属性及网站特点：在客户打开网页的一瞬间，让客户直观地感受到网站所要传递的理念及特征，如网页色彩、图片、布局等。
- 符合用户的浏览习惯：根据网页内容的重要性进行排序，让用户用最少的光标移动，找

79

到所需的信息。
- 符合用户的使用习惯：根据网页用户的使用习惯，将用户最常使用的功能置于醒目的位置，以便于用户的查找及使用。
- 图文搭配，重点突出：用户对于图片的认知程度远高于对文字的认知程度，适当地使用图片可以提高用户的关注度。此外，确立页面的视觉焦点也很重要，过多的干扰元素会让用户不知所措。图 4-3 所示的页面中使用了图片，大大提高了用户的关注程度。

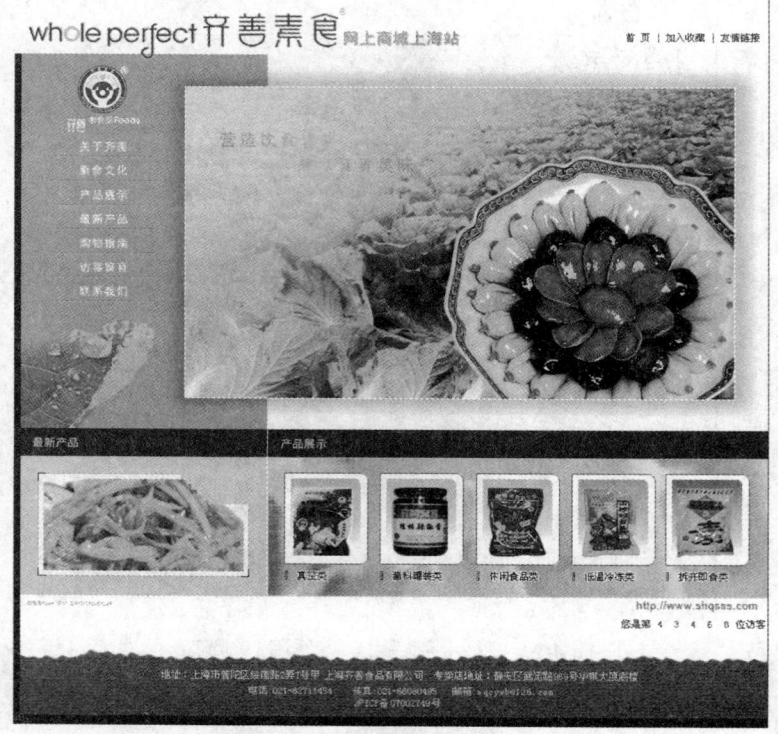

图 4-3　页面中使用了图片

- 利于搜索引擎优化：减少 Flash 和大图片的使用，多用文字及描述，使搜索引擎更容易收录网站，让用户更容易找到所需内容。

4.2　网站导航设计

> 网站的导航机制是网站内容架构的体现，网站导航是否合理是网站易用性评价的重要指标之一。网站的导航机制一般包括全局导航、辅助导航、站点地图等体现网站结构的因素。正确的网站导航要做到便于用户的理解和使用，让用户对网站形成正确的空间感和方向感，不管进入网站的哪一页，都可以很清楚自己所在的位置。

第 04 小时 网站页面设计策划

4.2.1 导航设计的基本要求

一个网站导航设计对提供丰富友好的用户体验有至关重要的作用,简单直观的导航不仅能提高网站易用性,而且在用户找到所需要的信息后,有助于提高用户转化率。导航设计在整个网站的设计中的地位举足轻重。导航有许多方式,常见的有导航图、按钮、图符、关键字、标签、序号等多种形式。在设计中要注意以下基本要求。

- 明确性:无论采用哪种导航策略,导航的设计应该明确,让使用者能一目了然。具体表现为能让使用者明确网站的主要服务范围及能让使用者清楚了解自己所处的位置等。只有明确的导航才能真正发挥"引导"的作用,引导浏览者找到所需的信息。
- 可理解性:导航对于用户应是易于理解的。在表达形式上,要使用清楚简捷的按钮、图像或文本,要避免使用无效字句。
- 完整性:完整性是要求网站所提供的导航具体、完整,可以让用户获得整个网站范围内的领域性导航,能涉及网站中全部的信息及其关系。
- 咨询性:导航应提供用户咨询信息,它如同一个问询处、咨询部,当用户有需要的时候,能够为使用者提供导航。
- 易用性:导航系统应该容易进入,同时也要容易退出当前页面,或让使用者以简单的方式跳转到想要去的页面。
- 动态性:导航信息可以说是一种引导,动态的引导能更好地解决用户的具体问题。及时、动态地解决使用者的问题,是一个好导航必须具备的特点。

考虑到以上这些导航设计的要求,才能保证导航策略的有效,发挥出导航策略应有的作用。

4.2.2 全局导航的基础要素

全局导航又称主导航,它是出现在网站每个页面上的一组通用的导航元素,以一致的外观出现在网站的每个页面,扮演着对用户最基本访问的方向性指引。

对于大型电子商务网站来说,全局导航还应当包括搜索与购买两大要素,以方便用户在任意页面均能进行产品搜索与购物。图 4-4 所示为京东商城购物网站的全局导航。

图 4-4　京东商城购物网站的全局导航

 提示

一般企业的全局导航必须包括以下 3 个基本设计要素。
- 站点 Logo：网站中的 Logo 必须添加回首页的链接。
- 回首页：每个全局导航的左边位置应该出现回首页的提示及链接。
- 全站基础栏目（一级栏目）。

4.2.3 辅助导航的设计要点

辅助导航的作用是无论用户进入站内的任何页面，均能自由地跳转到其他页面，尤其当网站的栏目层次较多的时候，正确的辅助导航设置尤为重要。它从另一个层面反映了网站的结构层次，是对全局导航的有效补充，体现为内页的"当前位置"提示。图 4-5 所示为家宝网的辅助导航"您现在的位置：家宝网>>建材城>>瓷砖>>墙砖>>"。

辅助导航出现在网站的每一个内页，紧挨着主导航下的位置，以">>"来对层级进行分隔，简单而形象地从视觉上暗示了浏览层次的前进方向，末尾的"墙砖"和当前所在页面的名称一致，并用不同的颜色加以突出，让浏览者对当前位置一目了然。

第 04 小时　网站页面设计策划

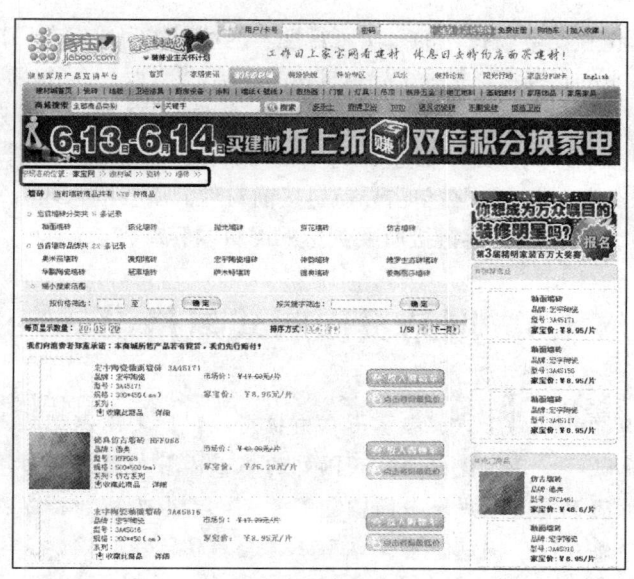

图 4-5　辅助导航

> **提示**　辅助导航设计时要注意以下要点。
> - 出现的位置在全局导航之下、正文内容之上的过渡空间。
> - 层级关系体现正确，用户通过当前页面可以依次返回上一页、直至首页，不出现缺少链接、错误链接的情况。
> - 形式采用文本链接，而不是图片。

4.2.4　导航设计注意要点

在设计导航时最佳导航方式是采用文本链接方式，但不少网站，尤其是娱乐休闲类网站为了表现网站的独特风格，在全局导航条上使用 Flash 或图片等作为导航。以下是一些常见的导航设计注意事项。

- 导航使用的简单性。导航的使用必须尽可能地简单，避免使用下拉或弹出式菜单导航，如果没办法一定得用，那么菜单的层次不要超过两层。
- 不要采用"很酷"的表现技巧。如把导航隐藏起来，只有当鼠标停留在相应位置时才会出现，这样虽然看起来很酷，但是浏览者更喜欢可以直接看到的选择。
- 目前很多网站喜欢使用图片或 Flash 来做网站的导航，从视觉角度上讲这样做更别致、更醒目，但它对提高网站易用性没有好处。
- 注意超链接颜色与单纯叙述文字的颜色呈现。HTML 允许设计者特别标明单纯叙述文字与超链接的颜色，以便丰富网页的色彩呈现。如果网站充满知识性的信息，欲传达给访问者，建议将网页内的文字与超链接颜色设计成较干净素雅的色调，有利于阅读。
- 应该让用户知道当前网页的位置，如通过辅助导航的"首页>新闻频道>新闻标题"对所在网页位置进行文字说明，同时配合导航的高亮颜色，可以达到视觉直观指示的效果。

- 测试所有的超链接与导航按钮的真实可行性。网站制作完成发布后，第一件该做的事是逐一测试每一页的超链接与每一个导航按钮的真实可行性，彻底检验有没有失败的链接。
- 导航内容必须清晰。导航的目录或主题种类必须清晰，不要让用户感到困惑，而且如果有需要突出主要网页的区域，则应该与一般网页在视觉上有所区别。
- 准确的导航文字描述。用户在单击导航链接前对他们所找的东西有一个大概的了解，链接上的文字必须能准确描述链接所要到达的网页内容。

4.3 网站页面版式风格设计

网站页面的布局版式、展示形式直接影响用户使用网站的方便性。合理的页面布局可以使用户快速发现网站的核心内容和服务。如果页面布局不合理，用户不知道怎样获取所需的信息，或者很难找到相应的信息，那么他们就会离开这个网站，甚至以后都不会再访问这个网站。

4.3.1 网站内容的排版

虽然网页设计拥有传统媒体不具有的优势，如能够将声音、图片、文字、动画相结合，营造一个富有生机的独特世界，同时它拥有极强的交互性，使用户能够参与其中，同设计者互相交流。但是最基本的模式还是平面设计的内容，平面设计就要考虑形式美的内容，其中网页的排版布局就属于形式的内容。通过页面的合理安排，如文字的条理清楚、流畅，使形式美得以体现。

现在的网站通常具有的内容是文字、图片、符号、动画、按钮等。其中文字占很大的比重，因为现在网络基本上还是以传送信息为主，而使用文字还是非常有效的一种方式。其次是图片，添加图片不但可以使页面更加活跃，而且可以直观形象地说明问题。

既然文字是现在网页传输信息的主要工具，那么就得把页面上主要的部分留给文字。这个看似简单的道理却被很多网站所忽视，包括一些影响力较大的网站，一味地讲求"美观"，没有具体内容的东西占了很大的比例。主要的文字性内容却放到下边，结果用户很难获得需要的信息，有时候要拉动滚动条才能看到整个页面的主要内容。

网页上真正好的文本的排布是这样的：一般放在最显著的地方，如整个屏幕的中央稍微偏右下；文本的排版整体性好，浏览起来通畅而丝毫没有阻碍，理解内容更加容易。文字的大小应该适中，太大浏览起来增加了翻页的难度，太小看起来太累，加之不同显示器的分辨率不同，导致这个矛盾更加突出。因此这是值得每一个设计者慎重考虑的问题。用色也要讲究，一般用区别于主体的颜色可以起到强调的作用，但凡事都是过犹不及，一个整体的文字内容里用的颜色太多，势必会影响读者的理解，也会影响他们使用的心情，导致厌倦情绪的产生。对于文字的处理，很多软件都非常注意这方面的改进工作，使文字处理更加方便。图4-6所示为网站页面中的文字排版。

图片在网页设计中也占据很重要的地位，由于图片的加入使网页更加丰富多彩，所以把图

第 04 小时 网站页面设计策划

片用好是非常重要的。有几个值得注意的地方,如图片不能太大,受带宽的限制,人们是很难忍受等待之苦的,这就要求把图片的体积缩小,同时又要使图片尽量清楚、直观,并最大限度地发挥它的作用,把握这个度是很关键的,另外图片的排布也很有讲究,特别是多图的情况,就要使图片与图片之间的联系清楚,同时又要融为一个整体,使其看起来富有条理。图 4-7 所示为页面中的多图排版。

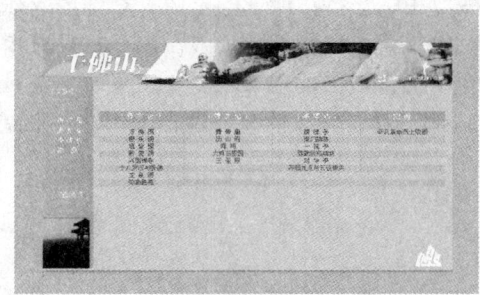

图 4-6 网站页面中的文字排版

图 4-7 页面中的多图排版

4.3.2 网站网页的布局形式

按照平面布局的形式来看,整个页面可以分为几个部分,每个部分都有不同的功能,也能体现不同的形式,具体看来就是上边、左边、下边、右边、中间。中间的部分一般是最大的,因为它承载着主要的信息,用户一般也主要看中间这部分的内容。下面总结一下这几种布局方式。

- 上边和左边相结合,这是最常用的一种方式。页面上部是网站的 Logo、导航和广告条,左边是导航按钮或其他的链接。图 4-8 所示的网页采用的就是上边和左边结合的布局。这样的布局有其本质上的优点,因为人的注意力主要在右下角,所以主要想得到的信息都能让浏览者很方便地进行浏览。但是有一个问题不得不注意,就是按钮在左边!大家都知道我们一般都是用右手来操作鼠标,要到左边去单击按钮就要移过整个屏幕,所以会很不方便。当然这也有一个习惯的问题,因为现在大部分的网站都采用这种形式,无形中造成使用者一打开网页都是习惯性地到左边去单击按钮。所以对于比较正规的网站还是尽量符合这种使用方式,当然也不是一成不变,要能够在这种基础上做一些变化,就能做出很好的网页,图 4-9 所示的网页就采用了上边和右边结合的布局。

图 4-8 上边和左边结合的布局

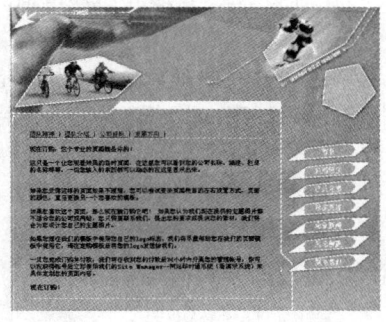

图 4-9 上边和右边结合的布局

- 上边和下边相结合，这种方式用得少一些，但是也有很多网站采用。这样可以解决使用上的问题，因为在屏幕下方移动鼠标可以很自如。同时由于上面有横的导航或者是广告条，这样上下造成一种对比和呼应，无论其中的内容如何安排，页面都会显得非常平衡，从而显得更协调，这是一种形式感很强的布局形式。图 4-10 所示的页面就采用上边和下边结合的布局。
- 上边、左边、下边相结合，这种方式也有一些应用，它将功能性的东西有条理地放在左边和下边，使用起来更方便，像很多的按钮和链接都可以很清楚地显示出来，具有很好的导向性。但是这样也有不利的地方，如整个页面被占去的地方较多，使页面主要显示的内容受到影响。所以在使用的时候也需要斟酌，看在什么情况下适合采用这种形式。图 4-11 所示的网页就采用了这种结构。

图 4-10　上边和下边结合的布局

图 4-11　上边、左边、下边相结合

- 上、下、左、右形成一种包围的布局，这种形式的应用有些类似于第三类，优点也是一样，但是缺点更明显，由此留给使用者的空间太少了，所以这种布局的应用也比较少。不过经过一些刻意的变化之后也能做出很漂亮的形式，所以一些个人站点有时也采用这种布局。图 4-12 所示的网页采用了上、下、左、右的布局。

第 04 小时 网站页面设计策划

图 4-12 上、下、左、右布局

以上是经过简单提炼之后得出的几种类别，但是在现实的应用中基本上都是经过一定变化的，所以呈现出丰富多彩的布局形式，在了解这些布局的基本优、缺点之后，适当地利用其优点，结合一些富有形式美感的因素进行设计，就能设计出非常漂亮的网页，同时在使用上也能够非常方便。

4.3.3 网站界面设计的兼容性

网站界面设计应考虑浏览器的兼容性，即要适合大多数用户的浏览环境，使他们都能正常浏览。随着 Web 标准的推广和应用，将网站界面的表现与形式分离，更具灵活性和适应性的方式在网站建设中越来越受推崇。要做到网站界面在各浏览器和分辨率下兼容，不妨第一步就从 Web 标准化的运用开始。

目前网站界面的主流分辨率主要指 1024 像素×768 像素，而随着液晶显示器的普及，1280 像素×1024 像素的分辨率将会有更多人使用。因而网站界面设计应该在保证主流分辨率的基础上，争取做到兼顾适应未来分辨率的趋势。目前主流浏览器仍然是 Internet Explorer，火狐 Firefox 的市场份额近年来也在不断增加，要做到网页在以上浏览器下均能正常浏览。

手机 3G 时代终将来临，无线互联网将是未来的发展趋势。在建立网站时不仅要考虑网站界面在各浏览器下的兼容性，还有必要对手机浏览兼容，有的企业甚至会建立专供手机上网浏览的 WAP 网站。图 4-13 所示的是新浪新闻中心的 WAP 站点 http://3g.sina.com.cn/。网站界面适应手机的窄屏模式，信息内容从上到下有序展开，没有大图片，只有必要的 Logo。

图 4-13　新浪新闻中心

> **提示**　要做到网站界面的兼容性应做到以下几点。
> - Web 标准的熟练运用。
> - 网站界面应对主流浏览器兼容。
> - 网站界面应对主流分辨率兼容。
> - 网站界面对手机和屏幕阅览器等特殊设备兼容。

4.3.4　界面布局与内容的相关性

网站的界面布局与网站内容架构息息相关。网站界面布局应遵循用户的浏览习惯和网站的信息规划，将内容合理有序地呈现在用户面前，使重要信息置于页面的重要位置。同时网站的界面布局也反映出网站的运营思路，并对最终的营销结果产生影响。在图 4-14 所示的网页上，尚湖动态与介绍等用户关心的内容占据了网站第一屏中的重要位置，其他信息在页面的下方，在界面布局时就考虑了将网站的重要内容放在重要的位置。

第 04 小时　网站页面设计策划

图 4-14　界面布局与内容的相关性

> **提示**
> 在进行网站界面布局时应注意以下几点。
> - 从上到下，从左到右，按照内容重要性的优先级有序展开。
> - 重要内容放在靠前的位置。
> - 建立清晰的视觉层次。
> - 页面布局清晰明确，同级的页面布局一致。
> - 页面上内容有包含关系的部分，视觉上要进行嵌套。
> - 页面上内容有相关联系的部分，视觉上要体现这种相关性。

4.4　网站视觉元素设计

一般来说，网站的视觉元素主要有文字、图片、表单和按钮这几类，还包括标签、列表、多媒体等，这些都是网站外观设计的组成部分，服从于网站的整体风格需要。用好网站视觉元素，能更好地指导和协助用户完成网站上的任务流程，使用户获得良好的在线体验。

 4.4.1　让文字易辨识

字体是帮助用户获得与网站的信息交互的重要手段，因而文字的易读性和易辨认性是设计网站页面时的重点。不同的字体会营造出不同的氛围，同时不同的字体大小和颜色也对网站的内容起到强调或者提示的作用。

正确的文字和配色方案是好的视觉设计的基础。网站上的文字受屏幕分辨率和浏览器的限制，但仍有通用的一些准则：文字必须清晰可读，大小合适，文字的颜色和背景色应有较为强烈的对比度，文字周围的设计元素不能对文字造成干扰。在图4-15所示的网页中，文本与背景色对比不强烈，阅读吃力，同时正文字体过小，几乎难以识别。

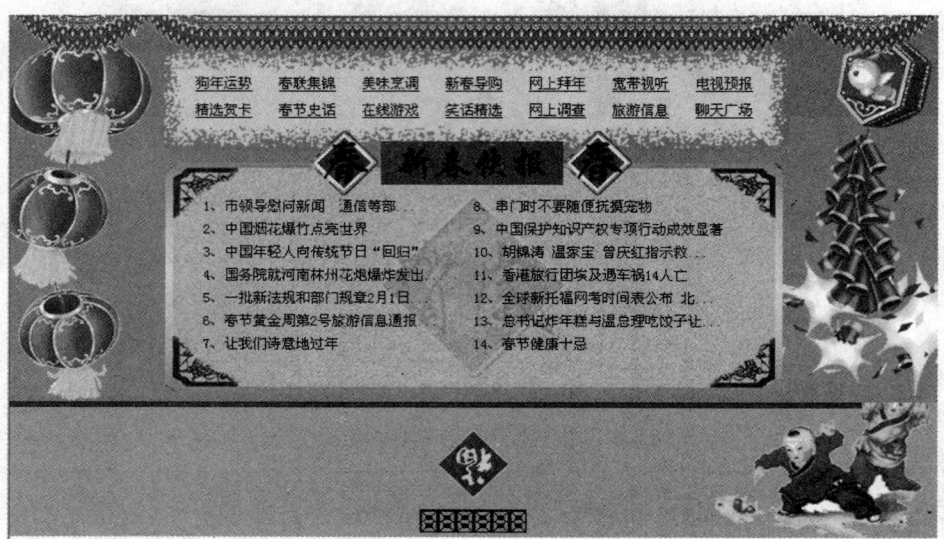

图4-15　文字不易识别

> 提示　　在进行网站的页面文字排版时要做到以下几点。
> - 避免字体过于黯淡导致阅读困难。
> - 字体色与背景色对比明显。
> - 字体颜色不要太杂。
> - 有链接的字体要有所提示，最好采用默认链接样式。
> - 标题和正文所用的文字大小有所区别。
> - 作为内容的文字字体大小最好能大一点。
> - 英文和数字选用与中文字体和谐的字体。

4.4.2　让图片更合理

网页上的图片也是版式的重要组成部分，正确运用图片，可以帮助用户加深对信息的印象。与网站整体风格协调的图片，能帮助网站营造独特的品牌氛围，加深浏览者的印象。

网站中的图片大致有以下3种：Banner广告图片、产品展示图片、修饰性图片，图4-16所示的网页中使用了各种图片。

第 04 小时　网站页面设计策划

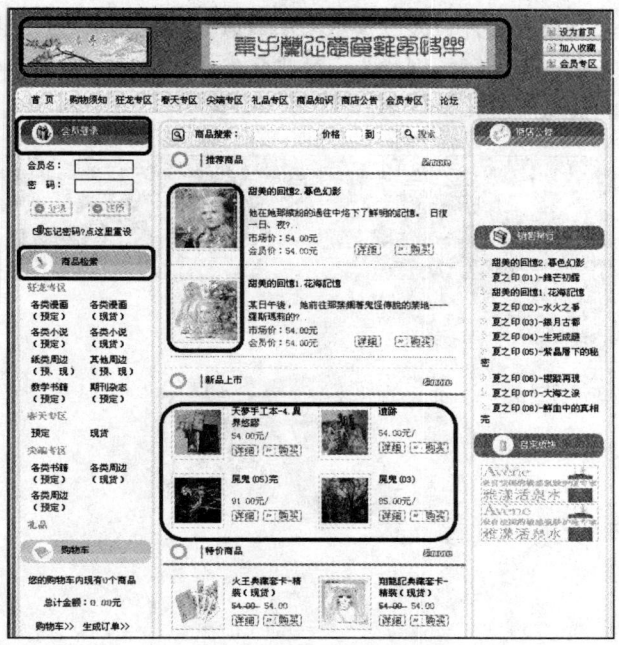

图 4-16　网页中使用了各种图片

> 在网页图片的设计处理时注意以下事项。
> - 图片出现的位置和尺寸合理，不对信息获取产生干扰，喧宾夺主。
> - 考虑浏览者的网速，图片文件不宜过大。
> - 有节制地使用 Flash 和动画图片。
> - 在产品图片的 alt 标签中添加产品名称。
> - 形象图片注重原创性。

4.4.3　让表单更易用

用户在填写网站表单的时候，无论是注册、发布信息、信息反馈，都已到了顾客转化的关键环节，其重要性不言而喻。表单涉及较复杂的在线交互行为，与流程息息相关，当一个交互过程需要分成很多个步骤完成的时候，更应重视对用户一步一步的引导，每一次点击都合理有效，接近并最终达成任务目标。

好的表单设计可以提升用户体验，但不少网站的表单设计都或多或少地存在一些问题，排除内容部分的因素，就设计而言，表单设计容易犯的错误包括以下几点。

- 过于冗长的表单和繁多的填写项。
- 填写出错后才出现说明和帮助。
- 提交按钮不易发现。

图 4-17 所示的是注册表单的一个网页。这个信息注册表单较长，涉及的用户行为较多，包

91

括选择、填写、插图等复杂的流程。因此这里采用默认分步式发布形式,即将一页表单拆成几个页面,每个页面单元只完成一种类别行为。分步式发布比较适合于初次使用的客户,避免在一个页面内填写大量的信息。

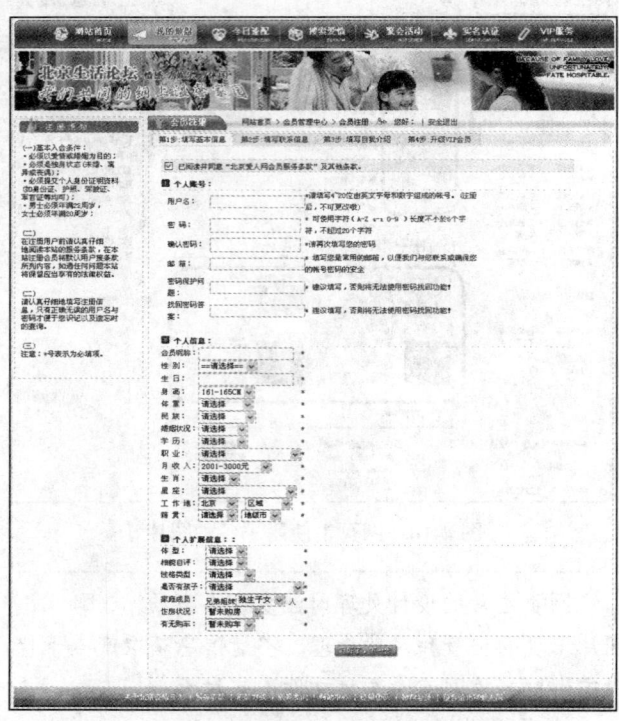

图 4-17　注册表单

可以通过以下几点来提高表单的易用性:
- 控制输入框的大小、恰当对齐,使之符合内容版式的需要。
- 根据表单元素的相关性进行合理分组和排序。
- 下拉列表过长时,可横向排列。
- 对填写内容提供必要的帮助提示。
- 避免一页表单必填项堆积过多,通过分页或收缩方式实现分步式表单形式。
- 提交按钮醒目,位置符合习惯。

4.4.4　让按钮更易点击

按钮是网站界面中伴随着用户点击行为的特殊图片,按钮在设计上有较高的要求。按钮设计的基本要求是要达到"点击暗示"效果,凹凸感、阴影效果、水晶效果等均是这一原则的网络体现。同时,按钮中的可点击范围最好是整个按钮,而不仅限于按钮图片上的文本区。图 4-18 所示的淘宝网站的按钮设计就非常漂亮。

第 04 小时　网站页面设计策划

图 4-18　淘宝网的按钮

提示
可以通过以下几点来设计按钮，让它更易被点击。
- 按钮颜色与背景颜色有一定的对比度。
- 按钮有浮起感，可点击范围够大，包括整个按钮。
- 按钮文字提示明确，如果没有文字，确信所使用的图形按钮是约定俗成、容易被用户理解的图片。
- 对顾客转化起重要作用的按钮用色应突出一点，尺寸大一点。

4.5　本章小结

网页设计要"以人为本"。只有准确把握用户需求，才能做出用户真正喜欢的页面。如果不考虑用户需求，网站的页面设计得再漂亮，功能再强大，也只能作为摆设，无法吸引到用户，更谈不上将网站用户变为你的客户。网站页面是网站营销策略的最终表现层，也是用户访问网站的直接接触层，一定要策划好。

第 05 小时　网站页面的配色

本章导读

网站给用户留下第一印象的既不是网站丰富的内容，也不是网站合理的版面布局，而是网站的色彩。色彩对人的视觉效果影响非常明显，色彩的冲击力是最强的，它很容易给用户留下深刻的印象。一个网站设计成功与否，在某种程度上取决于设计者对色彩的运用和搭配。因此，在设计网页时，必须要高度重视色彩的搭配。本章主要讲述网页色彩基本知识和网页色彩搭配技巧。

内容要点

◎ 网页配色原理

◎ 色彩与网页表现

◎ 网页色彩搭配技巧

◎ 网页色彩搭配方法

第 05 小时 网站页面的配色

本章学习流程

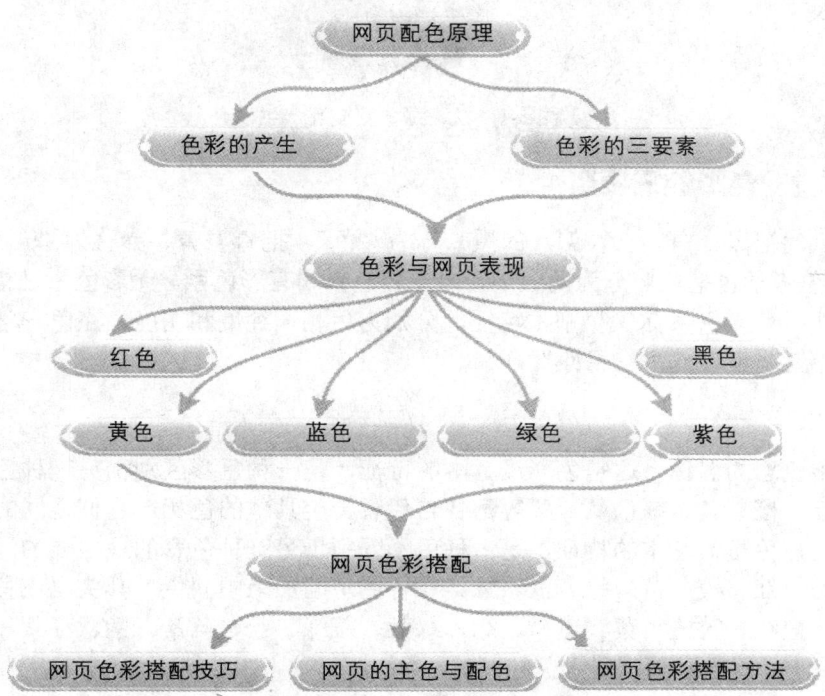

5.1 网页配色原理

> 无论平面设计，还是网页设计，色彩永远是最重要的一环。浏览者首先看到的不是优美的版式或美丽的图片，而是整体的色彩。为了能更好地应用色彩来设计网页，先来了解一下色彩的一些基本知识。

 5.1.1 色彩的产生

自然界中有许多种色彩，如香蕉是黄色的，天是蓝色的，桔子是橙色的……色彩五颜六色，千变万化。我们日常见的光，实际由红、绿、蓝三种波长的光组成，物体经光源照射，吸收和反射不同波长的红、绿、蓝光，经由人的眼睛，传到大脑形成了我们看到的各种颜色，也就是说，物体的颜色就是它们反射的光的颜色。红、绿、蓝三种波长的光是自然界中所有颜色的基础，光谱中的所有颜色都是由这三种光的不同强度构成的。把红、绿、蓝三种色交互重叠，就产生了混合色：青、洋红、黄，如图 5-1 所示。

95

图 5-1　红、绿、蓝交互产生混合色

5.1.2　色彩的三要素

我国古代把黑、白、玄（偏红的黑）称为"色"，把青、黄、赤称为"彩"，合称"色彩"。现代色彩学也把色彩分为两大类，即无彩色系和有彩色系。无彩色系是指黑和白，只有明度属性；有彩色系有 3 个基本特征，分别为色相、纯度和明度，在色彩学上也称它们为色彩的"三要素"或"三属性"。

1．色相

色相指色彩的名称，这是色彩最基本的特征，是一种色彩区别于另一种色彩的最主要的因素。红、橙、黄、绿、蓝、紫等都各自代表一类具体的色相，它们之间的差别属于色相差别。它是色彩最基本的特征，是一种色彩区别于另一种色彩的最主要的因素。最初的基本色相为：红、橙、黄、绿、蓝、紫。在各色中间加上中间色，其头尾色相，按光谱顺序为：红、橙红、黄橙、黄、黄绿、绿、绿蓝、蓝绿、蓝、蓝紫、紫、红紫——十二基本色相。如图 5-2 所示即十二基本色相。

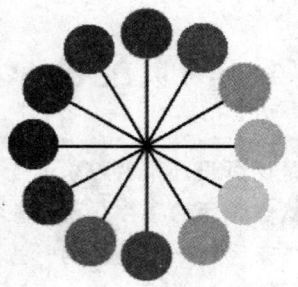

图 5-2　十二色相

2．明度

明度指色彩的明暗程度。明度越高，色彩越亮；明度越低，颜色越暗。色彩的明度变化产生出浓淡差别，这是绘画中用色彩塑造形体、表现空间和体积的重要因素。初学者往往容易将色彩的明度与纯度混淆起来，一说要使画面明亮些，就赶快调粉加白，结果明度是提高了，色彩纯度却降低了，这就是色彩认识的片面性所致。明度差的色彩更容易调和，如紫色与黄色、暗红与草绿、暗蓝与橙色等。如图 5-3 所示为色彩的明度变化。

第 05 小时 网站页面的配色

图 5-3 色彩的明度变化

3. 纯度

纯度指色彩的鲜艳程度，纯度高则色彩鲜亮；纯度低则色彩黯淡，含灰色。颜色中以三原色红、绿、蓝为最高纯度色，而接近黑、白、灰的颜色为低纯度色。凡是靠视觉能够辨认出来的，具有一定色相倾向的颜色都有一定的鲜灰度，而其纯度的高低取决于它含中性色黑、白、灰总量的多少。图 5-4 所示为色彩的纯度变化。

图 5-4 色彩的纯度变化

读者还需要了解以下几个色彩的特性。

- 相近色：色环中相邻的 3 种颜色，如图 5-5 所示。相近色的搭配给人的视觉效果舒适而自然，所以相近色在网站设计中极为常用。
- 互补色：色环中相对的两种色彩，如图 5-6 中所示的亮绿色与紫色、红色与绿色、蓝色与橙色等。

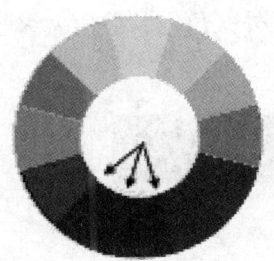

图 5-5 相近色

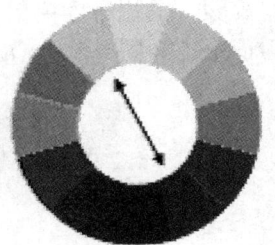

图 5-6 互补色

- 暖色：如图 5-7 中所示的黄色、橙色、红色和紫色等都属于暖色系列。暖色与黑色调和可以达到很好的效果。暖色一般应用于购物类网站、儿童类网站等。

97

图 5-7　冷色和暖色

- 冷色：如图 5-7 中所示的绿色、蓝色和蓝紫色等都属于冷色系列。冷色与白色调和可以达到一种很好的效果。冷色一般应用于一些高科技和游戏类网站，主要表达严肃、稳重等效果。

5.2　色彩与网页表现

色彩与人的心理感觉和情绪有一定的关系，利用这一点可以在设计网页时形成自己独特的色彩效果，给浏览者留下深刻的印象。不同的颜色会给我们不同的心理感受。

5.2.1　红色

红色的色感温暖，性格刚烈而外向，是一种对人刺激性很强的颜色。红色容易引人注意，也容易使人兴奋、激动、紧张、冲动，它还是一种容易造成人视觉疲劳的颜色。红色在各种媒体中都有广泛的利用，除了具有较佳的明视效果外，更被用来传达有活力、积极、热诚、温暖、前进等含义的企业形象与精神，另外红色也常被用做警告、危险、禁止、防火等标识色。如图 5-8 所示是红色的色阶。

图 5-8　红色色阶

在网页颜色应用中，纯粹使用红色为主色调的网站相对较少，多用于辅助色、点睛色，达到陪衬、醒目的效果。常见的红色搭配如图 5-9 所示。

第 05 小时　网站页面的配色

图 5-9　常见的红色搭配

如图 5-10 所示的网页，在红色中加入少量的黄，会使其热力强盛，极富动感和喜乐气氛。红色与黑色的搭配在商业设计中，被誉为商业成功色，在网页设计中也比较常见。红黑搭配色，常用于较前卫时尚、娱乐休闲等要求个性的网页中，如图 5-11 所示的页面，红色通过与灰色、黑色等非彩色搭配使用，可以得到现代且激进的感觉。

图 5-10　红色　　　　　　　　　　图 5-11　红色中加入少量黑色的页面

5.2.2 黄色

黄色给人的感觉是冷漠、高傲、敏感,具有扩张和不安宁的视觉印象。黄色是各种色彩中最为娇气的一种颜色。黄色是有彩色中最明亮的色,因此给人留下明亮、辉煌、灿烂、愉快、高贵、柔和的印象,同时又容易引起味觉的条件反射,给人以甜美、香酥感。如图5-12 所示是黄色的色阶。

图 5-12 黄色的色阶

黄色是在网页配色中使用最为广泛的颜色之一,黄色和其他颜色配合很活泼,有温暖感,具有快乐、希望、智慧和轻快的个性。黄色有着金色的光芒,有希望与功名等象征意义,黄色也代表着土地、象征着权力,并且还具有神秘的宗教色彩,如图 5-13 所示常见的黄色搭配。

黄色是明亮的且可以给人甜蜜幸福感觉的颜色,在很多设计作品中,黄色都用来表现喜庆的气氛和富饶的商品。通常在商品网站中,使用黄色与红色搭配渲染热闹气氛,比较适合活泼跳跃、色彩绚丽的配色方案。如图 5-14 所示黄色的网页。

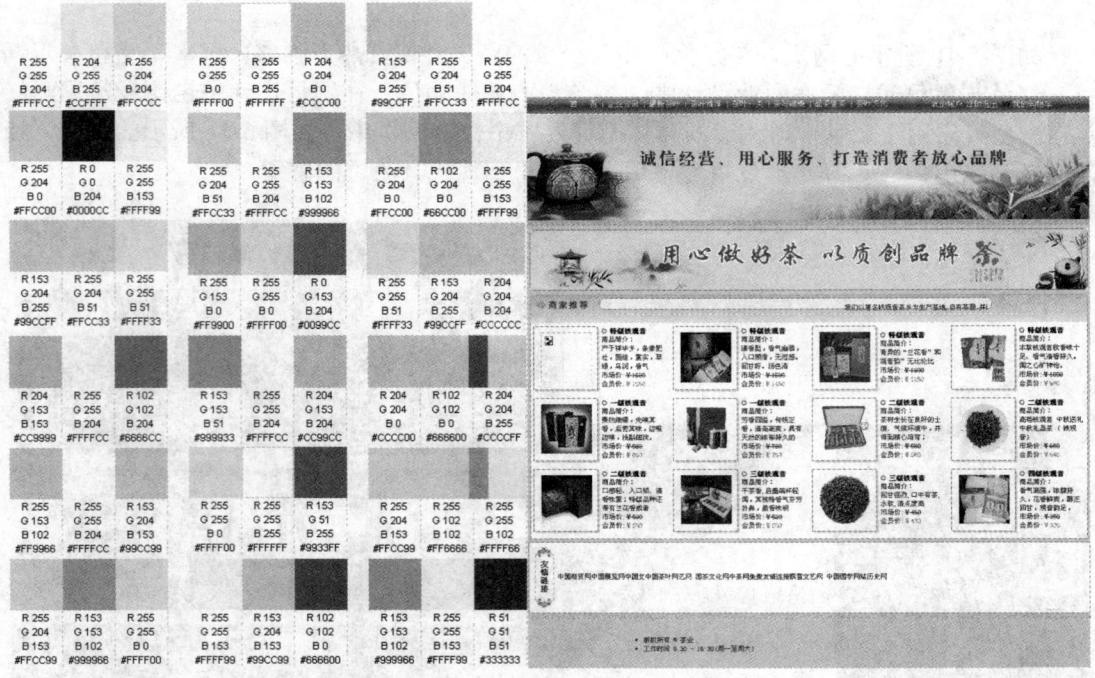

图 5-13 常见的黄色搭配   图 5-14 黄色与黑色搭配的网页

第 05 小时　网站页面的配色

5.2.3 蓝色

蓝色给人以沉稳的感觉，且具有深远、永恒、沉静、博大、理智、诚实、寒冷的意象，同时蓝色还能够表现出和平、淡雅、洁净、可靠等。在商业设计中强调科技、商务的企业形象，大多选用蓝色当标准色，如图 5-15 所示是蓝色的色阶。

图 5-15　蓝色的色阶

蓝色是冷色系最典型的代表色，是网站设计中运用得最多的颜色，如图 5-16 所示常见的蓝色搭配。

蓝色朴实、不张扬，可以衬托那些活跃、具有较强扩张力的色彩，为它们提供一个深远、广博、平静的空间。蓝色还是一种在淡化后仍然能保持较强个性的颜色。在蓝色中分别加入少量的红、黄、黑、橙、白等色，均不会对蓝色的表达效果构成较明显的影响。

蓝色是冷色系的典型的代表，而黄、红色是暖色系里最典型的代表，冷暖色系对比度大，较为明快，很容易感染带动浏览者的情绪，有很强的视觉冲击力。

深蓝色是沉稳的且较常用的色调，能给人稳重、冷静、严谨、成熟的心理感受。它主要用于营造安稳、可靠、略带有神秘色彩的氛围。一般用于企业宣传类网站的设计中。如图 5-17 所示的网页。

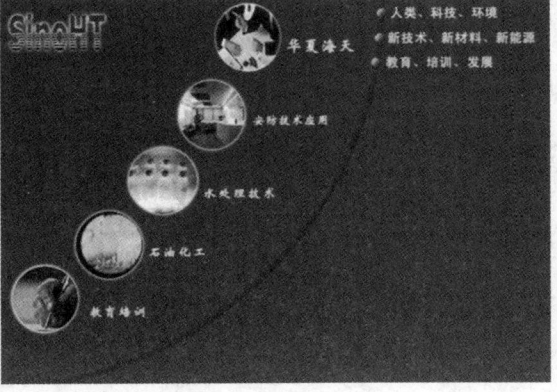

图 5-16　常见的蓝色搭配　　　　图 5-17　使用深蓝色的网页

101

5.2.4 绿色

在商业设计中,绿色所传达的是清爽、理想、希望、生长的意象,符合服务业、卫生保健业、教育行业、农业的要求。绿色通常与环保意识有关,也经常被联想到有关健康方面的事物,如图5-18所示是绿色的色阶。

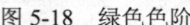

图 5-18　绿色色阶

绿色在黄色和蓝色之间,属于较中庸的颜色,是和平色,偏向自然美,宁静、生机勃勃、宽容,可与多种颜色搭配而达到和谐,也是网页中使用最为广泛的颜色之一,如图5-19所示常见的绿色搭配。

绿色与人类息息相关,是自然之色,代表了生命与希望,也充满了青春活力,它生机勃勃,象征着生命。它本身具有一定的与自然、健康相关的感觉,所以也经常用于与自然、健康相关的站点,绿色还经常用于一些公司的儿童站点、教育站点或园林旅游网站。如图5-20所示绿色旅游类网页。

图 5-19　常见的绿色搭配　　　　　　图 5-20　绿色旅游类网页

第 05 小时　网站页面的配色

5.2.5　紫色

紫色的色彩心理具有创造、谜、忠诚、神秘、稀有等内涵。象征着女性化，代表着高贵和奢华、优雅与魅力，也象征着神秘与庄重、神圣和浪漫。如图 5-21 所示是紫色的色阶。

图 5-21　紫色的色阶

紫色通常用于以女性为对象或以艺术品介绍为主的站点，但很多大公司的站点中也喜欢使用包含神秘和尊贵高尚色彩的紫色。如图 5-22 所示常见的紫色搭配。

紫色加入少量的白色，就会成为一种十分优美、柔和的色彩。随着白色的不断加入，也就不断地产生许多层次的淡紫色，可使紫色沉闷的性格消失，变得优雅、娇气，并充满女性魅力。

紫色与紫红色都是非常女性化的颜色，它给人的感觉通常都是浪漫、柔和、华丽、高贵优雅，特别是粉红色更是女性化的代表颜色。不同色调的紫色可以营造非常浓郁的女性化气息，而且在灰色的突出颜色的衬托下，紫色可以显示出更大的魅力。高彩度的紫红色可以表现出超凡的华丽，而低彩度的粉红色可以表现出高雅的气质。如图 5-23 所示，该页面具有非常强烈的现代感，紫色的色彩配合时尚的卡通，符合该页面主题所要表达的环境，让人容易记住它。

图 5-22　常见的紫色搭配　　　　　　　　图 5-23　紫色搭配网页

5.2.6 橙色

橙色的波长居于红和黄之间，橙色是十分活泼的光辉色彩，是最暖的色彩。给人以华贵而温暖，兴奋而热烈的感觉，也是令人振奋的颜色。具有健康、富有活力、勇敢自由等象征意义，能给人有庄严、尊贵、神秘等感觉。如图5-24所示是橙色的色阶。

图 5-24 橙色的色阶

橙色是可以通过变换色调营造出不同氛围的典型颜色，它既能表现出青春的活力也能够实现稳重的效果，所以橙色在网页中的使用范围是非常广泛的。橙色适用于视觉要求较高的时尚网站，也常被用于味觉较高的食品网站，是容易引起食欲的颜色。如图5-25所示为常见的橙色色彩搭配。

使用了高亮度橙色的网页通常都会给人一种晴朗新鲜的感觉，而通过将浅黄色、黄色、黄绿色等邻近色与橙色搭配使用，通过不同的明度和纯度的变化而得到更为丰富的色阶，通常都能得到非常好的效果。如图5-26所示橙色与黄色等邻近色的搭配网页，视觉上处理得井然有序，整个页面看起来华丽、新鲜充满活力的感觉。

图 5-25 橙色色彩搭配　　　　　图 5-26 橙色搭配网页

第 05 小时　网站页面的配色

5.2.7　黑色

黑色是一种流行的主要颜色，适合和许多色彩作搭配。黑色具有高贵、稳重、庄严、坚毅，科技的意象，许多科技网站的用色，如电视机、摄影机、音响的色彩，大多采用黑色，另外黑色也常用在音乐网站中。如图 5-27 所示黑色与红色搭配的网页。

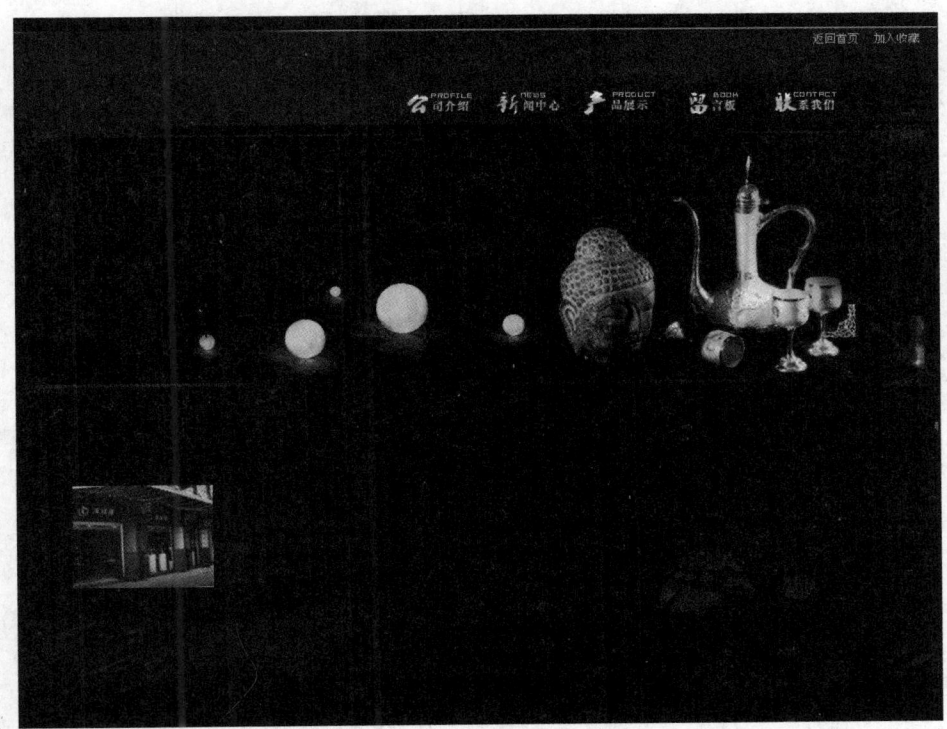

图 5-27　黑色与红色搭配的网页

5.2.8　灰色

灰，比白色深些，比黑色浅些，穿插于黑白两色之间，更有些暗抑的美，幽幽的，淡淡的，不比黑和白的纯粹，却也不似黑和白的单一，似混沌，天地初开最中间的灰，不用和白色比纯洁，不用和黑色比空洞，而是有点单纯，有点寂寞，有点空灵，捉摸不定的，奔跑于黑白之间，像极了人心，是常变的，善变的，却是最像人的颜色。图 5-28 所示为灰色搭配的网页。

105

图 5-28 灰色搭配的网页

5.3 网页色彩搭配

网页的色彩是树立网站形象的关键之一，因此在设计网页时，必须要高度重视色彩的搭配。为了能更好地应用色彩来设计网页，下面讲述网页色彩搭配方面的知识。

5.3.1 网页色彩搭配技巧

色彩搭配既是一项技术性工作，同时也是一项艺术性很强的工作，因此在设计网页时除了考虑网站本身的特点外，还要遵循一定的艺术规律，从而设计出色彩鲜明、性格独特的网站。

一个页面使用的色彩尽量不要超过 4 种，用太多的色彩让人没有方向，没有侧重点。当主题色彩确定好以后，在考虑其他配色时，一定要考虑其他配色与主题色的关系，要体现什么样的效果。另外还要考虑哪种因素占主要地位，是色相、亮度还是纯度。

网页色彩搭配的技巧有以下几点。

1. 色彩的鲜明性

网页的色彩要鲜明，这样容易引人注目。一个网站的用色必须要有自己独特的风格，这样才能个性鲜明，给浏览者留下深刻的印象，如图 5-29 所示。

第05小时 网站页面的配色

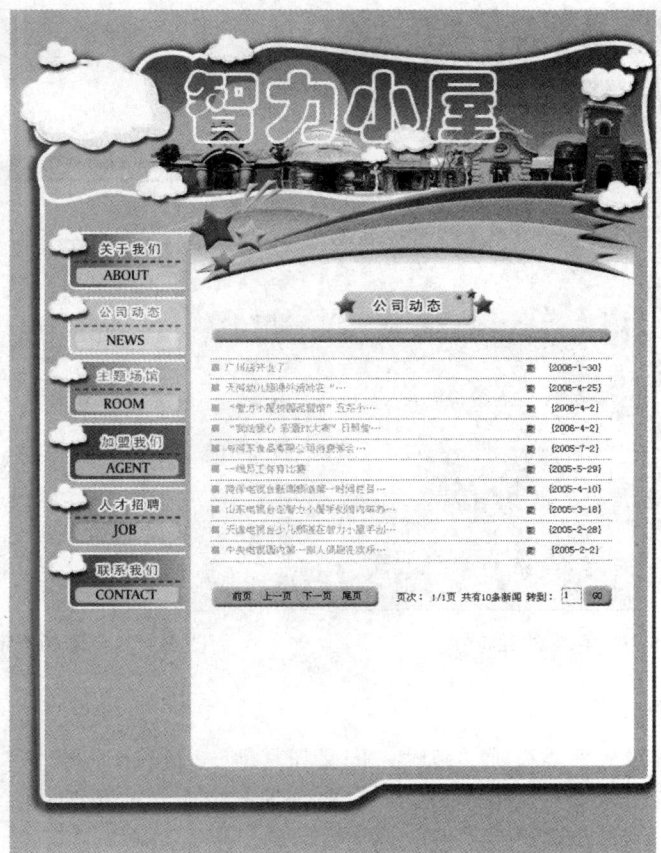

图 5-29 色彩的鲜明性

2．色彩的独特性

要有与众不同的色彩，网页的用色必须要有自己独特的风格，这样才能给浏览者留下深刻的印象。如图 5-30 所示。

3．色彩的艺术性

网站设计也是一种艺术活动，因此必须遵循艺术规律，在考虑到网站本身特点的同时，按照内容决定形式的原则，大胆进行艺术创新，设计出既符合网站要求，又有一定艺术特色的网站。不同色彩会产生不同的联想，选择色彩要和网页的内涵相关联，如图 5-31 所示。

图 5-30　色彩的独特性

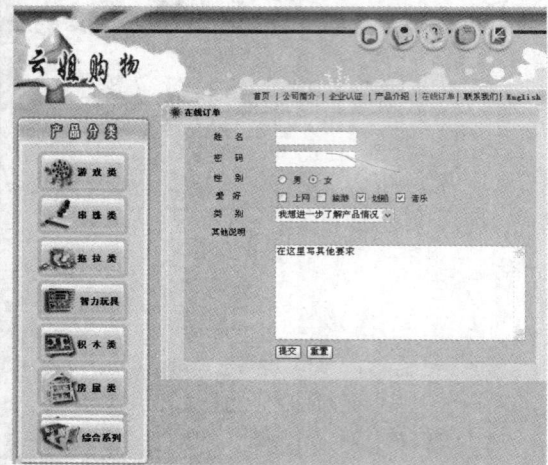

图 5-31　色彩的艺术性

4．色彩搭配的合理性

网页设计虽然属于平面设计的范畴，但又与其他平面设计不同，它在遵循艺术规律的同时，还考虑人的生理特点，色彩搭配一定要合理，给人一种和谐、愉快的感觉，避免采用纯度很高的单一色彩，这样容易造成视觉疲劳。

5．色彩的合适性

网页的色彩和要表达的内容气氛相适应，如可用粉色体现女性站点的柔性。

6．色彩的联想性

不同色彩会让人产生不同的联想。例如，看到蓝色想到天空，黑色想到黑夜，红色想到喜事等，选择色彩要和网页的内涵相关联。

5.3.2　网页的主色与配色

一个网站的整体色彩效果取决于主色调，以及前景色与背景色的关系。网站是倾向于冷色或暖色，还是倾向于明朗鲜艳或素雅质朴，这些色彩倾向所形成的不同色调给人们的印象即是网站色彩的总体效果。网站色彩的整体效果取决于网站的主题需要及访问者对色彩的喜好，并以此为依据来决定色彩的选择与搭配。如药品网站的色彩大都为白色、蓝色和绿色等冷色，这是根据人们心理特点决定的。这样的总体色彩效果才能给人一种安全、宁静及可靠的印象，使网站宣传的药品易于被人们接受。如果不考虑网站内容与消费者对色彩的心理反应，仅凭主观想象设计色彩，其结果必定适得其反。

第 05 小时　网站页面的配色

网站的色调一般由多种色彩组成，为了获得统一的整体色彩效果，要根据网站主题和视觉传达要求，选择一种处于支配地位的色彩作为主色，并以此构成画面的整体色彩倾向。其他色彩围绕主色变化，形成以主色为代表的统一的色彩风格。

网页画面中既然有反映主题形象的主色，就必须有衬托前景色的背景色。主体与背景所形成的关系是平面广告设计中主要的对比关系，可用多种柔和、相近的色彩或中间色突出前景色，也可用统一的暗色彩突出较明亮的前景色。背景色明度的高低视前景色的明度而定，一般情况下，前景色彩都比背景色彩更为强烈、明亮且鲜艳。这样既能突出主题形象，又能拉开主体与背景的色彩距离，产生醒目的视觉效果。因此在处理主体与背景色彩关系时，一定要考虑二者之间的适度对比，以达到主题形象突出、色彩效果强烈的目的。

5.3.3　网页色彩搭配方法

网页配色很重要，网页颜色的搭配好坏与否直接会影响到访问者的情绪。好的色彩搭配会给访问者带来很强的视觉冲击力，不好的色彩搭配则会让访问者浮躁不安。下面就来讲述网页色彩搭配的一些基本方法。

1. 同种色彩搭配

同种色彩搭配是指首先选定一种色彩，然后调整透明度或饱和度，将色彩变淡或加深，产生新的色彩。这样的页面看起来色彩统一，有层次感，如图 5-32 所示。

2. 邻近色彩搭配

邻近色是指在色环上相邻的颜色。如绿色和蓝色、红色和黄色就互为邻近色。采用邻近色可以使网页避免色彩杂乱，易于达到页面的和谐统一，如图 5-33 所示。

图 5-32　同种色彩搭配　　　　　　　　图 5-33　邻近色彩搭配

3. 对比色彩搭配

一般来说色彩的三原色（红、黄、蓝）最能体现色彩间的差异。色彩的对比强，看起来就是诱惑力，能够起到集中视线的作用，对比色可以突出重点，产生强烈的视觉效果。通过合理使用对比色，能够使网站特色鲜明、重点突出。在设计时一般以一种颜色为主色调，对比色作为点缀，可以起到画龙点睛的作用，如图5-34所示。

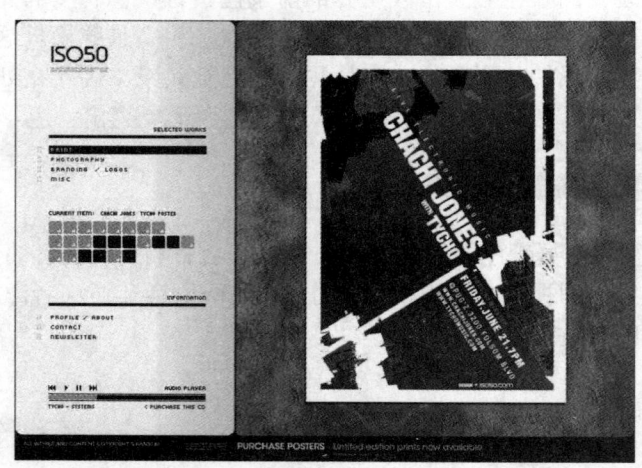

图5-34 对比色彩搭配

4. 暖色色彩搭配

冷色与暖色是依据人的心理错觉对色彩的物理性分类，是人对颜色的物质性印象，大致由冷暖两个色系产生。红色光、橙色光、黄色光本身具有暖和感，照射任何物体时都会产生暖和感。相反，紫色光、蓝色光、绿色光有寒冷的感觉，如图5-35所示斜线左下方的是冷色系，斜线右上方的是暖色系。暖色色彩搭配是指红色、橙色、黄色、褐色等色彩的搭配。这种色调的运用，可使网页呈现温馨、和谐、热情的氛围，如图5-36所示。

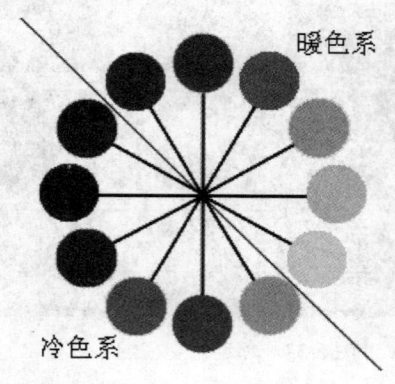

图5-35 冷色和暖色

图5-36 暖色色彩搭配

第 05 小时 网站页面的配色

5．冷色色彩搭配

冷色色彩搭配是指使用绿、蓝、紫色等色彩的搭配。这种色彩搭配，可使网页呈现宁静、清凉、高雅的氛围。如图 5-37 所示冷色系蓝色为主的网页。

图 5-37　冷色系蓝色为主的网页

6．有主色的混合色彩搭配

有主色的混合色彩搭配是指以一种颜色作为主要颜色，即作为主色，同时辅以其他色彩混合搭配，形成缤纷而不杂乱的搭配效果，如图 5-38 所示。

图 5-38　有主色的混合色彩搭配

7．文字和网页的背景色对比要突出

文字内容和网页的背景色对比要突出，底色深，文字的颜色就要浅，以深色的背景衬托浅色的内容（文字或图片）；反之，底色淡，文字的颜色就要深些，以浅色的背景衬托深色的内容（文字或图片）。

5.4　本章小结

随着信息时代的快速到来，网络也开始变得多姿多彩。所以网页设计者不仅要掌握基本的网站制作技术，还需要掌握网站的风格、配色等设计艺术。通过本章的学习，读者可以了解大致的网页的创意方法和原则，以及如何搭配网页色彩。

第 3 篇

设计处理网页图像

- 第 06 小时　设计网站的 Logo 和 Banner
- 第 07 小时　设计和处理网页图像素材
- 第 08 小时　设计制作网站封面页

第 06 小时 设计网站的 Logo 和 Banner

本章导读

在 Photoshop 中制作网站 Logo 和 Banner 是制作精美网页比较重要的一环。Logo 是标志的意思，Logo 是网站形象的重要体现，是互联网上各个网站用来与其他网站链接的图形标志。网页上的广告条又称为 Banner，是网站用来作为盈利或者是发布一些重要的信息的工具。网页上的广告条主要的一个特点是突出，就是醒目，能吸引人的注意力。

学习要点

◎ 网站 Logo 设计准则　　　　◎ 设计企业网站 Logo
◎ 网站广告设计标准　　　　◎ 设计网站 Banner 广告

本章学习流程

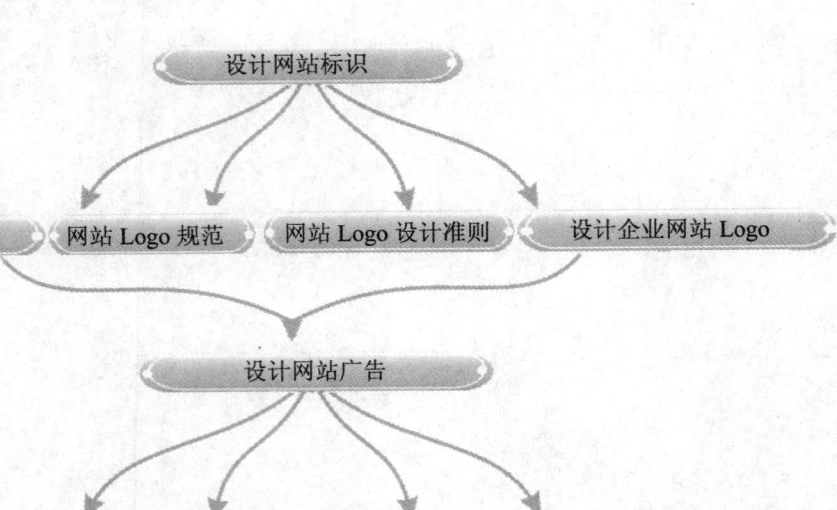

第 06 小时 设计网站的 Logo 和 Banner

6.1 设计网站标识

> Logo 是标志、徽标的意思。网站 Logo 即网站标志，它一般出现在站点的每一个页面上，是网站给人的第一印象。

6.1.1 网站 Logo 规范

设计 Logo 时，了解相应的规范，对指导网站的整体建设有着极现实的意义。要注意一下一些规范。

● 规范 Logo 的标准色、恰当的背景配色体系、反白、在清晰表现 Logo 的前提下制订 Logo 最小的显示尺寸，为 Logo 制订一些特定条件下的配色、辅助色带等。

● 完整的 Logo 设计，尤其是具有中国特色的 Logo 设计，在国际化的要求下，一般应至少使用中英文双语的形式，并考虑中英文字的比例、搭配，有的还要考虑繁体、其他特定语言版本等。

为了便于 Internet 上信息的传播，需要一个统一的国际标准。关于网站的 Logo，目前有以下 3 种规格。

● 88×31：这是互联网上最普遍的友情链接 Logo，因为这个 Logo 主要是放在别人的网站显示的，让别的网站的用户单击这个 Logo 进入网站，几乎所有网站的友情链接都使用这个统一的规格。

● 120×60：这种规格用于一般大小的 Logo，一般用在首页上的 Logo 广告。

● 120×90：这种规格用于大型 Logo。

6.1.2 网站 Logo 设计准则

Logo 就是网站标志，它的设计要能够充分体现该公司的核心理念，并且设计要求动感、活力、简约、大气、高品位、色彩搭配合理，美观、印象深刻。网站 Logo 设计有以下标准。

● 符合企业的 VI 总体设计要求，要有良好的造型。

● 设计要符合传播对象的直观接受能力、习惯，社会心理、习俗与禁忌。

● 标志设计一定要注意其识别性，识别性是企业标志的基本功能。通过整体规划和设计的视觉符号，必须具有独特的个性和强烈的冲击力。

● 规范 Logo 的标准色，在清晰表现 Logo 的前提下制订 Logo 最小的显示尺寸。

● 应注意文字与图案边缘应清晰，字与图案不宜相交叠。

● 一个网络 Logo 不应只考虑在设计师高分辨屏幕上的显示效果，应该考虑到网站整体发展到一个高度时相应推广活动所要求的效果，使其在应用于各种媒体时，也能发挥充分的视觉效果；同时应使用能够给予多数观众好感而受欢迎的造型。

6.1.3 如何自我评估自己的网站 Logo

一般的网站设计者可能对设计没有专业的知识，下面介绍什么样的 Logo 是一个成功的

Logo。

1. 应用性较好

你设计的 Logo 可以以较小或较大的比例来印刷吗？在黑白情况下它的视觉效果是否仍然不错？有一些 Logo 在报纸做广告时或在传真纸上以黑白颜色出现时，可能会造成与原来彩色原图的较大视觉偏差。可以将 Logo 放大和缩小来观察它的视觉效果。

2. 有特色

你希望自己的 Logo 设计能够独一无二，这是完全可以理解的，也是我们必须做到的，但有一点，你也不能一味地追求离奇出位而走向极端。

3. 含义清晰

一个好的 Logo 自己就能够表达一些你想表达的信息。这个设计是否能够与网站业务或公司联系在一起？这种联系是否一致？

4. 简单易记

一个简单的 Logo 设计更容易让顾客易于记住和承认。如果一个设计再复杂再优美，但别人仍然不知所云，这仍然是一个失败的 Logo。颜色也不能太过花哨。

6.1.4 设计企业网站 Logo

下面讲述设计企业网站 Logo 的具体操作步骤。

（1）启动 Photoshop CS6，执行"文件"|"打开"命令，弹出"打开"对话框，在对话框中选择图像 index_01.jpg，如图 6-1 所示。

（2）单击"打开"按钮，打开图像文件，如图 6-2 所示。

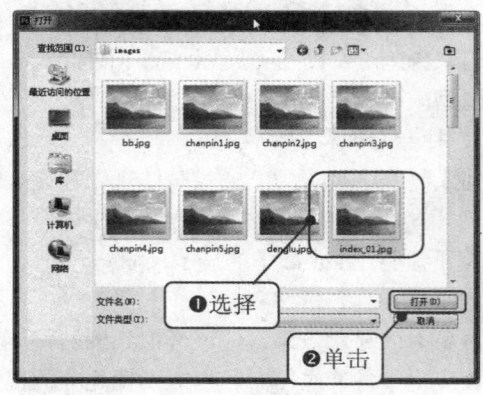

图 6-1　"打开"对话框

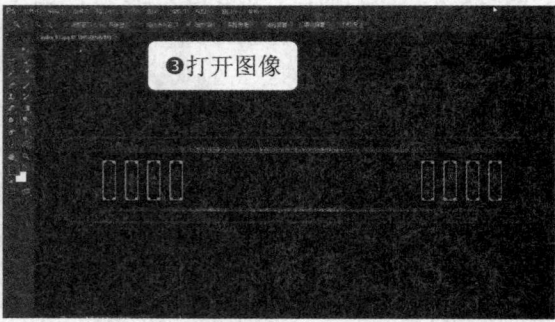

图 6-2　打开图像

（3）选择工具箱中的"椭圆工具"，在选项栏中单击"填充"右边的颜色按钮，在弹出的列表中设置渐变颜色，如图 6-3 所示。

（4）按住鼠标左键绘制椭圆，如图 6-4 所示。

第 06 小时 设计网站的 Logo 和 Banner

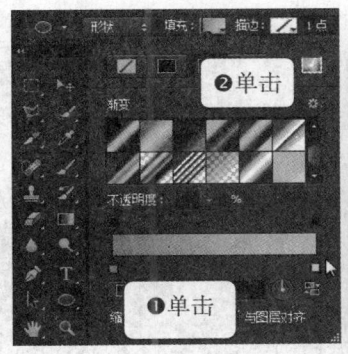

图 6-3 设置渐变颜色

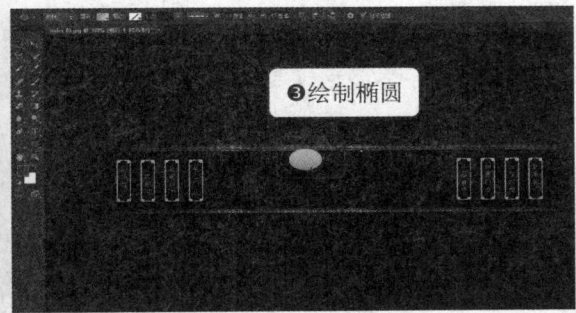

图 6-4 绘制椭圆

（5）选择工具箱中的"自定义形状工具"，单击"形状"右边的按钮在弹出的列表框中选择相应的形状，如图 6-5 所示。

（6）按住鼠标左键绘制形状，如图 6-6 所示。

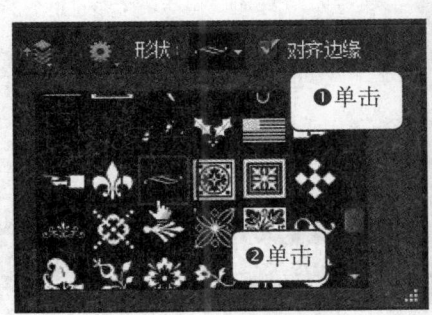

图 6-5 选择形状

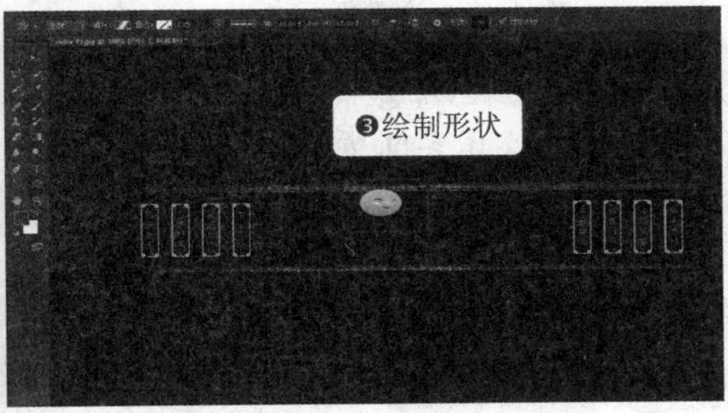

图 6-6 绘制形状

（7）选择工具箱中的"椭圆工具"，在选项栏中单击"填充"右边的颜色按钮，在弹出的列表中设置渐变颜色，然后绘制椭圆，如图 6-7 所示。

（8）选中绘制的椭圆，按 Ctrl+T 组合键选择图像，右击鼠标在弹出的列表中执行"变形"命令，如图 6-8 所示。

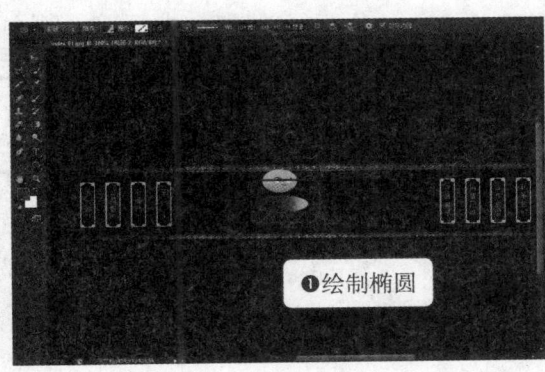

图 6-7 绘制椭圆

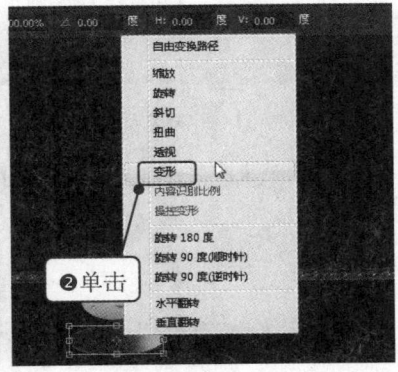

图 6-8 选择变形

（9）对图像进行变形后的效果，如图6-9所示。

（10）选中工具箱中的"横排文字工具"，在选项栏中将"字体"设置为"黑体"，字体大小设置为42，字体颜色设置为#00e110，在舞台中输入"金铭茶文化公司"，如图6-10所示。

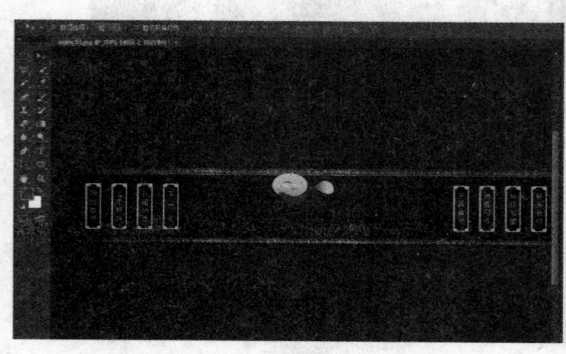

图6-9　变形图像

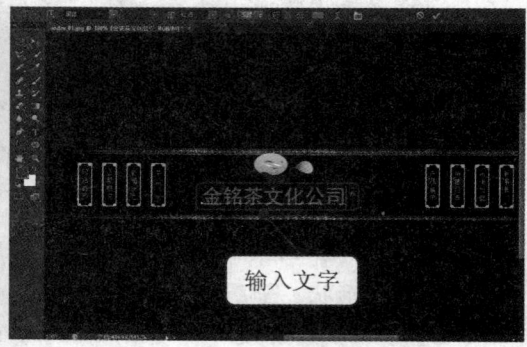

图6-10　输入文字

（11）执行"图层"|"图层样式"|"投影"命令，打开"图层样式"对话框，设置投影的相关参数，如图6-11所示。

（12）勾选"描边"复选框，将描边"颜色"设置为黑色，描边"大小"设置为2，如图6-12所示。

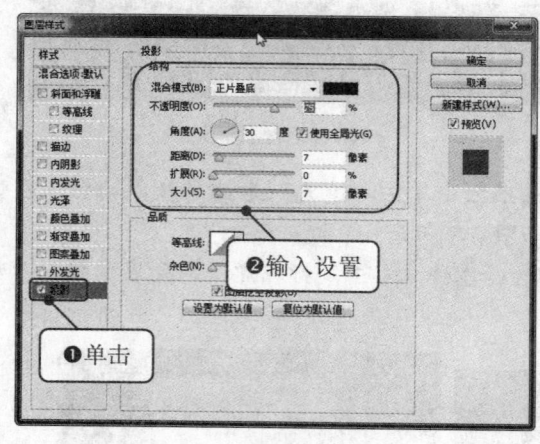

图6-11　设置投影

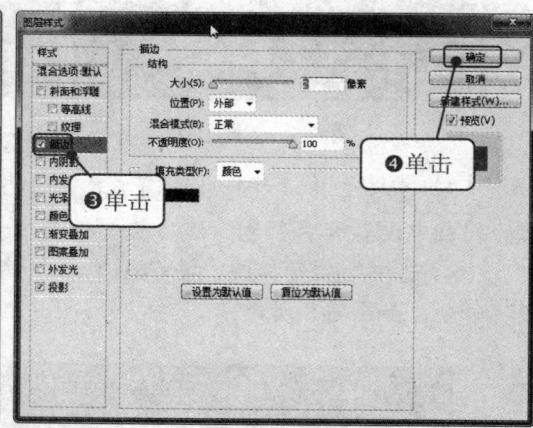

图6-12　设置描边

（13）单击"确定"按钮，logo制作完成，如图6-13所示。

第 06 小时　设计网站的 Logo 和 Banner

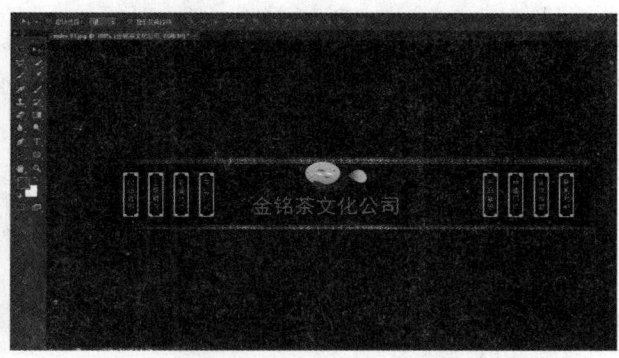

图 6-13　制作完 logo

6.2　设计网站广告

> Banner 也叫网站横幅广告，在网络营销术语中，Banner 是一种网络广告形式。Banner 广告一般是放置在网页上的不同位置，在用户浏览网页信息的同时，吸引用户对于广告信息的关注，从而获得网络营销的效果。

6.2.1　什么是 Banner 广告

Banner 以 GIF、JPG 等格式建立的图像文件，定位在网页中，大多用来表现网络广告内容，同时还可使用 Java 等语言使其产生交互性，用 Shockwave 等插件工具增强表现力。

Banner 广告有多种表现规格和形式，其中最常用的是 486×60 像素的标准标志广告，由于这种规格曾处于支配地位，在早期有关网络广告的文章中，如没有特别指名，通常都是指标准标志广告。这种标志广告有多种不同的称呼，如横幅广告、全幅广告、条幅广告、旗帜广告等。通常采用图片、动画、Flash 等方式来制作 Banner 广告。

Banner 的文字不能太多，一般最好用一句来表达，配合的图形也无须太烦琐，文字尽量使用黑体等粗壮的字体，否则在视觉上很容易被网页其他内容所淹没，也极容易在分辨率不高的屏幕上产生"花字"。图形尽量选择颜色数少，能够说明问题的事物。如果选择颜色很复杂的物体，要考虑一下在颜色数多的情况下，是否会有明显的色斑。

6.2.2　网络广告设计要素

网络广告包括多种设计要素，如图像、电脑动画、文字和数字影（音）像等，这些要素可以单独使用，也可以配合使用。

1．图像

网页中最常用的图像格式是 GIF 和 JPG，另外还有不常用的 PNG 图像格式。

119

2. 电脑动画

电脑动画是一种表现力极强的网络设计手段。电脑动画分为二维动画和三维动画。典型的二维动画制作软件，如 Flash，它是一个专门的网页动画编辑软件，通过 Flash 制作的动画文件字节小，调用速度快且能实现交互功能。

3. 文字

在网络广告设计中，标题字和内文的设计、编排都要用到文字。

4. 数字影（音）像

数字影（音）像也被广泛地应用在网络广告中。但是由于带宽的限制，数字影（音）像一般都经过高倍的压缩。虽然压缩会使音频、视频文件的精度在一定程度上损失，但是采取这种方法可以大大提高它们在网上的传输速度。

6.2.3 网络广告设计技巧

一个精心设计的 Banner 和一个设计平淡的 Banner 在点击率上将会相差很大。在对创意进行构思以前，我们需要对网站内容有全面的了解，找出网站最吸引访问者的地方，转换为 Banner 设计时的"卖点"。

1. 构思画面

一个好的网上广告在其放置的网页上应十分醒目、出众，使用户在随意浏览的几秒钟之内就能感觉到它的存在。为此，应充分发挥电脑图像和动画技术的特长，使广告具有强烈的视觉冲击力。旗帜广告的颜色可考虑多用明黄、橙红、天蓝等艳丽色，强调动画效果。从视觉原理上讲，动画比静态图像更能引人注目，有统计表明其吸引力会提高三倍。当然也要注意广告与网页内容及风格相融合，一定要避免用户误将广告当成装饰画。

2. 构思广告语

- 标题展露最吸引人之处，力争开头抓住人们的注意力。
- 正文句子要简短、直截了当，尽量用短语，避免完整长句。
- 语句要口语化，不绕弯子。
- 可以适当运用感叹号，增强语气效果。
- 如果要引导用户从广告访问企业网站，应使用"请点击"或"Click"等文字。

3. 内容更换，常新常看

网友的注意力资源有限，应该尽力争取"回头客"，最基本的招数，就是经常更换内容。内容常新的广告，可以使经常访问网页的用户感觉到广告的存在，因为任何好的广告图像，如果用户看多了也会熟视无睹。统计表明，当广告图像不变时，点击率会逐步下降，而更换图像后，点击率又会上升。广告更新频率一般为 2 周一次。

在制作广告时，一定要考虑下载速度，图像要尽量少，容量应保持在 10KB 左右。

第 06 小时　设计网站的 Logo 和 Banner

4. 定位目标受众

首先必须准确锁定目标受众，然后，根据你的预算实际，寻找适合他们最可能光顾的网站媒体。如果广告预算不宽裕（大多数网上企业都是这样），那么重点是像新闻邮件、电子杂志之类的小型网上媒体，而不应是广告价位高昂的大型网上媒体。这类网站数量众多，覆盖领域也越来越广。但是发行量相差悬殊，吸引的受众特征也各不相同。唯一的共同点是广告价格便宜。

5. 设计要美观

如果设计得非常漂亮，让人看上去觉得很舒服，即使不是他们所要看的东西，或者是一些他们可看不可看的东西，他们也会很有兴趣的去看看，点击就是顺理成章的事情了。

6. 要协调

网页广告条要与整个网页协调，同时又要突出、醒目，用色要同页面的主色相搭配，如主色是浅黄，广告条的用色就可以用一些浅的其他颜色。切忌用一些对比色。

6.2.4　设计网站 Banner 广告

Banner 注定是网站中的重量级角色，下面使用 Photoshop 设计网站 Banner 广告，具体的操作步骤如下。

◎练习文件　练习文件\06\banner1.jpg、banner2.jpg

◎完成文件　完成文件\06\banner.gif

（1）执行"文件"|"打开"命令，在弹出的"打开"对话框中，打开图像 banner1.jpg，如图 6-14 所示。

（2）选择工具箱中的"横排文字"工具，在选项栏中将字体"大小"设置为 46，"字体"设置为"黑体"，在舞台中输入文字"金铭茶文化公司"，如图 6-15 所示。

图 6-14　打开图像

图 6-15　输入文字

（3）执行"图层"|"图层样式"|"投影"命令，打开"图层样式"对话框，在该对话框中设置相应的参数，如图 6-16 所示。

（4）单击"确定"按钮，即可在站点的"Templates"文件夹中创建一个模板文件，如图 6-17 所示。

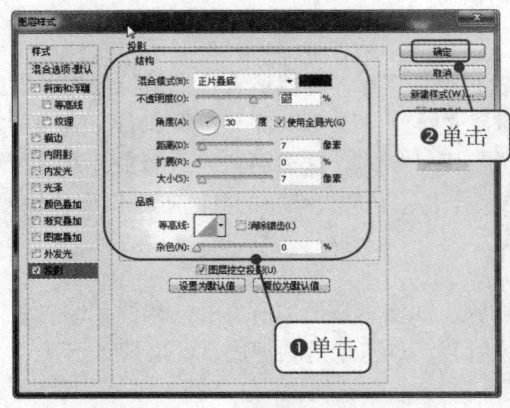

图6-16 "图层样式"对话框

图6-17 设置图层样式

（5）执行"文件"|"打开"命令，打开图像banner2.jpg，按Ctrl+A组合键全选图像，然后按Ctrl+C组合键复制图像，如图6-18所示。

（6）返回到banner1.jpg，按Ctrl+V组合键粘贴图像，如图6-19所示。

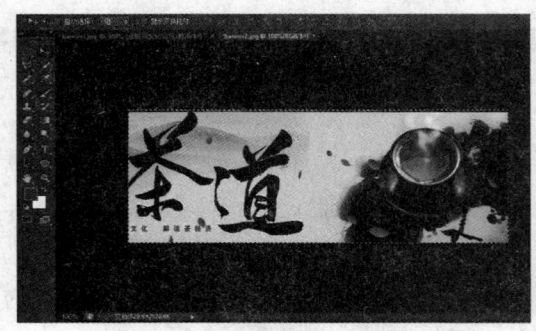

图6-18 复制图像

图6-19 粘贴图像

（7）执行"窗口"|"时间轴"命令，打开时间轴面板，在该面板中单击"复制所选帧"按钮，复制另外2个帧，如图6-20所示。

（8）选择第1帧，执行"窗口"|"图层"命令，打开图层面板，单击"指示图层可见性"图标，将"背景"层和"金铭茶文化公司"层隐藏，如图6-21所示。

图6-20 复制帧

图6-21 隐藏图层

第 06 小时 设计网站的 Logo 和 Banner

（9）选择第 2 帧，在图层面板中将"金铭茶文化公司"层和"图层 1"隐藏，如图 6-22 所示。

（10）选择第 3 帧，在图层面板中将"图层 1"隐藏，如图 6-23 所示。

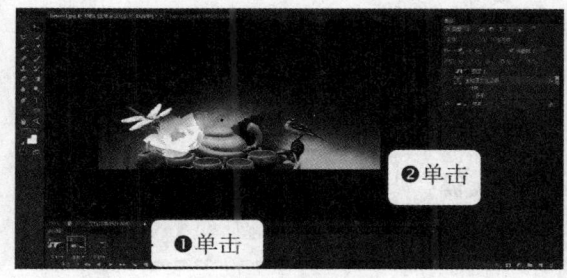   

图 6-22 隐藏图层   图 6-23 隐藏图层

（11）选择第 1 帧下面的"0 秒"，右击鼠标在弹出的列表中单击 1.0 按钮，设置帧延迟时间，如图 6-24 所示。

（12）同步骤（11）将第 2 帧和第 3 帧帧延迟时间设置为 1.0 秒，如图 6-25 所示。

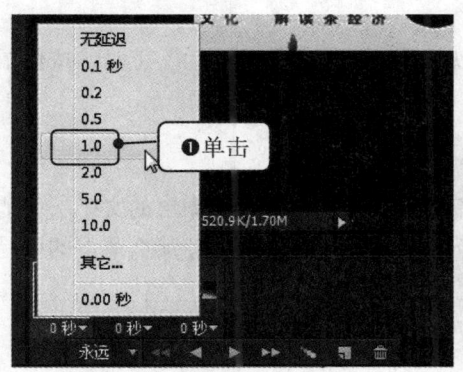   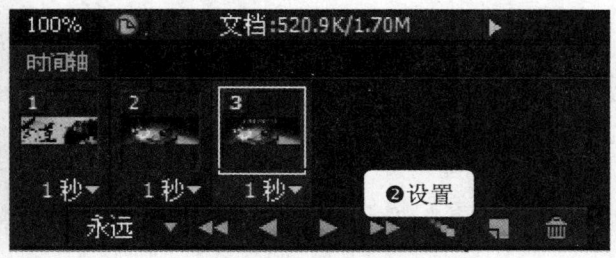

图 6-24 设置帧延迟时间   图 6-25 设置帧延迟时间

（13）执行"文件"|"存储为 Web 所用格式"命令，弹出"存储为 Web 所用格式"对话框，如图 6-26 所示。

（14）单击"存储"按钮，打开"将优化结果存储为"对话框，"文件名"设置为 banner.gif，如图 6-27 所示。单击"保存"按钮，即可保存文档。

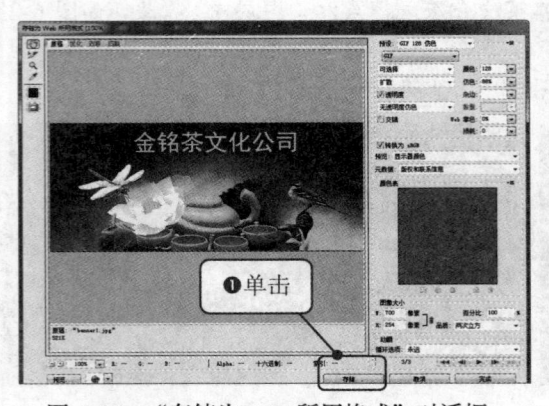 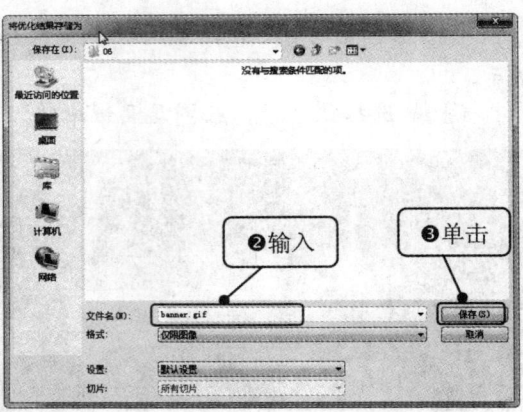

图 6-26 "存储为 Web 所用格式"对话框　　　　图 6-27 "将优化结果存储为"对话框

6.3　专家秘籍

1．如何将输入的文本放到合适的位置？

在输入文本时，如果文本的位置不符合要求，可以选择工具箱中的"移动"工具，按住鼠标左键不放进行拖动，即可移动文本的位置。

2．在 Photoshop 中输入文字，怎样选取文字的一部分？

把文字层转换成图层，然后在层面版上按住 Ctrl 键，用鼠标单击转换成图层的文字层就能选中全部文字，然后按住 Alt 键，就会出现_的符号，然后选中不需要的文字，那么留下的就是需要的文字。

3．Action 和滤镜有什么区别？

Action 只是 Photoshop 的宏文件，它是由一步步的 Photoshop 操作组成的，虽然它也能实现一些滤镜的功能，但它并不是滤镜。而滤镜本质上是一个复杂的数学运算法则，也就是说，原图中每个像素和滤镜处理后的对应像素之间有一个运算法则。

4．如何在 Photoshop 中将图片淡化？

（1）改变图层的透明度，100％为不透明。

（2）减少对比度,增加亮度。

（3）用层蒙板。

（4）如果要将图片的一部分淡化可用羽化效果。

5．在 Photoshop 中怎样使图片的背景透明？

（1）用魔棒选中背景删掉，然后存成 GIF 即可。

（2）将需要的图片抠下，然后删除不用的部分。

第 06 小时　设计网站的 Logo 和 Banner

6.4　本章小结

在网站设计中，Logo 和广告的设计是不可缺少的重要环节。本章重点介绍网站 Logo 设计的标准、Logo 设计的规范、网站 Logo 的规格、Logo 设计、网络广告设计的要素、网络广告设计的技巧、网络广告设计。

第 小时 设计和处理网页图像素材

本章导读

随着因特网的发展，网页图像的应用越来越多，也正是网页图像的应用，使 WWW 进入了新的时代。在网页中，图像是除了文本之外最重要的元素，图像的应用能够使网页更加美观、生动，而且图像是传达信息的一种重要手段，它具有很多文字无法比拟的优点。网页设计中的图像处理是网页展示形象的核心部分，网页图像的好坏与用户体验度有着直接的关系。

学习要点

◎ 调整图像大小
◎ 调整图像色彩
◎ 羽化图像边缘
◎ 设计网页翻转按钮
◎ 制作网页导航栏

本章学习流程

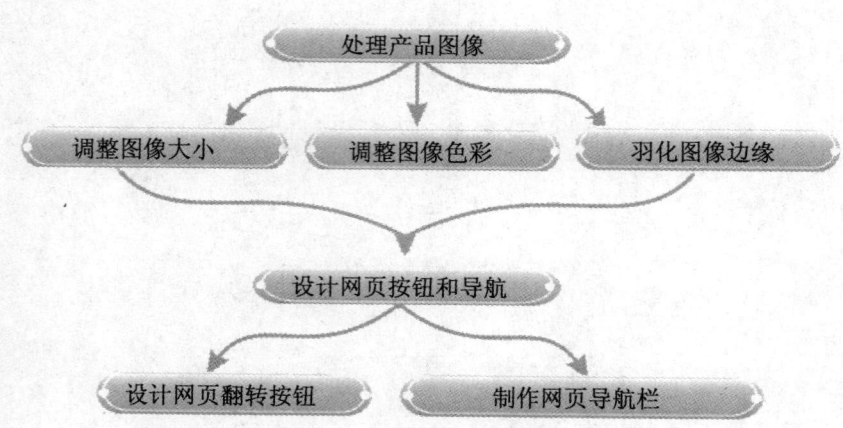

第 07 小时 设计和处理网页图像素材

7.1 处理产品图像

> 一张好图胜过千言，网上精美的产品图片使人产生愉悦的快感，增加产品销售率。客户通过这个图片来大致了解你的产品是什么样的。

7.1.1 调整图像大小

在制作网页的过程中，经常碰到有些产品图片由于文件太大而无法上传的情况，这时就需要将其缩小一些。下面讲述调整图像大小的具体操作步骤。

（1）启动 Photoshop CS6，执行"文件"|"打开"命令，弹出"打开"对话框，在对话框中选择图像 chanpin.jpg，如图 7-1 所示。

（2）单击"打开"按钮，打开图像文件，如图 7-2 所示。

图 7-1 "打开"对话框　　　　　　　　图 7-2 打开图像

（3）执行"图像"|"画布大小"命令，打开"画布大小"对话框，将"宽度"设置为 230，如图 7-3 所示。

（4）单击"确定"按钮，即可修改图像大小，如图 7-4 所示。

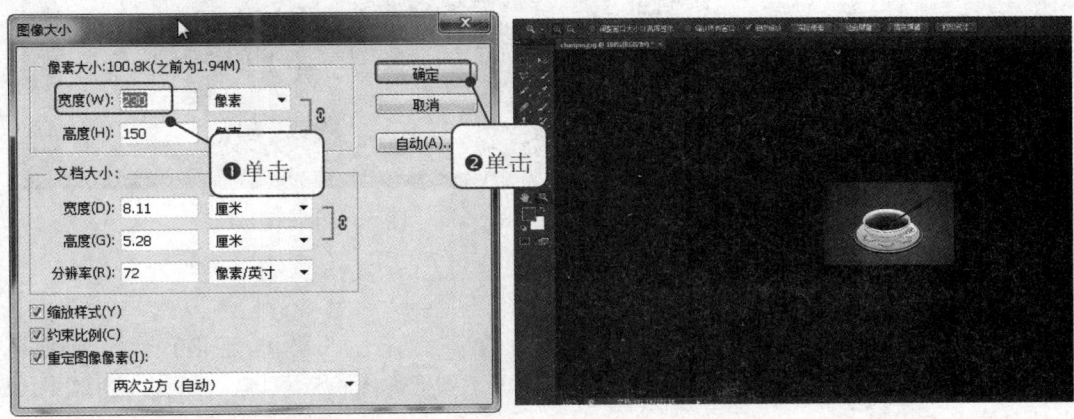

图 7-3 "画布大小"对话框　　　　　　　图 7-4 修改图像大小

127

学用一册通：20 小时网站建设完整案例实录

7.1.2 调整图像色彩

在拍摄图片时，由于某种原因，拍出来的图片可能没有那么完美。这时就需要用 Photoshop 软件处理一下，然后再上传。下面讲述调整图像色彩的具体操作步骤。

（1）启动 Photoshop CS6，执行"文件"|"打开"命令，弹出"打开"对话框，在对话框中选择图像 chanpin6.jpg，如图 7-5 所示。

（2）单击"打开"按钮，打开图像文件，如图 7-6 所示。

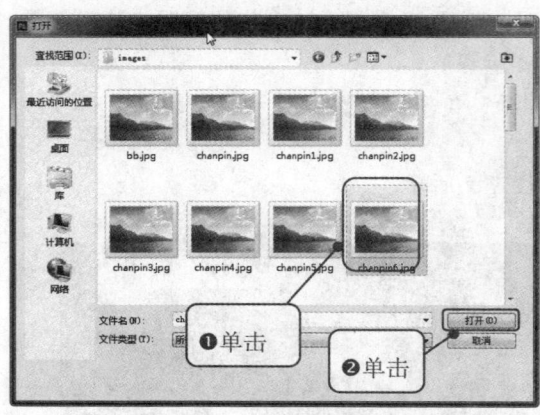

图 7-5 "打开"对话框　　　　　　　　　　图 7-6 打开图像

（3）执行"图像"|"调整"|"自然饱和度"命令，打开"自然饱和度"对话框，设置相应的参数，如图 7-7 所示。

（4）单击"确定"按钮，即可调整图像颜色，如图 7-8 所示。

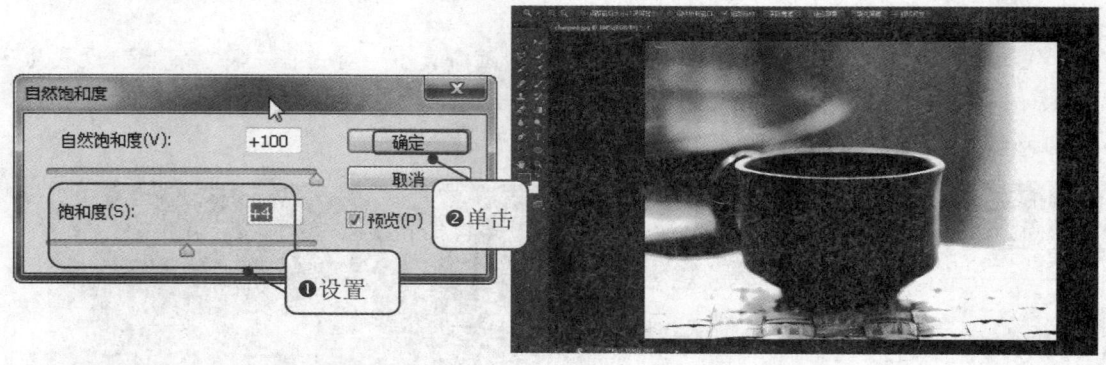

图 7-7 "自然饱和度"对话框　　　　　　　　图 7-8 调整图像颜色

7.1.3 羽化图像边缘

在 Photoshop 里，羽化就是使你选定范围的图像边缘达到朦胧的效果。羽化值越大，朦胧范围越宽，羽化值越小，朦胧范围越窄，可根据你想留下图像的大小来调节。下面讲述羽化图像边缘的具体操作步骤。

第 07 小时 设计和处理网页图像素材

（1）启动 Photoshop CS6，执行"文件"|"打开"命令，弹出"打开"对话框，打开图像文件 chanpin6.jpg，如图 7-9 所示。

（2）选择工具箱中的"矩形选框工具"，在舞台中绘制矩形选框，如图 7-10 所示。

图 7-9　打开图像　　　　　　　　　　图 7-10　绘制选框

（3）执行"选择"|"修改"|"羽化"命令，打开"羽化选区"对话框，将"羽化半径"设置为 4，如图 7-11 所示。

（4）单击"确定"按钮，羽化半径，执行"选择"|"反相"命令，反选图像如图 7-12 所示。

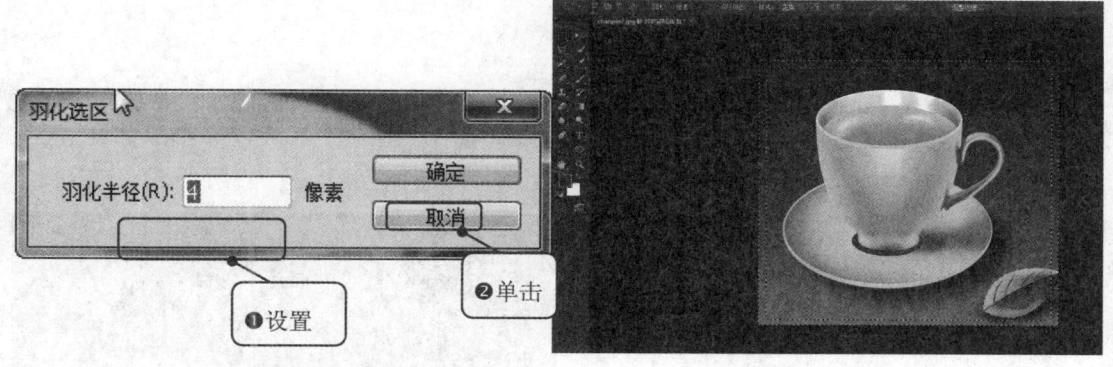

图 7-11　"羽化选区"对话框　　　　　图 7-12　反选图像

（5）按 Delete 键删除，单击"填充"对话框，将"内容"设置为"背景色"，如图 7-13 所示。

（6）单击"确定"按钮，即可羽化边框，如图 7-14 所示。

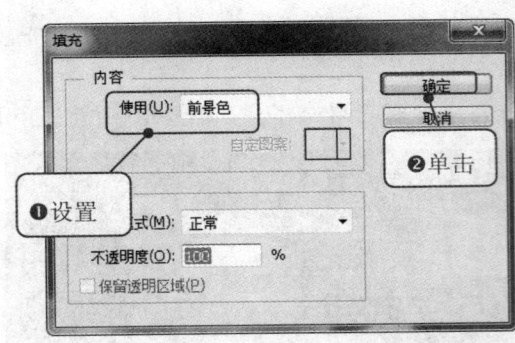

图 7-13 "填充"对话框　　　　　图 7-14 羽化边框

7.2 设计网页按钮和导航

网页按钮在页面中一般起强调或修饰作用，好的按钮可以使页面更加生动形象。网页导航是指通过一定的技术手段，为网页的访问者提供一定的途径，使其可以方便地访问到所需的内容。

7.2.1 设计网页翻转按钮

设计网页翻转按钮的具体操作步骤如下。

完成文件\07\导航.gif

（1）打开 Photoshop CS6，执行"文件"|"新建"命令，打开"新建"对话框，将"宽度"设置为 200，"高度"设置为 100，"背景内容"选择"透明"选项，如图 7-15 所示。

（2）单击"确定"按钮，新建一空白透明文档，如图 7-16 所示。

图 7-15 "新建"对话框　　　　　图 7-16 新建文档

（3）选择工具箱中的"椭圆工具"，在选项栏中将"填充"颜色设置为#00561f，按住鼠标左键在舞台中绘制椭圆，如图 7-17 所示。

（4）选择工具箱中的"横排文本工具"，在选项栏中设置相应的参数，在舞台中输入文

第 07 小时 设计和处理网页图像素材

字"进入",如图 7-18 所示。

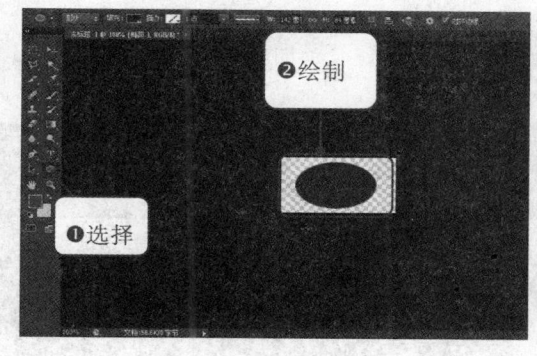

图 7-17 绘制椭圆　　　　　　　　图 7-18 输入文本

(5)选择工具箱中的"椭圆工具",在选项栏中将"填充"颜色设置为#b7aa00,按住鼠标左键在舞台中绘制椭圆,如图 7-19 所示。

(6)执行"窗口"|"时间轴"命令,打开时间轴面板,在该面板中单击"复制所选帧"按钮,复制另外 1 个帧,如图 7-20 所示。

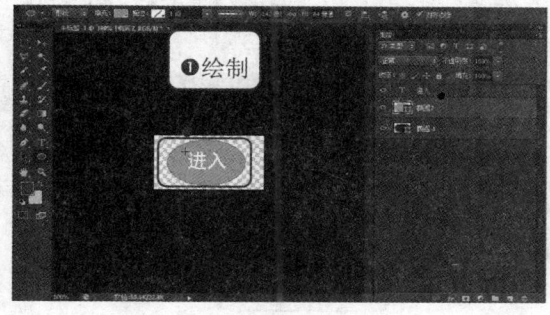

图 7-19 绘制椭圆　　　　　　　　图 7-20 复制帧

(7)选择第 1 帧,执行"窗口"|"图层"命令,打开图层面板,单击"椭圆 2"层隐藏,如图 7-21 所示。

(8)选择第 2 帧,在图层面板中将"椭圆 1"层隐藏,如图 7-22 所示。

图 7-21 隐藏图层　　　　　　　　图 7-22 隐藏图层

131

（9）选择第 1 帧下面的"0 秒"，右击鼠标在弹出的列表中选择 0.5 选项，设置帧延迟时间，如图 7-23 所示。

（10）同步骤（9）将第 2 帧帧延迟时间设置为 0.5 秒，如图 7-24 所示。

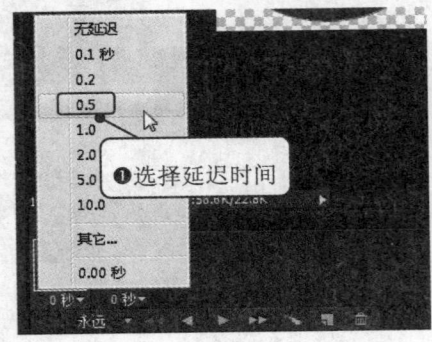
图 7-23 设置帧延迟时间

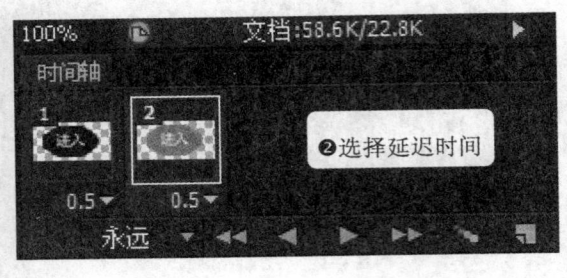
图 7-24 设置帧延迟时间

（11）执行"文件"｜"存储为 Web 所用格式"命令，弹出"存储为 Web 所用格式"对话框，如图 7-25 所示。

（12）单击"存储"按钮，打开"将优化结果存储为"对话框，"文件名"设置为 anniu.gif，如图 7-26 所示。单击"保存"按钮，即可保存文档。

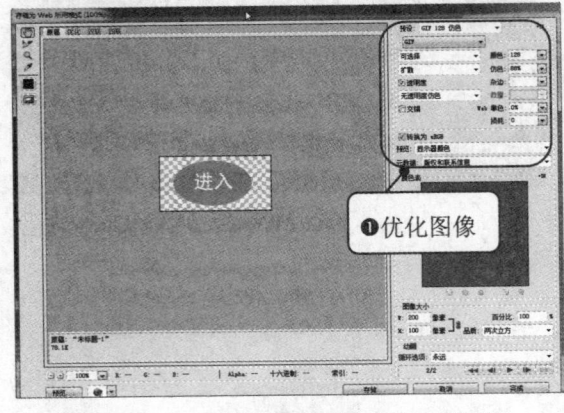
图 7-25 "存储为 Web 所用格式"对话框

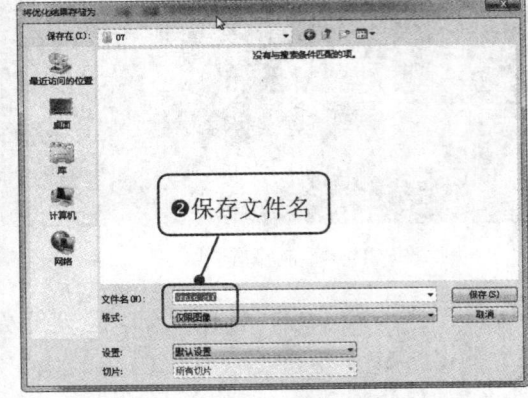
图 7-26 "将优化结果存储为"对话框

7.2.2 制作网页导航栏

设计网页导航栏的具体操作步骤如下。

完成文件\06\daohang.gif

（1）执行"文件"｜"新建"命令，弹出"新建"对话框，将"宽度"设置为 1000，"高度"设置为 50，如图 7-27 所示。

（2）单击"确定"按钮，新建空白文档，如图 7-28 所示。

第 07 小时 设计和处理网页图像素材

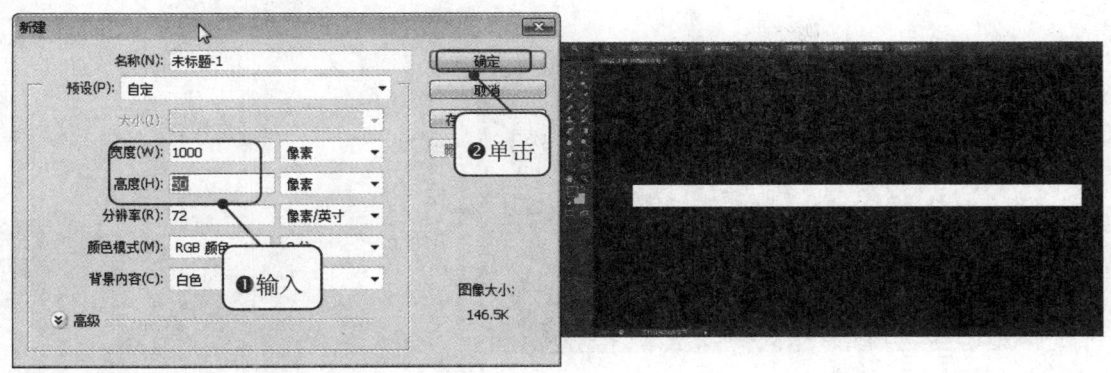

图 7-27 "新建"对话框　　　　　图 7-28 新建文档

（3）选择工具箱中的"渐变工具"，在选项栏中单击"点按可编辑渐变"按钮，打开"渐变编辑器"对话框，在该对话框中设置渐变颜色，如图 7-29 所示。

（4）单击"确定"按钮，设置渐变颜色，在舞台中绘制渐变颜色，如图 7-30 所示。

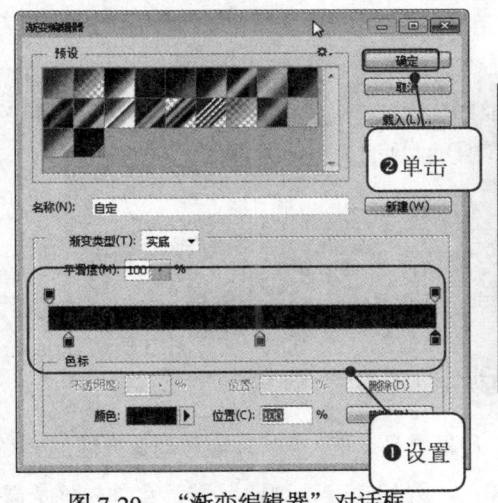

图 7-29 "渐变编辑器"对话框　　　　　图 7-30 绘制渐变颜色

（5）选择工具箱中的"横排文字工具"，在选项栏中将字体大小设置为 12，字体设置为"宋体"，字体颜色设置为#d9e100，在舞台中输入相应的导航文本，如图 7-31 所示。

（6）执行"文件"|"存储"命令，打开"存储为"对话框，在该对话框中将"文件名"设置为 daohang，如图 7-32 所示。单击"保存"按钮，即可保存文档。

133

学用一册通：20 小时网站建设完整案例实录

图 7-31　输入文本

图 7-32　保存文档

7.3　专家秘籍

1．在制作网页时，什么时候用 GIF，什么时候用 JPG？

通常讲，颜色层次比较丰富细腻的图片就用 JPG，如写实的照片。在存储 JPG 时会有压缩的强度选择，当然压的越少文件越大，但失真也较少，反之颜色比较少，以平涂形式描绘的图形通常就用 GIF，如一些文字及几何图形。GIF 是以颜色的数量来决定文件的大小的。

2．图层分为哪几种类型？

Photoshop 中的图层分为背景图层、普通图层、文字图层、形状图层、填充图层、调整图层、视频图层、3D 图层、添加图层样式后出现的效果图层、智能对象图层、为智能对象应用滤镜后出现的智能滤镜图层，以及为图层创建剪贴蒙版后得到的剪贴图层与基底图层。图层是 Photoshop 图像处理中最重要的功能之一，所以读者必须认真掌握不同图层的功能应用方法。

3．在移动背景图层时，系统会提示图层已被锁定，不能移动，那么怎样才能移动背景图层呢？

系统默认背景图层为锁定状态，因此无法将其移动。要移动背景图层，需要将其转换为普通图层，其操作方法是在背景图层上双击，在弹出的"新建图层"对话框中单击"确定"按钮即可。

4．在 Photoshop 中怎样选择图像？

如果 Photoshop 中的当前文档是由许多图层组成，要选择图像，首先要选择该图像所在的图层。如果只需要选择图层中的部分图像，就需要将这部分图像创建为选区，这样所进行的操作就只作用于选区内的图像。

5．怎样精确设置选区的大小？

在使用矩形选框工具或椭圆选框工具创建选区时，在工具选项栏中的"样式"下拉列表中选择"固定大小"选项，然后在激活的"宽度"和"高度"数值框中输入数值，即可精确设置

第 07 小时 设计和处理网页图像素材

选区的大小，这样就可以按照指定的大小创建选区。

7.4 本章小结

本章讲述了制作网页中经常用到的产品图像处理、网页按钮和网站导航。在网站设计中网页导航和按钮的设计也是非常重要的，漂亮美观的网站导航和按钮可以大大增加网站的美观程度。通过本章的学习，读者能够掌握网页图像的处理和网页按钮的制作。

第08小时 设计制作网站封面页

本章导读

封面型布局一般应用在网站的首页上,为精美的图片加上简单的文字链接,指向网页中的主要栏目,或通过"进入"链接到下一个页面。封面型页面采用精美的图片,大大突出了网站形象。本章主要讲述使用 Photoshop CS6 设计企业网站封面页,然后进行切割,制作弹出广告网页,给封面添加弹出广告特效等。

学习要点

◎设置网页背景

◎设计导航条

◎页面各部分设计

◎创建切片

◎保存切片为网页图像

◎给网页添加特效

第 08 小时　设计制作网站封面页

本章学习流程

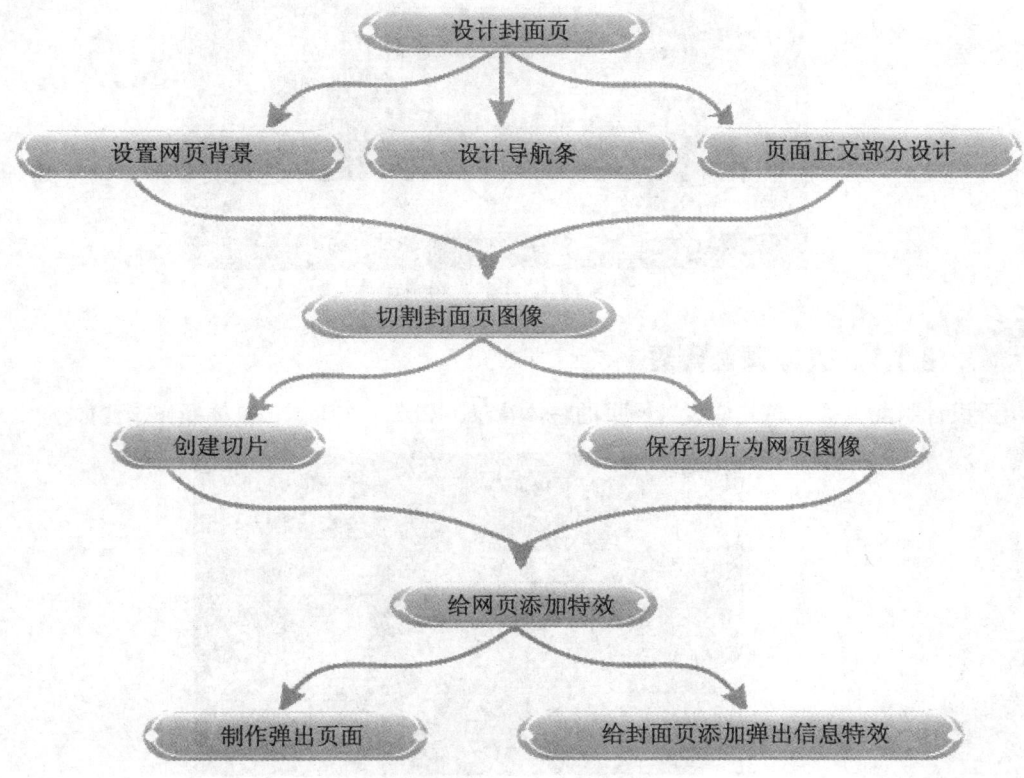

8.1　设计封面页

下面使用 Photoshop CS6 设计企业网站封面页，如图 8-1 所示。整个主题色使用的是黄橙色，黄色是明亮的且可以给人甜蜜幸福感觉的颜色，黄色用来表现喜庆的气氛和丰富的商品。通常在网站中，使用黄色与红色搭配渲染热闹气氛，比较适合活泼跳跃、色彩绚丽的配色方案。

这个封面页的设计以突出企业形象为首要目的，页面内容包括形象图片、栏目文字与企业名称等。封面首页设计充分表现出公司国际化、现代化的企业形象，将代表企业经营范围的图片、企业名称和网站栏目文字三者有机地结合在一起，安排在页面上，形成页面视觉上的焦点。

图 8-1 设计企业网站首页

8.1.1 设置网页背景

要设计封面首页,首先应设置网页的整体背景,如图 8-2 所示,具体操作步骤如下。

图 8-2 设置网页背景

(1)启动 Photoshop CS6,执行"文件"|"新建"命令,弹出"新建"对话框,在对话框中将"宽度"设置为 1000,"高度"设置为 600,如图 8-3 所示。

(2)单击"确定"按钮,新建一空白文档,如图 8-4 所示。

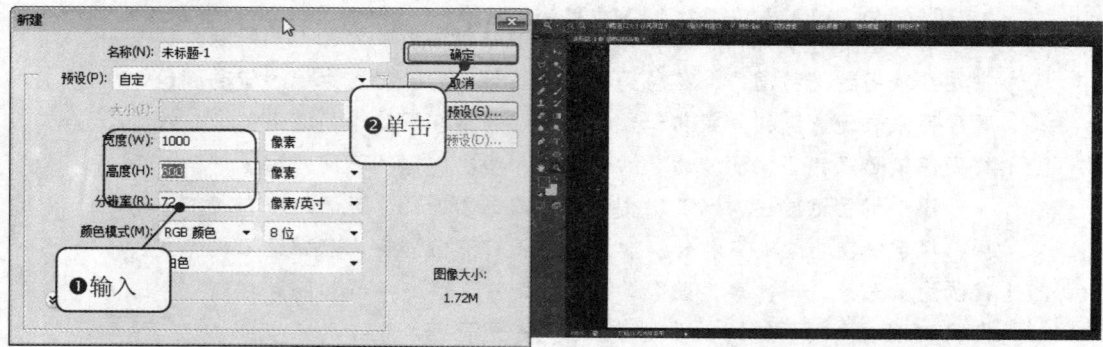

图 8-3 "新建"对话框   图 8-4 新建文档

第 08 小时　设计制作网站封面页

（3）选择工具箱中的"矩形工具"，在选项栏中单击"填充"按钮，设置渐变颜色，在该对话框中设置渐变颜色，如图 8-5 所示。

（4）在舞台中绘制矩形，如图 8-6 所示。

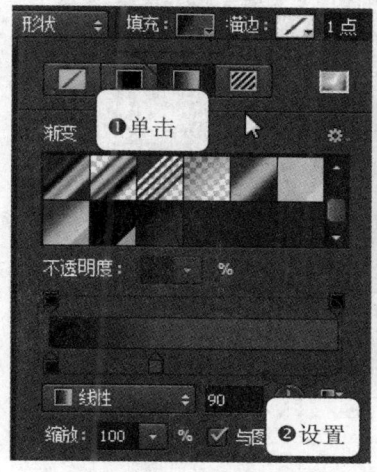

图 8-5　设置渐变颜色　　　　　　　　图 8-6　绘制矩形

（5）执行"滤镜"|"渲染"|"镜头光晕"命令，打开 Adobe Photoshop CS6 提示框，如图 8-7 所示。

（6）单击"确定"按钮，打开"镜头光晕"对话框，在该对话框中设置相应的参数，如图 8-8 所示。

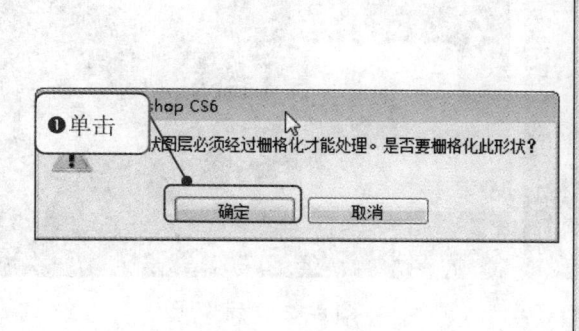
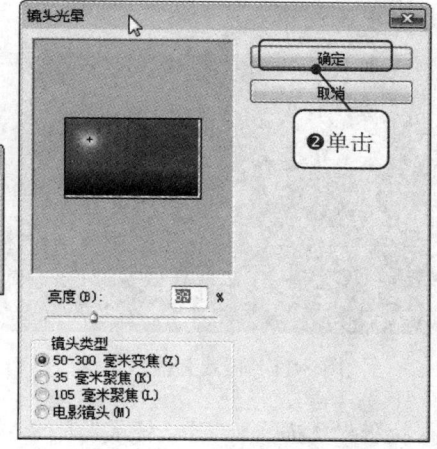

图 8-7　Adobe Photoshop CS6 提示框　　　图 8-8　"镜头光晕"对话框

（7）单击"确定"按钮，设置背景，如图 8-9 所示。

图 8-9 设置背景

8.1.2 设计导航条

下面设计导航条部分，导航条主要由圆角矩形和导航栏目文字组成，如图 8-10 所示，具体操作步骤如下。

图 8-10 设计导航条

（1）启动 Photoshop CS6，打开制作好的背景文件，如图 8-11 所示。
（2）选择工具箱中的"矩形工具"，在选项栏中将"填充"设置为#7f2d00，按住鼠标左键在舞台中绘制矩形，如图 8-12 所示。

图 8-11 打开文件

图 8-12 绘制矩形

（3）执行"图层"|"图层样式"|"混合选项"命令，打开"图层样式"对话框，在该对话框中单击"样式"选项，在弹出的样式框中选择"扁平圆角"样式，如图 8-13 所示。
（4）单击"确定"按钮，设置图层样式，如图 8-14 所示。

第 08 小时　设计制作网站封面页

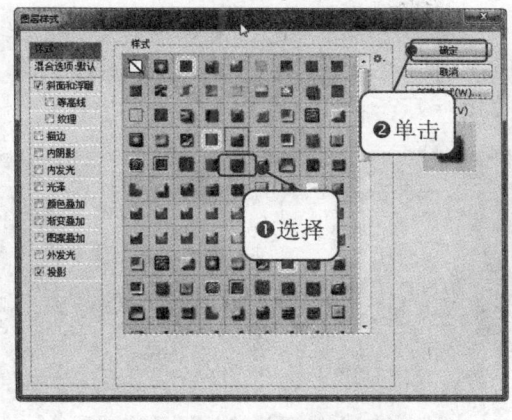

图 8-13　"图层样式"对话框

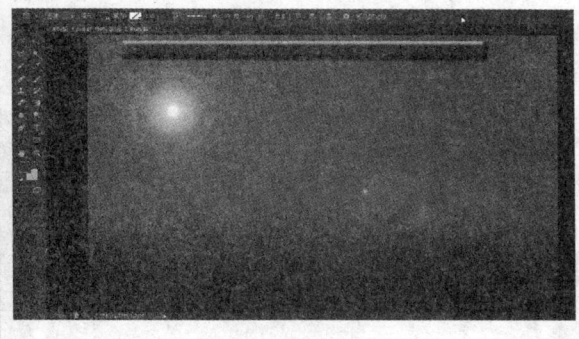

图 8-14　设置图层样式

（5）选择工具箱中的"横排文字工具"，在选项栏中设置相应的参数，在舞台中输入相应的文本，如图 8-15 所示。

图 8-15　输入文本

 **8.1.3　页面正文部分设计**

下面讲述设计页面正文部分，如图 8-16 所示，具体操作步骤如下。

图 8-16　设计页面正文部分

141

（1）启动 Photoshop CS6，打开制作好的文件，选择工具箱中的"圆角矩形工具"，在选项栏中将"填充"颜色设置为#e1b779，按住鼠标左键在舞台中绘制矩形，如图 8-17 所示。

（2）按住鼠标左键在舞台中绘制圆角矩形，如图 8-18 所示。

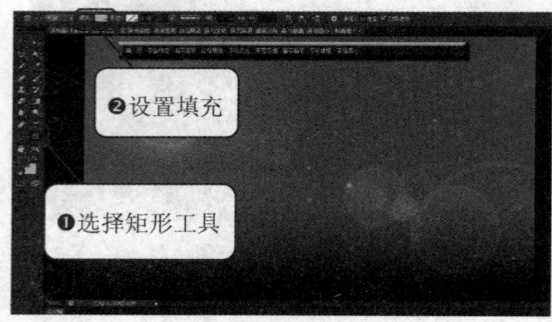

图 8-17　打开图像

图 8-18　绘制圆角矩形

（3）执行"图层"|"图层样式"|"斜面和浮雕"命令，打开"图层样式"对话框，设置相应的参数，如图 8-19 所示。

（4）单击"确定"按钮，设置图层样式，如图 8-20 所示。

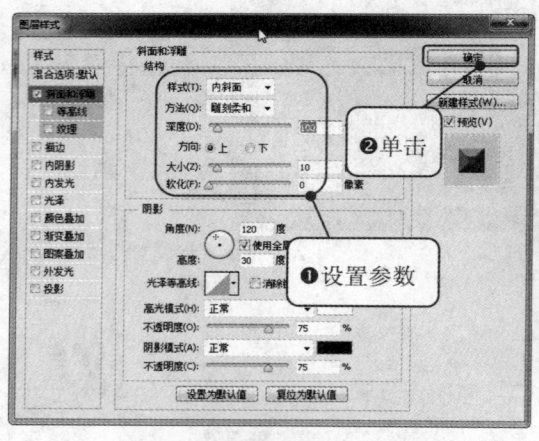

图 8-19　"图层样式"对话框

图 8-20　设置图层样式

（5）选择工具箱中的"横排文字工具"，在选项栏中将字体大小设置为 200，字体颜色设置为#014101，字体设置为"宋体"，在舞台中输入文字"茶"，如图 8-21 所示。

（6）执行"图层"|"图层样式"|"描边"命令，打开"图层样式"对话框，将描边"大小"设置为 3，描边"颜色"设置为#ffffff，如图 8-22 所示。

第 08 小时　设计制作网站封面页

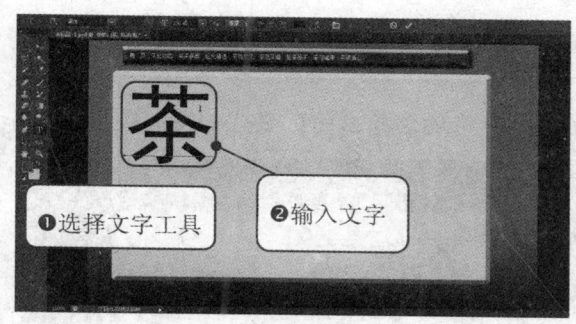

图 8-21　输入文本

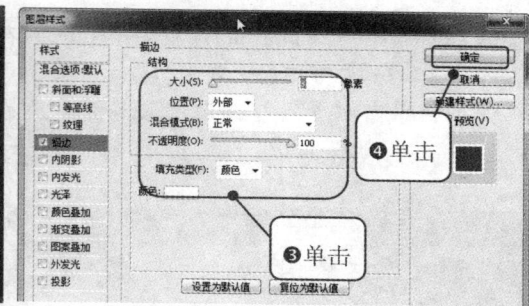

图 8-22　"图层样式"对话框

（7）勾选"投影"复选框，双击"投影"选项，在打开的"投影"选项组中设置相应的参数，如图 8-23 所示。

（8）单击"确定"按钮，设置图层样式，如图 8-24 所示。

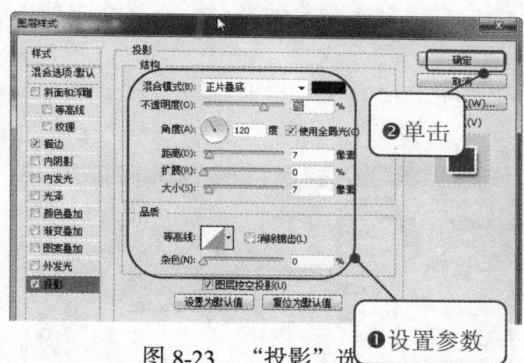

图 8-23　"投影"选项

图 8-24　设置图层样式

（9）执行"文件"|"置入"命令，打开"置入"对话框，在弹出的对话框中选择图像 cc.png，如图 8-25 所示。

（10）单击"置入"按钮，置入图像，如图 8-26 所示。

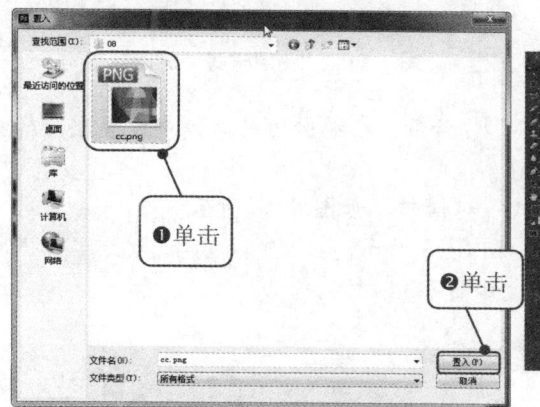

图 8-25　"置入"对话框

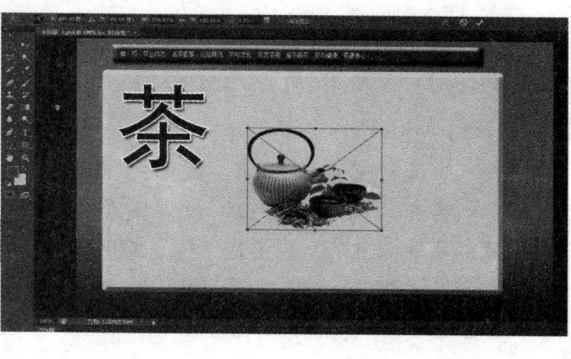

图 8-26　置入图像

（11）选择工具箱中的"移动工具"，打开 Adobe Photoshop CS6 提示框，提示是否置入文件，如图 8-27 所示。

（12）单击"置入"按钮，置入图像，然后将其拖动到相应的位置，如图 8-28 所示。

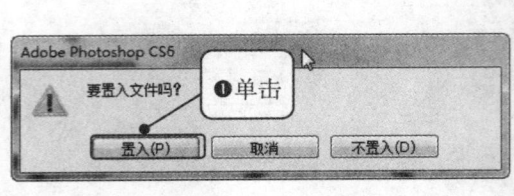

图 8-27　Adobe Photoshop CS6 提示框　　　　图 8-28　置入图像

（13）选择工具箱中的"横排文字工具"，在选项栏中设置相应的参数，在舞台中输入文本"金铭茶文化公司"，如图 8-29 所示。

（14）执行"图层"|"图层样式"|"渐变叠加"命令，打开"图层样式"对话框，如图 8-30 所示。

图 8-29　输入文本　　　　　　　　　　　图 8-30　"图层样式"对话框

（15）单击"渐变"按钮，打开"渐变编辑器"对话框，在弹出的对话框中设置相应的参数，如图 8-31 所示。

（16）单击"确定"按钮，返回到"图层样式"对话框，如图 8-32 所示。

（17）单击"确定"按钮，设置图层样式，如图 8-33 所示。

（18）同步骤（7）～（10）置入图像 zz.jpg，如图 8-34 所示。

第 08 小时　设计制作网站封面页

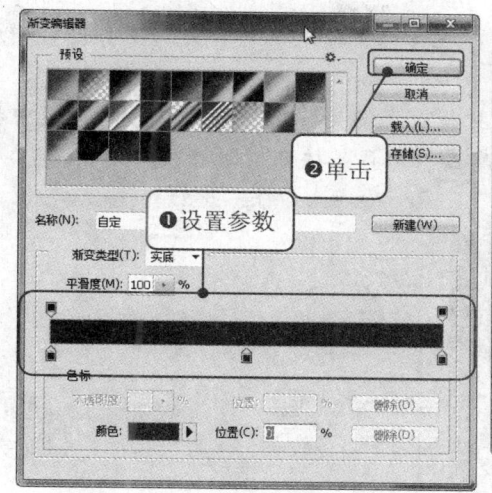

图 8-31　"渐变编辑器"对话框　　　　图 8-32　"图层样式"对话框

图 8-33　设置图层样式　　　　图 8-34　置入图像

（19）执行"图层"|"图层样式"|"外发光"命令，打开"图层样式"对话框，在弹出的对话框中将"杂色"设置为 25%，"大小"设置为 30，如图 8-35 所示。

（20）单击"确定"按钮，设置图层样式，如图 8-36 所示。

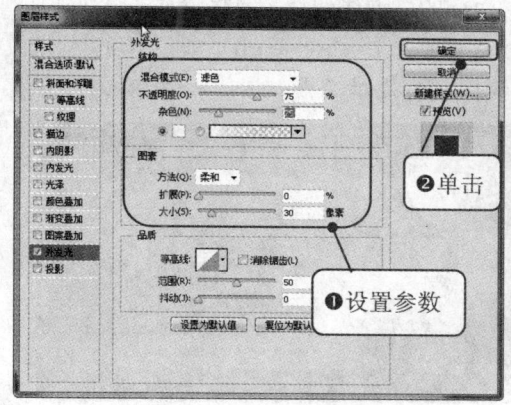 

图 8-35　"图层样式"对话框　　　　图 8-36　设置图层样式

145

学用一册通：20 小时网站建设完整案例实录

（21）选择工具箱中的"横排文字工具"，在舞台中输入相应的文本，并设置相应的参数，如图 8-37 所示。

（22）执行"文件"|"存储为"命令，打开"存储为"对话框，在该对话框中将"文件名"保存为 shouye.gif，如图 8-38 所示，单击"保存"按钮，即可保存文档。

图 8-37　输入文本

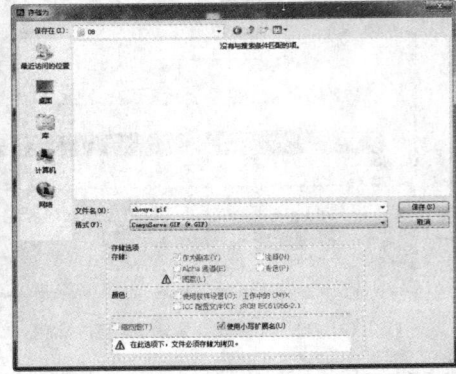
图 8-38　"存储为"对话框

8.2　切割封面页图像

> 封面页太大，在浏览时下载速度就会很慢，这样就会使一些网速很慢的浏览者不愿等待，放弃观看的机会。使用切片工具切割图像，这样在下载网页时将整幅图像的下载变为多幅小图像的下载，虽然图像的本身不变，但是下载的速度会明显加快。

 8.2.1　创建切片

创建切片使用的是"切片"工具，而且切片只能是矩形，不能是其他形状。当然也可以创建多边形的切片，但是这种切片实际上是由矩形拼凑而成的。创建切片的具体操作步骤如下。

（1）执行"文件"|"打开"命令，打开制作好的首页文件 shouye.gif，如图 8-39 所示。

（2）选择工具箱中的"切片工具"，在舞台中按住鼠标左键绘制切片，如图 8-40 所示。

图 8-39　打开文档

图 8-40　绘制切片

第 08 小时 设计制作网站封面页

（3）如果绘制的切片太大，可以选择切片，光标显示 形状时，拖动鼠标即可调整切片的长度，如图 8-41 所示。

（4）用同样的方法可以绘制其余的切片，如图 8-42 所示。

图 8-41　调整切片长度　　　　　　　　　图 8-42　绘制切片

（5）选择要添加链接的切片，单击鼠标右键，在弹出的快捷菜单中执行"编辑切片选项"命令，如图 8-43 所示。

（6）弹出"切片选项"对话框，在 URL 文本框中输入链接地址，即可创建切片链接，如图 8-44 所示。

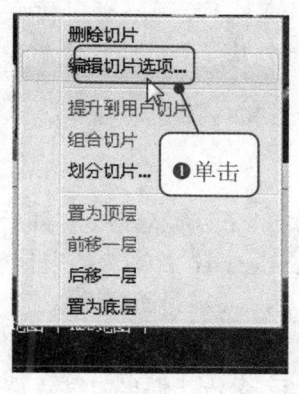

图 8-43　选择"编辑切片选项"　　　　　　图 8-44　创建切片链接

8.2.2 保存切片为网页图像

保存切片为网页图像的具体操作步骤如下。

（1）执行"文件"|"存储为 Web 所用格式"命令，弹出"存储为 Web 所用格式"对话框，如图 8-45 所示。

（2）单击"存储"按钮，打开"将优化结果存储为"对话框，"文件名"设置为 shouye，如图 8-46 所示。单击"保存"按钮，即可保存文档。

147

 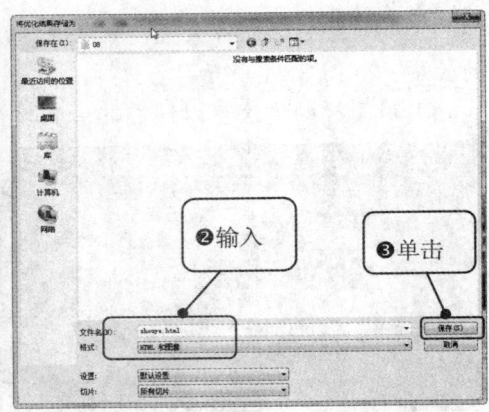

图 8-45　"存储为 Web 所用格式"对话框　　　　图 8-46　"将优化结果存储为"对话框

8.3　给网页添加特效

> Dreamweaver CS6 提供了快速制作网页特效的行为，可以让不会编程的设计者也能制作出漂亮的特效，本章将学习行为的使用。行为是 Dreamweaver 内置的 JavaScript 程序库。在页面中使用行为可以让不懂编程的人也能将 JavaScript 程序添加到页面中，从而制作出具有动态效果与交互效果的网页。

 8.3.1　制作弹出页面

弹出式广告是指当人们浏览某网页时，网页会自动弹出一个很小的对话框。随后，该对话框或在屏幕上不断盘旋或漂浮到屏幕的某一角落。利用 Dreamweaver 中自带的"打开浏览器窗口"行为可以制作弹出广告网页。首先制作弹出广告网页，然后再在封面页添加"打开浏览器窗口"行为。制作弹出页面的具体操作步骤如下。

（1）启动 Dreamweaver CS6，执行"文件"|"打开"命令，在弹出的对话框中选择制作好的首页文件 shouye.html，如图 8-47 所示。

（2）单击"打开"按钮，打开网页文档，如图 8-48 所示。

第 08 小时　设计制作网站封面页

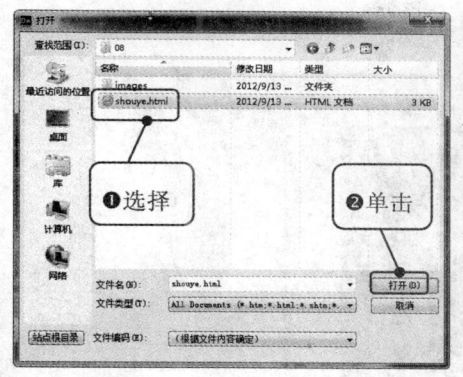

图 8-47　"打开"对话框

图 8-48　打开文档

（3）执行"窗口"|"行为"命令，如图 8-49 所示。
（4）打开"行为"面板，在该面板中单击"添加行为"按钮，在弹出的列表中选择"打开浏览器窗口"选项，如图 8-50 所示。

图 8-49　选择"行为"命令

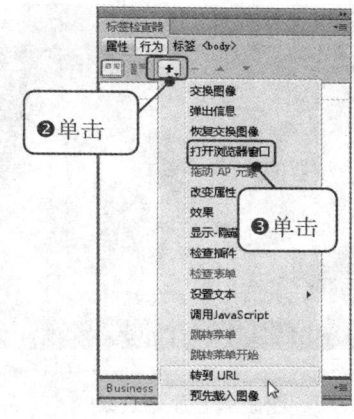

图 8-50　选择"找开游览器窗口"选项

（5）打开"打开浏览器窗口"对话框，在该对话框中单击"浏览"按钮，如图 8-51 所示。
（6）弹出"选择文件"对话框，在该对话框中选择文件 top.html，如图 8-52 所示。

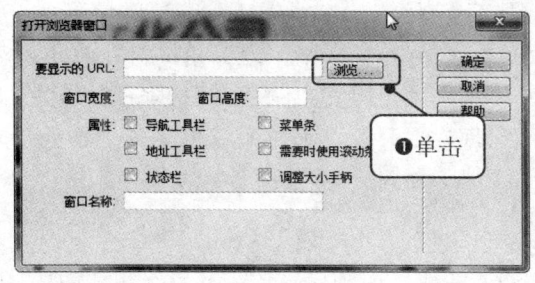

图 8-51　"打开浏览器窗口"对话框

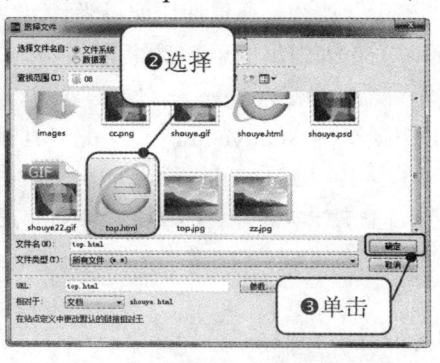

图 8-52　"选择文件"对话框

149

（7）单击"确定"按钮，添加行为，如图8-53所示。

图8-53 添加行为

（8）保存文档，预览网页原始效果如图8-54所示，弹出页面效果如图8-55所示。

图8-54 原始效果　　　　　　　　　图8-55 弹出页面效果

8.3.2 给封面页添加弹出信息特效

"弹出信息"行为会显示一个带有指定消息的JavaScript警告框，因为JavaScript警告只有一个"确定"按钮，所以使用此行为只可以提供信息，而不能为浏览者提供选择。

给封面添加弹出信息特效的具体操作步骤如下。

（1）启动Dreamweaver CS6，执行"文件"|"打开"命令，在弹出的对话框中选择制作好的首页文件shouye.html，单击"打开"按钮，打开网页文档，如图8-56所示。

（2）执行"窗口"|"行为"命令，打开"行为"面板，在该面板中单击"添加行为"按钮 +.，在弹出的列表中选择"弹出信息"选项，如图8-57所示。

第 08 小时 设计制作网站封面页

图 8-56 打开文档

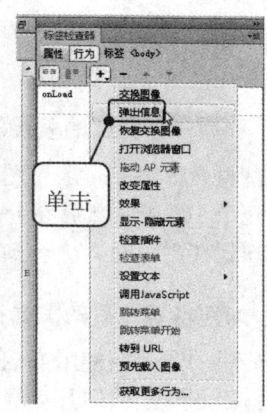

图 8-57 "行为"面板

（3）打开"弹出信息"对话框，在该对话框中的"消息"文本框中输入相应的内容，如图 8-58 所示。

（4）单击"确定"按钮，添加弹出信息行为，如图 8-59 所示。

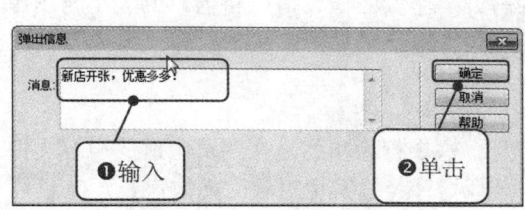

图 8-58 "弹出信息"对话框

图 8-59 添加行为

（5）保存文档，预览网页效果如图 8-60 所示。

图 8-60 预览网页

8.4 专家秘籍

1．利用一个完整的表格制作首页有哪些技巧？

在首页设计时，一般用图像处理软件，如 Photoshop、Fireworks 等把整体的首页设计图像分割成几个小图像，然后在 Dreamweaver 中借助表格把这些小图像合成为一个大图像。这样的话，访问者在浏览时，会看到小图像会逐个显示出来，最后显示成一幅完整的大图像。

2．如何使切分后的图像在 Dreamweaver 中用表格排列时没有空隙？

切分后的图像在使用 Dreamweaver 排版的时候，有的时候会出现空隙，这是由于切割的图像过小，而删除这些图片后导致页面中的单元格出现空格符号，从而产生空隙。解决的办法很简单，只要去掉这些空格符号即可。

3．一些商业网站中的弹出式广告是怎样制作的呢？

通过"打开浏览器窗口"行为可以制作商业网站中的弹出式广告，这个动作是在新的窗口中打开 URL，包括设置窗口的属性、特性和名称。例如，可以使用"打开浏览器窗口"行为在浏览者单击一幅小的缩略图时，在一个新窗口中打开一个大图像，可以将窗口的大小与图像大小设置为一致，还可以使新浏览器窗口不具有导航条、地址工具栏、状态栏和菜单栏等属性。

4．在页面中如何播放声音？

利用"播放声音"行为可以在页面中播放声音，这个行为指的是在网页中播放声音文件，可以是当网页被完全载入时播放声音，也可以当鼠标指针经过某个对象时播放声音。

5．如何自动检查表单中输入的数据是否有效？

"检查表单"动作是检查指定文本域的内容以确保用户输入的类型是正确的。当用户在表单中填写数据时，检查所填数据是否符合要求非常重要。例如，在"姓名"文本框中必须填写内容，"年龄"文本框中必须填写数字，而不能填写其他内容。如果这些内容填写不正确，系统显示提示信息。一般可以使用 onBlur 事件将其附加各文本域，在用户填写表单时对域进行检查；或将触发事件设置为"onSubmit"，这样当单击"提交表单"时，会自动检查表单中的输入数据是否有效。

8.5 本章小结

封面型首页是用户打开浏览器时自动打开的一个网页。网站首页不但是网民进入网站的页面，也更是展示网站形象的重要页面。网站首页的设计直接关系到网站的形象和易用性，关系网站整体的质量。

在网页制作的过程中，经常有一些设计者不知道如何为网页添加一些特殊效果，没关系，Dreamweaver CS6 为设计者提供了快速制作网页特效的行为，我们即使不会编程，也能制作出漂亮的特效。

第 4 篇

制作网页

- 第 09 小时　创建本地站点平台
- 第 10 小时　制作网站模板
- 第 11 小时　制作公司介绍页面

第 09 小时　创建本地站点平台

本章导读

　　站点是文件和文件夹的集合，对应于网络服务器上的 Web 站点，它提供了一种组织所有与 Web 站点关联的文档的方法。通过在站点中组织文件，可以利用 Dreamweaver 将站点上传到 Web 服务器管理文件及共享文件。

学习要点

◎ 创建站点
◎ 查看站点地图
◎ 创建文件/文件夹
◎ IIS 服务器的安装
◎ 创建虚拟目录
◎ IIS 服务器的设置

本章学习流程

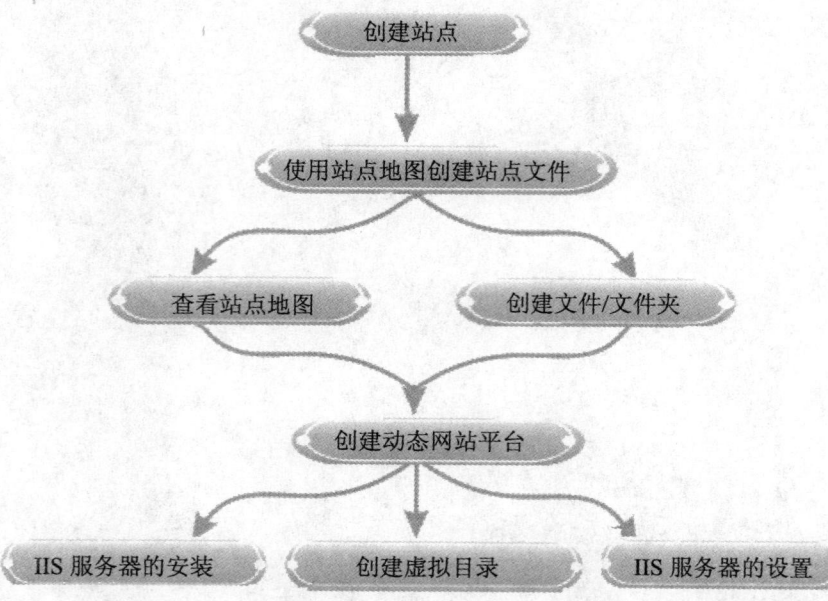

第 09 小时 创建本地站点平台

9.1 创建站点

> 在制作网页前，应该首先在本地创建一个网站。这是为了更好地利用站点对文件进行管理，也可以尽可能地减少错误，如路径出错、链接出错等。新手做网页，条理性、结构性需要加强，往往一个文件放这里，另一个文件放那里，或者所有文件都放在同一文件夹内，这样显得很乱。建议建立一个文件夹用于存放网站的所有文件，再在文件内建立几个文件夹，将文件分类，如图片文件放在 images 文件夹内，HTML 文件放在根目录下。如果站点比较大，文件比较多，可以先按栏目分类，在栏目里再分类。在站点制作完毕，通过测试，确保网站没有断链或其他问题的情况下，可以上传网站。

本地站点是建立在本地计算机硬盘中的一个文件夹，用于存放站点中所有的网页、图像等对象。用定义站点向导创建站点具体操作步骤如下。

（1）启动 Dreamweaver CS6，执行"站点"|"新建站点"命令，如图 9-1 所示。

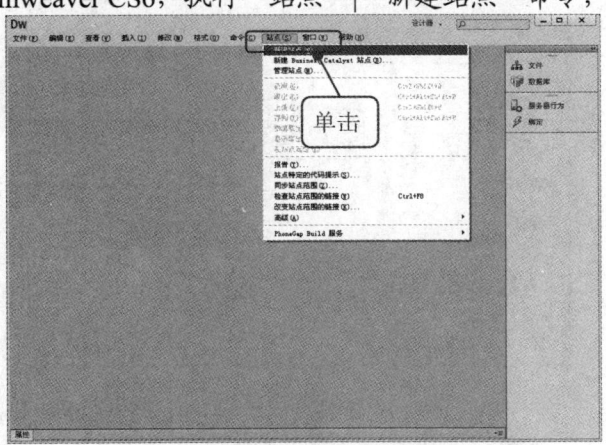

图 9-1 执行"站点"|"新建站点"命令

（2）弹出"站点设置对象"对话框，如图 9-2 所示。

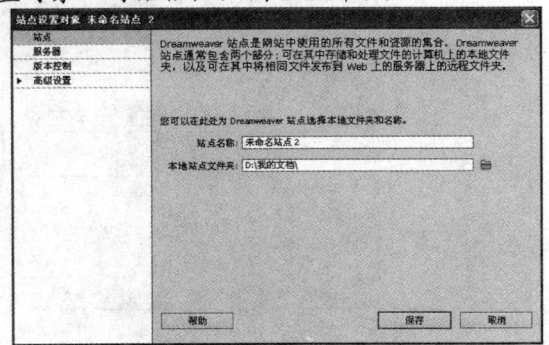

图 9-2 "站点设置对象"对话框

（3）在"站点名称"文本框中输入名称，可以根据网站的需要任意起一个名字，单击"本地站点文件夹"文本框右侧的浏览文件夹按钮，如图9-3所示。

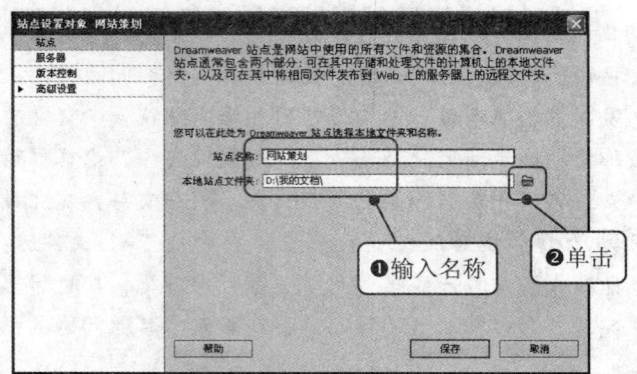

图9-3 输入站点名称

（4）弹出"选择根文件夹"对话框，选择站点文件，如图9-4所示。

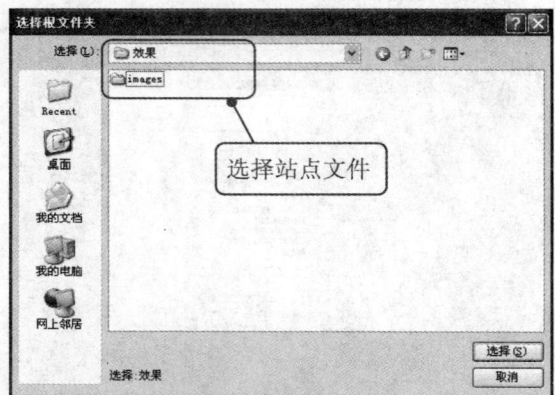

图9-4 选择站点文件

（5）单击"选择"按钮，选择站点文件后如图9-5所示。

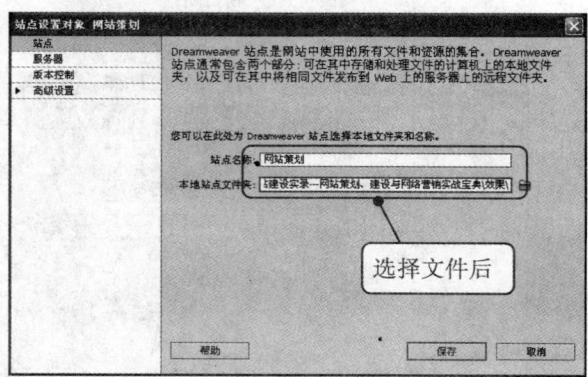

图9-5 选择站点

第 09 小时　创建本地站点平台

（6）单击"保存"按钮，更新站点缓存，如图 9-6 所示。

（7）更新完以后在"文件"面板中可以看到创建的站点文件，如图 9-7 所示。

图 9-6　更新站点缓存　　　　　　　图 9-7　创建的站点文件

9.2　使用站点地图创建站点文件

> 模板一般保存在本地站点根文件夹中一个特殊的"Templates"文件夹中。如果 Templates 文件夹在站点中没有存在，则在新创建模板时，将自动创建该文件夹。创建模板有两种方法：一种是以现有的文档创建模板，一种是从空白文档创建。

 **9.2.1　查看站点地图**

利用站点地图，可以用图形化的方式查看站点结构，具体操作的步骤如下。

（1）在"文件"面板的工具栏中单击"扩展/折叠"按钮，打开站点窗口，如图 9-8 所示。

（2）在站点窗口的工具栏中单击"站点地图"按钮，就可以以地图方式显示站点结构，如图 9-9 所示。

　　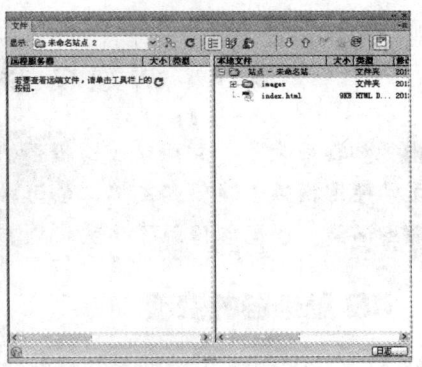

图 9-8　打开站点窗口　　　　　图 9-9　切换站点地图

157

（3）在站点地图中可以显示当前站点中文档之间的链接关系，利用站点地图可以很方便地管理文档之间的链接。

在站点地图中可以进行选择多个网页、打开并编辑网页、新建网页、建立网页间链接、改变站点主页等多种操作。

● 选择多个网页：在站点地图中按住 Shift 键不放，同时用鼠标左键单击欲选择的网页，这样可以连续选择多个网页，单击过的网页立即涂蓝。在站点地图中按住 Ctrl 键不放，同时用鼠标左键单击欲选择的网页，这样可以跳跃性地选取多个网页。

● 打开网页：先选择欲打开的网页，然后执行"文件"｜"打开"命令，或在欲打开的网页文件上单击鼠标右键，从弹出的菜单中选择"打开"选项，或双击欲打开的网页文件就可以打开网页。

9.2.2 创建文件／文件夹

利用站点窗口，可以对本地站点的文件和文件夹进行创建、删除、移动和复制等操作，还可以对站点进行重新布局和规划。

（1）执行"窗口"｜"文件"命令，打开"文件"面板，如图 9-10 所示。

（2）打开站点管理窗口，选中需要创建文件的文件夹。在文件夹上单击鼠标右键，在弹出的快捷菜单中执行"新建文件"命令，如图 9-11 所示，即可新建文件。创建文件夹的方法与此类似。刚刚创建的新文件，其名称处于可编辑状态，此时可以对文件重新命名。

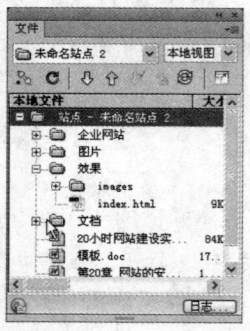

图 9-10 "文件"面板

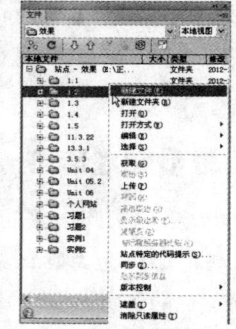

图 9-11 执行"新建文件"命令

9.3 创建动态网站平台

> 模板创建好之后，就可以应用模板快速、高效地设计风格一致的网页了，可以使用模板创建新的文档，也可以将模板应用于已有的文档。如果对模板不满意，还可以修改原有的模板。

9.3.1 IIS 服务器的安装

在 Windows XP 下安装 IIS 组件的具体操作步骤如下。

第09小时　创建本地站点平台

（1）打开电脑，执行"开始"|"控制面板"命令，打开"控制面板"窗口，如图9-12所示。

（2）单击"添加/删除程序"链接，打开"添加或删除程序"窗口，如图9-13所示。

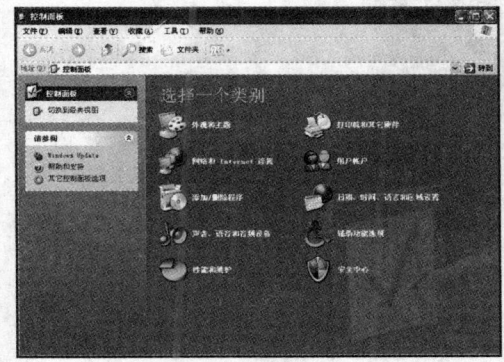

图9-12　控制面板

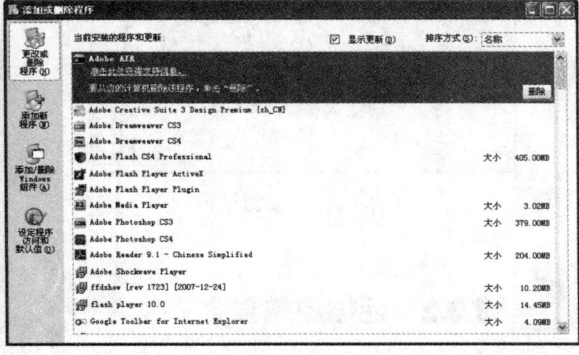

图9-13　"添加或删除程序"窗口

（3）在"添加或删除程序"窗口中，选择左侧的"添加或删除Windows组件"选项，打开"Windows组件向导"对话框，如图9-14所示。

（4）在每个组件之前都有一个复选框，若该复选框显示为灰色，则代表该组件内还含有子组件存在，双击"Internet信息服务（IIS）"选项，弹出图9-15所示的对话框。

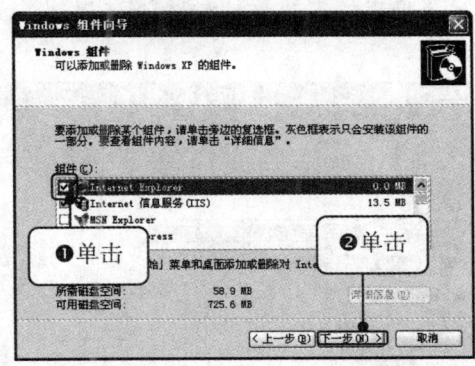

图9-14　"Windows组件向导"对话框

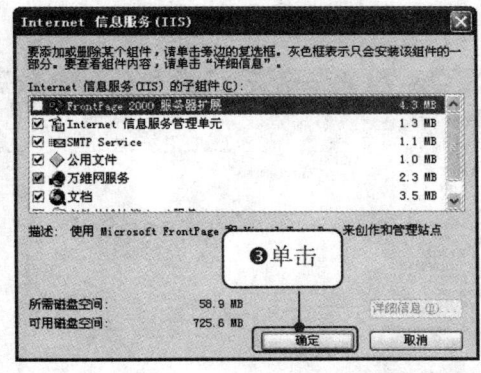

图9-15　"Internet信息服务（IIS）"对话框

（5）选择完使用的组件及子组件后，单击"下一步"按钮，弹出图9-16所示的对话框。

（6）IIS安装完成，如图9-17所示。

159

学用一册通：20 小时网站建设完整案例实录

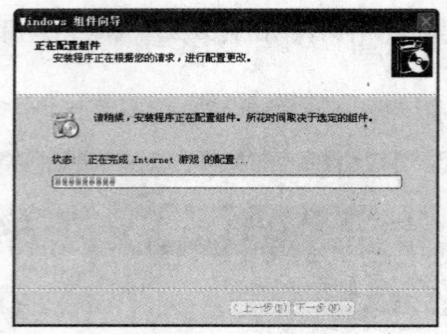

图 9-16　安装对话框

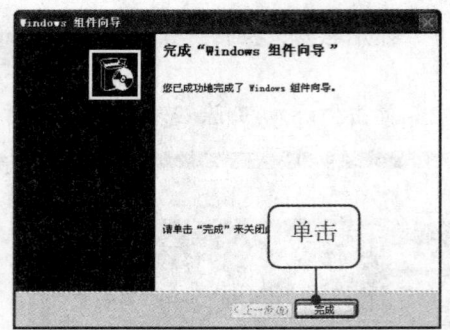

图 9-17　IIS 安装完成

9.3.2　创建虚拟目录

网站的虚拟目录是指网站的二级目录，它与网站的关系可以是物理上的，也可以是逻辑上的，即虚拟目录可以是网站的下级目录，或是与网站在物理结构上没有任何上下级关系。下面以 XP 系统为例讲述如何创建一个虚拟目录。具体操作步骤如下。

（1）选中"我的电脑"，并单击鼠标右键，在弹出的快捷菜单中，执行"管理"命令，打开"计算机管理"窗口，如图 9-18 所示。

（2）在"计算机管理"窗口中，展开左侧的 Internet 信息服务，并展开下面的网站，选中"默认网站"，单击鼠标右键，在弹出的快捷菜单中依次执行"新建"|"虚拟目录"命令，如图 9-19 所示。

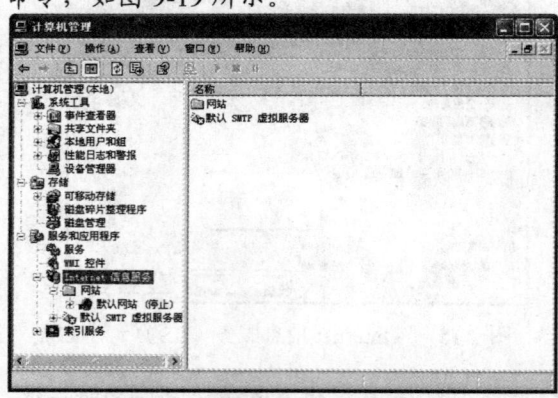

图 9-18　打开"计算机管理"窗口

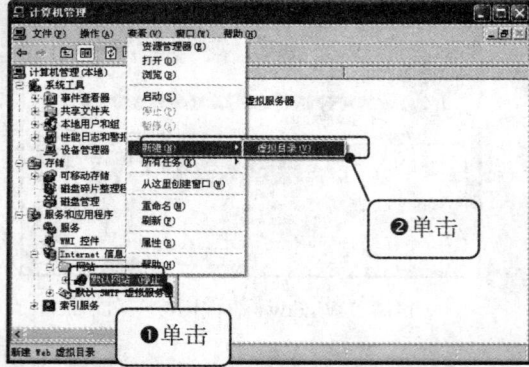

图 9-19　选择"虚拟目录"命令

（3）此时弹出"虚拟目录创建向导"欢迎窗口，如图 9-20 所示。

（4）单击"下一步"按钮，进入到"虚拟目录别名"界面，这里设置别名为"企业网站"，如图 9-21 所示。

第 09 小时 创建本地站点平台

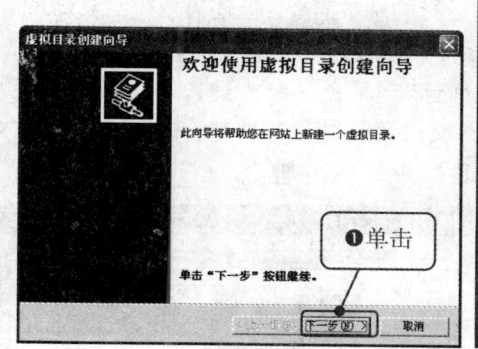

图 9-20 "虚拟目录创建向导"欢迎窗口

图 9-21 设置虚拟目录别名

（5）单击"下一步"按钮，进入到"网站内容目录"界面，这里设置虚拟目录路径为"E:\企业网站\news"，如图 9-22 所示。

（6）单击"下一步"按钮，进入到"虚拟目录访问权限"界面，这里设置网站具备"读取"、"运行脚本"、"浏览"三项权限，如图 9-23 所示。

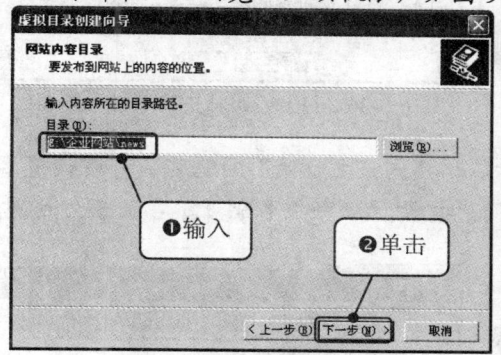

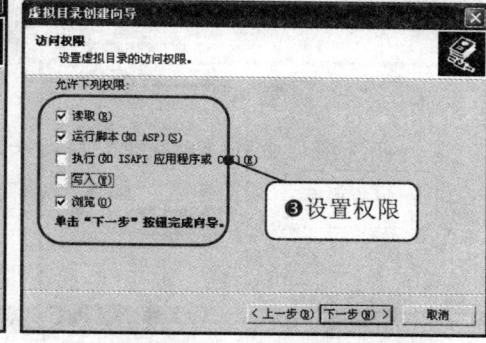

图 9-22 设置虚拟目录路径

图 9-23 设置"虚拟目录访问权限"

（7）最后单击"下一步"按钮，并在弹出的"已成功完成虚拟目录创建向导"界面中，单击"完成"按钮，完成虚拟目录的创建，如图 9-24 所示。

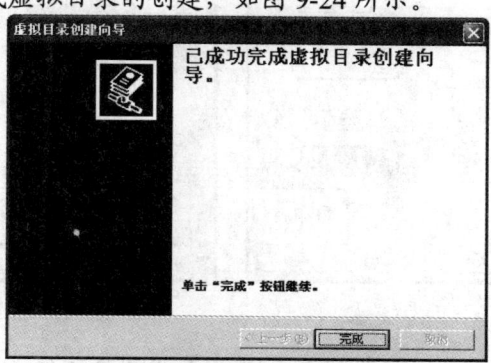

图 9-24 完成虚拟目录的创建

9.3.3 IIS 服务器的设置

网站和虚拟目录创建完毕后，就已经满足了网站运行的基本需要。但还需要进行具体配置，具体操作步骤如下。

（1）在"计算机管理"窗口中，选中"默认网站"，单击鼠标右键，在弹出快捷菜单中选择"属性"命令，如图 9-25 所示，从而打开"默认网站属性"窗口，在此窗口中可以设置网站描述，IP 地址和 TCP 端口，以及连接信息，如图 9-26 所示。

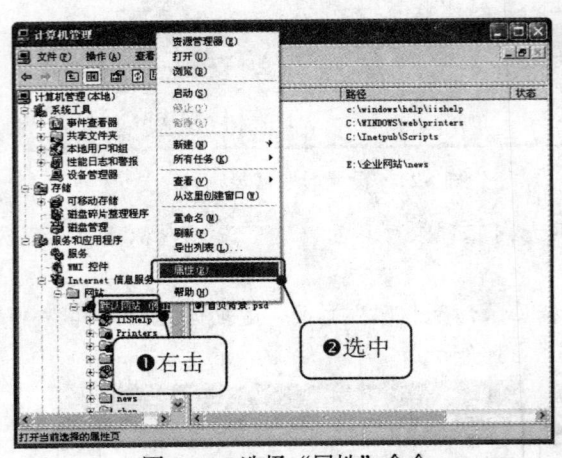

图 9-25 选择"属性"命令

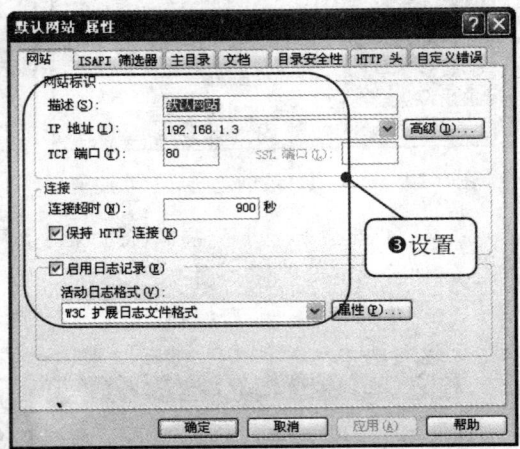

图 9-26 打开"默认网站属性"窗口

（2）打开选项栏中的"主目录"选项卡，切换到"主目录"对话框，可以设置本地路径，如图 9-27 所示。这里单击"配置"按钮，打开"应用程序配置"对话框，如图 9-28 所示。

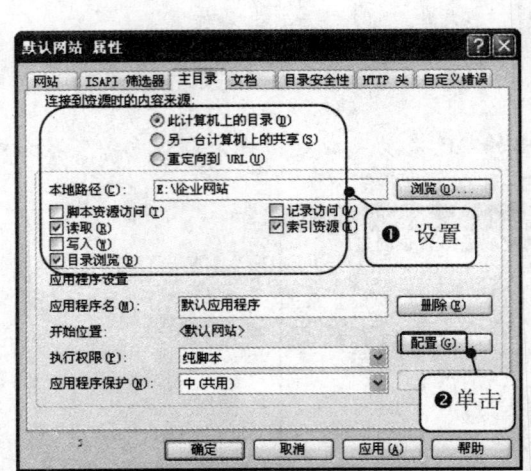

图 9-27 设置主目录

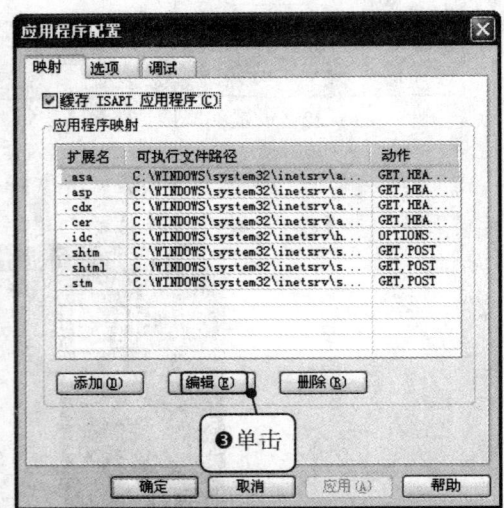

图 9-28 应用程序配置

（3）单击"编辑"按钮，打开"添加/编辑应用程序扩展名映射"对话框，这里可以

第 09 小时　创建本地站点平台

完成对应用程序的添加，如图 9-29 所示。

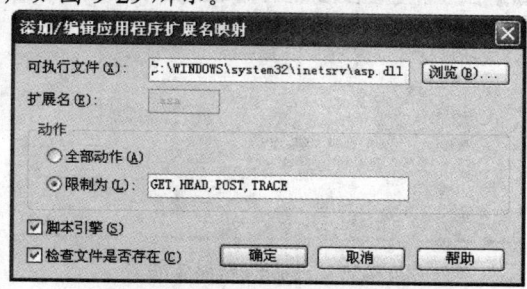

图 9-29　添加/编辑应用程序扩展名映射

9.4　专家秘籍

1. 在规划站点结构时，应该遵循哪些规则呢？

规划站点结构需要遵循的规则如下：（1）每个栏目一个文件夹，把站点划分为多个目录。（2）不同类型的文件放在不同的文件夹中，便于调用和管理。（3）在本地站点和远端站点使用相同的目录结构，使在本地制作的站点原封不动地显示出来。

2. 我的 IIS 只要 asp 文件有错，就显示 HTTP500 错误，但是却不显示出错的详细信息。以前能够显示究竟是那个文件的那一行出错，但现在却不显示？

在 IE 的 Internet 选项中选高级，勾选"显示友好的 HTTP 错误"复选框即可，如图 9-30 所示。

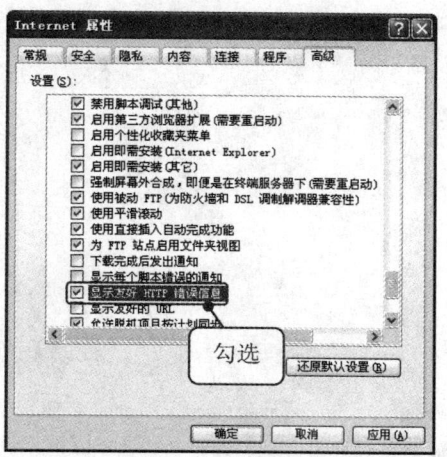

图 9-30　勾选"显示友好的 HTTP 错误"复选框

3. IIS 无法支持 ASP 了，重启多次都不行？

在应用程序配置中检查 .asp 文件是不是已经映射到 C:\WINDOWS\system32\inetsrv\asp.dll。若无，则添加，如图 9-31 所示。

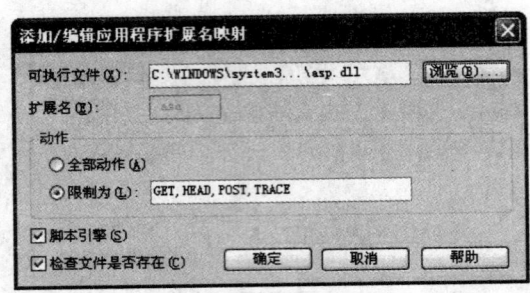

图 9-31 检查应用程序配置

4．为何我的 IIS 老是死机？

（1）检查你设置的脚本超时时间，不能过长。
（2）检查你的程序是否有对象和连接没有关闭。
（3）依次停止各个用户的服务，看看是不是有占用大资源的用户程序。

9.5 本章小结

本章主要讲述了站点的创建和 IIS 服务器的设置。站点定义不好，其结构将会变得纷乱不堪，给以后的维护造成很大的困难。事实就是如此，读者一定要重视。IIS 搭建好以后，就可以制作动态网页了。

第 10 小时 制作网站模板

本章导读

在制作大量网页的时候，很多页面可能会用到同样的版式、导航栏和 Logo 等，为了避免重复劳动，可以使用 Dreamweaver 提供的模板和库将具有相同版面结构的页面制作成模板，然后通过模板来创建其他网页。利用模板和库可以创建具有统一结构和外观的网站，在需要更改整个网站的外观时，只需将相应的模板文件和库项目稍做修改，即可应用模板和库对整个网站进行快速更新。

学习要点

◎ 制作网站顶部文件
◎ 制作网站底部文件
◎ 新建模板
◎ 制作顶部导航
◎ 设置模板的左侧可编辑区
◎ 设置模板的右侧正文可编辑区
◎ 插入底部文件

本章学习流程

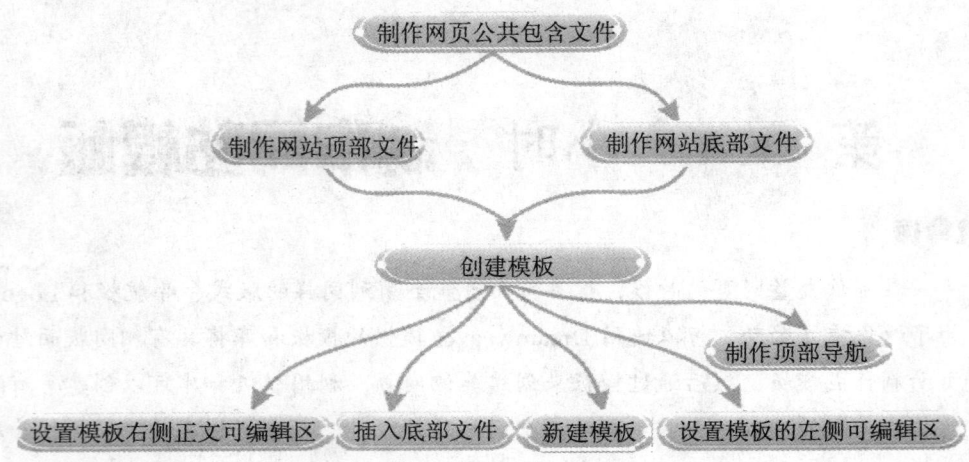

10.1 制作网页公共包含文件

> 模板一般保存在本地站点根文件夹中一个特殊的"Templates"文件夹中。如果 Templates 文件夹在站点中没有存在,则在新创建模板时,将自动创建该文件夹。创建模板有两种方法:一种是以现有的文档创建模板,另一种是从空白文档创建。

10.1.1 制作网站顶部文件

库是一种用来存储想要在整个网站上经常重复使用或更新的页面元素(如图像、文本和其他对象)的方法,这些元素成为库项目。由于网站的大部分页面顶部都相同,因此顶部制作成库文件。下面创建的库项目如图 10-1 所示,具体制作步骤如下。

图 10-1 库文件

(1)执行"文件"|"新建"命令,弹出"新建文档"对话框,在对话框中选择"空白页"|"库项目"命令,如图 10-2 所示。

(2)单击"创建"按钮,即可创建一个空白的库项目,如图 10-3 所示。

第 10 小时　制作网站模板

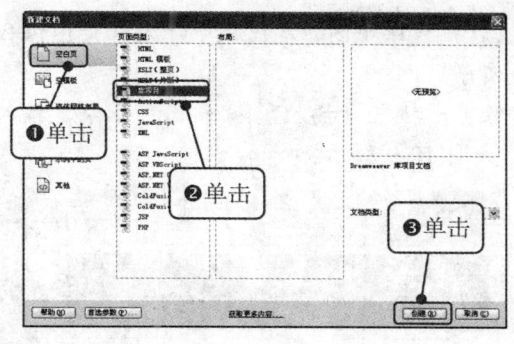

图 10-2　"新建文档"对话框

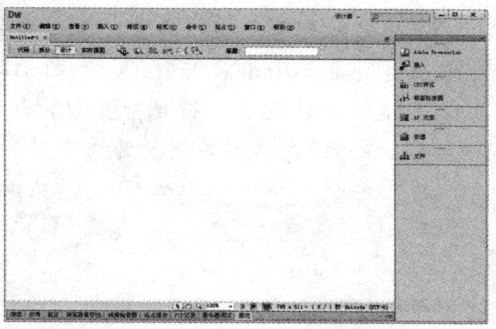

图 10-3　新建文档

（3）将光标置于文档中，执行"插入"|"表格"命令，弹出"表格"对话框，在对话框中将"行数"设置2，"列数"设置为1，"表格宽度"设置为1003像素，如图 10-4 所示。

（4）单击"确定"按钮，插入表格，如图 10-5 所示。

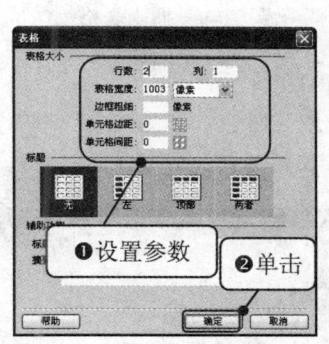

图 10-4　"表格"对话框

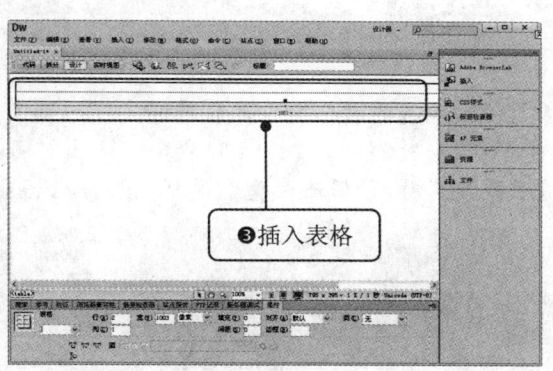

图 10-5　插入表格

（5）将光标置于表格的第 1 行单元格中，执行"插入"|"图像"命令，弹出"选择图像源文件"对话框，在对话框中选择 index_01.jpg 文件，如图 10-6 所示。

（6）单击"确定"按钮，插入图像，如图 10-7 所示。

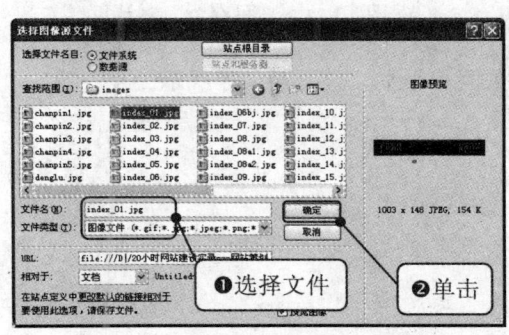

图 10-6　"选择图像源文件"对话框

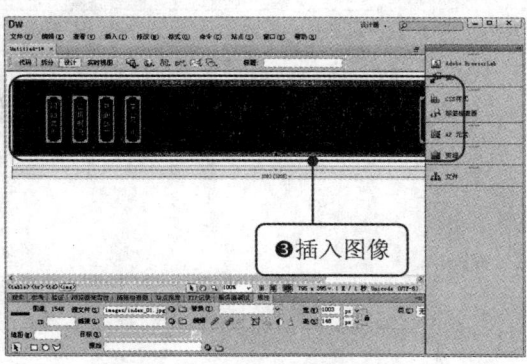

图 10-7　插入图像

167

（7）将光标置于表格的第 2 行单元格中，打开代码视图，在代码中输入背景图像代码 background="images/index_02.jpg"，如图 10-8 所示。

（8）返回设计视图，将光标置于背景图像上，执行"插入"|"表格"命令，插入 1 行 1 列的表格，将表格对齐设置为居中对齐，如图 10-9 所示。

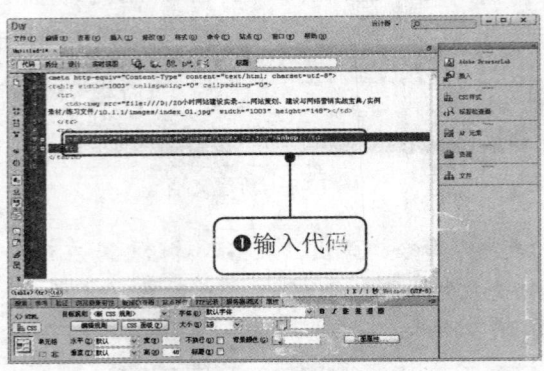

图 10-8　输入代码　　　　　　　　图 10-9　插入表格

（9）在刚插入的表格中输入相应的文字，如图 10-10 所示。

（10）执行"文件"|"保存"命令，弹出"另存为"对话框，在对话框的"文件名"文本框中输入名称，"保存类型"选择 Library Files(*.lbi)，如图 10-11 所示。

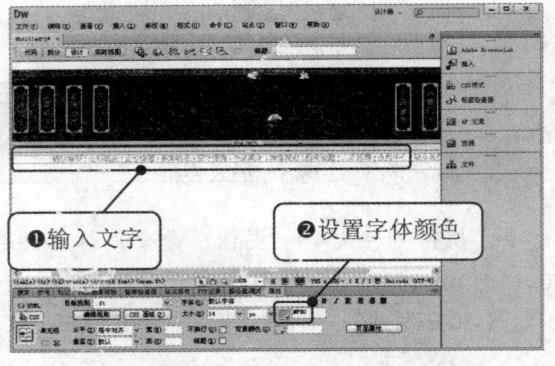 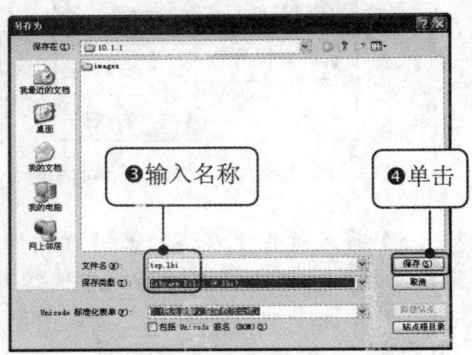

图 10-10　输入文字　　　　　　　　图 10-11　"另存为"对话框

（11）单击"保存"按钮，将文件保存为顶部库文件，如图 10-12 所示。

第 10 小时 制作网站模板

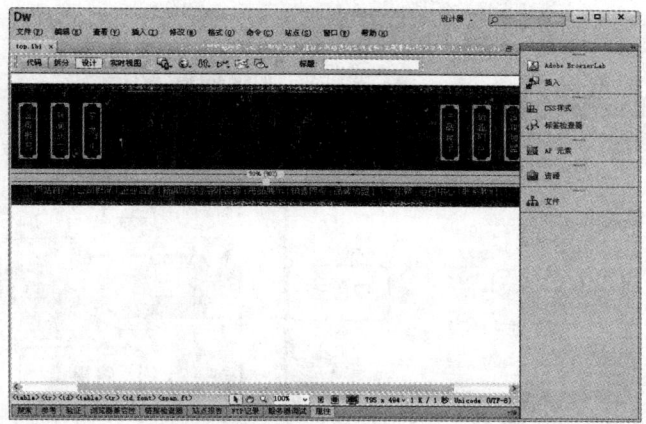

图 10-12 保存库文件

10.1.2 制作网站底部文件

底部库文件与顶部库文件同样都属于库文件，所以创建的方式基本一致，创建底部库文件的效果如图 10-13 所示，具体步骤如下。

图 10-13 底部库文件效果

（1）启动 Dreamweaver CS6，执行"文件"|"新建"命令，弹出"新建文档"对话框，在对话框中执行"空白页"|"库项目"命令，如图 10-14 所示。

（2）单击"创建"按钮，创建一个空白的文档，如图 10-15 所示。

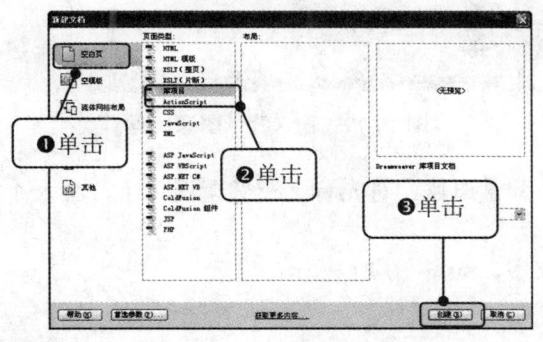

图 10-14 "新建文档"对话框　　　　图 10-15 新建文档

（3）执行"文件"|"保存"命令，弹出"另存为"对话框，在"文件名"文本框中输入"top.lbi"，如图 10-16 所示。

（4）单击"保存"按钮，将文件存储为库文件，将光标置于页面中，执行"插入"|"表格"命令，弹出"表格"对话框，在对话框中将"行数"设置为 1，"列"设置为 1，

169

"表格宽度"设置为1003,如图10-17所示。

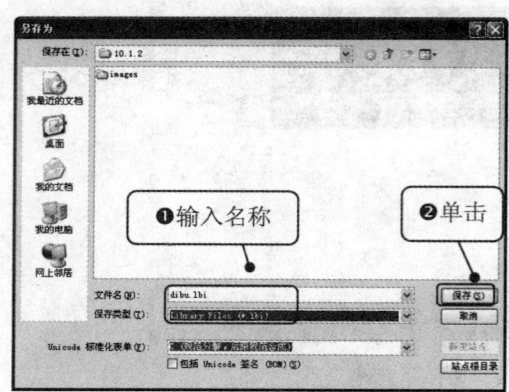

图10-16 保存文档

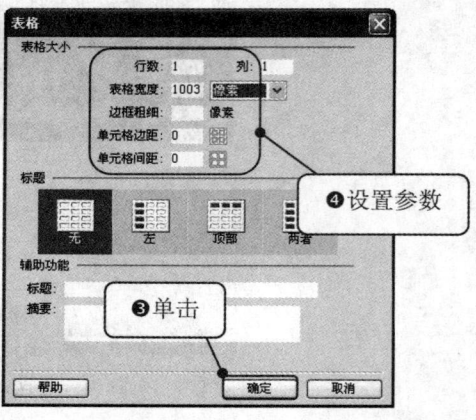

图10-17 "表格"对话框

(5)单击"确定"按钮,插入表格,如图10-18所示。

(6)将光标置于单元格中,打开代码视图,在代码中输入背景图像代码 height="100" background="images/index_18.jpg",如图10-19所示。

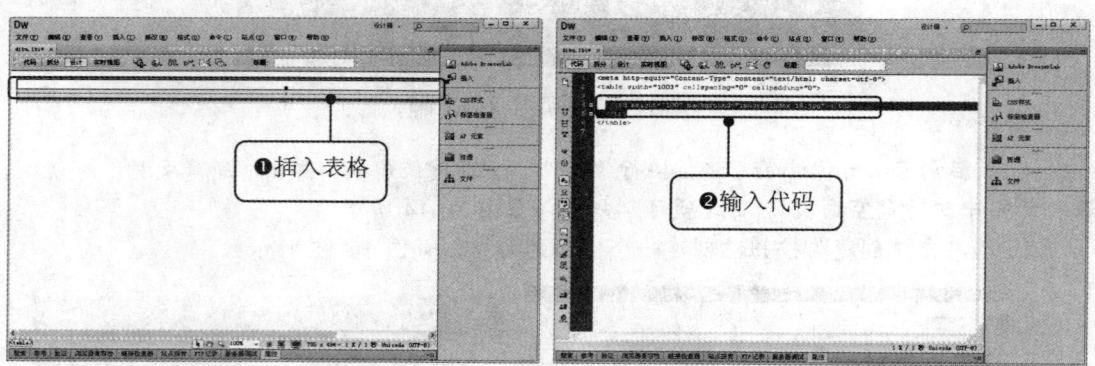

图10-18 插入表格　　　　　　　　　图10-19 输入背景图像代码

(7)返回设计视图,可以看到插入的背景图像,将光标置于背景图像上,插入1行1列的表格,如图10-20所示。

(8)在刚插入的表格中输入相应的文字,如图10-21所示。

第 10 小时　制作网站模板

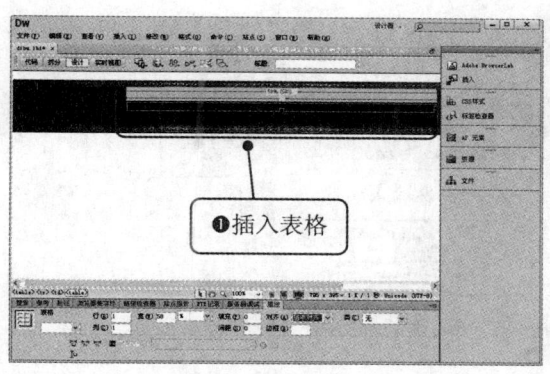

图 10-20　插入表格

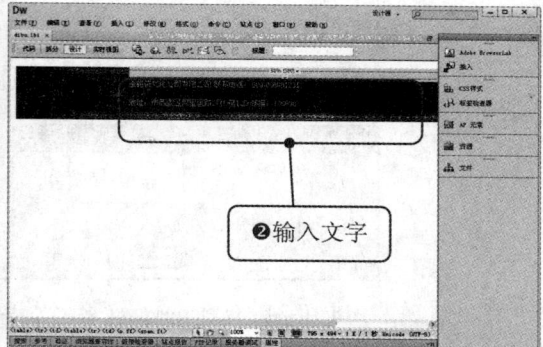

图 10-21　输入文字

（9）执行"文件"|"保存"命令，保存文档，完成底部库文件制作。

10.2　创建模板

> 模板创建好之后，就可以应用模板快速、高效地设计风格一致的网页了，可以使用模板创建新的文档，也可以将模板应用于已有的文档。如果对模板不满意，还可以修改原有的模板。

10.2.1　新建模板

从空白文档创建模板的具体操作步骤如下。

（1）执行"文件"|"新建"命令，弹出"新建文档"对话框，在对话框中执行"空模板"|"HTML 模板"|"无"命令，如图 10-22 所示。

（2）单击"创建"按钮，创建一个空白模板网页，如图 10-23 所示。

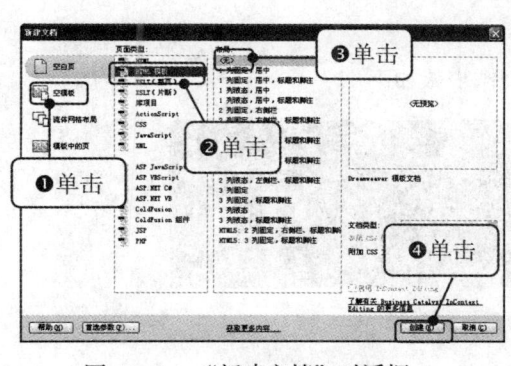

图 10-22　"新建文档"对话框

图 10-23　创建模板

（3）执行"文件"|"另存为"命令，弹出 Dreamweaver 提示对话框，如图 10-24 所示。

（4）单击"确定"按钮，弹出"另存为"对话框，在对话框中的"文件名"文本框中

171

输入名称,如图 10-25 所示。

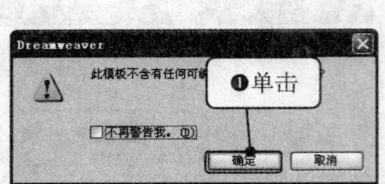
图 10-24　Dreamweaver 提示对话框

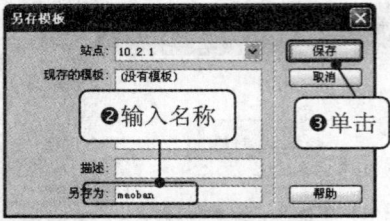
图 10-25　"另存为"对话框

> **提示**　不要随意移动模板到"Templates"文件夹之外的文件夹,或者将任何非模板文件放在"Templates"文件夹中。另外,不要将"Templates"文件夹移动到本地根文件夹之外,以免引用模板时,路径出错。

(5) 单击"保存"按钮,即可完成模板的创建,如图 10-26 所示。

图 10-26　保存模板文件

10.2.2　制作顶部导航

制作顶部导航的效果如图 10-27 所示,具体操作步骤如下。

图 10-27　制作顶部导航效果

(1) 接上一节内容,打开模板网页,如图 10-28 所示。
(2) 将光标置于页面中,执行"修改"|"页面属性"命令,弹出"页面属性"对话框,在对话框中将左边距、上边距、右边距、下边距分别设置为 0,如图 10-29 所示。

第 10 小时　制作网站模板

提示　在创建模板时，可编辑区域和锁定区域都是可以修改的。但是，在利用模板创建的网页中，只能在可编辑区域中进行更改，而无法修改锁定区域中的内容。

图 10-28　打开模板网页

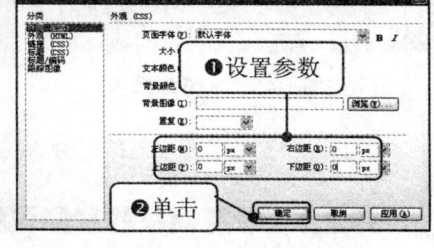

图 10-29　"页面属性"对话框

（3）单击"确定"按钮，修改页面属性，将光标置于页面中，执行"插入"|"表格"命令，弹出"表格"对话框，在对话框中将"行数"设置为 3，"列数"设置为 1，"表格宽度"设置为 1003 像素，如图 10-30 所示。

（4）单击"确定"按钮，插入表格，此表格记为表格 1，如图 10-31 所示。

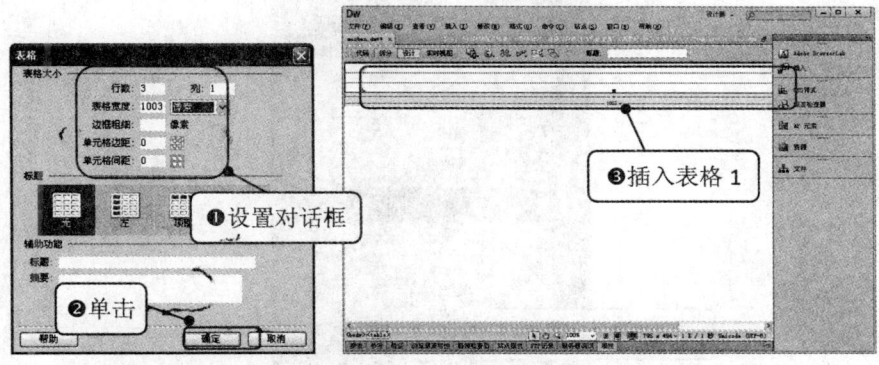

图 10-30　"表格"对话框　　　　　　图 10-31　插入表格 1

（5）执行"窗口"|"资源"命令，打开"资源"面板，在面板中单击库按钮，显示创建的库，然后单击底部的"插入"按钮，如图 10-32 所示。

（6）即可将库文件插入到文档中，如图 10-33 所示。

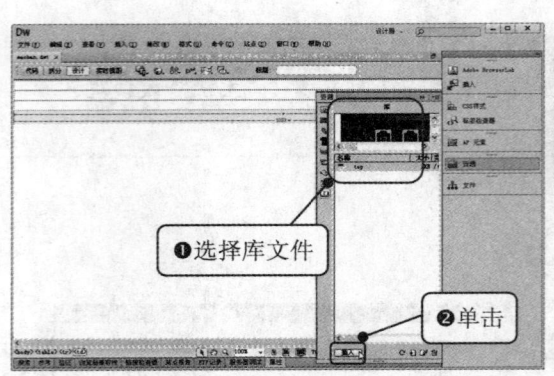

图 10-32　资源面板

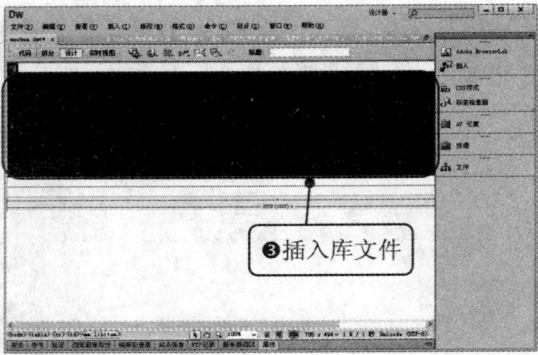

图 10-33　插入库文件

（7）执行"文件"|"保存"命令，保存文档，这就完成了顶部导航的制作。

10.2.3　设置模板的左侧可编辑区

设置模板左侧可编辑区制作的效果如图 10-34 所示，具体操作步骤如下。

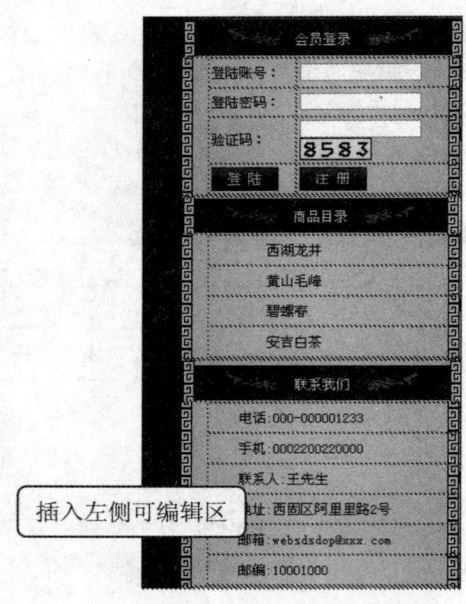

图 10-34　制作模板左侧可编辑区效果

（1）接上一节内容，将光标置于表格 1 的第 2 行单元格，执行"插入"|"表格"命令，弹出"表格"对话框，在对话框中将"行数"设置为 1，"列数"设置为 2，如图 10-35 所示。

（2）单击"确定"按钮，插入表格，此表格记为表格 2，如图 10-36 所示。

第 10 小时 制作网站模板

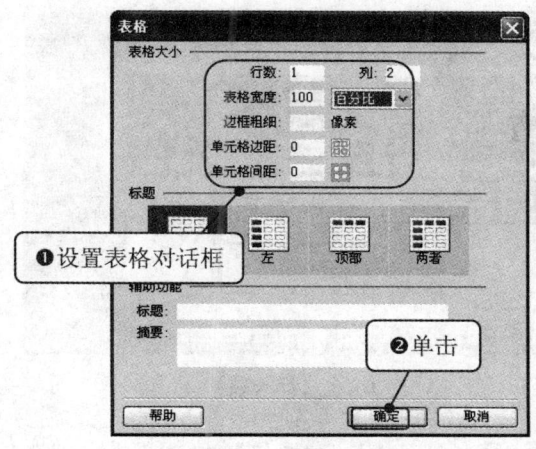

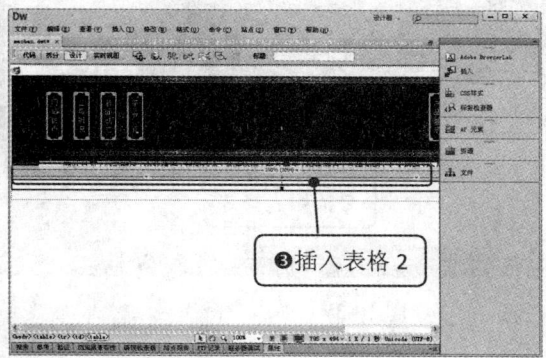

图 10-35 "表格"对话框　　　　　图 10-36 插入表格 2

(3) 将光标置于表格 2 的第 1 列单元格中,打开代码视图,在代码中输入背景图像 background="../images/index_06bj.jpg",如图 10-37 所示。

(4) 返回设计视图,可以看到插入的背景图像,如图 10-38 所示。

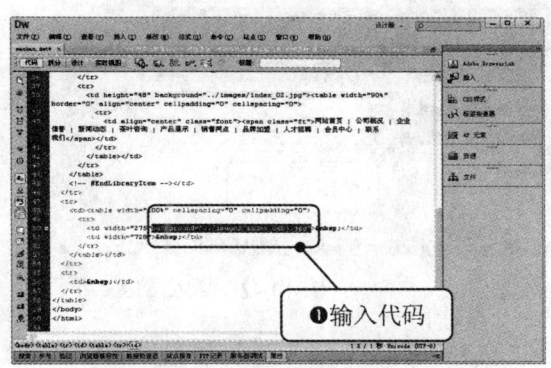

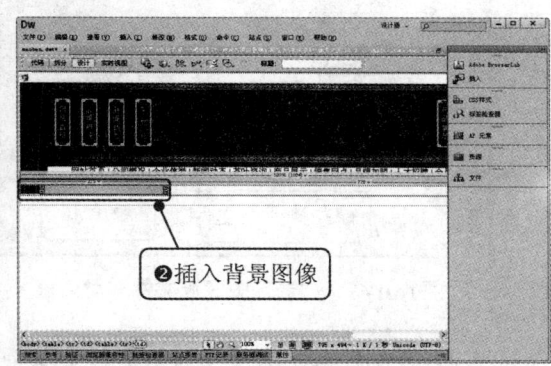

图 10-37 输入代码　　　　　图 10-38 插入背景图像

(5) 将光标置于背景图像上,执行"插入"|"表格"命令,插入 3 行 1 列的表格,此表格记为表格 3,如图 10-39 所示。

(6) 将光标置于表格 3 的第 1 行单元格中,插入 2 行 1 列的表格,此表格记为表格 4,如图 10-40 所示。

175

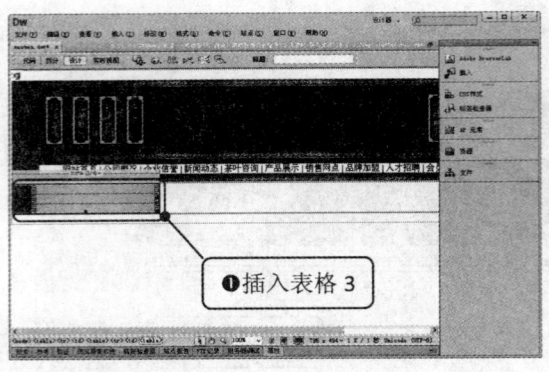
图 10-39　插入表格 3

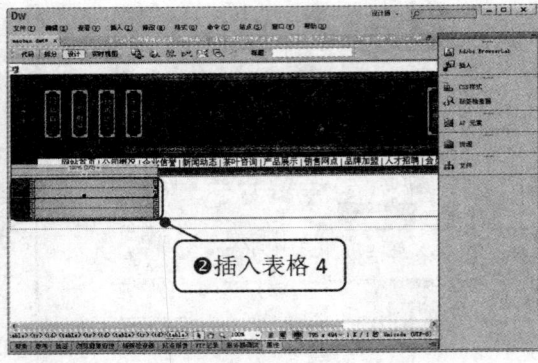
图 10-40　插入表格 4

（7）将光标置于表格 4 的第 1 行单元格中，执行"插入"|"图像"命令，弹出"选择图像源文件"对话框，在对话框中选择图像文件，如图 10-41 所示。

（8）单击"确定"按钮，插入图像../images/index_03.jpg，如图 10-42 所示。

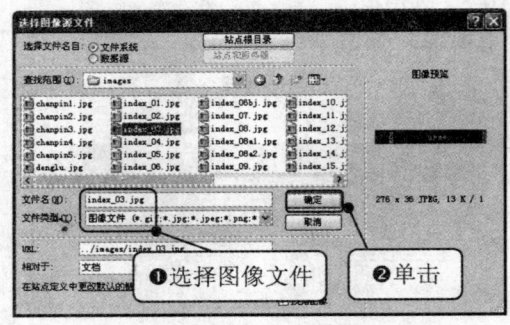
图 10-41　"选择图像源文件"对话框

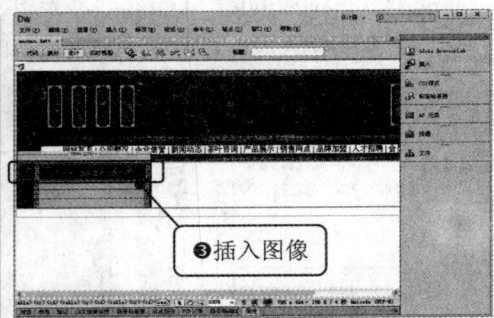
图 10-42　插入图像

（9）将光标置于表格 4 的第 2 行单元格中，执行"插入"|"表格"命令，插入 4 行 2 列的表格，此表格记为表格 5，如图 10-43 所示。

（10）将光标置于表格 5 的第 1 行第 1 列单元格中，输入相应的文字，字体颜色设置为#603000，如图 10-44 所示。

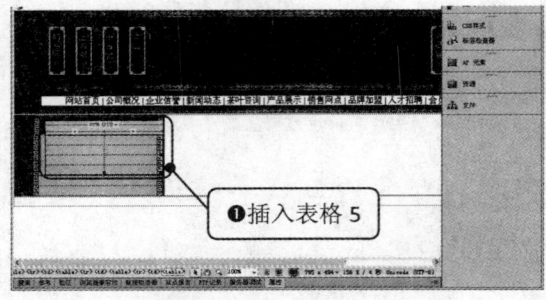
图 10-43　插入表格 5

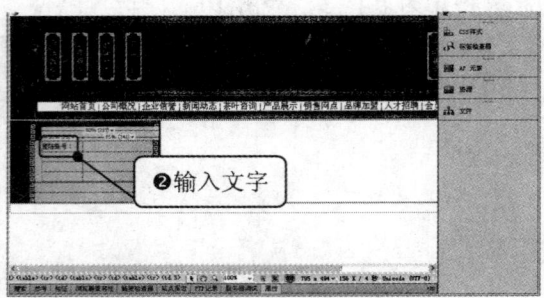
图 10-44　输入文字

第 10 小时　制作网站模板

（11）将光标置于表格 5 的第 1 行第 2 列单元格中，执行"插入"|"表单"|"文本域"命令，插入文本域，如图 10-45 所示。

（12）在表格 5 的其他单元格中也输入相应的内容，如图 10-46 所示。

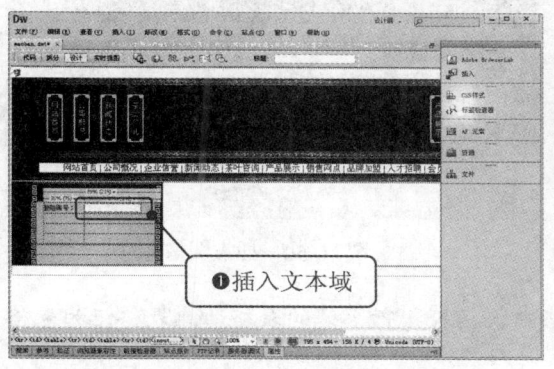

图 10-45　插入文本域

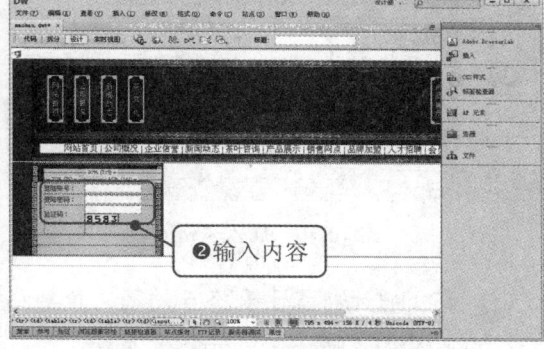

图 10-46　输入内容

（13）将光标置于表格 5 的第 1 列单元格中，执行"插入"|"图像"命令，插入图像 ../images/denglu.jpg，如图 10-47 所示。

（14）将光标置于表格 5 的第 2 列单元格中，执行"插入"|"图像"命令，插入图像 ../images/zhuce.jpg，如图 10-48 所示。

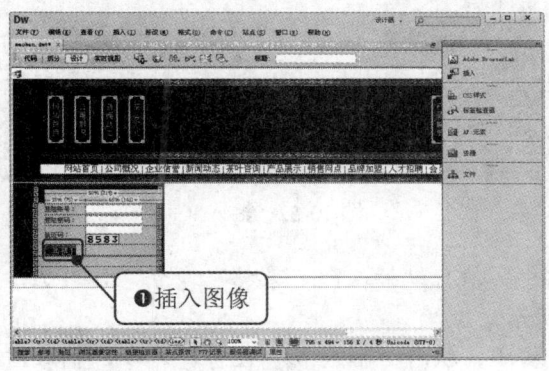

图 10-47　插入图像

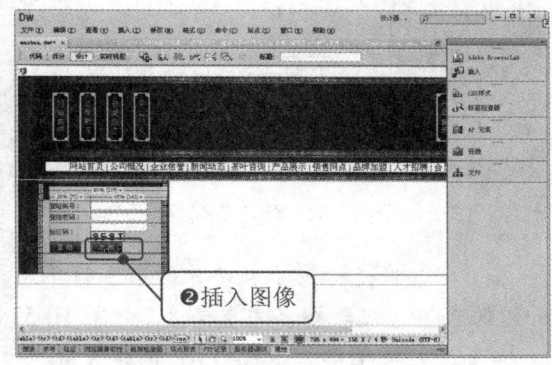

图 10-48　插入图像

（15）将光标置于表格 3 的第 2 行单元格中，执行"插入"|"表格"命令，插入 2 行 1 列的表格，此表格记为表格 6，如图 10-49 所示。

（16）将光标置于表格 6 的第 1 行单元格中，执行"插入"|"图像"命令，插入图像 ../images/index_07.jpg，如图 10-50 所示。

177

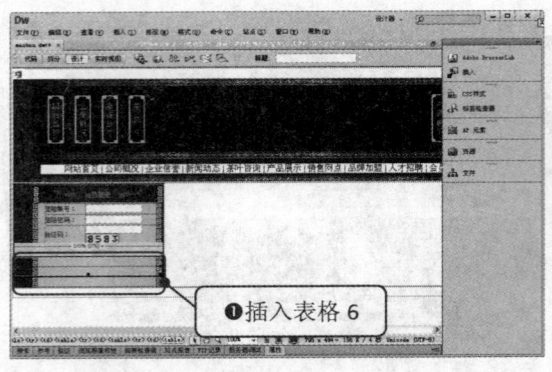
图 10-49　插入表格 6

图 10-50　插入图像

（17）将光标置于表格 6 的第 2 行单元格中，插入 4 行 1 列的表格，此表格记为表格 7，如图 10-51 所示。

（18）在表格 7 的单元格中，分别输入相应的文字，如图 10-52 所示。

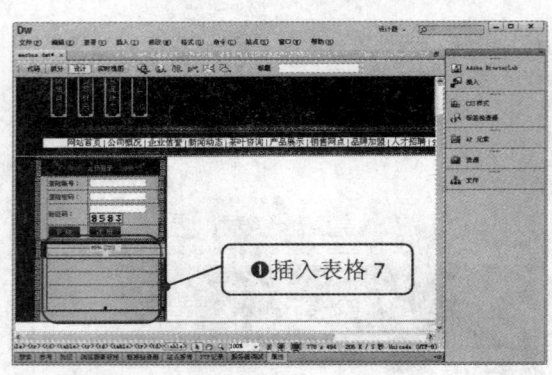
图 10-51　插入表格 7

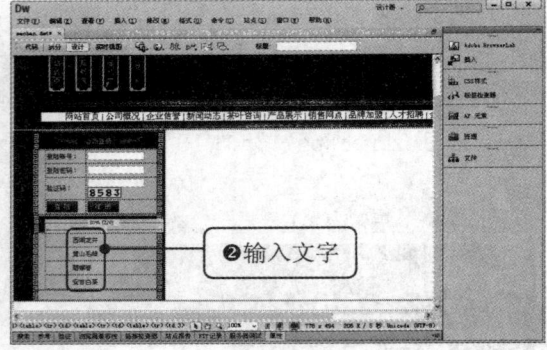
图 10-52　输入文字

（19）将光标置于表格 3 的第 3 行单元格中，执行"插入"|"表格"命令，插入 2 行 1 列的表格，此表格记为表格 8，如图 10-53 所示。

（20）将光标置于表格 8 的第 1 行单元格中，执行"插入"|"图像"命令，插入图像 ../images/index_14.jpg，如图 10-54 所示。

（21）将光标置于表格 8 的第 2 行单元格中，执行"插入"|"表格"命令，插入 6 行 1 列的表格，此表格记为表格 9，如图 10-55 所示。

（22）在表格 9 的单元格中，分别输入相应的文字，如图 10-56 所示。

第 10 小时　制作网站模板

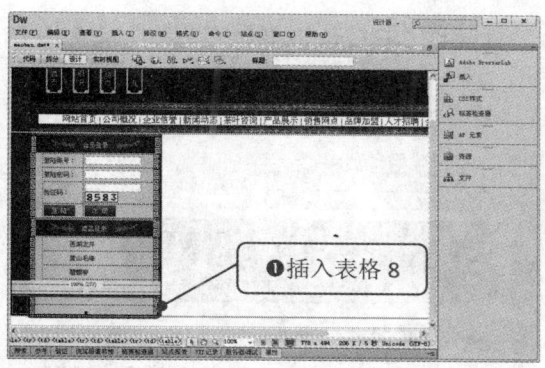

图 10-53　插入表格 8

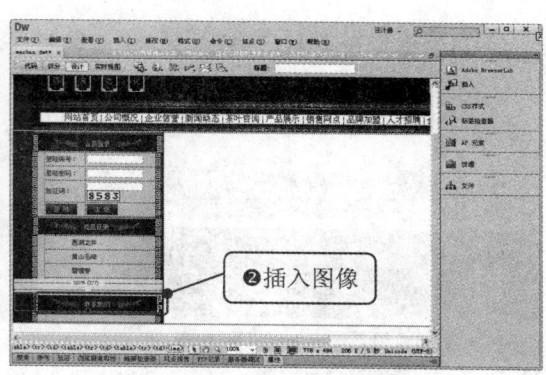

图 10-54　插入图像

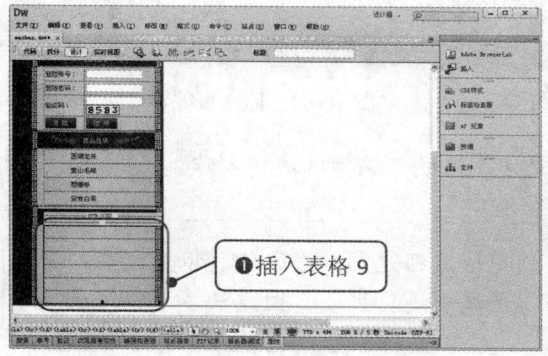

图 10-55　插入表格 9

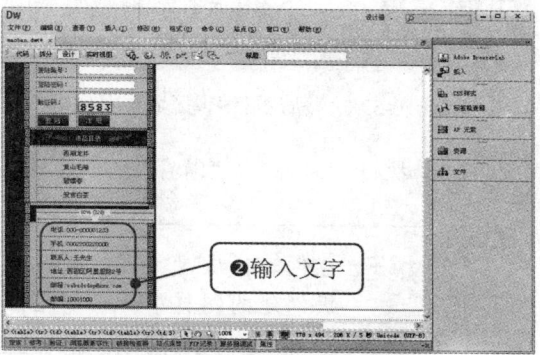

图 10-56　输入文字

（23）执行"文件"|"保存"命令，保存文档，完成模板左侧可编辑区的制作。

 **10.2.4　设置模板的右侧正文可编辑区**

模板右侧的正文是可编辑区，设置模板可编辑区具体的操作步骤如下。

（1）接上一节内容，将光标置于表格 2 的第 2 列单元格中，如图 10-57 所示。

（2）执行"插入"|"模板对象"|"可编辑区域"命令，如图 10-58 所示。

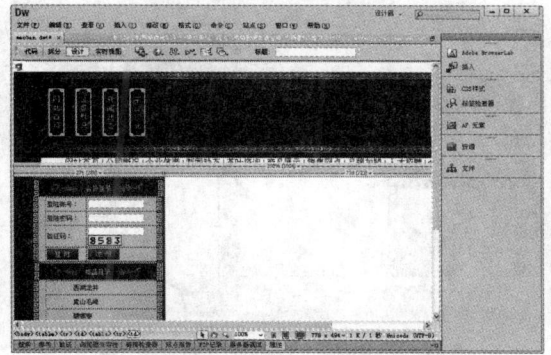

图 10-57　打开文件

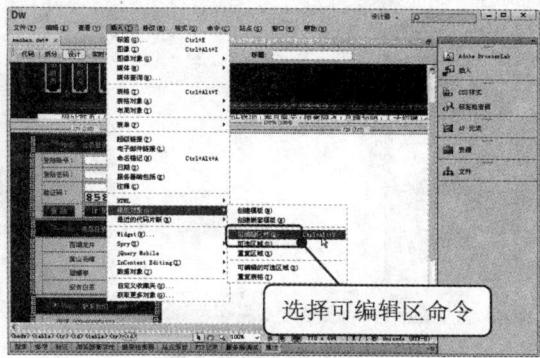

图 10-58　选择"可编辑区命令"

（3）选择命令后，弹出"新建可编辑区域"对话框，在对话框中的"名称"文本框中输入名称，如图10-59所示。

（4）单击"确定"按钮，插入可编辑区域，如图10-60所示。

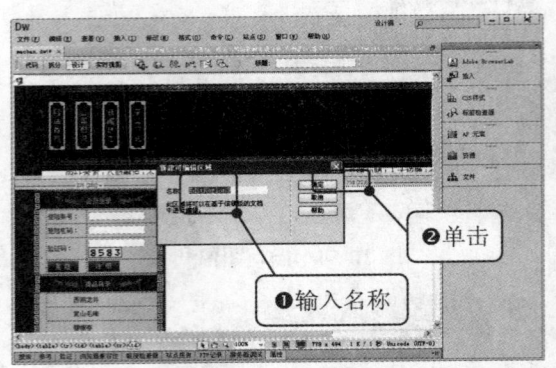
图10-59　"新建可编辑区域"对话框

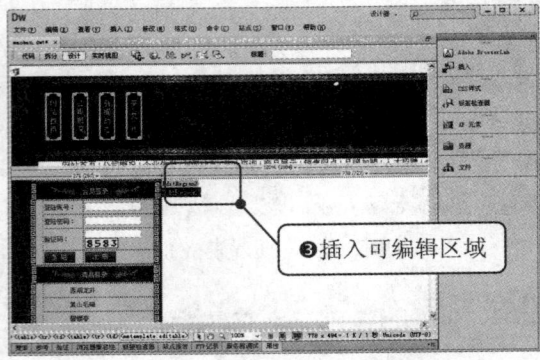
图10-60　插入可编辑区域

（5）执行"文件"｜"保存"命令，保存文档，完成可编辑区域的制作。

> 提示　在创建模板时，可编辑区域和锁定区域都是可以修改的。但是，在利用模板创建的网页中，只能在可编辑区域中进行更改，而无法修改锁定区域中的内容。

10.2.5　插入底部文件

插入底部文件的具体操作步骤如下。

（1）接着上一节内容，将光标置于表格1的第3行单元格中，如图10-61所示。

（2）打开资源面板，在资源面板中选中要插入的库文件，然后单击底部的"插入"按钮，如图10-62所示。

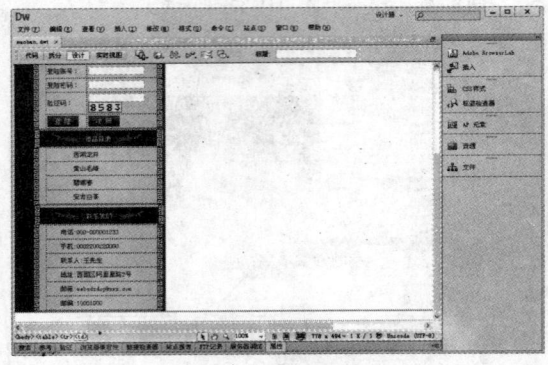
图10-61　打开文件

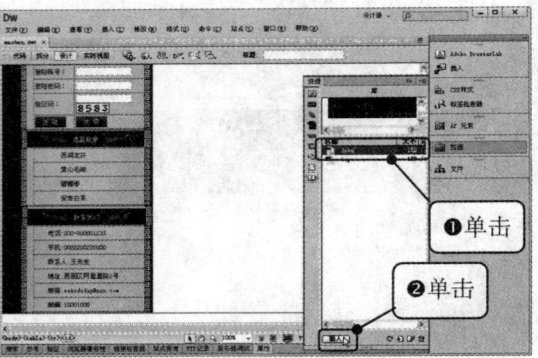
图10-62　选择库文件

第 10 小时 制作网站模板

（3）即可插入底部库文件，如图 10-63 所示。

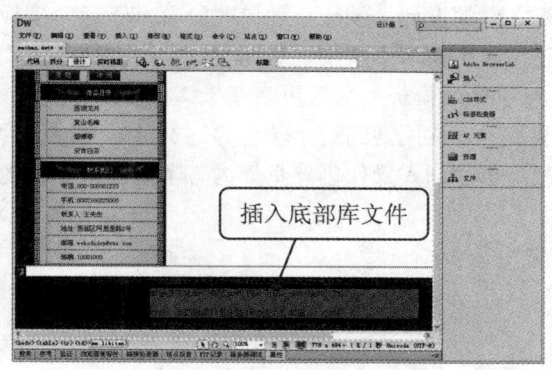

图 10-63 插入底部库文件

10.3 专家秘籍

1．哪些内容可以定义成库？

很多教程谈到库时，都建议把页脚的版权信息做成库，等到要修改版权时，只要修改库，就可以方便地更新所有的页面了。除了应用在页脚，库其实还可以应用在好多地方，如导航条。

2．为什么不能给库定义样式表 CSS？

这是刚刚接触库时经常碰到的问题。要解决这个问题首先要明白库是如何工作的。在一个使用了库的页面中，查看源代码，你会发现使用库的地方都被 Dreamweaver 定义了标记；而在库的源代码钟，并不包含<head></head>标签，而 CSS 恰恰就定义在<head>于</head>之间的。

知道了问题所在，就很容易解决了。使用库时，在库的源代码中同时添加 CSS 的代码，这样库也可以定义 CSS 了。

3．从模板新建文件后，为什么不能连接 CSS？

定义一个 CSS 文件后，网站中的所有文件都连接这个文件，这是经常使用的技巧。但奇怪的时，使用模板新建的文件，竟然不能使用 CSS。

同样从源代码入手。通常创建模板时都会定义一个表或一幅图片为可编辑区域。关键也是这里，Dreamweaver 对除了定义为可编辑区域外，其他一律不能编辑。也就时说，如果定义了表格为可编辑区域，那么只有在<table></table>之间是可以更改的。

这样问题的解决办法就和上一个问题差不多了，在模板里预先定义好 CSS，然后输出 CSS 文件，直接在模板里连接 CSS 文件，这样就可以了。

4．模板和库有何区别呢？

模板可被理解成一种模型，用这个模型可以方便地做出很多页面，然后在此基础上可以对每个页面进行改动，加入个性化的内容。为了统一风格，一个网站的很多页面都要用到相同的

页面元素和排版方式，使用模板可以避免重复地在每个页面输入或修改相同的部分，等网站改版的时候，只要改变模板文件的设计，就能自动更改所有基于这个模板的网页。可以说，模板最强大的用途之一就在于一次更新多个页面。从模板创建的文档与该模板保持连接状态（除非用户以后分离该文档），可以修改模板并立即更新基于该模板的所有文档中的设计。

库文件的作用是将网页中常常用到的对象转化为库文件，然后作为一个对象插入到其他的网页之中。这样能够通过简单的插入操作创建页面内容了。模板使用的是整个网页，库文件只是网页上的局部内容。

10.4 本章小结

模板和库可以使站点中的网页具有相同的风格。它们不是网页设计师在设计网页时必须要使用的技术，但是如果合理地使用它们，将会大大提高工作效率。合理地使用模板和库，也是创建整个网站的重中之重。

第 11 小时 制作公司介绍页面

本章导读

公司介绍页面是网站中非常重要的页面,通过公司介绍可以了解公司的发展历程、经营理念、企业文化、联系方式等,页面主要是利用模板来制作的。

学习要点

◎ 制作公司概况页面
◎ 利用模板创建网页
◎ 制作联系我们页面
◎ 制作在线订购页面

本章学习流程

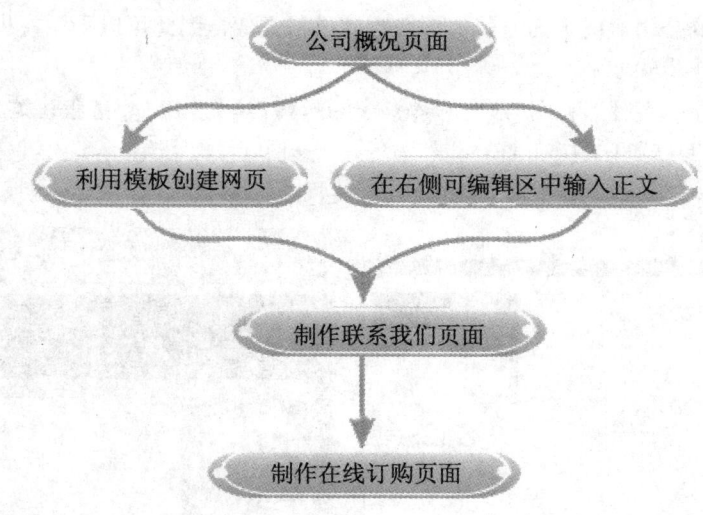

学用一册通:20 小时网站建设完整案例实录

11.1 制作公司概况页面

公司概况页面采用静态页面,主要功能是宣传企业,通过对公司的基本情况、文化理念、服务、产品的了解,使公司为更多客户所熟悉、信赖。公司概况页面如图 11-1 所示。

图 11-1 公司概况页面

 11.1.1 利用模板创建网页

由于网站的公司概况页面与其他页面整体风格类似,因此可以采用模板制作,利用模板新建网页具体操作步骤如下。

(1)执行"文件"|"新建"命令,弹出"新建文档"对话框,在对话框中执行"模板中的页"|"站点 11.1.1"|"moban"命令,如图 11-2 所示。

(2)单击"创建"按钮,利用模板创建网页,如图 11-3 所示。

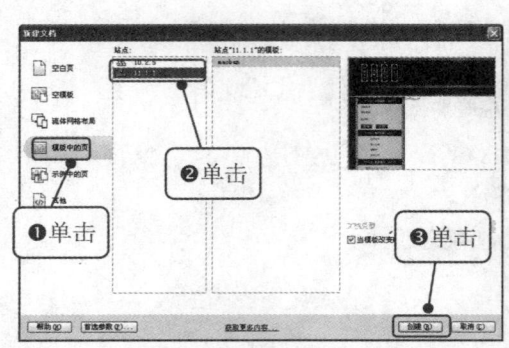

图 11-2 "新建文档"对话框

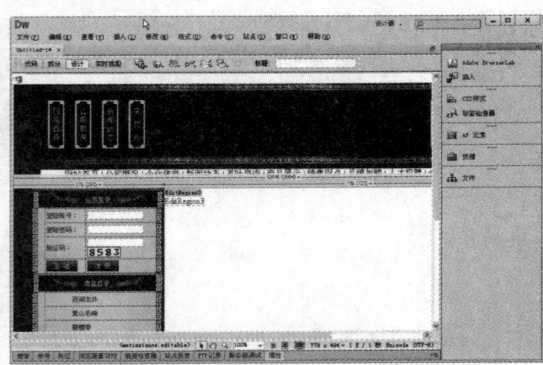

图 11-3 创建文档网页

184

第 11 小时　制作公司介绍页面

（3）执行"文件"|"保存"命令，弹出"另存为"对话框，在对话框中的"文件名"文本框中输入名称 about.html，单击"保存"按钮，保存文档，如图 11-4 所示。

图 11-4　"另存为"对话框

11.1.2　在右侧可编辑区中输入正文

右侧正文部分主要是图片和文字，如图 11-5 所示，具体制作步骤如下。

（1）将光标置于可以编辑区域中，执行"插入"|"表格"命令，弹出"表格"对话框，在对话框中将"行数"设置为 4，"列数"设置为 1，如图 11-6 所示。

图 11-5　右侧正文部分

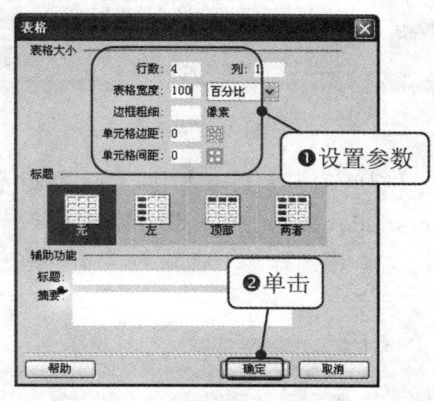

图 11-6　"表格"对话框

（2）单击"确定"按钮，插入表格，此表格记为表格 1，如图 11-7 所示。

（3）将光标置于表格 1 的第 1 行单元格中，执行"插入"|"图像"命令，弹出"选择图像源文件"对话框，在对话框中选择图像文件 images/index_04.jpg，如图 11-8 所示。

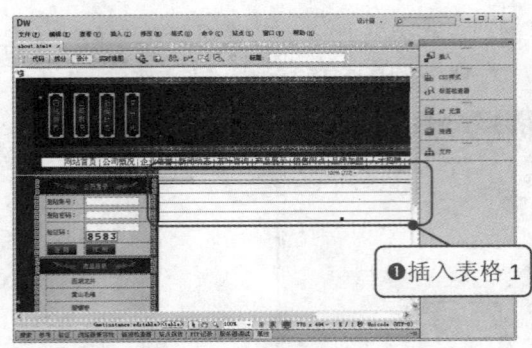
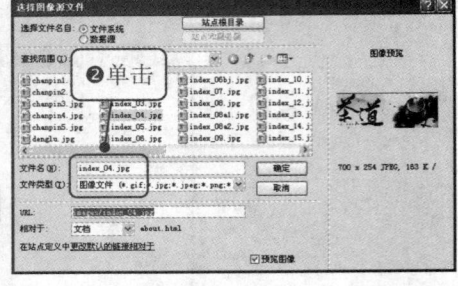

图 11-7　插入表格 1　　　　　　　图 11-8　"选择图像源文件"对话框

（4）单击"确定"按钮，插入图像，如图 11-9 所示。
（5）将光标置于表格的第 2 行单元格中，执行"插入"|"图像"|命令，插入图像 images/index_09.jpg，如图 11-10 所示。

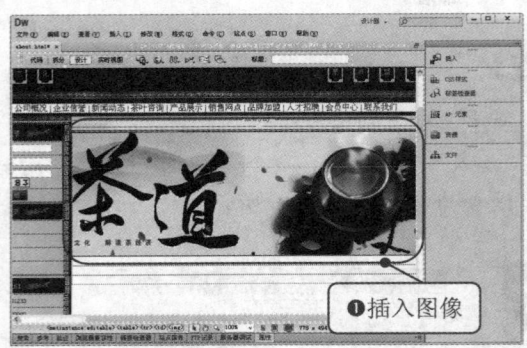

图 11-9　插入图像　　　　　　　　图 11-10　插入图像

（6）将光标置于表格的第 3 行单元格中，执行"插入"|"图像"命令，插入图像 images/index_19.jpg，如图 11-11 所示。
（7）将光标置于表格的第 4 行单元格中，将单元格的背景颜色设置为#EDD897，如图 11-12 所示。

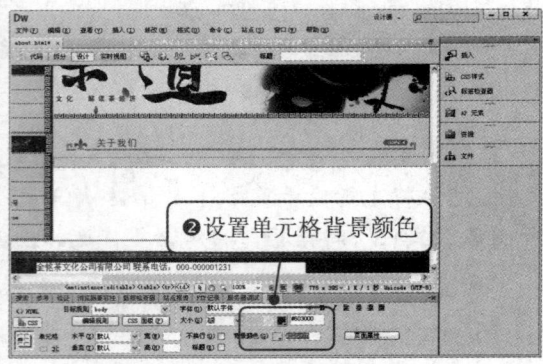

图 11-11　插入图像　　　　　　　　图 11-12　设置单元格背景颜色

第 11 小时　制作公司介绍页面

（8）将光标置于表格的第 4 行单元格中，执行"插入"|"表格"命令，插入 1 行 1 列的表格，此表格记为表格 2，如图 11-13 所示。

（9）将光标置于表格 2 的单元格中，输入相应的文字，如图 11-14 所示。

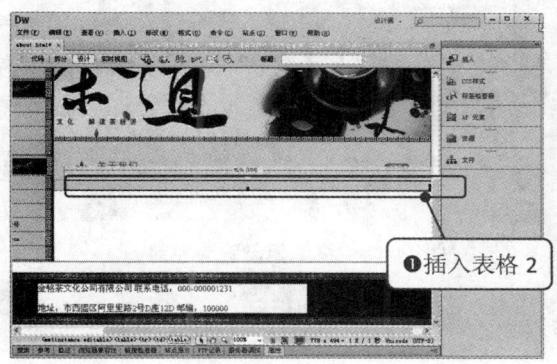

图 11-13　插入表格 2

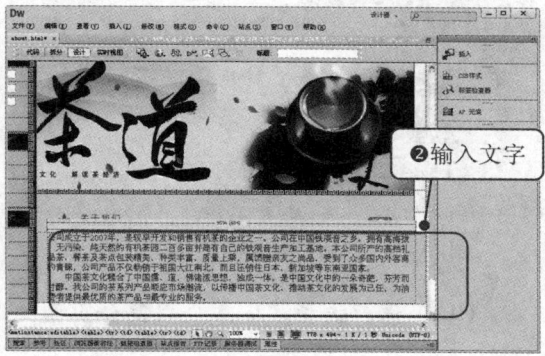

图 11-14　输入文字

（10）选中输入的文字，在属性面板中将"大小"设置为 12 像素，如图 11-15 所示。

（11）将光标置于文字中，执行"插入"|"图像"命令，插入图像 images/tu2.jpg，如图 11-16 所示。

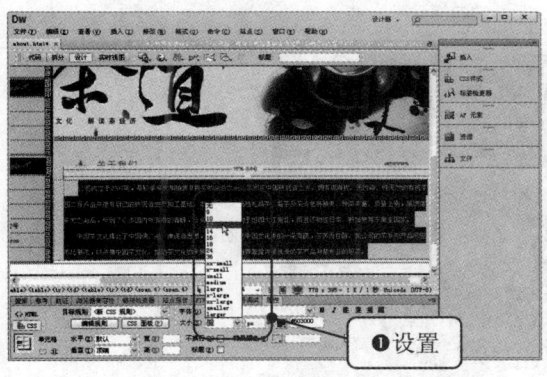

图 11-15　设置文字大小

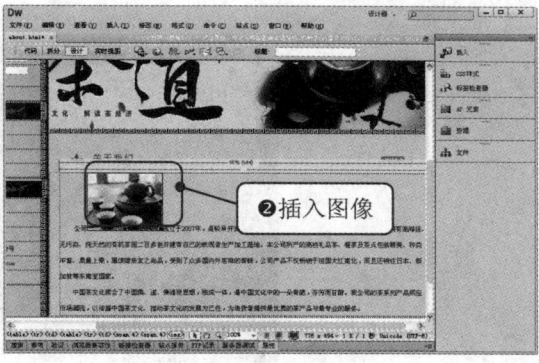

图 11-16　插入图像

（12）选中插入的图像，单击鼠标右键，在弹出的下拉菜单中执行"对齐"|"左对齐"命令，如图 11-17 所示。

（13）命令执行后，即可设置图像的左对齐方式，如图 11-18 所示。

187

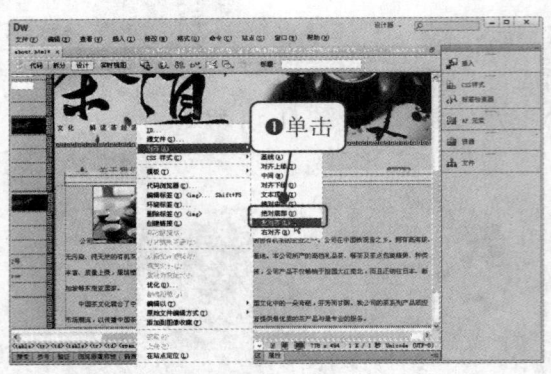

图 11-17 执行"左对齐"命令

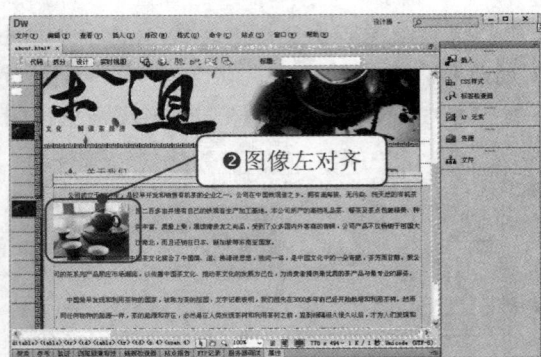

图 11-18 将图像设置为左对齐

（14）保存文档，完成公司简介页面的制作，如图 11-5 所示。

11.2 制作联系我们页面

联系我们应该是一个正规的网站必须的页面，下面制作联系我们页面。效果如图 11-19 所示，主要包括联系信息的文字和修饰图，具体制作步骤如下。

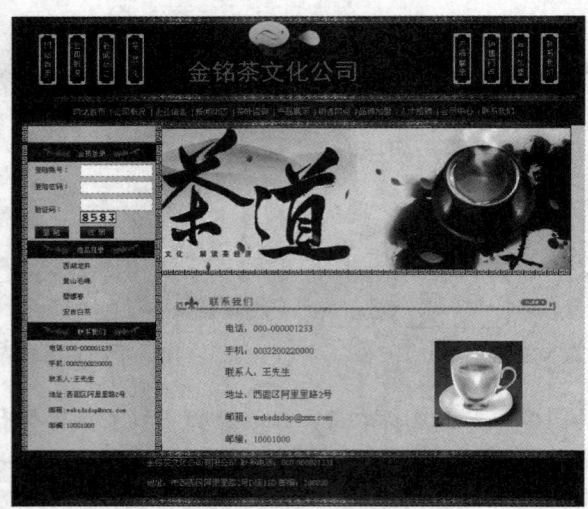

图 11-19 联系我们页面

（1）与第 11.1 节使用同样的方法，利用从模板新建文件，如图 11-20 所示。

第 11 小时　制作公司介绍页面

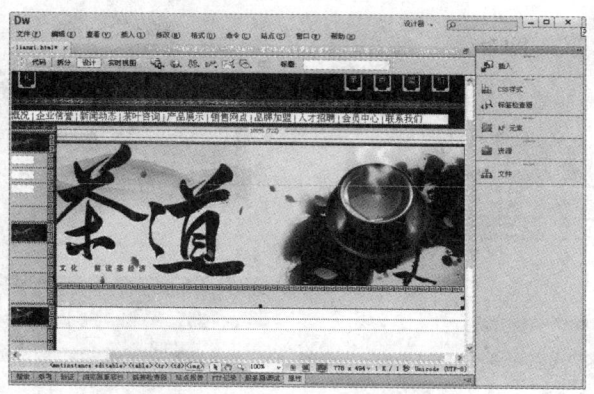

图 11-20　利用模板新建网页

（2）将光标置于表格中，执行"插入"|"图像"命令，插入图像 images/index_20.jpg，如图 11-21 所示。

（3）将光标置于表格的第 4 行单元格中，将单元格的背景颜色设置为#EDD897，如图 11-22 所示。

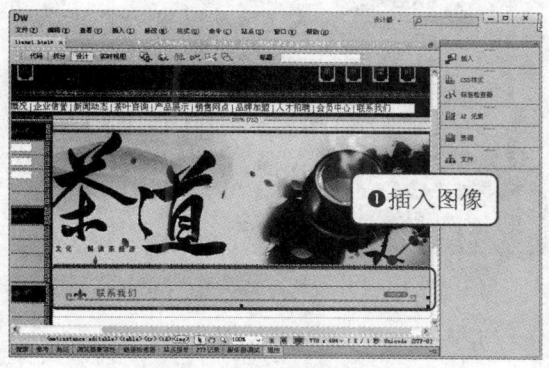

图 11-21　插入图像

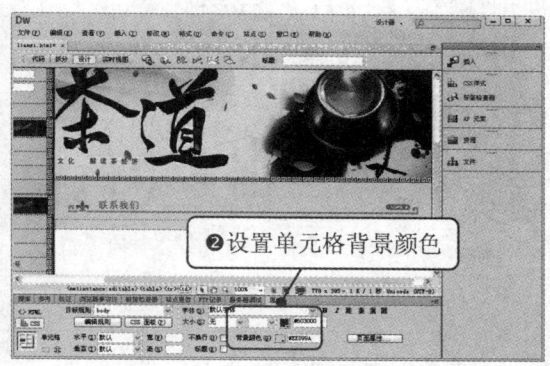

图 11-22　设置单元格背景颜色

（4）将光标置于表格的第 4 单元格中，插入 1 行 2 列的表格，此表格记为表格 1，如图 11-23 所示。

（5）将光标置于表格 2 的第 1 列单元格中，插入 6 行 1 列的表格，此表格记为表格 2，如图 11-24 所示。

189

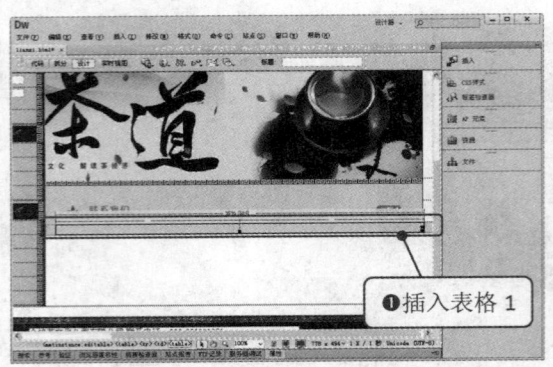

图 11-23　插入表格 1　　　　　图 11-24　插入表格 2

（6）在表格 2 的单元格中分别输入相应的文字，如图 11-25 所示。
（7）在属性面板中将输入的字体大小设置为 16 像素，如图 11-26 所示。

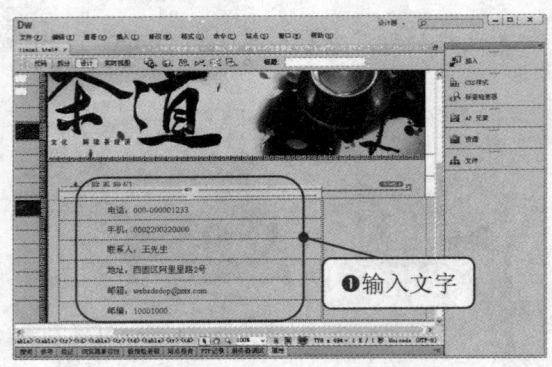

图 11-25　输入文字　　　　　图 11-26　设置字体大小

（8）将光标置于表格 1 的第 2 列单元格中，执行"插入"|"图像"命令，插入图像 images/chanpin1.jpg，如图 11-27 所示。
（9）保存文档，完成联系我们页面的制作，效果如图 11-19 所示。

图 11-27　插入图像

第 11 小时 制作公司介绍页面

11.3 制作在线订购页面

制作在线订购页面的效果，如图 11-28 所示，主要有一些在线提交表单，具体制作步骤如下。

图 11-28 制作在线订购效果

（1）与第 11.1 节使用同样的方法，利用从模板新建文件，如图 11-29 所示。

图 11-29 利用模板新建网页

（2）将光标置于表格的单元格中，执行"插入"|"图像"命令，插入图像 images/index_21.jpg，如图 11-30 所示。

（3）将光标置于表格的第 4 行单元格中，将单元格的背景颜色设置为#EDD897，如图 11-31 所示。

191

图 11-30　插入图像

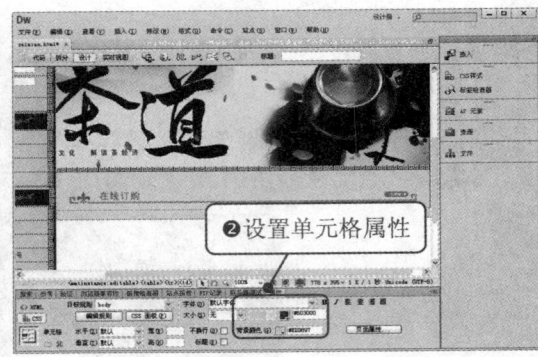

图 11-31　设置单元格属性

（4）将光标置于表格的第 4 单元格中，执行"插入"|"表单"|"表单"命令，插入表单，如图 11-32 所示。

（5）将光标置于表单中，插入 8 行 2 列的表格，此表格记为表格 1，如图 11-33 所示。

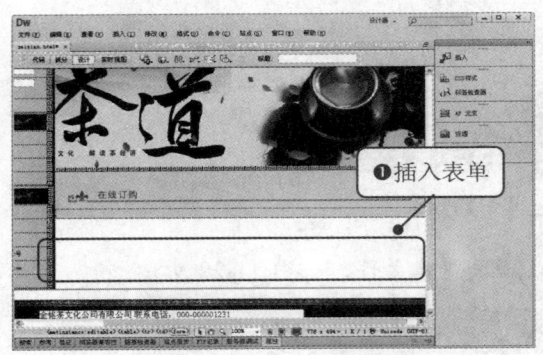

图 11-32　插入表单

图 11-33　插入表格 1

（6）选中插入的表格，打开属性面板，在面板中将表格的"对齐"设置为居中对齐，"填充"设置为 5，如图 11-34 所示。

（7）将光标置于表格 1 的第 1 行第 1 列单元格中，输入文字"茶叶名称"，如图 11-35 所示。

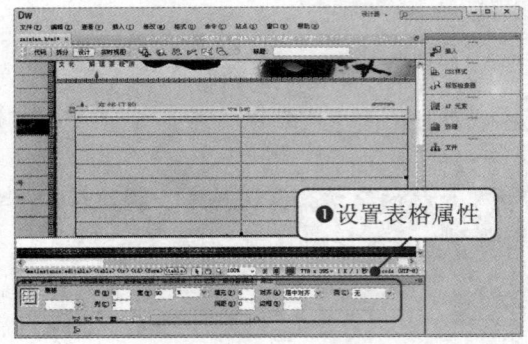

图 11-34　设置表格属性

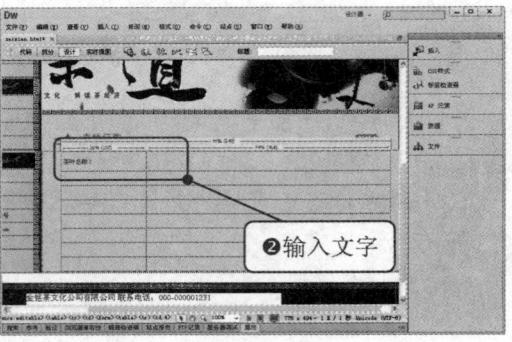

图 11-35　输入文字

第 11 小时　制作公司介绍页面

（8）将光标置于表格 1 的第 1 行第 2 列单元格中，执行"插入"|"表单"|"文本域"命令，插入文本域，如图 11-36 所示。

（9）选中插入的文本域，打开属性面板，在属性面板中将"字符宽度"设置为 30，"最多字符数"设置为 20，如图 11-37 所示。

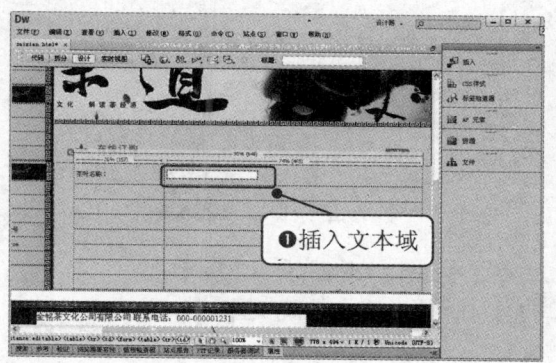

图 11-36　插入文本域

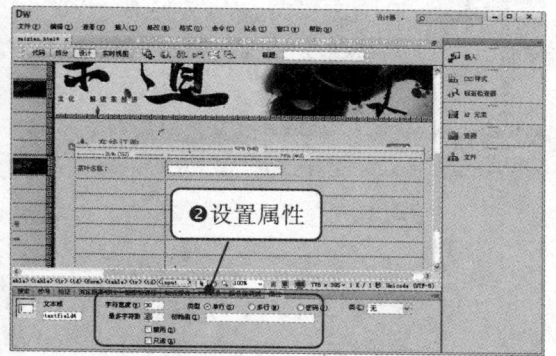

图 11-37　设置属性

（10）在表格的其他单元格中也分别输入文字，并插入相应的文本域，如图 11-38 所示。

（11）将光标置于表格 1 的第 2 行第 1 列单元格中，输入文字"派送方式"，如图 11-39 所示。

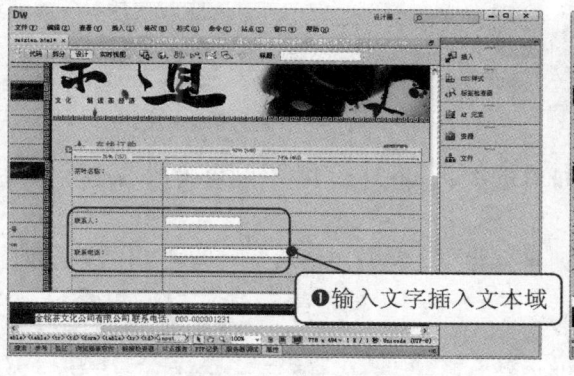

图 11-38　插入内容

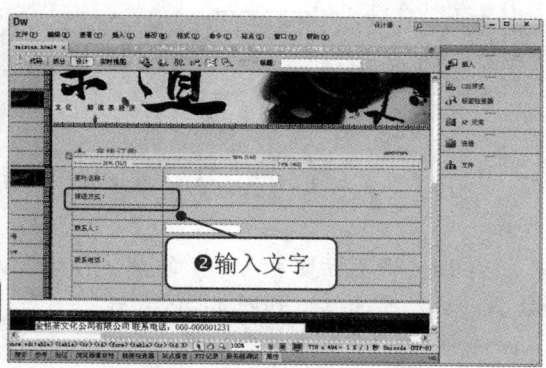

图 11-39　输入文字

（12）将光标置于表格 1 的第 2 行第 2 列单元格中，执行"插入"|"表单"|"单选按钮"命令，插入单选按钮，如图 11-40 所示。

（13）选中插入的单选按钮，在属性面板中的"初始状态"中设置未选中，如图 11-41 所示。

193

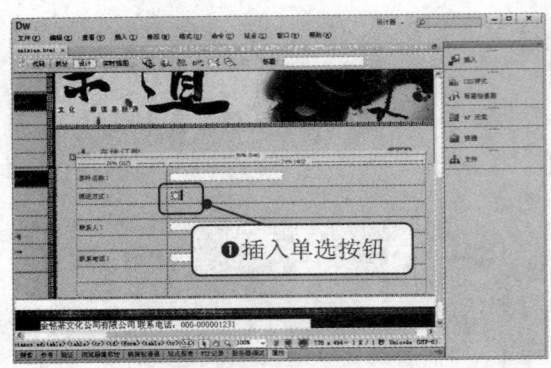

图 11-40　插入单选按钮　　　　　　　　图 11-41　设置单选按钮

（14）将光标置于单选按钮的右边，输入文字"快递"，如图 11-42 所示。

（15）将光标置于文字的右边，再插入一个单选按钮，并输入相应的文字，如图 11-43 所示。

图 11-42　输入文字　　　　　　　　　　图 11-43　插入单选按钮

（16）将光标置于表格 1 的第 3 行第 1 列单元格中，输入文字"价格分类"，如图 11-44 所示。

（17）将光标置于表格 1 的第 3 行第 2 列单元格中，执行"插入"|"表单"|"复选框"命令，插入复选框，如图 11-45 所示。

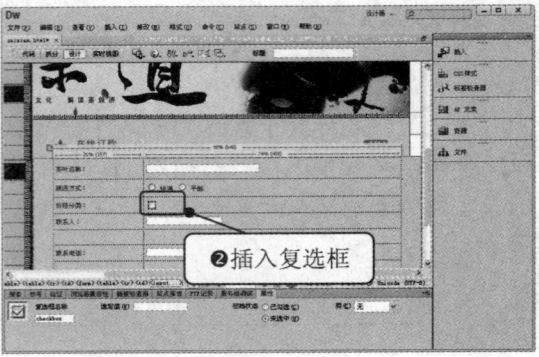

图 11-44　输入文字　　　　　　　　　　图 11-45　插入复选框

第 11 小时 制作公司介绍页面

(18) 将光标置于复选框的右边输入相应的文字,如图 11-46 所示。

(19) 将光标置于文字的右边,插入其他的复选框,并输入相应的文字,如图 11-47 所示。

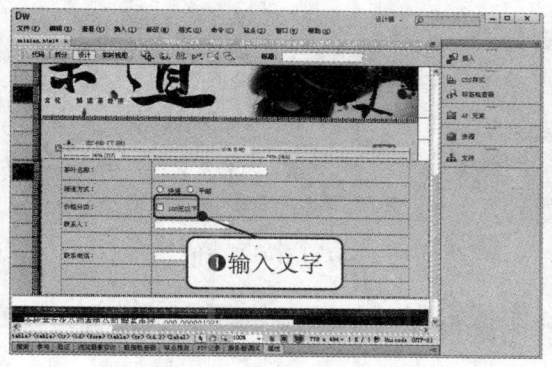
图 11-46 输入文字

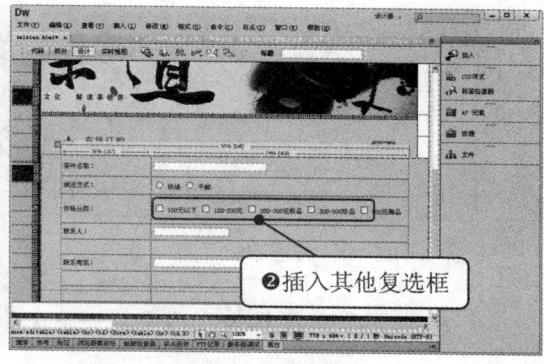
图 11-47 插入其他复选框

(20) 将光标置于表格 1 的第 5 行第 1 列单元格中,输入文字"包装:",如图 11-48 所示。

(21) 将光标置于表格 1 的第 5 行第 2 列单元格中,执行"插入"|"表单"|"选择(列表/菜单)"命令,插入列表/菜单,如图 11-49 所示。

图 11-48 输入文字

图 11-49 插入列表/菜单

(22) 选择插入的列表/菜单,在属性面板中单击"列表值"按钮,在弹出的"列表值"对话框中添加内容,如图 11-50 所示。

(23) 单击"确定"按钮,添加列表值,如图 11-51 所示。

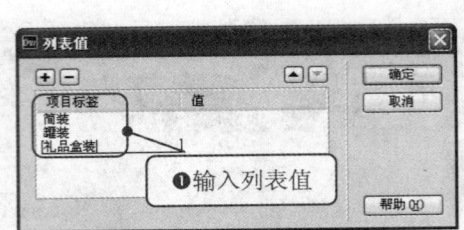

图 11-50 "列表值"对话框

图 11-51 添加列表值

（24）将光标置于表格 1 的第 7 行第 1 列单元格中,输入文字"留言内容:",如图 11-52 所示。

（25）将光标置于表格 1 的第 7 行第 2 列单元格中插入文本区域,如图 11-53 所示。

图 11-52 输入文字

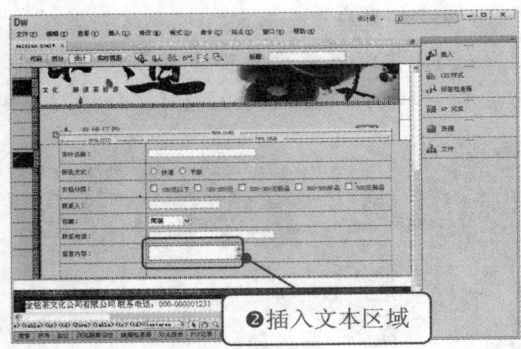

图 11-53 插入文本区域

（26）选中插入的文本区域,打开属性面板,在属性面板中将"字符宽度"设置为 50,"行数"设置为 6,如图 11-54 所示。

（27）将光标置于表格 1 的第 8 行第 2 列单元格中,执行"插入"|"表单"|"按钮"命令,插入按钮,如图 11-55 所示。

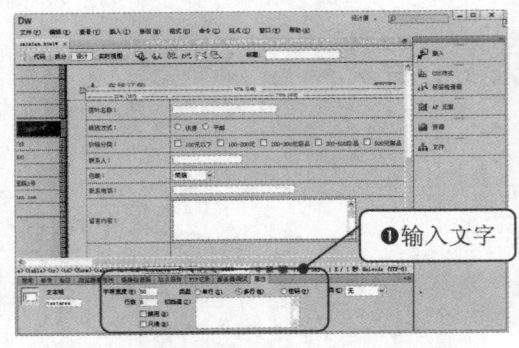

图 11-54 设置文本区域

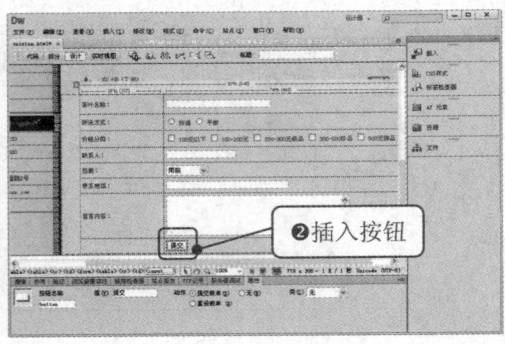

图 11-55 插入按钮

第 11 小时 制作公司介绍页面

（28）将光标置于按钮的右边，再插入一个按钮，如图 11-56 所示。

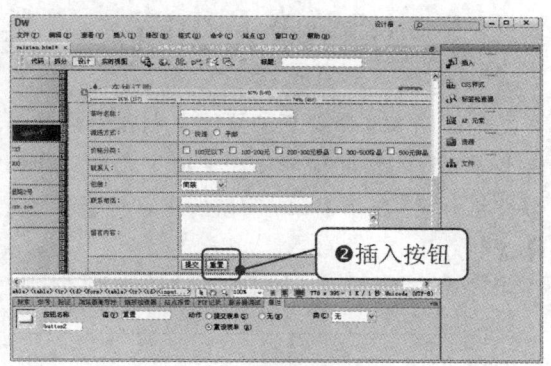

图 11-56 插入按钮

（29）保存文档，完成制作在线订购的页面，效果如图 11-28 所示。

11.4 专家秘籍

1．怎样显示表单中的红色虚线框？

显示表单中的红色虚线框很简单，在插入表单的文档中，在菜单中执行"查看"|"可视化助理"|"不可见元素"命令，可以看到文档中插入的红色虚线表单。

2．如何避免表单撑开表格？

避免表单撑开表格的方法是将<form>标签放在<tr>和<td>之间，或者<table>与<tr>之间，相应的</form>也要放在对应位置。

3．如何自动检查表单中输入的数据是否有效？

"检查表单"动作是检查指定文本域的内容以确保用户输入的类型是正确的。当用户在表单中填写数据时，检查所填数据是否符合要求非常重要。例如，在"姓名"文本框中必须填写内容，"年龄"中必须填写数字，而不能填写其他内容。如果这些内容填写不正确，系统显示提示信息。一般可以使用 onBlur 事件将其附加各文本域，在用户填写表单时对域进行检查；或将触发事件设置为"onSubmit"，这样当单击"提交表单"时，会自动检查表单中的输入数据是否有效。

11.5 本章小结

公司介绍页面是网站中非常重要的页面,制作时可以采用静态网页,另外本章还介绍了在线订购页面的制作,使用了表单。表单是网站管理者与浏览者之间沟通的桥梁,应用表单,可以收集和分析浏览者的反馈意见,从而使网站更具吸引力。

第 5 篇

开发网站功能模块

- 第 12 小时　制作网站留言系统
- 第 13 小时　制作网站新闻发布系统
- 第 14 小时　制作网站产品展示系统
- 第 15 小时　制作网站主页

第小时 制作网站留言系统

本章导读

在商业网站中，留言系统也是非常重要的，当客户浏览网页时，如果有什么需要，可以在留言系统中给站点管理员留言。留言系统作为一个非常重要的交流工具在收集用户意见方面起到了很大的作用。

学习要点

◎ 留言系统分析

◎ 创建数据库连接

◎ 留言系统各个页面制作

本章学习流程

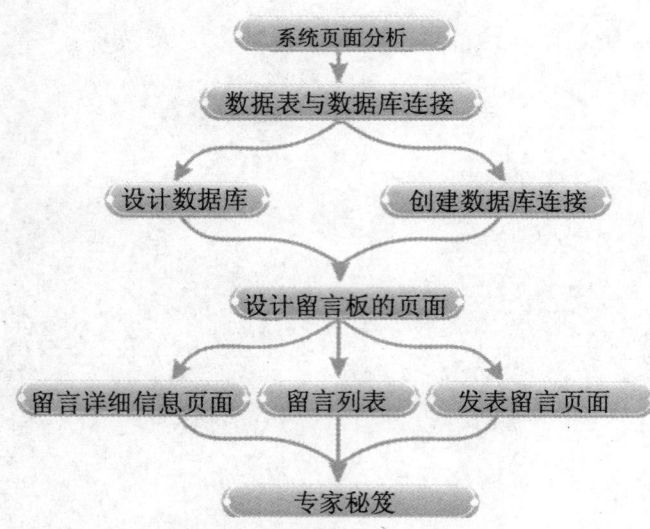

第 12 小时 制作网站留言系统

12.1 留言系统页面分析

留言系统页面结构比较简单，如图 12-1 所示，由留言列表页（xianshi.asp）、留言详细内容页（browser.asp）和发表留言页（liuyan.asp）组成。

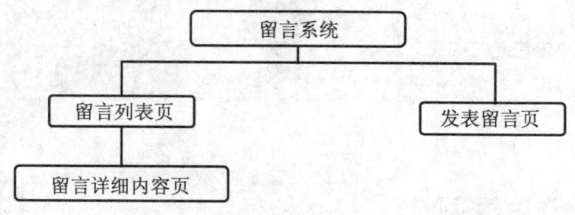

图 12-1 留言系统页面结构

在留言系统中，首先看到的是发表留言页面，如图 12-2 所示，在该页面填写相关留言内容后，单击"发表留言"按钮即可发表留言，将留言内容提交到后台的数据库表中。

留言列表页如图 12-3 所示，在这个页面显示了留言列表，单击留言标题可以进入留言详细内容页面。

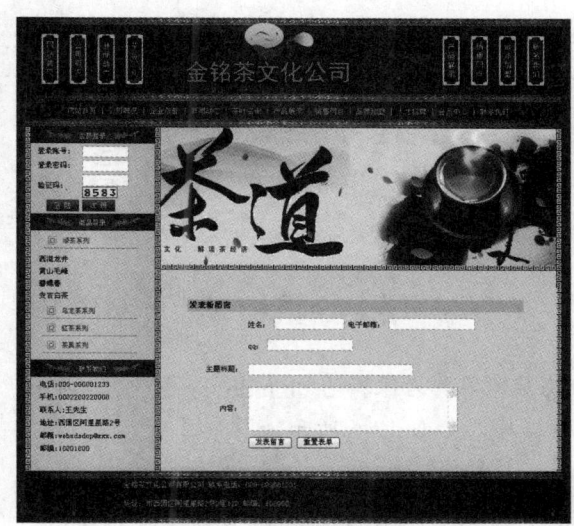

图 12-2 签写留言页面

图 12-3 留言列表页面

留言详细内容页显示了留言的详细内容信息，如图 12-4 所示。

学用一册通：20小时网站建设完整案例实录

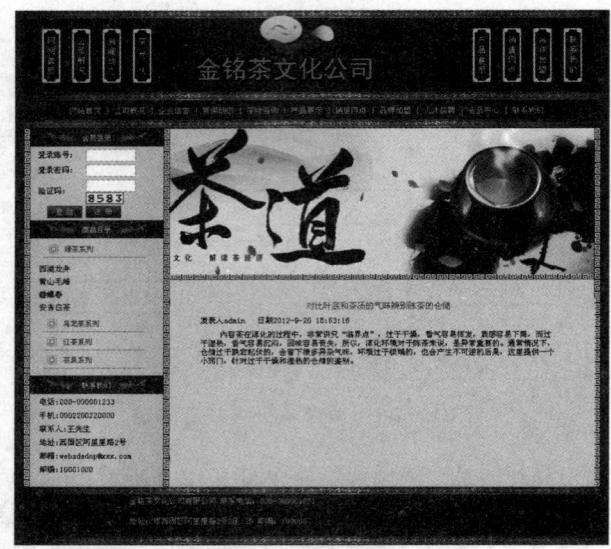

图 12-4　留言详细内容页面

12.2　创建数据表与数据库连接

在制作具体网站功能页面前，首先做一个最重要的工作，就是创建数据库表，用来存放留言信息，然后创建数据库连接。

12.2.1　设计数据库

这里需要创建一个名为 guest.mdb 的数据库，其中包含名为 guest 的表，表中存放着留言的内容信息。具体创建步骤如下。

（1）启动 Microsoft Access，新建一个数据库，将其名保存为 db.mdb，如图 12-5 所示。

（2）单击"创建"按钮，创建 db.mdb 数据库，如图 12-6 所示。

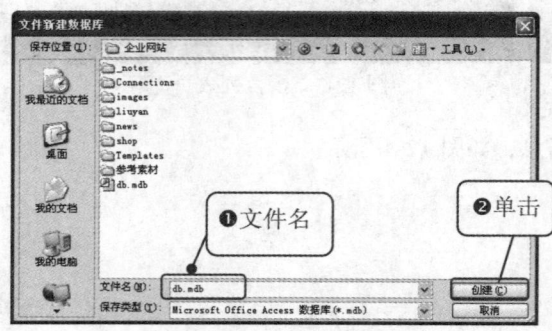

图 12-5　打开文档

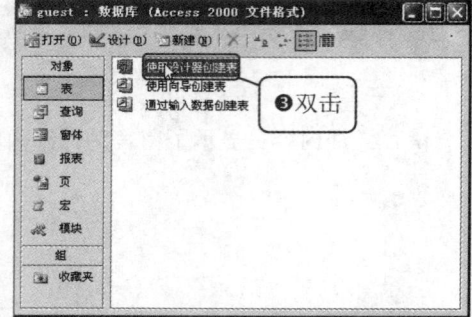

图 12-6　创建数据库 db.mdb

（3）双击"使用设计器创建表"选项，打开"表1: 表"对话框，如图 12-7 所示。

第 12 小时　制作网站留言系统

（4）在对话框中输入相应的字段，单击"保存"按钮，打开"另存为"对话框，在"表名称"文本框中输入 guest，如图 12-8 所示。

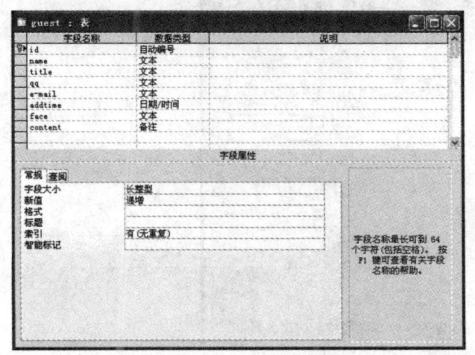

图 12-7　创建表

图 12-8　"另存为"对话框

（5）单击"确定"按钮，打开创建的表，如图 12-9 所示。

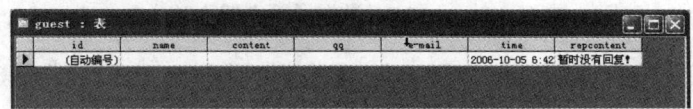

图 12-9　打开创建的表

 **12.2.2　创建数据库连接**

在创建数据库连接之前，先要使用 Dreamweaver 定义一个本地站点，然后在 IIS 信息服务器中发布本地站点，这样才能更好地测试与设计动态网站。

（1）启动 Dreamweaver CS6，打开要添加数据库连接的文档。执行"窗口"｜"数据库"命令，打开"数据库"面板，如图 12-10 所示。在"数据库"面板中，列出了 4 步操作，前 3 步是准备工作，都已经打上了"√"，说明这 3 步已经完成了。如果没有完成，那必须先完成，然后才能连接数据库。

（2）在面板中单击 按钮，在弹出的菜单中选择"数据源名称（DSN）"选项，如图 12-11 所示。

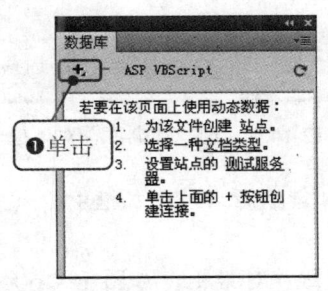

图 12-10　"数据库"面板

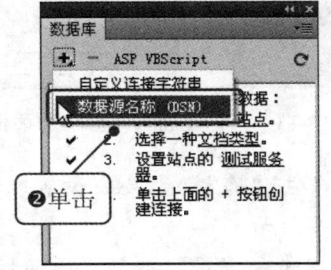

图 12-11　选择"数据源名称（DSN）"选项

（3）打开"数据源名称（DSN）"对话框，在对话框中单击"定义"按钮，打开"ODBC

203

数据源管理器"对话框，在对话框中切换到"系统DSN"选项卡，如图12-12所示。

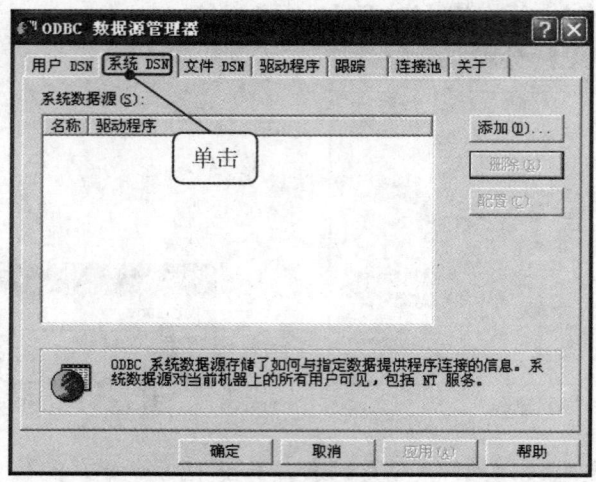

图12-12 "ODBC 数据源管理器"对话框

（4）在对话框中单击右边的"添加"按钮，打开"创建新数据源"对话框，在对话框中执行"Driver do Microsoft Access（*.mdb）"命令，如图12-13所示。

（5）单击"完成"按钮，打开"ODBC Microsoft Access 安装"对话框，在对话框中单击"数据库"选项中的"选择"按钮，打开"选择数据库"对话框，在对话框中选择数据库所在的位置，如图12-14所示。

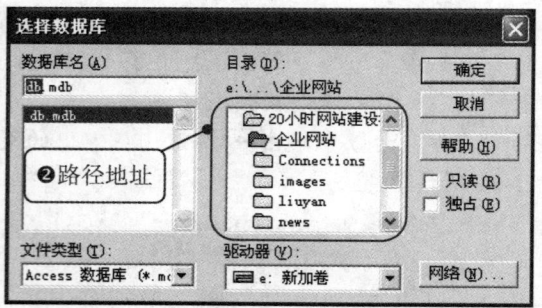

图12-13 "创建新数据源"对话框　　　　　图12-14 "选择数据库"对话框

（6）单击"确定"按钮，设置数据库所在的位置，在"数据源名"文本框中输入"db"，如图12-15所示。

（7）单击"确定"按钮，返回到"ODBC 数据源管理器"对话框，如图12-16所示。

第 12 小时　制作网站留言系统

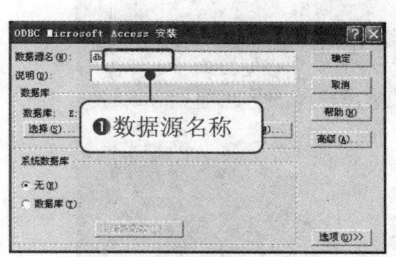

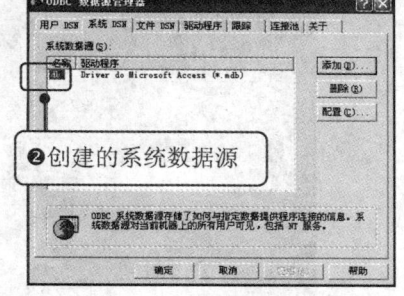

图 12-15　"ODBC Microsoft Access 安装"对话框　　图 12-16　"ODBC 数据源管理器"对话框

（8）单击"确定"按钮，返回到"数据源名称（DSN）"对话框，在"数据源名称（DSN）"文本框的后面会出现已经定义好的数据库。在"连接名称"文本框中输入"conn"，如图 12-17 所示。

（9）单击"确定"按钮，创建数据库连接，如图 12-18 所示。

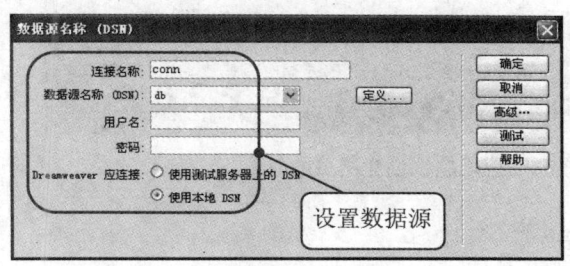

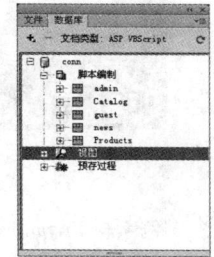

图 12-17　"数据源名称（DSN）"对话框　　图 12-18　数据库连接

12.3　设计留言系统的各个页面

下面通过实例具体介绍在 Dreamweaver CS6 环境中制作一个留言系统的操作方法。

12.3.1　留言列表页面

留言列表页面如图 12-19 所示，下面介绍留言列表页面的制作，主要包括创建记录集、定义重复区域、绑定动态数据和转到详细页等服务器端行为来实现。具体操作步骤如下。

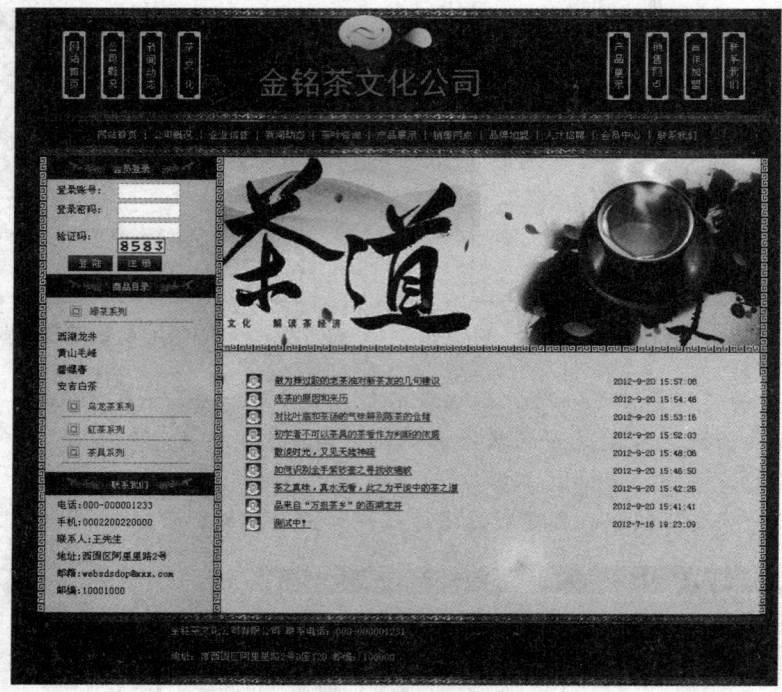

图 12-19　应用模板创建网页的效果

◎练习文件　实例素材/liuyan/index.html

◎完成文件　实例素材/liuyan/xianshi.asp

（1）打开 index.html，将其另存为 xianshi.asp，执行"插入"|"表格"命令，插入 1 行 3 列的表格，设为表格 1，并且设置"填充"、"间距"、"边框"都为 0，如图 12-20 所示。

（2）将光标置于第 1 列单元格中，执行"插入"|"图像"命令，插入图像 images/cha.gif，如图 12-21 所示。

图 12-20　插入表格 1

图 12-21　插入图像

第 12 小时　制作网站留言系统

（3）分别在其他单元格中输入相应的文本，在"属性"面板中将"大小"设置为 12 像素，如图 12-22 所示。

（4）将光标置于表格的右边，执行"插入"|"表格"命令，插入 1 行 1 列的表格，设为表格 2，如图 12-23 所示。

图 12-22　输入文本

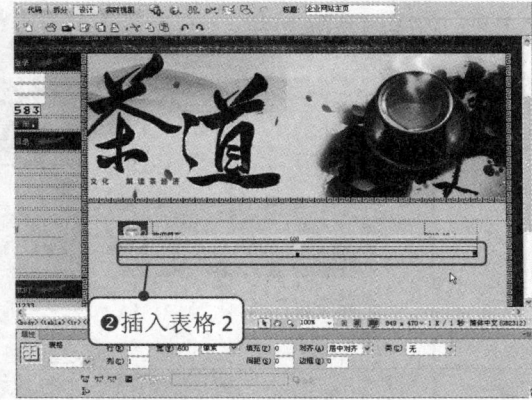
图 12-23　插入表格 2

（5）将光标置于单元格中，输入文本"暂时没有留言"，在"属性"面板中设置相应的属性，如图 12-24 所示。

（6）执行"窗口"|"绑定"命令，打开"绑定"面板，在面板中单击按钮 ，在弹出的菜单中选择"记录集（查询）"选项，如图 12-25 所示。

> **提示**　不要在表格中嵌入过多的文本或过大的图像，过慢的浏览器会让浏览者失去浏览的兴趣。

图 12-24　输入文本

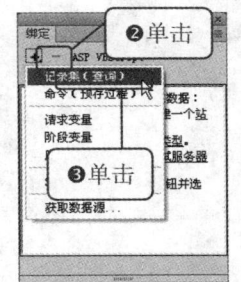
图 12-25　"绑定"面板

（7）打开"记录集"对话框，在对话框中的"名称"文本框中输入 Recordset1，"连接"下拉列表中选择 conn,"表格"下拉列表中选择 guest,"列"勾选"选定的"单选按钮,在列表框中分别选择 id、title 和 addtime 选项,"排序"下拉列表中分别选择 id 和降序,如图 12-26 所示。

(8)单击"确定"按钮,即可将数据库文件连接到 Dreamweaver 中,在"绑定"面板中展开,如图 12-27 所示。

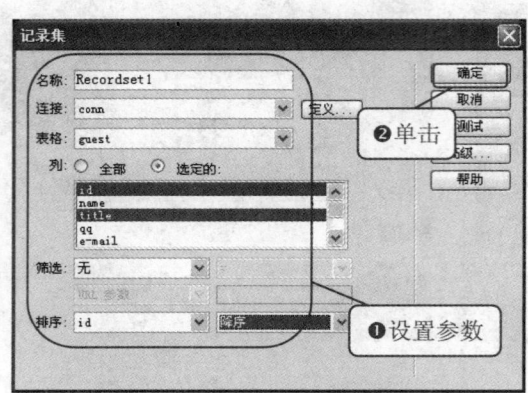
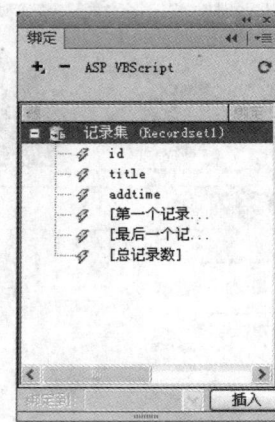

图 12-26 "记录集"对话框   图 12-27 创建记录集

提示　记录集的"名称"中不能使用空格或者特殊字符。

(9)选中表格,执行"窗口"|"服务器行为"命令,打开"服务器行为"面板,在面板中单击按钮,在弹出的菜单中选择"显示区域"|"如果记录集为空则显示区域"选项,如图 12-28 所示。

(10)打开"如果记录集为空则显示区域"对话框,在对话框的"记录集"下拉列表中选择 Recordset1,如图 12-29 所示。

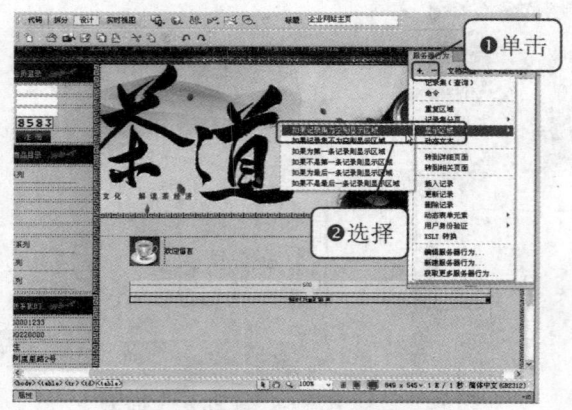

图 12-28 如果记录集为空则显示区域   图 12-29 "如果记录集为空则显示区域"对话框

(11)单击"确定"按钮,创建"如果记录集为空则显示区域"服务器行为,如图 12-30

所示。

（12）执行"窗口"｜"绑定"命令，打开"绑定"面板。在文档中选中"欢迎留言"，在"绑定"面板中展开记录集 Recordset1，选中 title 字段，单击底部的按钮 插入 ，如图 12-31 所示。

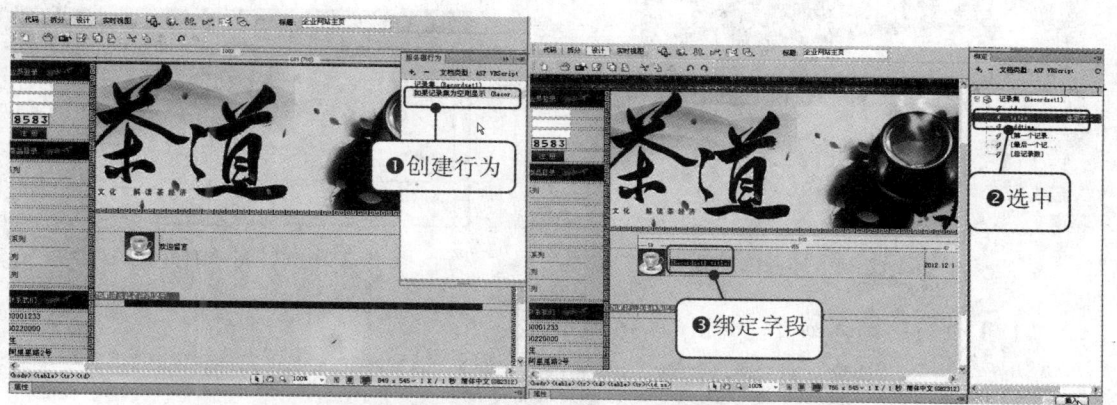

图 12-30　创建服务器行为　　　　　　图 12-31　绑定 title 字段

（13）在文档中选中文本"2012 年 12 月 1 日"，在"绑定"面板中展开记录集 Recordset1，选中 addtime 字段，然后单击底部的按钮 插入 ，如图 12-32 所示。

（14）选中表格，执行"窗口"｜"服务器行为"命令，打开"服务器行为"面板，在面板中单击按钮 ，在弹出的菜单中选择"重复区域"选项，打开"重复区域"对话框，在对话框中"记录集"下拉列表中选择 Recordset1，将"显示"设置为"10"记录，如图 12-33 所示。

图 12-32　绑定 addtime 字段　　　　　图 12-33　"重复区域"对话框

（15）单击"确定"按钮，效果如图 12-34 所示。

（16）在文档中选中 {Recordset1.title} 占位符，在"服务器行为"面板中单击按钮 ，在弹出菜单中选择"转到详细页面"选项，打开"转到详细页面"对话框，设置相关参数，设置完相关信息后，单击"确定"按钮，如图 12-35 所示。

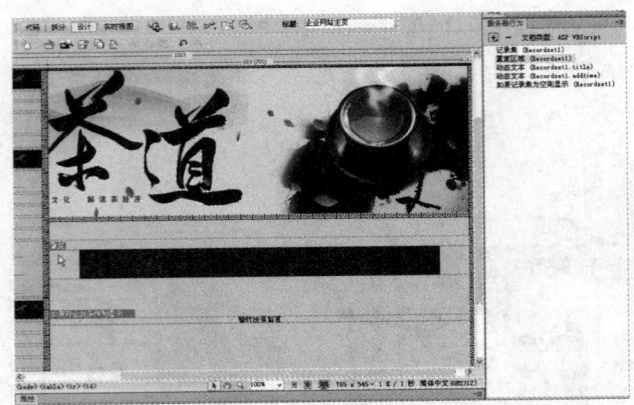

图 12-34 插入重复区域

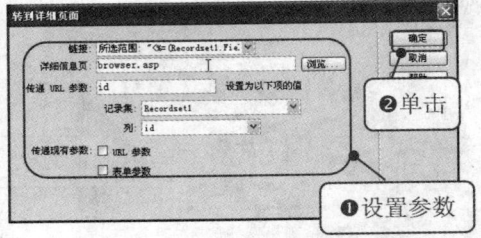

图 12-35 "转到详细页面"对话框

（17）创建转到详细页，如图 12-36 所示。

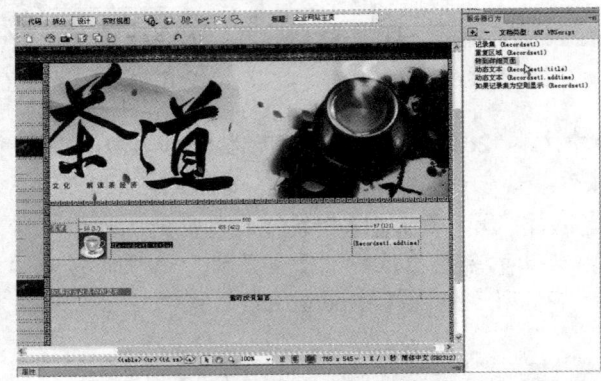

图 12-36 创建转到详细页

12.3.2 留言详细信息页面

留言详细信息页面中的数据是从留言表中读取的，主要利用 Dreamweaver 创建记录集，然后绑定 title、name、addtime 和 content 字段即可，具体操作步骤如下。

 实例素材/liuyan/index.html

实例素材/liuyan/browser.asp

（1）将 index.html 另存为 browser.asp，如图 12-37 所示。

（2）将光标置于文档中，执行"插入"|"表格"命令，插入 3 行 1 列的表格，在"属性"面板中将"填充"和"间距"分别设置为 3，如图 12-38 所示。

210

第 12 小时　制作网站留言系统

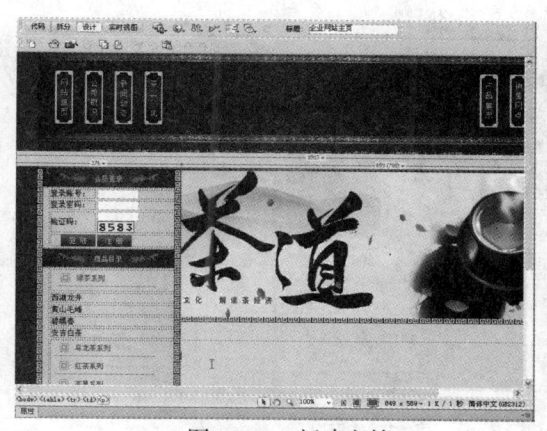

图 12-37　新建文档

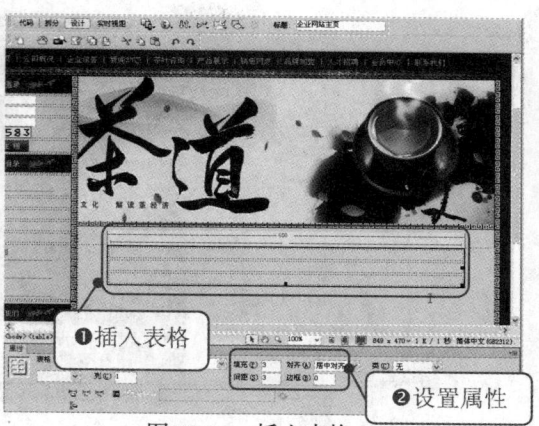

图 12-38　插入表格

（3）分别在这 3 行单元格中输入相应的文本，并设置相应的属性，如图 12-39 所示。

（4）执行"窗口"|"绑定"命令，打开"绑定"面板。在面板中单击按钮 ，在弹出的菜单中选择"记录集（查询）"选项，打开"记录集"对话框，在对话框中的"名称"文本框中输入 Recordset1，"连接"下拉列表中选择 conn，"列"勾选"全部"单选按钮，"筛选"下拉列表中分别选择 id、=、URL 参数和 id 选项，如图 12-40 所示。

图 12-39　输入文本

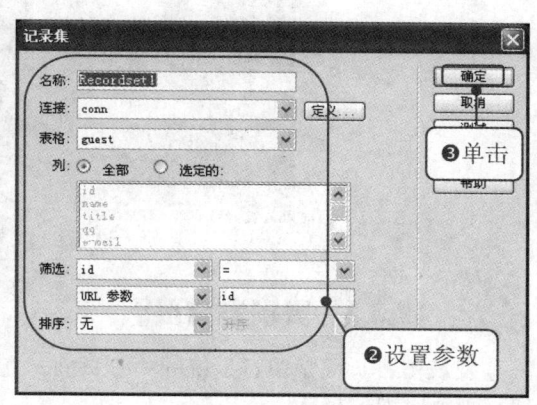

图 12-40　"记录集"对话框

（5）单击"确定"按钮，创建记录集，如图 12-41 所示。

（6）在文档中选择文本"标题"，在"绑定"面板中展开记录集 Recordset1，选中 title 字段，单击底部的按钮 插入 ，如图 12-42 所示。

211

学用一册通：20小时网站建设完整案例实录

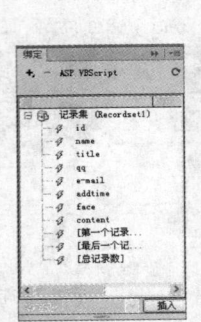

图 12-41　创建记录集

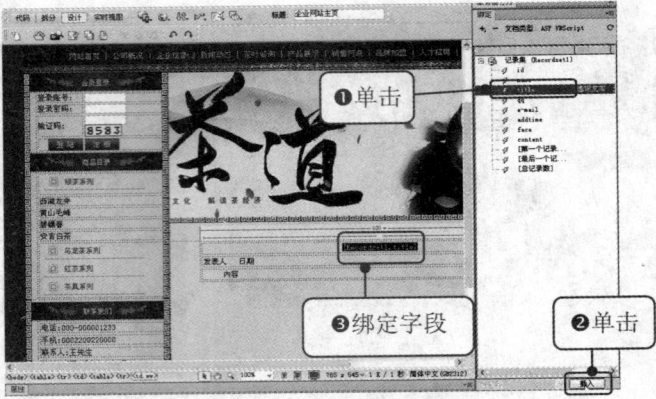

图 12-42　绑定 title 字段

（7）按照步骤（6）的方法绑定其他的字段，如图 12-43 所示。

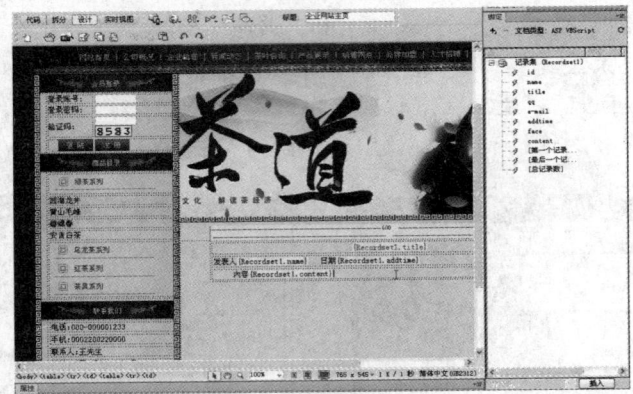

图 12-43　绑定其他字段

 **12.3.3　发表留言页面**

发表留言页面是留言系统的关键页面，在制作时主要利用插入表单对象和"插入记录"服务器行为来实现，具体操作步骤如下。

练习文件　实例素材/练习文件/CH12/index.html
完成文件　实例素材/完成文件/CH12/liuyan.asp

（1）将 index.asp 另存为 liuyan.asp，如图 12-44 所示。
（2）将光标置于可编辑区域中，执行"插入"|"表单"|"表单"命令，插入表单，如图 12-45 所示。

212

第 12 小时 制作网站留言系统

图 12-44 新建文档

图 12-45 插入表单

> **提示** 如果插入表单后"网页编辑窗口"中并没有显示红色的虚线框,不用着急,因为这个虚线框在浏览器中浏览时是看不到的,只要执行"查看"|"可视化助理"|"不可见元素"命令,即可令其在"网页编辑窗口"显示。

(3)将光标置于表单中,执行"插入"|"表格"命令,插入 5 行 2 列的表格。在"属性"面板中将"对齐"设置为"居中对齐","填充"和"间距"分别设置为 3,如图 12-46 所示。

(4)将第 1 行单元格合并,并在"属性"面板中将"背景颜色"设置为#adaa73,分别在单元格中输入相应的文本,如图 12-47 所示。

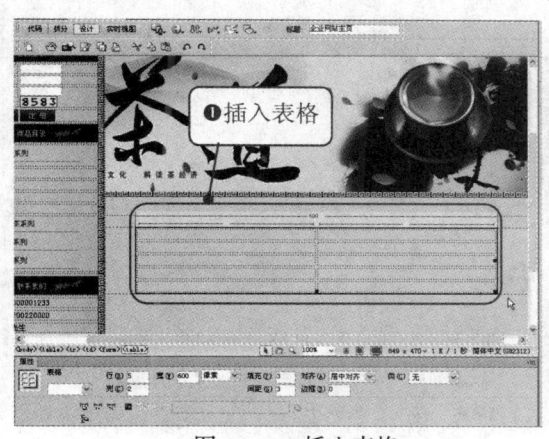

图 12-46 插入表格

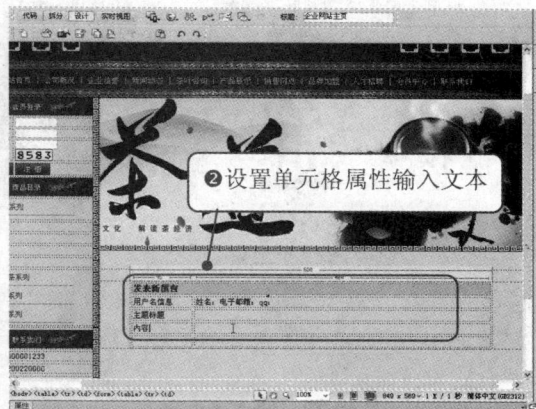

图 12-47 输入文本

(5)将光标置于表格的第 2 行第 2 列单元格中"姓名:"的右边,执行"插入"|"表单"|"文本域"命令,插入文本域。在"属性"面板中,"文本域"的名称文本框中输入 name,"字符宽度"设置为 16,"类型"设置为"单行",如图 12-48 所示。

(6)将光标置于表格的第 2 行第 2 列单元格中"电子信箱:"的右边,执行"插入"|

213

"表单"|"文本域"命令，插入文本域。在"属性"面板中，"文本域"的名称文本框中输入 E-mail，"类型"设置为"单行"，如图 12-49 所示。

图 12-48　插入姓名文本域

图 12-49　插入 E-mail 文本域

（7）将光标置于表格的第 2 行第 2 列单元格中 qq: 的右边，执行"插入"|"表单"|"文本域"命令，插入文本域。在"属性"面板中，在"文本域"的名称文本框中输入 qq，"类型"设置为"单行"，如图 12-50 所示。

（8）将光标置于表格的第 3 行第 2 列单元格中，执行"插入"|"表单"|"文本域"命令，插入文本域。在"属性"面板中将"文本域"的名称文本框中输入 title，"字符宽度"设置为 40，"类型"设置为"单行"，如图 12-51 所示。

图 12-50　插入文本域

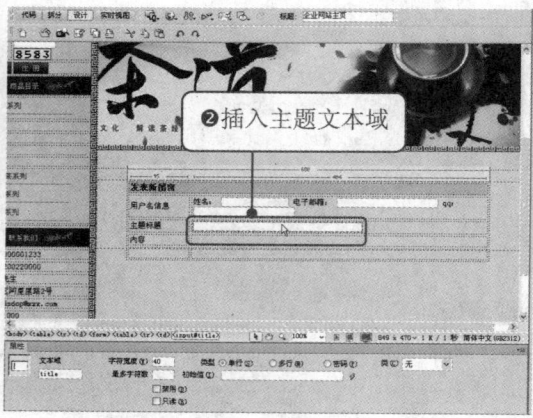

图 12-51　插入主题文本域

（9）将光标置于第 4 行第 2 列单元格中，执行"插入"|"表单"|"文本域"命令，插入文本域。在"属性"面板中，"文本域"的名称文本框中输入 content，"字符宽度"设置为 50，"行数"设置为 5，"类型"设置为"多行"，如图 12-52 所示。

（10）将光标置于第 5 行第 2 列单元格中，执行"插入"|"表单"|"按钮"命令，插入按钮，在"属性"面板中的"值"文本框中输入"发表留言"，"动作"设置为"提交表

第 12 小时　制作网站留言系统

单",如图 12-53 所示。

图 12-52　插入 content 文本域

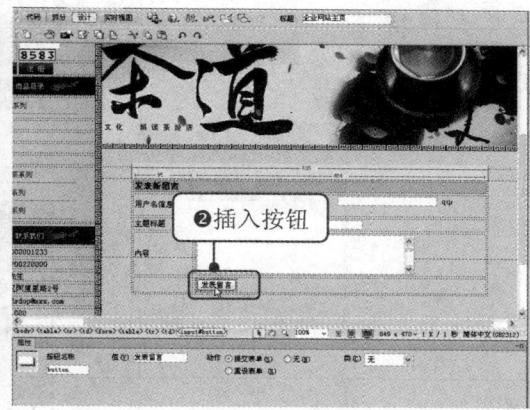

图 12-53　插入按钮

（11）将光标置于提交按钮的右边,执行"插入"|"表单"|"按钮"命令,插入按钮,在"属性"面板中的"值"文本框中输入"重置","动作"选择"重置表单"单选按钮,如图 12-54 所示。

（12）执行"窗口"|"绑定"命令,打开"绑定"面板。在面板中单击按钮 ,在弹出的菜单中选择"记录集（查询）"选项,打开"记录集"对话框,在对话框中的"名称"文本框中输入 Recordset1,"连接"下拉列表中选择 conn,"表格"下拉列表中选择 guest,"列"勾选"全部的"单选按钮,如图 12-55 所示。

图 12-54　插入按钮

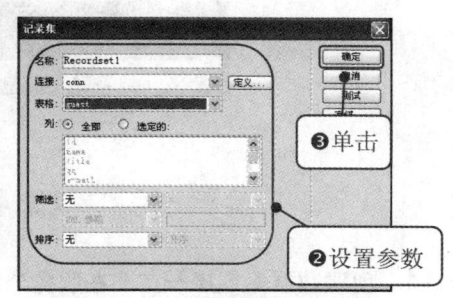

图 12-55　"记录集"对话框

（13）单击"确定"按钮,创建记录集,如图 12-56 所示。

（14）执行"窗口"|"服务器行为"命令,打开"服务器行为"面板,在"服务器行为"面板中单击按钮 ,在弹出的菜单中选择"插入记录"选项,打开"插入记录"对话框,在对话框中,在"连接"下拉列表中选择 guest,"插入到表格"下拉列表中选择 guest,"插入后,转到"文本框中输入 xianshi.asp,如图 12-57 所示。

215

 **提示** 设置"插入记录"服务器行为的目的是使该页能够将页面表单获取的数据存储到数据表 guest 中。

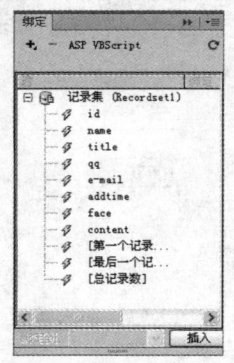

图 12-56 创建记录集

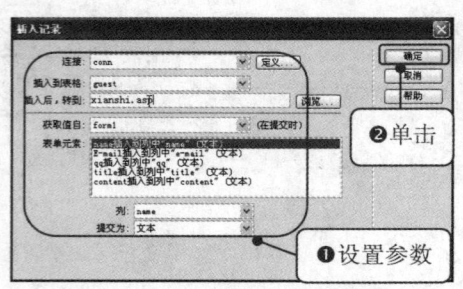

图 12-57 "插入记录"对话框

（15）单击"确定"按钮，插入记录，如图 12-58 所示。

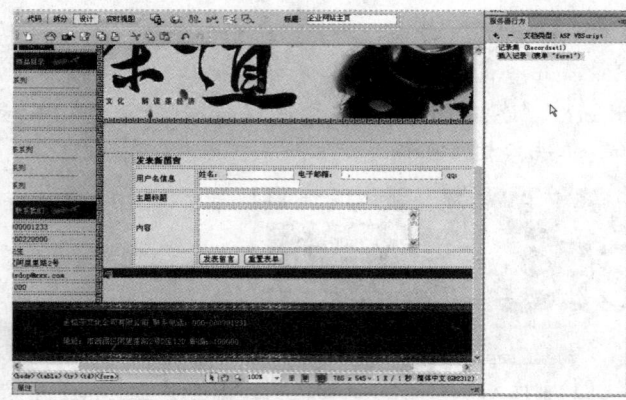

图 12-58 插入记录

12.4 专家秘籍

1. 创建数据库连接一定要在服务器端设置 DSN 吗？

创建数据库连接有两种方法，一种是通过 DSN 建立连接，另一种不用 DSN 建立连接，而是通过 DSN 连接数据库，需要服务器的系统管理员在服务器的"控制面板"中的 ODBC 中设置一个 DSN，如果没有在服务器上设置 DSN，只需要知道数据库或者数据源名就可以访问数据库，直接提供连接所需的参数即可。

连接代码如下。

```
set conn=server.createobject("adodb.connection")
connpath="dbq="&server.mappath("db1.mdb")
```

第 12 小时　制作网站留言系统

```
conn.open "driver={microsoft access driver (.mdb)}; "&connpath
set rs=conn.execute ("select from authors")
```

2．有时已经在服务器行为中将"插入记录"服务器行为删除了，为什么重做"插入记录"后，运行时还会提示变量重复定义？

虽然已经在服务器行为中将插入记录服务器行为删除了，但在 Dreamweaver 中的代码视图中，定义的原有变量并未删除。所以在重新插入记录后，变量会出现重复定义的情况。在将插入记录服务器行为删除后，再切换到代码视图中，将代码中定义的变量删除。

3．当出现修改程序执行"@命令只能在 Active Server Page 中使用一次"的错误时，应如何解决？

切换到代码视图，到页面的最上方，会看到有两行一模一样的代码，是以"<%@…………%>"形式存在的，即是产生错误的主因，修改的方式其实相当简单，将其中一行删除即可。

4．数据字段命名时要注意哪些原则呢？

在编写程序时常会出现一些找不出原因的错误，最后查出来却是因为数据库字段命名影响的结果，下面介绍几条数据字段命名的注意事项和原则，请千万要注意遵守！

● 利用中文来为字段命名，往往会造成数据库连接时的错误，因此要使用英文为字段命名。

● 使用英文来命名字段时，注意不要使用代码的内置函数名称及保留字！如 time、date 不能用来当做字段的名称。

● 在数据库字段中不可以使用一些特殊符号，如？！%或空格等。

12.5　本章小结

> 本章制作了一个留言系统，该系统具有留言发表和浏览功能。设计一个留言系统，首先需要分析系统要实现的功能，接下来需要设计数据库表和数据库连接，最后利用表单和服务器行为制作具体的动态页面。本章的重点与难点是留言系统分析与设计、插入表单对象、绑定记录集、设置重复区域、设置转到详细页面和插入记录等服务器行为的使用。

第13小时 制作网站新闻发布系统

本章导读

　　新闻发布管理系统是将某些需要经常变动的新闻或文章之类的图文信息发布到网站,以供浏览者阅读了解相关知识等。管理员可以在后台很方便地添加新闻内容,在前台可以自动生成新闻列表页面,同时产生新闻链接。

学习要点

◎ 需求分析与系统设计
◎ 创建数据表
◎ 制作新闻发布系统后台管理页面
◎ 制作新闻系统前台页面

第 13 小时 制作网站新闻发布系统

本章学习流程

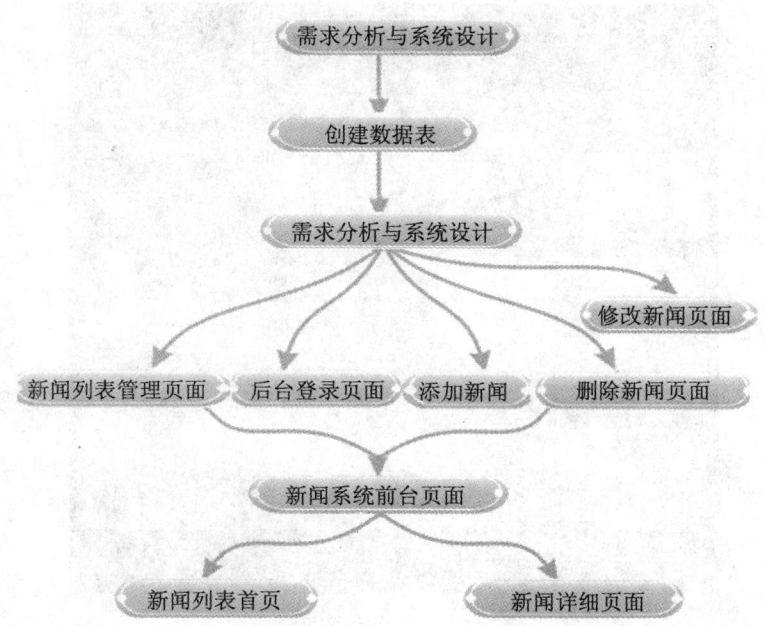

13.1 需求分析与系统设计

> 新闻系统的做法大致上有两种：一种就是把录入的新闻内容自动由程序直接生成 HTML 文件；另一种就是直接把新闻数据保存到数据库中，当用户阅读时，从数据库中调出数据，动态生成页面。

本章制作的新闻发布管理系统可以分为两个部分，如图 13-1 所示。一是前台新闻显示部分，此部分包括新闻列表页面和新闻详细页面；二是后台新闻管理部分，管理员可以添加新闻记录、修改新闻记录及删除新闻记录。

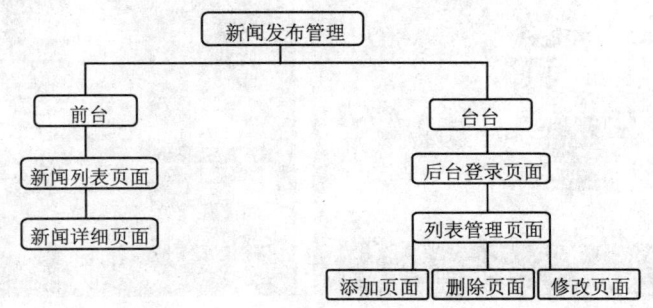

图 13-1 新闻发布管理系统页面结构图

后台登录页面（houtai.asp）如图 13-2 所示，管理员在这里输入账号和密码后就可以进入后台管理主页面，这样可以限制没有权限的用户登录后台，增加了系统的安全。

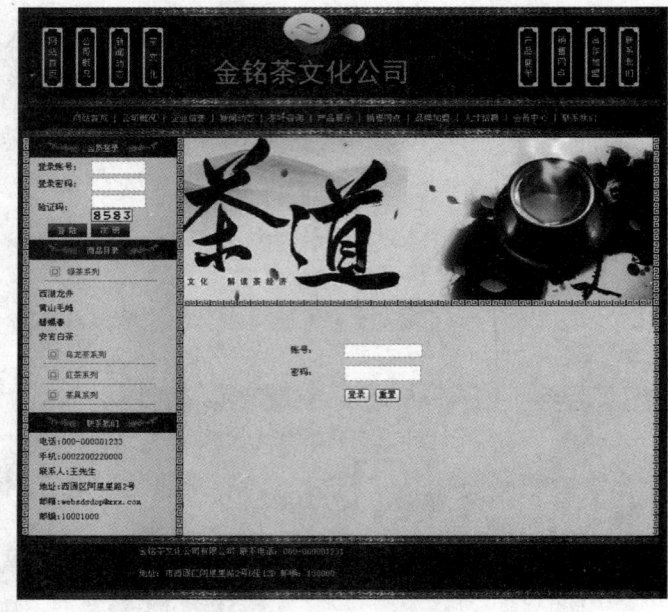

图 13-2　后台登录页面

新闻列表管理页面（guanli.asp）如图 13-3 所示，在这里可以选择添加、修改、删除新闻记录。

新闻列表页面（liebiao.asp）如图 13-4 所示，这是前台的新闻列表页面，访问者可以通过单击此页面的新闻标题进入新闻详细信息页面。

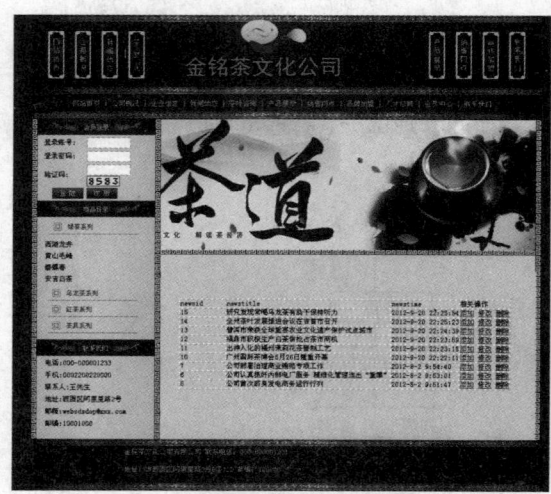

图 13-3　新闻列表管理页面

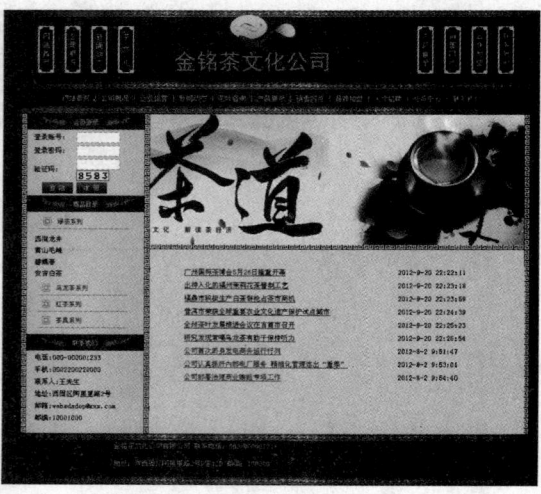

图 13-4　新闻列表页面

第 13 小时　制作网站新闻发布系统

13.2　创建数据表

新闻发布管理系统创建的数据库 news 中包含两个表，分别是新闻信息表"news"和管理员表"admin"，如表 13-1 和表 13-2 所示。

表 13-1　表"news"中的字段

字段名称	字段类型	说明
newsid	自动编号	新闻记录编号
newstitle	文本	新闻记录标题
newscontent	备注	新闻正文详细内容
newstime	日期/时间	新闻添加时间

表 13-2　表"admin"中的字段

字段名称	字段类型	说明
id	自动编号	自动编号
name	文本	用户名
password	文本	用户密码

13.3　制作新闻发布系统后台管理页面

新闻系统主要页面有新闻列表管理页面、后台登录页面、添加新闻页面、删除页面、修改页面、新闻列表页面、新闻详细页面等几个页面，下面分别进行讲述。

13.3.1　新闻列表管理页面

新闻列表管理页面如图 13-5 所示，在这里可以显示新闻列表记录，管理员可以任意添加、修改和删除新闻记录，具体操作步骤如下。

◎练习文件　实例素材/news/index.html

◎完成文件　实例素材/news/guanli.asp

（1）打开一个网页文档"index.htm"，将其保存为"guanli.asp"，如图 13-6 所示。

学用一册通：20小时网站建设完整案例实录

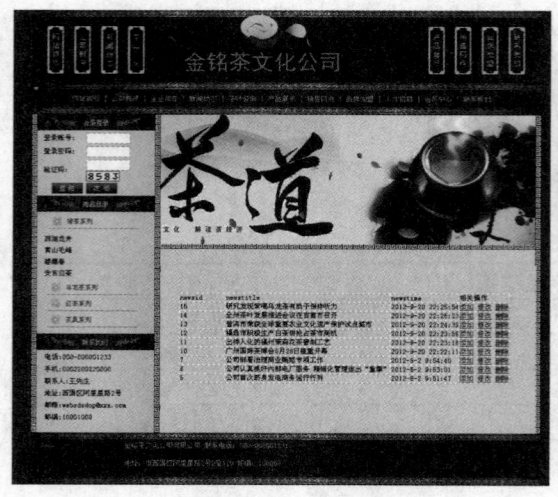

图 13-5　新闻列表管理页面

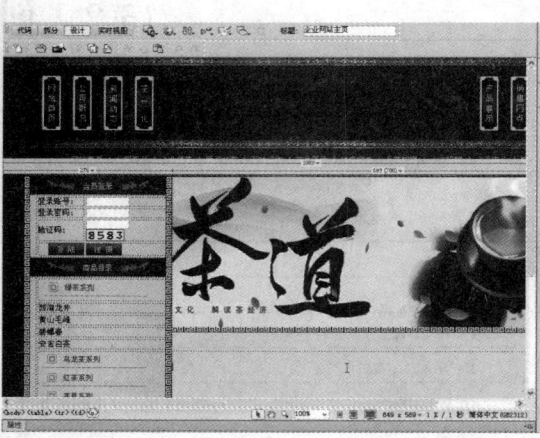

图 13-6　打开网页文档

（2）执行"窗口"|"绑定"命令，打开"绑定"面板，在面板中单击 ➕ 按钮，在弹出的菜单中选择"记录集（查询）"选项，如图 13-7 所示。

（3）打开"记录集"对话框，在对话框中的"名称"文本框中输入"Rs1"，在"连接"下拉列表中选择"conn"，在"表格"下拉列表中选择"news"，"列"区域中选择"全部"单选按钮，"排序"下拉列表中分别选择"newsid"和"降序"，单击"确定"按钮，创建记录集，如图 13-8 所示。

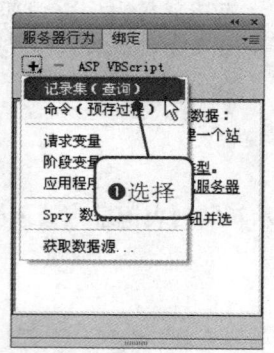

图 13-7　选择"记录集（查询）"选项

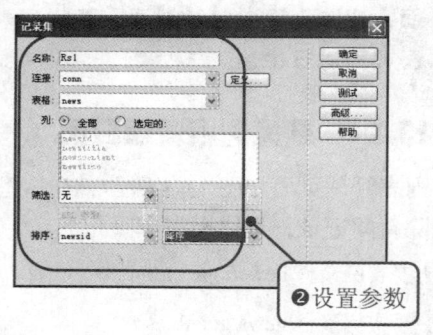

图 13-8　"记录集"对话框

（4）执行"窗口"|"服务器行为"命令，打开"服务器行为"面板，在面板中单击 ➕ 按钮，如图 13-9 所示。

（5）在弹出的菜单中执行"用户身份验证"|"限制对页的访问"命令，如图 13-10 所示。

第 13 小时 制作网站新闻发布系统

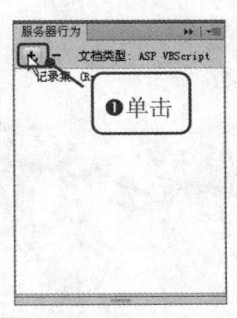
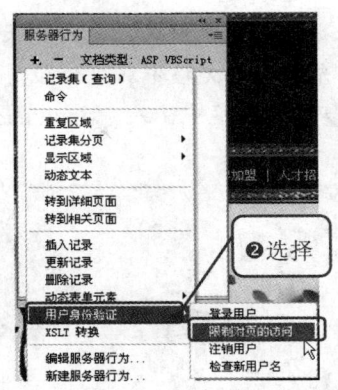

图 13-9 创建记录集　　　　图 13-10 选择"限制对页的访问"选项

（6）打开"限制对页的访问"对话框，在对话框中的"基于以下内容进行限制"区域中选择"用户名和密码"单选按钮，在"如果访问被拒绝，则转到"文本框中输入"houtai.asp"，单击"确定"按钮。如图 13-11 所示。

（7）在"数据"插入栏中单击"动态表格"按钮，打开"动态表格"对话框，在"记录集"下拉列表中选择"Rs1"，"显示"设置为"10"记录，"边框"设置为"1"，如图 13-12 所示。

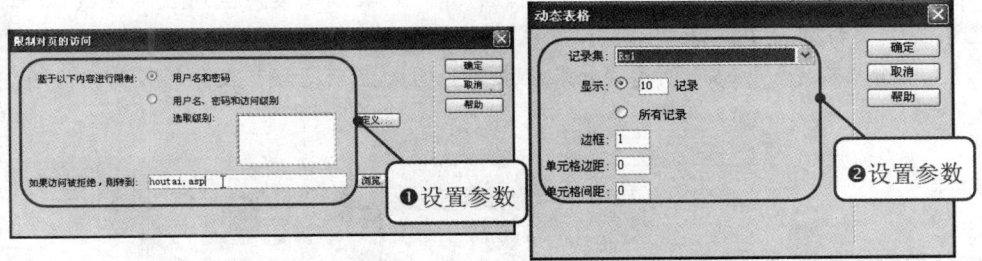

图 13-11 "限制对页的访问"对话框　　　　图 13-12 "动态表格"对话框

（8）单击"确定"按钮，插入动态表格，如图 13-13 所示。

（9）在"数据"插入栏中单击"记录集导航条"按钮，打开"记录集导航条"对话框，在对话框中的"记录集"下拉列表中选择"Rs1"，"显示方式"区域中选择"文本"单选按钮，如图 13-14 所示。

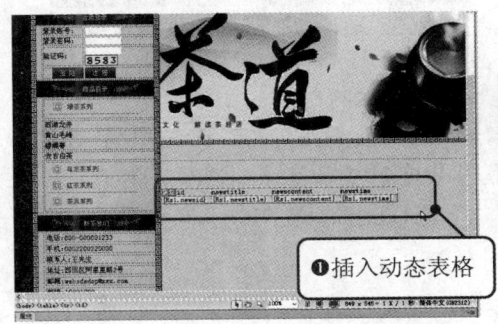
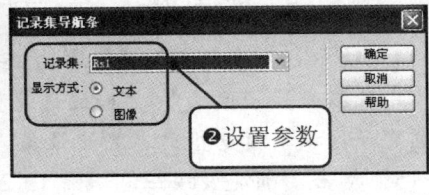

图 13-13 插入动态表格　　　　图 13-14 "记录集导航条"对话框

223

（10）单击"确定"按钮，插入记录集导航条，如图13-15所示。

（11）将光标置于文档中相应的位置，输入文字"没有新闻，请添加！"，在"属性"面板中的"链接"文本框中输入"tianjia.asp"，如图13-16所示。

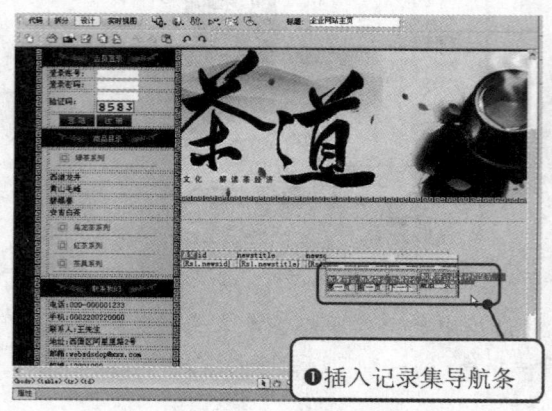

图13-15　插入记录集导航条　　　　　　　　图13-16　输入文字

（12）选中文本，单击"服务器行为"面板中的 + 按钮，在弹出的菜单中选择"显示区域"|"如果记录集为空则显示区域"选项，打开"如果记录集为空则显示区域"对话框，在"记录集"下拉列表中选择"Rs1"，如图13-17所示。

（13）单击"确定"按钮，创建"如果记录集为空则显示区域"服务器行为，如图13-18所示。

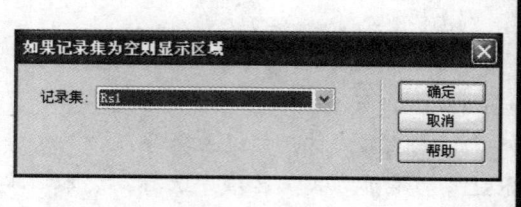 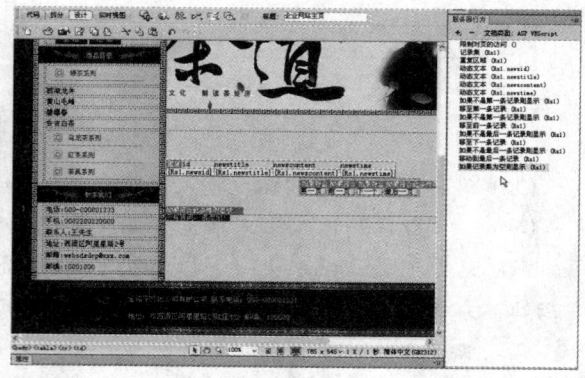

图13-17　"如果记录集为空则显示区域"对话框　　　图13-18　创建服务器行为

（14）选中动态表格和记录集导航条，单击"服务器行为"面板中的 + 按钮，在弹出的菜单中选择"显示区域"|"如果记录集不为空则显示区域"选项，打开"如果记录集不为空则显示区域"对话框，在"记录集"下拉列表中选择"Rs1"，如图13-19所示。

（15）单击"确定"按钮，如图13-20所示。

第 13 小时　制作网站新闻发布系统

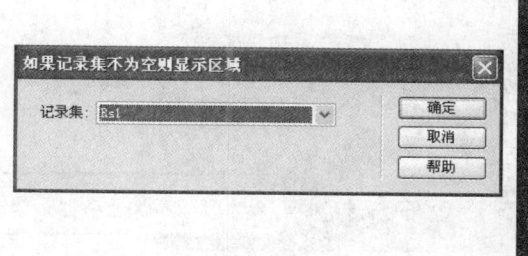

图 13-19　选择 "Rs1"

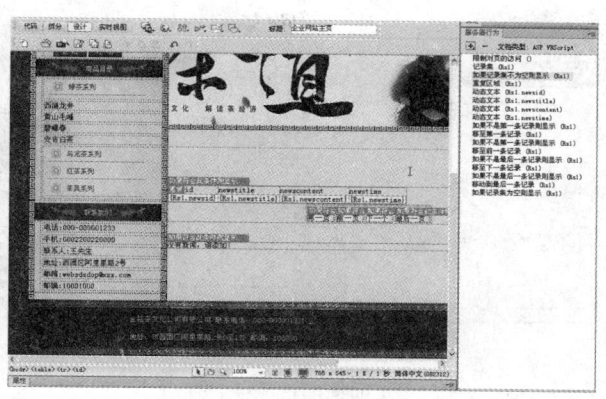

图 13-20　创建服务器行为

（16）将动态表格的第 3 列 newscontent 删除，并在后面添加 1 列，输入相应的文字，如图 13-21 所示。

（17）在文档中选中文字"添加"，在"属性"面板中的"链接"文本框中输入"tianjia.asp"，如图 13-22 所示。

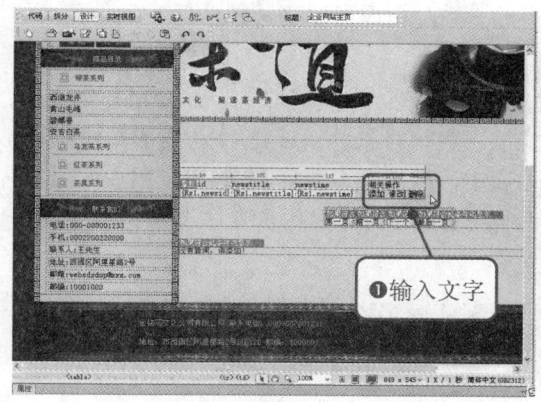

图 13-21　输入文字

图 13-22　设置链接

（18）在文档中选中文字"修改"，单击"服务器行为"面板中的 ➕ 按钮，在弹出的菜单中选择"转到详细页面"选项，打开"转到详细页面"对话框，在对话框中的"详细信息页"文本框中输入"xiugai.asp"，单击"确定"按钮，创建转到详细页面服务器的行为。如图 13-23 所示。

（19）按照步骤（18）的方法，为"删除"创建转到详细页面服务器行为，如图 13-24 所示。

225

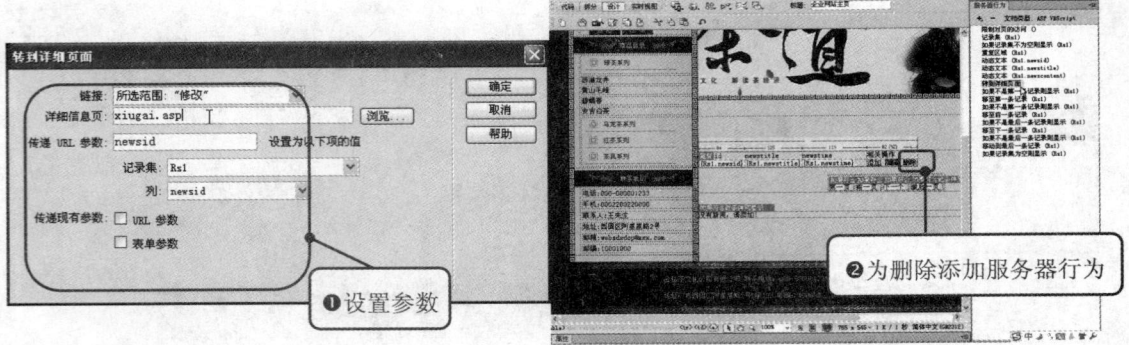

图 13-23　"转到详细页面"对话框　　　　　　　图 13-24　为删除添加服务器行为

"转到详细页面"对话框中参数如下。

- "链接"：表示添加跳转到详细页的超链接对象，选择当前"已所选范围"。
- "详细信息页"：这里输入"xiangxi.asp"。
- "传递 URL 参数"：其值的获得，即从其下的项目中选择"记录集"，并从该"记录集"中选择"列"。一般该参数选择记录集中有唯一值的列。
- "传递现有参数"：因为不需要传递当前已有的参数，所以可以不选择任何一项。

13.3.2　后台登录页面

后台登录页面如图 13-25 所示，制作时，首先插入表单对象，然后利用"检查表单"行为检查是否输入账号和密码，接着创建记录集从 admin 表中读取信息，最后利用"登录用户"服务器行为检查登录的账号和密码是否与管理员表 admin 中的一致，具体操作步骤如下。

实例素材/news/index.html

实例素材/news/houtai.asp

（1）打开一个网页文档"index.htm"，将其保存为"houtai.asp"，如图 13-26 所示。

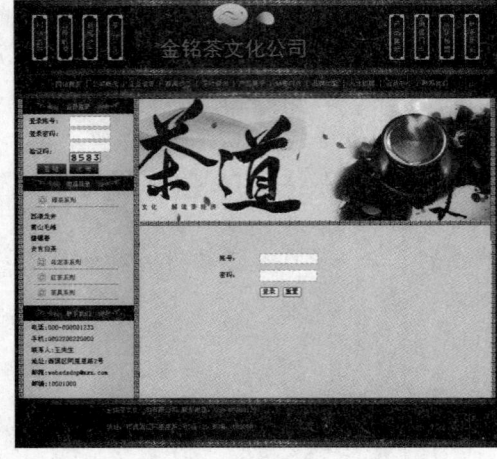
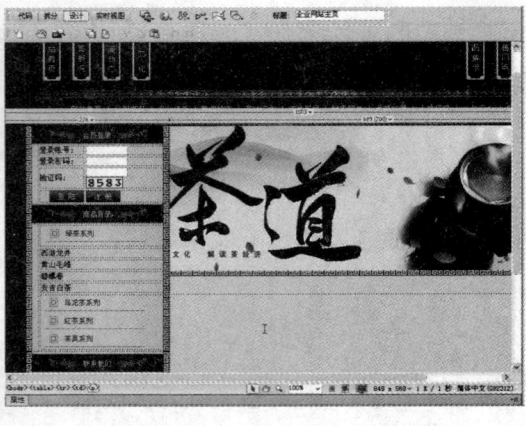

图 13-25　后台登录页面　　　　　　　　　　　图 13-26　打开网页文档

第 13 小时　制作网站新闻发布系统

（2）将光标置于相应的位置，执行"插入"|"表单"|"表单"命令，插入表单，如图 13-27 所示。

（3）将光标置于表单中，插入 3 行 2 列的表格，在"属性"面板中，将"填充"设置为"4"，"间距"设置为"2"，"对齐"设置为"居中对齐"，如图 13-28 所示。

图 13-27　插入表单

图 13-28　插入表格

（4）分别在第 1 列单元格中输入相应的文字，将"大小"设置为 13 像素，如图 13-29 所示。

（5）将光标置于第 1 行第 2 列单元格中，执行"插入"|"表单"|"文本域"命令，插入文本域，在"属性"面板中"文本域"的名称文本框中输入"name"，"字符宽度"设置为"15"，"类型"设置为"单行"，如图 13-30 所示。

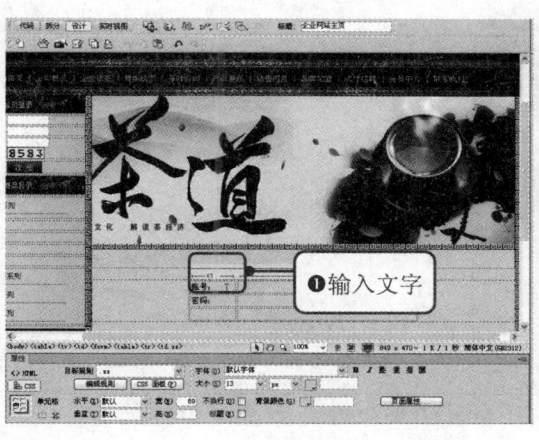
图 13-29　输入文字

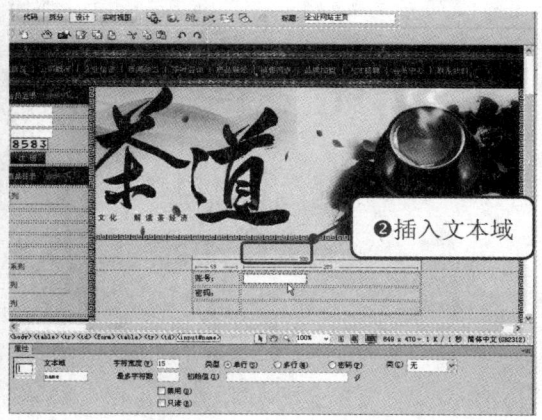
图 13-30　插入文本域

（6）将光标置于第 2 行第 2 列单元格中，执行"插入"|"表单"|"文本域"命令，插入文本域，在"属性"面板中"文本域"的名称文本框中输入"password"，"字符宽度"设置为"15"，"类型"设置为"密码"，如图 13-31 所示。

（7）选中第 3 行单元格，合并单元格，设置为"居中对齐"，执行"插入"|"表单"|

"按钮"命令，插入按钮，在"属性"面板的"值"文本框中输入"登录"，"动作"设置为"提交表单"，如图13-32所示。

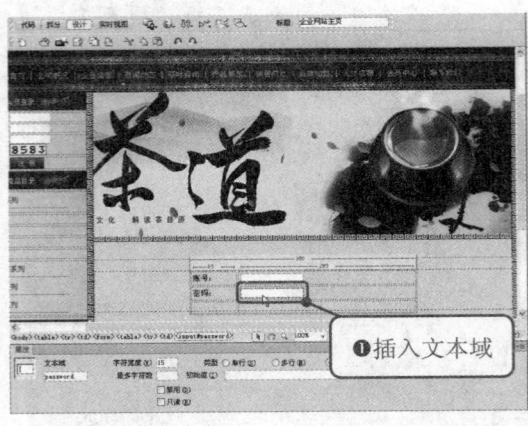

图13-31　插入文本域

图13-32　插入按钮

（8）将光标置于按钮的后面，插入按钮，在"属性"面板的"值"文本框中输入"重置"，"动作"设置为"重设表单"，如图13-33所示。

（9）执行"窗口"|"行为"命令，打开"行为"面板，在面板中单击 按钮，在弹出的菜单中执行"检查表单"命令，如图13-34所示。

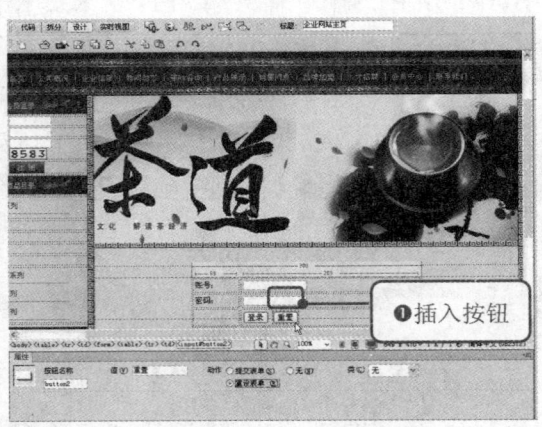

图13-33　插入按钮

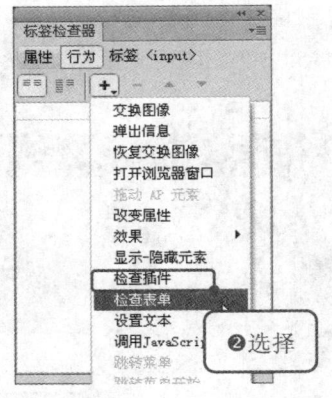

图13-34　执行"检查表单"命令

（10）打开"检查表单"对话框，在"值"处勾选"必需的"复选框，"可接受"区域中选择"任何东西"单选按钮，password域的"值"勾选"必需的"复选框，"可接受"选择"任何东西"单选按钮，如图13-35所示。

（11）单击"确定"按钮，添加行为，将事件设置为onsubmit，如图13-36所示。

第 13 小时　制作网站新闻发布系统

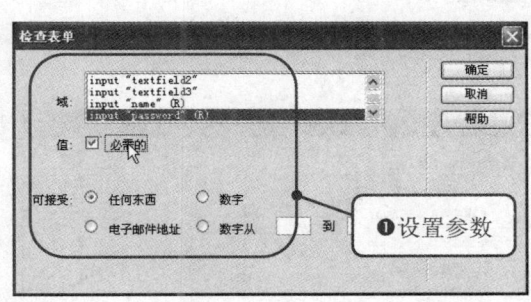

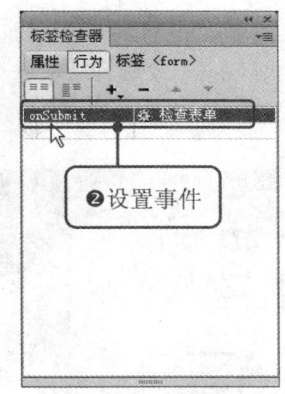

图 13-35 "检查表单"对话框　　　　　　图 13-36 设置事件

（12）单击"绑定"面板中的 + 按钮，在弹出的菜单中选择"记录集（查询）"选项，打开"记录集"对话框，在对话框中的"名称"文本框中输入"Rs1"，在"连接"下拉列表中选择"conn"，"表格"下拉列表中选择"admin"，"列"区域中选择"全部"单选按钮，如图 13-37 所示。

（13）单击"确定"按钮，创建记录集，如图 13-38 所示。

 提示　　如果只是用到数据表中的某几个字段，那么最好不要将全部的字段都选定。因为字段数越多，应用程序执行就越慢，虽然这在浏览时是感觉不到的，但是随着数据量的增大，就会体现得越明显。

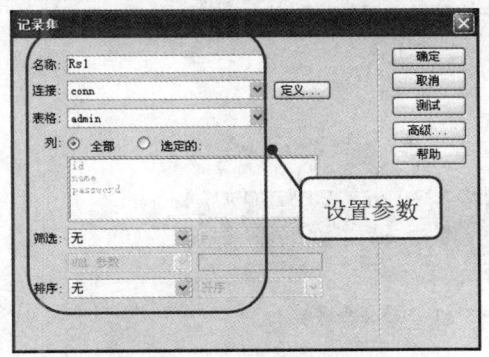　　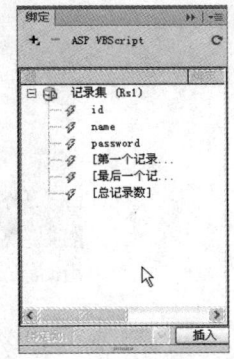

图 13-37 "记录集"对话框　　　　　　图 13-38 创建记录集

（14）单击"服务器行为"面板中的 + 按钮，在弹出的菜单中选择"用户身份验证"｜"登录用户"选项，如图 13-39 所示。

（15）打开"登录用户"对话框，在对话框中的"从表单获取输入"下拉列表中选择"form1"，在"用户名字段"下拉列表中选择"name"，在"密码字段"下拉列表中选择"password"，在"使用连接验证"下拉列表中选择"news"，在"表格"下拉列表中选择"admin"，在"用户名列"下拉列表中选择"name"，在"密码列"下拉列表中选择"password"，在

229

"如果登录成功，则转到"文本框中输入"guanli.asp"，在"如果登录失败，则转到"文本框中输入"houtai.asp"，在"基于以下项限制访问"区域中选择"用户名和密码"单选按钮，如图13-40所示。

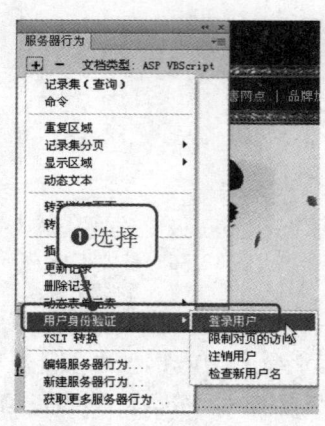

图13-39 选择"登录用户"选项

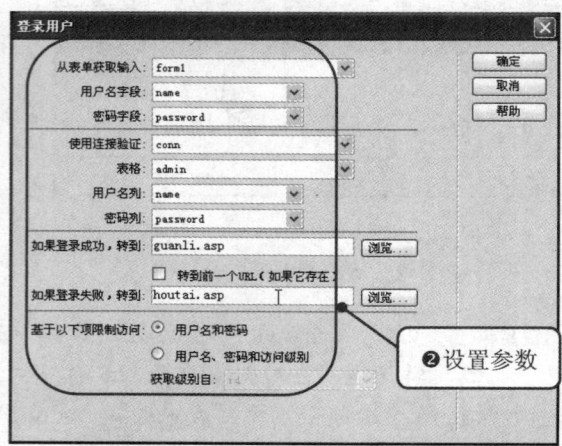

图13-40 "登录用户"对话框

（16）单击"确定"按钮，添加登录用户服务器行为，如图13-41所示。

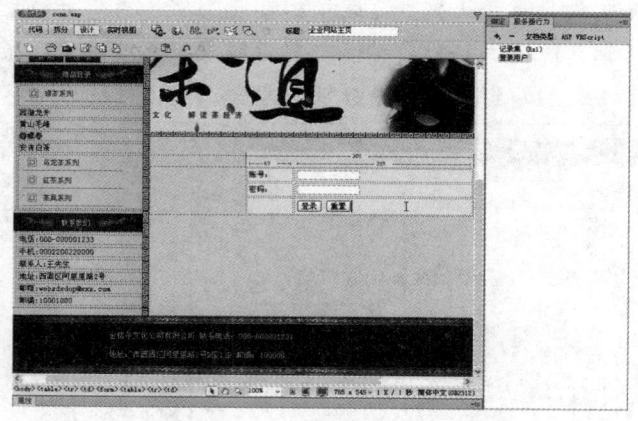

图13-41 添加服务器行为

13.3.3 添加新闻页面

添加新闻页面如图13-42所示，通过此页面输入的资料提交到数据库表中，主要是通过插入表单对象和插入服务器行为中的"插入记录"来实现的，具体操作步骤如下。

　　练习文件　实例素材/news/index.html
　　练习文件　实例素材/news/tianjia.asp

（1）打开一个网页文档"index.htm"，将其保存为"tianjia.asp"，如图13-43所示。

第 13 小时　制作网站新闻发布系统

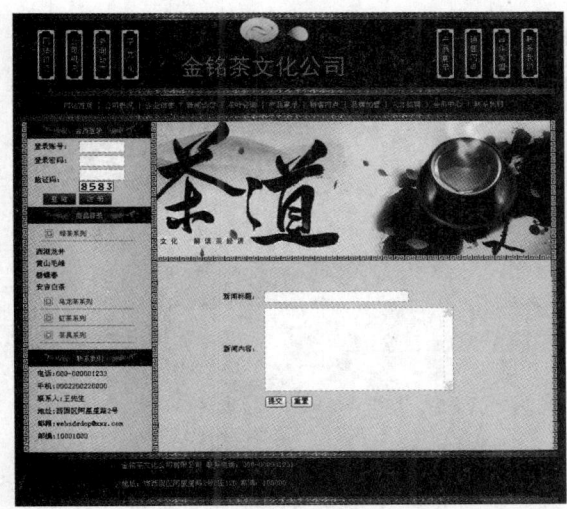

图 13-42　添加新闻页面

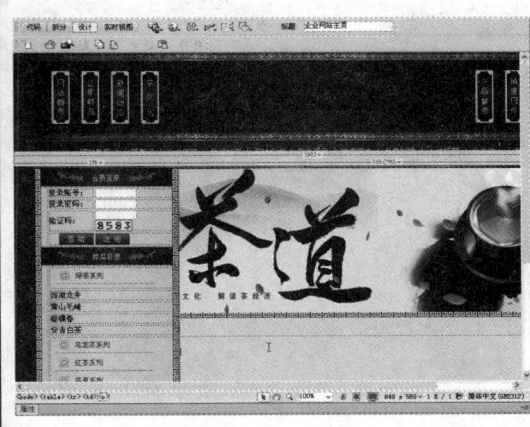

图 13-43　打开网页文档

（2）将光标置于相应的位置，执行"插入"|"表单"|"表单"命令，插入表单，如图 13-44 所示。

（3）将光标置于表单中，插入 3 行 2 列的表格，在"属性"面板中将"填充"设置为"3"，"间距"设置为"2"，"对齐"设置为"居中对齐"，如图 13-45 所示。

图 13-44　插入表单

图 13-45　插入表格

（4）分别在第 1 列单元格中输入文字，将"大小"设置为 13 像素，如图 13-46 所示。

（5）将光标置于第 1 行第 2 列单元格中，执行"插入"|"表单"|"文本域"命令，插入文本域，在"属性"面板中的"文本域"的名称文本框中输入"newstitle"，"字符宽度"设置为"35"，"类型"设置为"单行"，如图 13-47 所示。

231

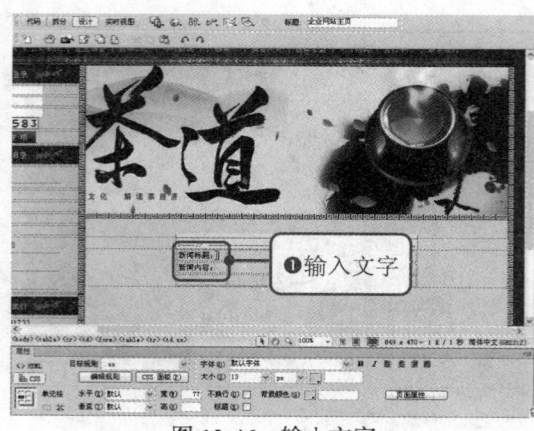
图 13-46　输入文字

图 13-47　插入文本域

（6）将光标置于第 2 行第 2 列单元格中，执行"插入"|"表单"|"文本区域"命令，插入文本区域，在"属性"面板中的"文本域"的名称文本框中输入"newscontent"，"字符宽度"设置为"45"，"行数"设置为"10"，"类型"设置为"多行"，如图 13-48 所示。

（7）选中第 3 行单元格，合并单元格，设置为"居中对齐"。执行"插入"|"表单"|"按钮"命令，插入按钮，在"属性"面板中的"值"文本框中输入"提交"，"动作"设置为"提交表单"，如图 13-49 所示。

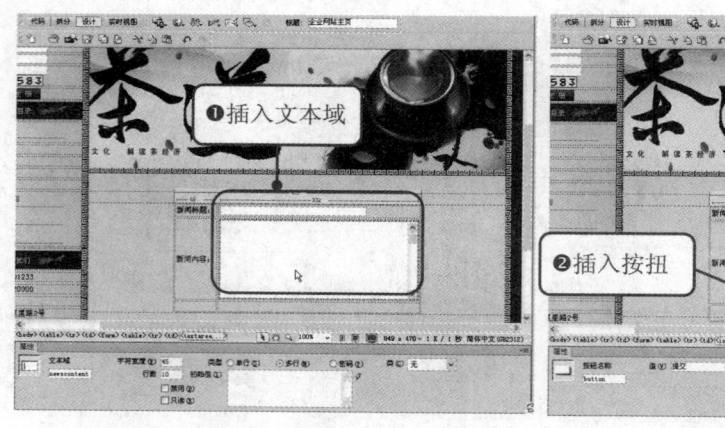
图 13-48　插入文本域

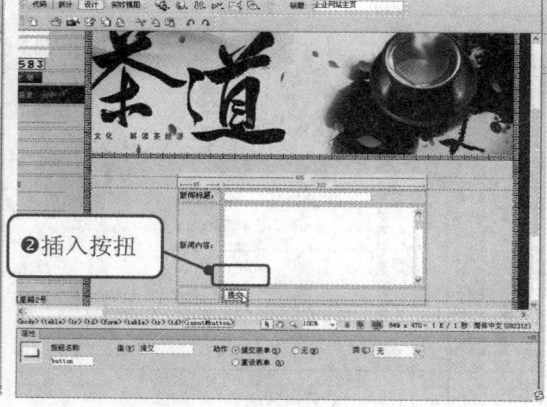
图 13-49　插入按钮

（8）将光标置于按钮的后面，插入按钮，在"属性"面板中的"值"文本框中输入"重置"，"动作"设置为"重设表单"，如图 13-50 所示。

（9）单击"服务器行为"面板中的 按钮，在弹出的菜单中选择"插入记录"选项，打开"插入记录"对话框，在对话框中的"连接"下拉列表中选择"conn"，在"插入到表格"下拉列表中选择"news"，在"插入后，转到"文本框中输入"liebiao.asp"，如图 13-51 所示。

第 13 小时　制作网站新闻发布系统

图 13-50　插入按钮

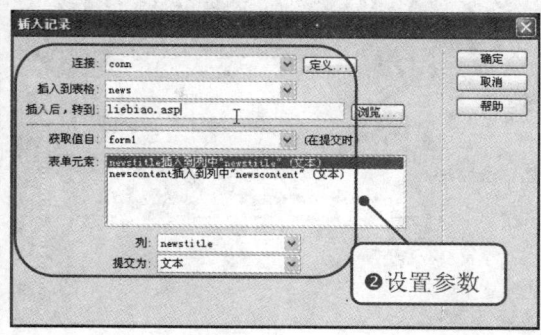

图 13-51　"插入记录"对话框

（10）单击"确定"按钮，插入记录，如图 13-52 所示。

（11）单击"服务器行为"面板中的 按钮，在弹出的菜单中选择"用户身份验证"｜"限制对页的访问"选项，打开"限制对页的访问"对话框，在对话框中的"基于以下内容进行限制"区域中选择"用户名和密码"单选按钮，"如果访问被拒绝，则转到"文本框中输入"houtai.asp"，如图 13-53 所示。

（12）单击"确定"按钮，创建"限制对页的访问"服务器行为。

图 13-52　插入记录

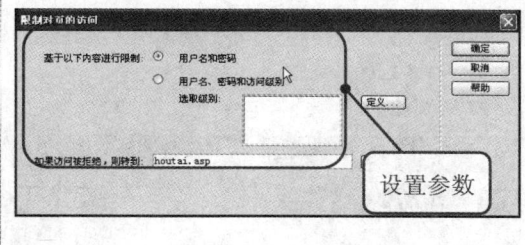

图 13-53　"限制对页的访问"对话框

 **13.3.4　删除新闻页面**

删除新闻页面如图 13-54 所示，当添加的新闻不想要时，可以删除此条新闻。该功能主要是利用创建记录集和"删除记录"服务器行为来实现的，具体操作步骤如下。

　　◎练习文件　实例素材/ news/index.html
　　◎完成文件　实例素材/ news/shanchu.asp

（1）打开一个网页文档"index.htm"，将其保存为"shanchu.asp"，将光标置于相应的位置，执行"插入"｜"表单"｜"表单"命令，插入表单，如图 13-55 所示。

233

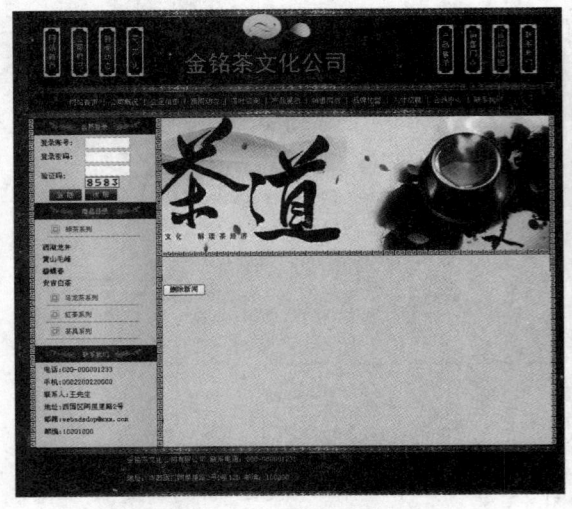

图 13-54　删除新闻页面

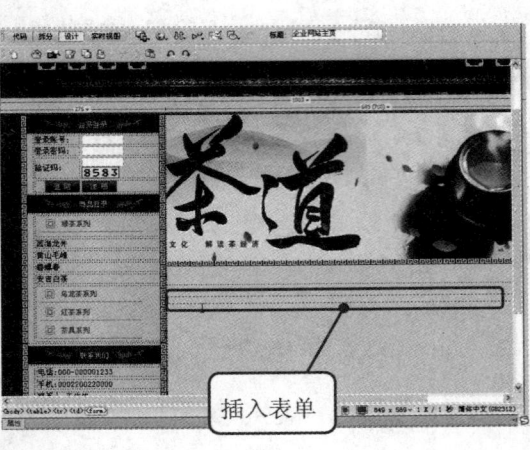

图 13-55　插入表单

（2）将光标置于表单中，执行"插入"|"表单"|"按钮"命令，插入按钮，在"属性"面板中，在"值"文本框中输入"删除新闻"，"动作"设置为"提交表单"，如图 13-56 所示。

（3）单击"绑定"面板中的 按钮，在弹出的菜单中选择"记录集（查询）"选项，打开"记录集"对话框，在对话框中的"名称"文本框中输入"Rs1"，在"连接"下拉列表中选择"conn"，在"表格"下拉列表中选择"news"，"列"区域中选择"全部"单选按钮，在"筛选"下拉列表中分别选择"newsid"、"＝"、"URL"参数和"newsid"，如图 13-57 所示。

图 13-56　插入按钮

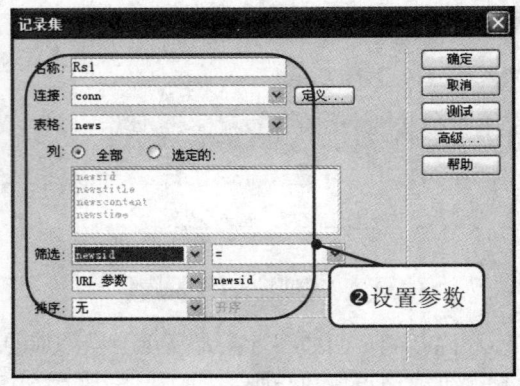

图 13-57　"记录集"对话框

（4）单击"确定"按钮，创建记录集，如图 13-58 所示。

（5）单击"服务器行为"面板中的 按钮，在弹出的菜单中选择"删除记录"选项，打开"删除记录"对话框，在对话框中的"连接"下拉列表中选择"conn"，在"从表格中

第 13 小时　制作网站新闻发布系统

删除"下拉列表中选择"news",在"删除后,转到"文本框中输入"guanli.asp",如图 13-59 所示。

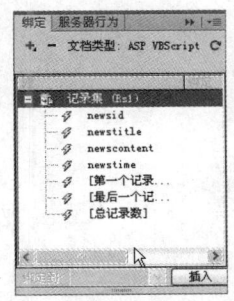
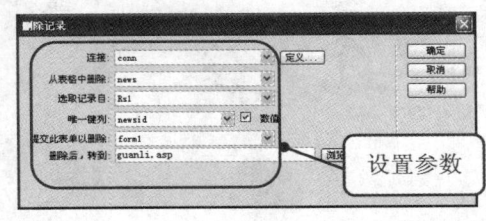

图 13-58　创建记录集　　　　　　图 13-59　"删除记录"对话框

（6）单击"确定"按钮,创建删除记录服务器行为,如图 13-60 所示。

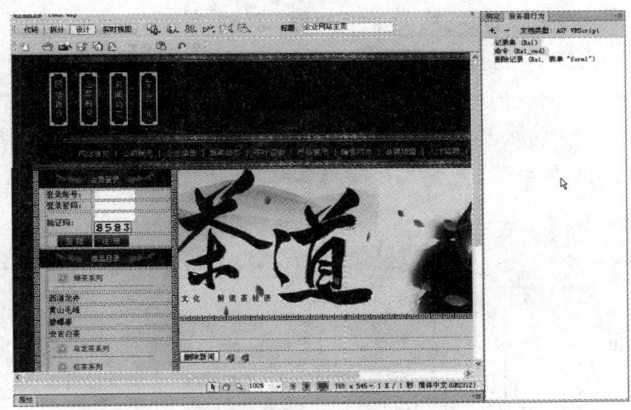

图 13-60　创建删除服务器行为

13.3.5　修改新闻页面

修改新闻页面如图 13-61 所示,当添加的新闻有错误时,就需要进行修改。该功能主要是利用创建记录集和"更新记录表单"服务器行为来实现的,具体操作步骤如下。

◎练习文件　实例素材/news/index.html
◎完成文件　实例素材//news/xiugai.asp

（1）打开一个网页文档"index.htm",将其保存为"xiugai.asp",单击"绑定"面板中的 ➕ 按钮,在弹出的菜单中选择"记录集(查询)"选项,打开"记录集"对话框,在对话框中的"名称"文本框中输入"Rs1",在"连接"下拉列表中选择"conn",在"表格"下拉列表中选择"news",在"列"区域中选择"全部"单选按钮,在"筛选"下拉列表中分别选择"newsid"、"="、"URL参数"和"newsid",如图 13-62 所示。

235

图 13-61 修改新闻页面

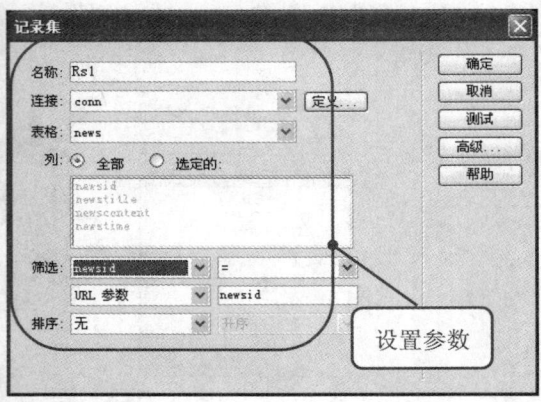

图 13-62 "记录集"对话框

（2）单击"确定"按钮，创建记录集，如图 13-63 所示。

（3）单击"服务器行为"面板中的 按钮，在弹出的菜单中选择"用户身份验证" | "限制对页的访问"选项，打开"限制对页的访问"对话框，在"基于以下内容进行限制"区域中单击"用户名和密码"单选按钮，在"如果访问被拒绝，则转到"文本框中输入"houtai.asp"，如图 13-64 所示。

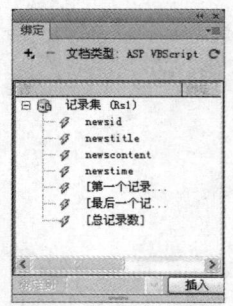

图 13-63 创建记录集

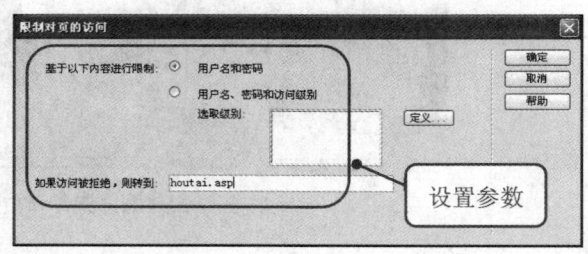

图 13-64 "限制对页的访问"对话框

（4）单击"确定"按钮。单击"数据"插入栏中的"更新记录表单向导"按钮 ，打开"更新记录表单"对话框，在对话框中的"连接"下拉列表中选择"conn"，在"要更新的表格"下拉列表中选择"news"，在"选取记录自"下拉列表中选择"Rs1"，在"唯一键列"下拉列表中选择"newsid"，在"在更新后，转到"文本框中输入"guanli.asp"，在"表单字段"列表框中进行相应的设置，如图 13-65 所示。

（5）单击"确定"按钮，选中文本域，在"属性"面板中的"字符宽度"文本框中输入"32"，"行数"设置为"10"，"类型"设置为"多行"，如图 13-66 所示。

第 13 小时 制作网站新闻发布系统

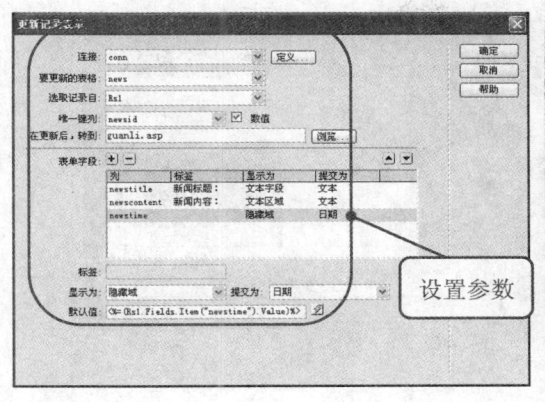

图 13-65 设置参数

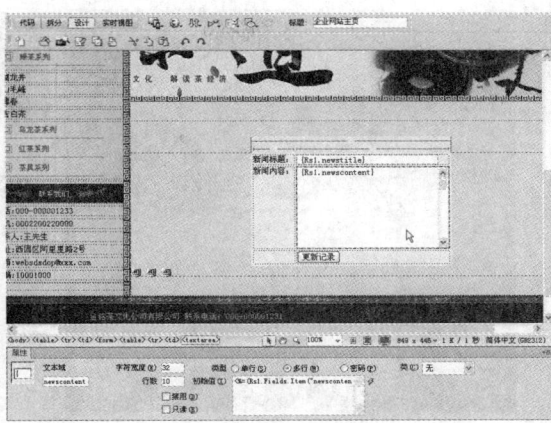

图 13-66 设置文本域属性

13.4 制作新闻系统前台页面

> 新闻系统前台页面主要包括显示新闻信息的新闻列表页面和新闻详细信息页面,下面分别进行讲述。

13.4.1 制作新闻列表首页

新闻列表页面如图 13-67 所示,显示新闻的列表信息。该功能主要是利用创建记录集、绑定相关字段和转到详细信息页来实现的,具体操作步骤如下。

 练习文件 实例素材/news/index.html

完成文件 实例素材/news/liebiao.asp

(1)打开一个网页文档"index.htm",将其保存为"liebiao.asp",将光标置于相应的位置,执行"插入"|"表格"命令,插入 1 行 2 列的表格,在"属性"面板中将"填充"设置为"3","间距"设置为"2",如图 13-68 所示。

(2)分别在单元格中输入相应的文字,将"大小"设置为 13 像素,如图 13-69 所示。

(3)单击"绑定"面板中的 按钮,在弹出的菜单中选择"记录集(查询)"选项,打开"记录集"对话框,在对话框中的"名称"文本框中输入"Rs1",在"连接"下拉列表中选择"conn",在"表格"下拉列表中选择"news",在"列"区域中选择"全部"单选按钮,如图 13-70 所示。

237

图 13-67 新闻列表页面

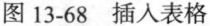

图 13-68 插入表格

图 13-69 输入文字

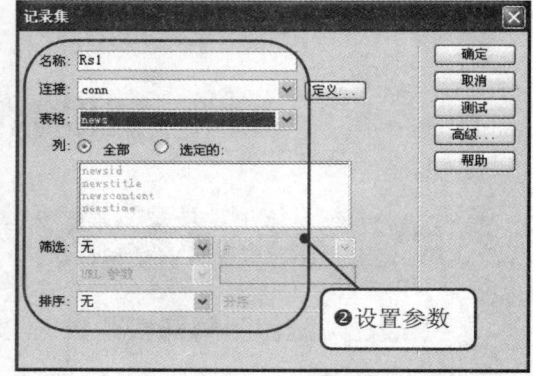

图 13-70 "记录集"对话框

（4）单击"确定"按钮，创建记录集，如图 13-71 所示。

（5）将光标置于表格的后面，按 Enter 键换行，执行"插入"|"表格"命令，插入 1 行 1 列的表格，在单元格中输入文字"对不起，暂时无内容！"，如图 13-72 所示。

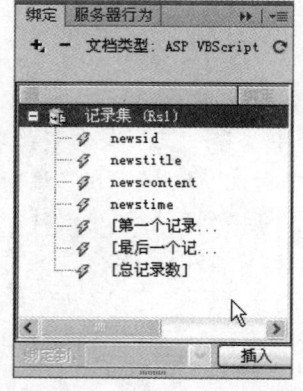

图 13-71 创建记录集

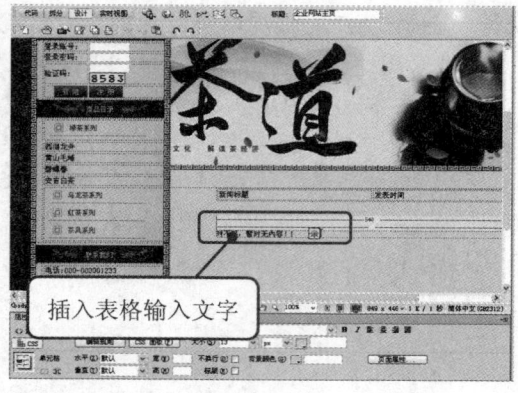

图 13-72 输入文字

第 13 小时　制作网站新闻发布系统

（6）选中表格，单击"服务器行为"面板中的 按钮，在弹出的菜单中选择"显示区域"|"如果记录集为空则显示区域"选项，如图 13-73 所示。

（7）打开"如果记录集为空则显示区域"对话框，在对话框中的"记录集"下拉列表中选择"Rs1"，如图 13-74 所示。

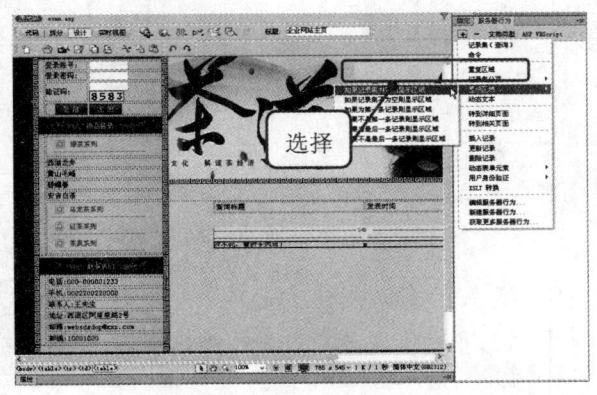
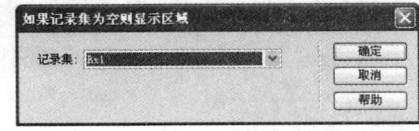

图 13-73　选择"如果记录集为空则显示区域"选项　　　　图 13-74　选择"Rs1"

（8）单击"确定"按钮，创建"如果记录集为空则显示区域"服务器行为，如图 13-75 所示。

（9）在文档中选中文字"新闻标题"，在"绑定"面板中展开记录集"Rs1"，选中 newstitle 字段，单击右下角的 插入 按钮，绑定字段，如图 13-76 所示。

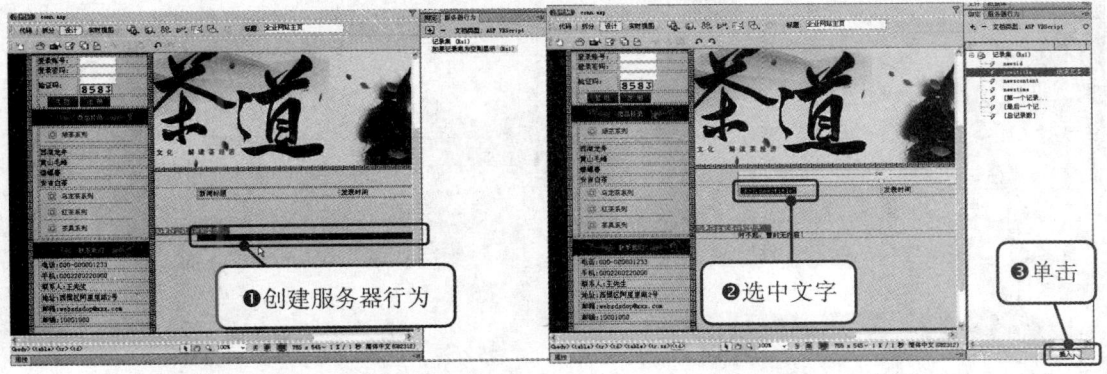

图 13-75　创建服务器行为　　　　　　　　图 13-76　绑定字段

（10）在文档中选中文字"发布时间"，在"绑定"面板中展开记录集"Rs1"，选中 newstime 字段，单击右下角的 插入 按钮，绑定字段，如图 13-77 所示。

（11）选中表格，单击"服务器行为"面板中的 按钮，在弹出的菜单中选择"重复区域"选项，打开"重复区域"对话框，在对话框中的"记录集"下拉列表中选择"Rs1"，在"显示"中的文本框中输入"10"记录，如图 13-78 所示。

239

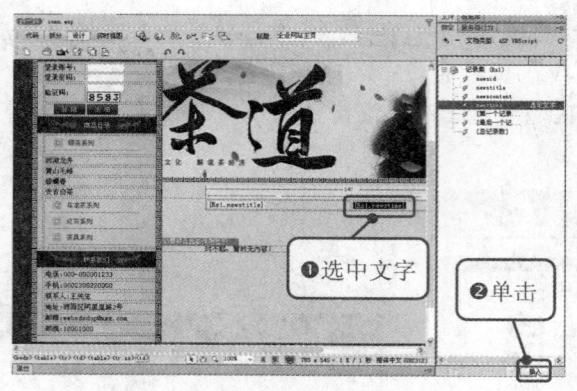

图 13-77 绑定字段

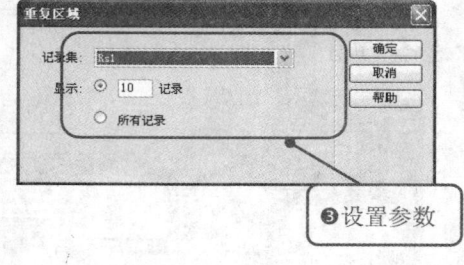

图 13-78 "重复区域"对话框

（12）单击"确定"按钮，创建重复区域，如图 13-79 所示。

（13）在文档中选中{Rs1.newstitle}占位符，单击"服务器行为"面板中的 按钮，在弹出的菜单中选择"转到详细页面"选项，打开"转到详细页面"对话框，在对话框中的"详细信息页"文本框中输入"news/xiangxi.asp"，如图 13-80 所示。

（14）单击"确定"按钮，即可完成新闻列表页面的创建。

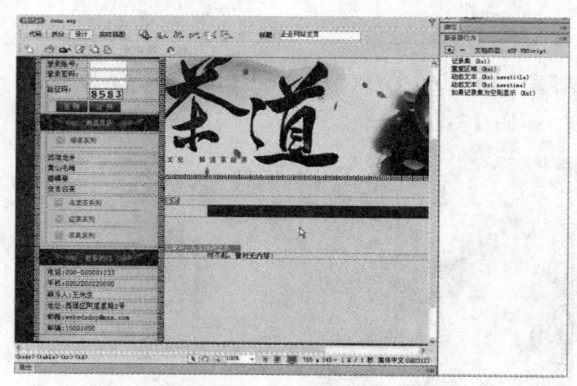

图 13-79 创建重复区域　　　　　图 13-80 "转到详细页面"对话框

13.4.2 新闻详细页面

新闻详细页面显示新闻的详细信息，将新闻信息的详细内容显示出来，主要使用动态文本绑定相关字段来显示数据记录，如图 13-81 所示，具体操作步骤如下。

○练习文件　实例素材/news/index.html

○完成文件　实例素材/news/xiangxi.asp

第13小时 制作网站新闻发布系统

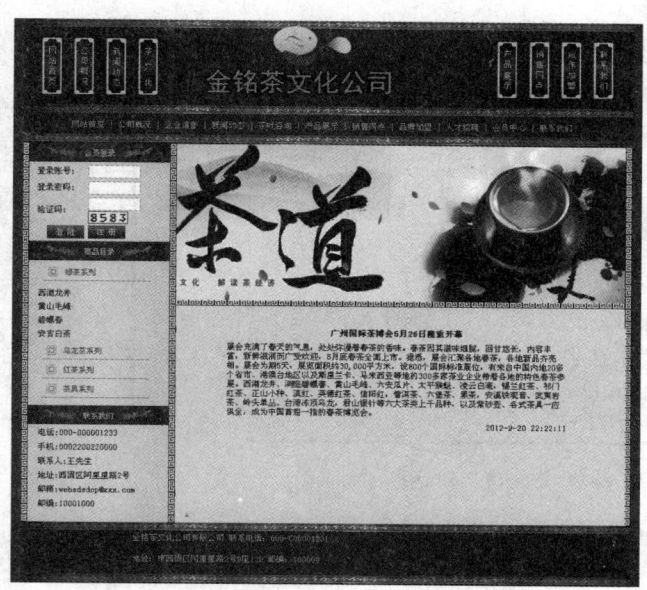

图 13-81 新闻详细页面

（1）打开一个网页文档"index.htm"，将其保存为"xiangxi.asp"，将光标置于相应的位置，执行"插入"|"表格"命令，插入3行1列的表格，在"属性"面板中将"填充"设置为"3"，"间距"设置为"2"，如图13-82所示。

（2）分别在单元格中输入相应的文字，并设置对齐方式，如图13-83所示。

图 13-82 插入表格

图 13-83 输入文字

（3）单击"绑定"面板中的 ➕ 按钮，在弹出的菜单中选择"记录集（查询）"选项，打开"记录集"对话框，在对话框中的"名称"文本框中输入"Rs1"，在"连接"下拉列表中选择"conn"，在"表格"下拉列表中选择"news"，在"列"区域中选择"全部"单选按钮，在"筛选"下拉列表中分别选择"newsid"、"="、"URL 参数"和"newsid"，如图13-84所示。

（4）单击"确定"按钮，创建记录集，如图13-85所示。

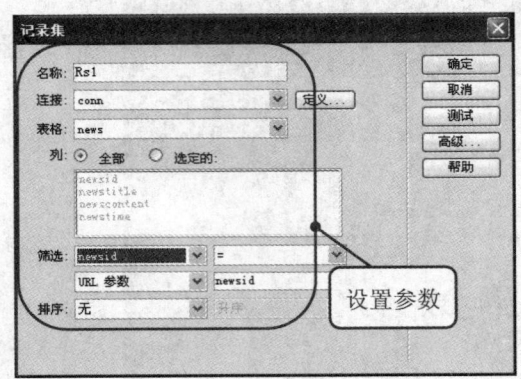

图13-84 "记录集"对话框

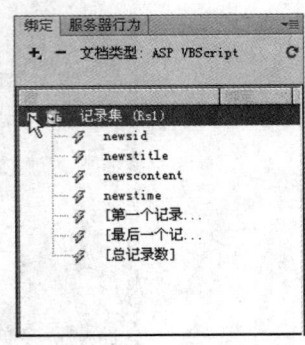

图13-85 创建记录集

（5）在文档中选中文字"新闻标题"，在"绑定"面板中展开记录集"Rs1"，选中newstitle字段，单击右下角的 插入 按钮，绑定字段，如图13-86所示。

（6）按照步骤（5）的方法，对文字"新闻内容"和"发布时间"绑定newscontent和newstime字段，如图13-87所示。

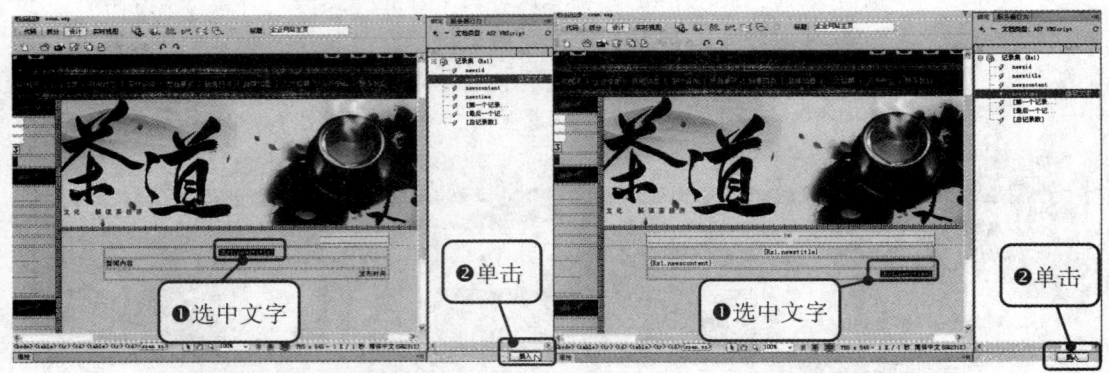

图13-86 绑定字段　　　　　　　　　图13-87 绑定字段

13.5 专家秘籍

1．在我的机器上安装了以前版本的ASP，在原来版本的ASP的基础上安装是否正确，或者是否我应该先将以前版本卸掉？

虽然可以在以前版本基础上简单安装，但是最好还是在安装新版本之前用控制面板里面的添加/删除程序卸载以前安装的版本。

2．新闻发布系统还有哪些功能？

本章讲述的新闻发布系统主要是由新闻发布和新闻浏览组成，还可以添加新闻检索、新闻

第 13 小时　制作网站新闻发布系统

评论、新闻审核功能。

3．怎样调试新闻系统？

在设计系统的过程中，存在一些错误是必然的。对于语句的语法错误，在程序运行时自动提示，并请求立即纠正，因此，这类错误比较容易发现和纠正。但另一类错误是在程序执行时由于不正确的操作或对某些数据的计算公式的逻辑错误导致的错误结果。这类错误隐蔽性强，有时会出现，有时又不出现，因此，对这一类动态发生的错误的排查是耗时费力的。

4．怎样注意网站安全性问题？

Web 开发中安全性是必须考虑的一个很重要的方面，特别是在诸如个人信息等敏感数据的模块中更是关键，所以这也是后期开发需要引起重视的。下面就这方面的技术和解决方案加以讨论。

（1）安装防火墙：安装防火墙并且屏蔽数据库端口能有效地阻止来自 Internet 的攻击。

（2）输入检查和输出过滤：用户在请求中嵌入恶意 HTML 标记来进行攻击破坏，防止出现这种问题要靠输入检查和输出过滤，而这类检查必须在服务器端进行，一旦校验代码发现有可疑的请求信息，就将这些可疑代码替换并将其过滤掉。

5．将文件上传到服务器后，为什么会出现"操作必须使用可更新的查询"？

这个问题的原因，是在服务器上并没有写入的权限。执行"工具"|"文件夹选项"命令，在弹出的对话框中切换到"查看"选项卡，取消勾选"使用简单文件共享（推荐）"复选框，如图 13-88 所示。

单击"确定"按钮，再执行"文件"|"属性"命令，在弹出的对话框中切换到"安全"选项卡，在这里会看到不同的组或用户对于文件的使用权限，如图 13-89 所示。

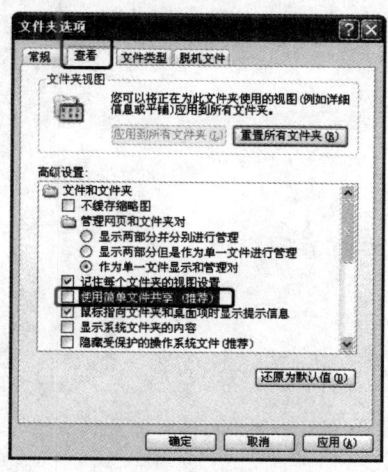

图 13-88　取消文件共享

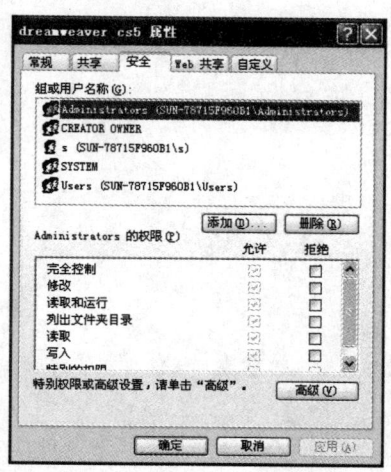

图 13-89　设置安全选项

13.6 本章小结

本章详细介绍了新闻发布系统的设计制作,包括后台登录管理页面、添加新闻页面、删除页面、修改页面、新闻列表页面和新闻详细页面的制作。本章的重点与难点是新闻发布管理系统的分析与设计、限制对页的访问、动态表格和更新记录表单等服务器行为的使用。不过,该系统还存在一些局限,有兴趣的读者可以尝试解决。

第14小时 制作网站产品展示系统

本章导读

商品展示系统也叫产品展示系统,它是一套基于数据库的即时产品信息发布软件,可用于各类产品的实时发布,前台用户可通过页面浏览查询各类产品信息,用户可以通过后台管理产品价格、简介、样图等多类信息。

学习要点

◎ 需求分析与系统设计
◎ 建数据库表与数据库连接
◎ 设计产品展示前台页面
◎ 设计产品展示后台管理

本章学习流程

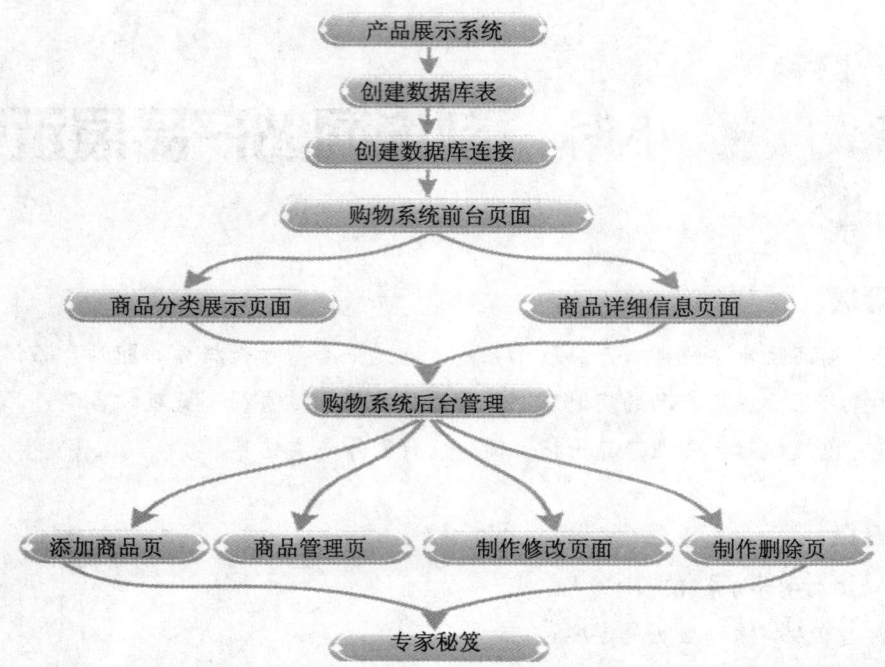

14.1 需求分析与系统设计

产品展示是网站最重要的功能，产品展示系统是一套基于数据库平台的即时发布系统，可用于各类商品的展示、添加、修改和删除等。网站管理员可以管理商品简介、价格、图片等多类信息。浏览者在前台可以浏览到商品的所有资料，如商品的图片、市场价、会员价和详细介绍等商品信息。

产品展示系统是一个功能复杂、花样繁多、制作烦琐的系统，但也是企业或个人推广和展示商品的一种非常好的方式。本章所制作的页面结构如图 14-1 所示，主要包括前台页面和后台管理页面。在前台显示浏览商品，在后台可以添加、修改和删除商品，也可以添加商品类别。

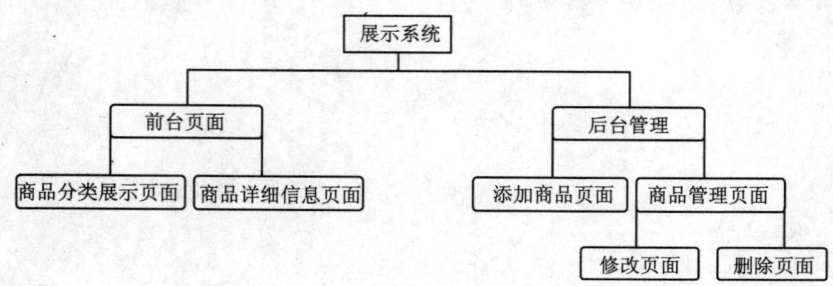

图 14-1　产品展示系统页面结构图

第 14 小时 制作网站产品展示系统

商品分类展示页面如图 14-2 所示，按照商品类别显示商品信息，顾客可以通过页面分类浏览商品，如商品名称、商品价格、商品图片等信息。

商品详细信息页面如图 14-3 所示。浏览者可以通过商品详细信息页了解商品介绍、价格、图片等详细信息。

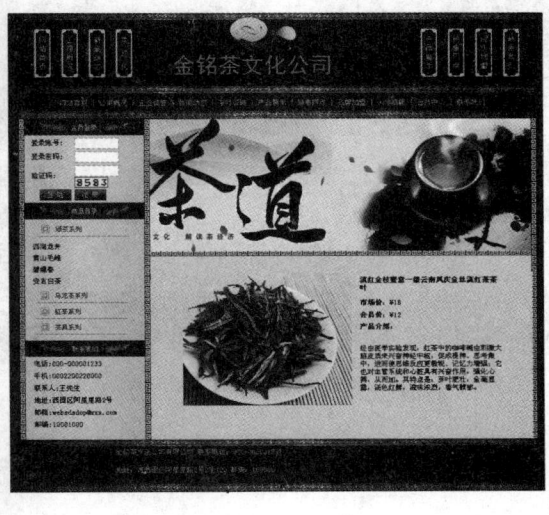

图 14-2 商品分类展示页面　　　　　　　　图 14-3 商品详细信息页面

添加商品分类页面，如图 14-4 所示，在这里可以增加商品类别。

添加商品页面，如图 14-5 所示，在这里输入商品的详细信息后，单击"插入记录"按钮可以将商品资料添加到数据库中。

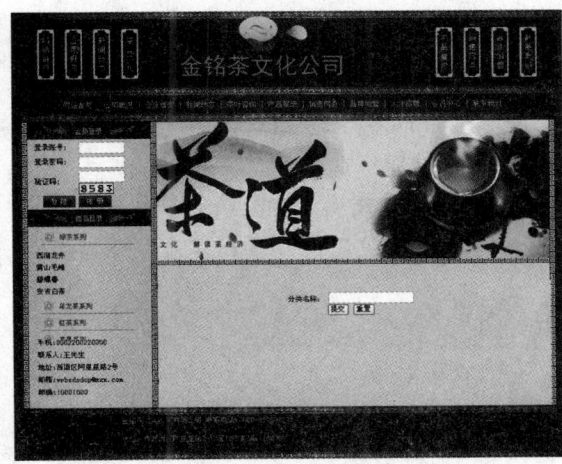

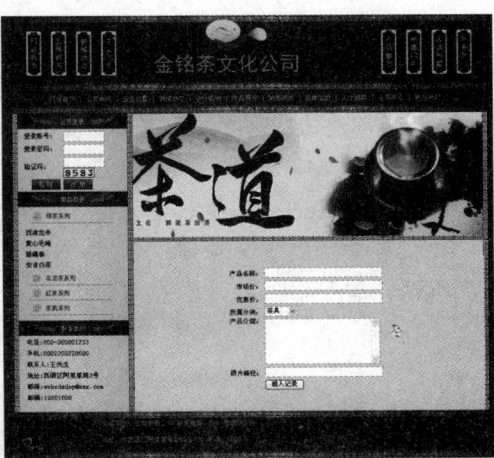

图 14-4 添加商品分类页面　　　　　　　　图 14-5 添加商品页面

247

商品管理页面如图 14-6 所示,在这里可以选择修改和删除商品记录。修改商品页面如图 14-7 所示。

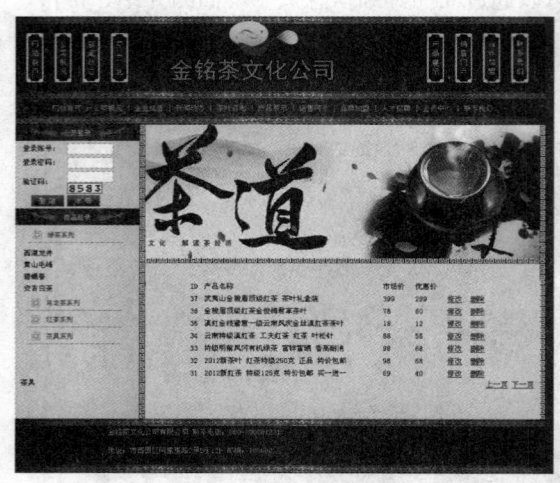

图 14-6　商品管理页面　　　　　　　　　图 14-7　修改商品页面

14.2　创建数据库表与数据库连接

> 数据库是有组织、有系统地整理数据的地方,是保证数据的文件或信息库,它可以根据外部的要求来改变或变更数据,并且还能够完成保存新数据、改变或删除原有数据的操作。

14.2.1　创建数据库表

本章所创建的购物网站数据库需要两个表,一个是商品类别表 Catalog,一个商品详细信息表 Products,下面讲述商品类别表 Catalog 的创建,具体操作步骤如下。

（1）启动 Access,执行"文件"|"打开"命令,打开数据库 Db,如图 14-8 所示。
（2）单击"创建"按钮,创建一个空数据库,双击"使用设计器创建表"图标,如图 14-9 所示。

第 14 小时 制作网站产品展示系统

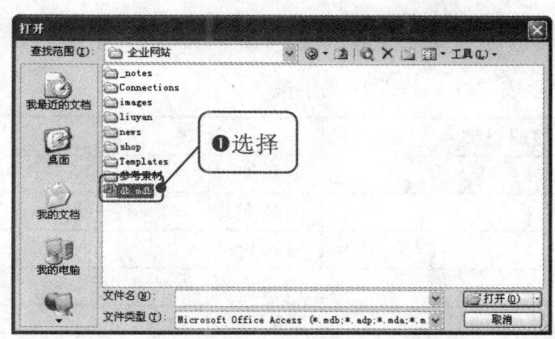

图 14-8 "文件新建数据库"对话框

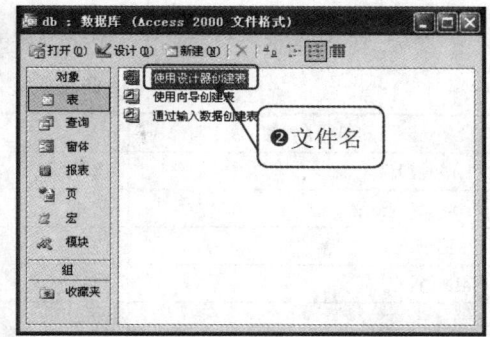

图 14-9 双击"使用设计器创建表"图标

（3）打开"表"窗口，在窗口中输入"字段名称"和字段所对应的"数据类型"，如图 14-10 所示。

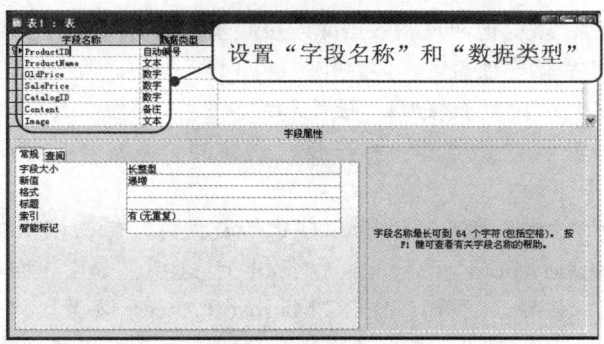

图 14-10 设置"字段名称"和"数据类型"

（4）执行"文件"→"保存"命令，打开"另存为"对话框，如图 14-11 所示。在"表名称"下面的文本框中输入"Products"，单击"确定"按钮，保存创建的数据库表。

（5）使用同样的方法创建表"Catalog"，如图 14-12 所示。

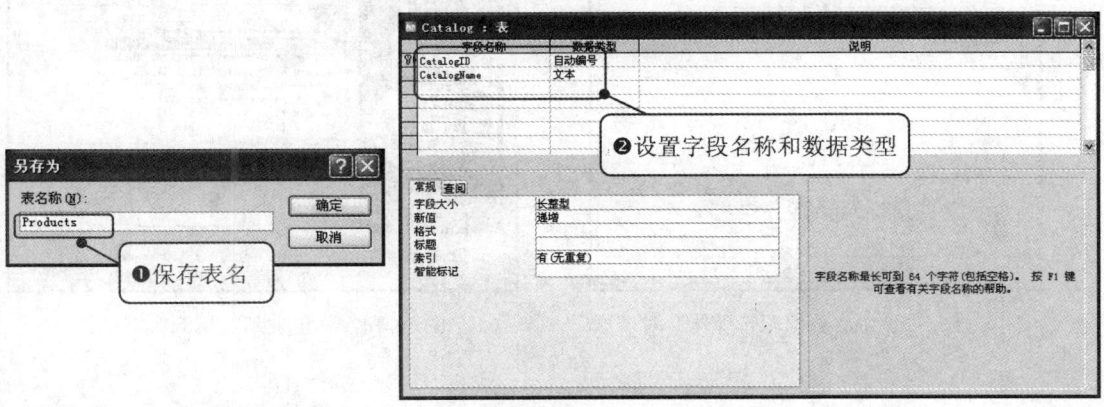

图 14-11 "另存为"对话框　　　　　图 14-12 创建表"Catalog"

249

商品详细信息表"Products"的创建这里就不再讲述了，其主要字段如表14-1所示。

表14-1　商品详细信息表"Products"中的字段

字段名称	数据类型	说　　明
Product ID	自动编号	商品编号
Product Name	文本	商品名称
Old Price	数字	市场价格
Sale Price	数字	销售价格
Catalog ID	数字	类别编号
Content	备注	商品详细内容
Image	文本	商品图片

14.2.2　创建数据库连接

数据库建立好之后，就要把网页和数据库连接起来，因为只有这样，才能让网页知道把数据存在什么地方。创建数据库连接的具体操作步骤如下。

（1）执行"开始"|"控制面板"|"性能和维护"|"管理工具"|"数据源（ODBC）"命令，打开"ODBC 数据源管理器"对话框，切换到"系统 DSN"选项卡，如图 14-13 所示。

（2）单击右侧的"添加"按钮，打开"创建新数据源"对话框，在对话框中的"名称"列表框中选择"Driver do Microsoft Access（*.mdb）"选项，如图 14-14 所示。

（3）单击"完成"按钮，打开"ODBC Microsoft Access 安装"对话框，在对话框中的"数据源名"文本框中输入"db"，单击"选择"按钮，选择数据库所在的位置，如图 14-15 所示。

（4）单击"确定"按钮，返回到"ODBC 数据源管理器"对话框，如图 14-16 所示。

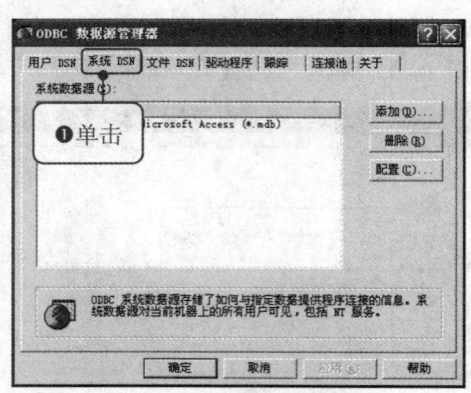
图 14-13　"ODBC 数据源管理器"对话框

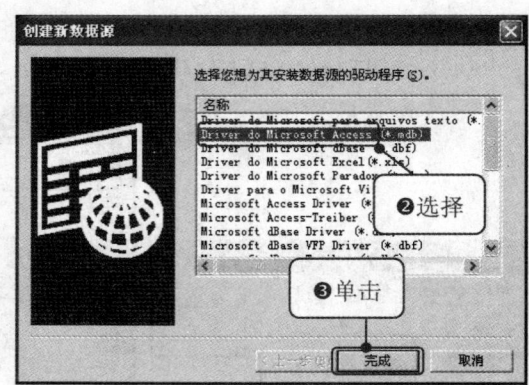
图 14-14　"创建新数据源"对话框

第 14 小时 制作网站产品展示系统

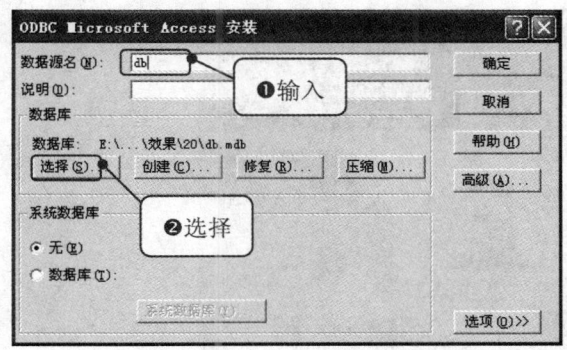
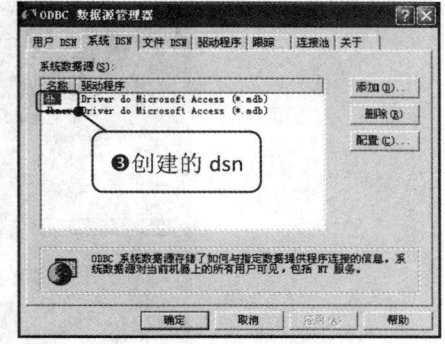

图 14-15 "ODBC Microsoft Access 安装"对话框　　图 14-16 "ODBC 数据源管理器"对话框

（5）执行"窗口"|"数据库"命令，打开"数据库"面板，在面板中单击 按钮，在弹出的菜单中选择"数据源名称（DSN）"选项，如图 14-17 所示。

（6）打开"数据源名称（DSN）"对话框，在对话框中的"连接名称"文本框中输入"db"，"数据源名称（DSN）"下拉列表中选择"db"，如图 14-18 所示。

（7）单击"确定"按钮，即可创建数据库连接，此时"数据库"面板如图 14-19 所示。

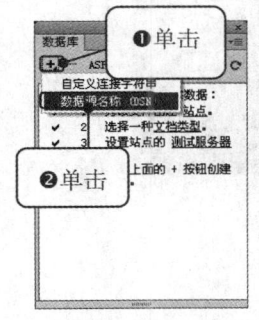
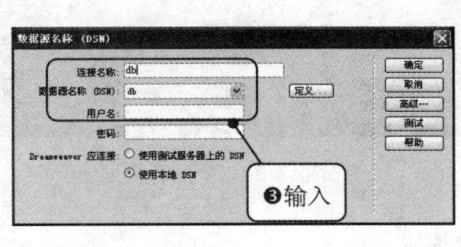

图 14-17 选择"数据源　　图 14-18 "数据源名称（DSN）"　　图 14-19 "数据库"面板
　　　　名称（DSN）"选项　　　　　　对话框

14.3　设计产品展示前台页面

本节讲述购物系统前台页面的制作，浏览者通过商品分类页面单击商品名称，可以进入商品的详细信息页面。

14.3.1　设计产品分类展示页面

产品分类展示也就是列出网站中的商品，目的是让浏览者查看产品的价格、产品图像等。产品分类展示页面，如图 14-20 所示。制作时，首先创建产品记录集和产品类别记录集，然后绑定相关字段，最后通过插入记录集分页来实现产品的分页显示，具体操作步骤如下。

251

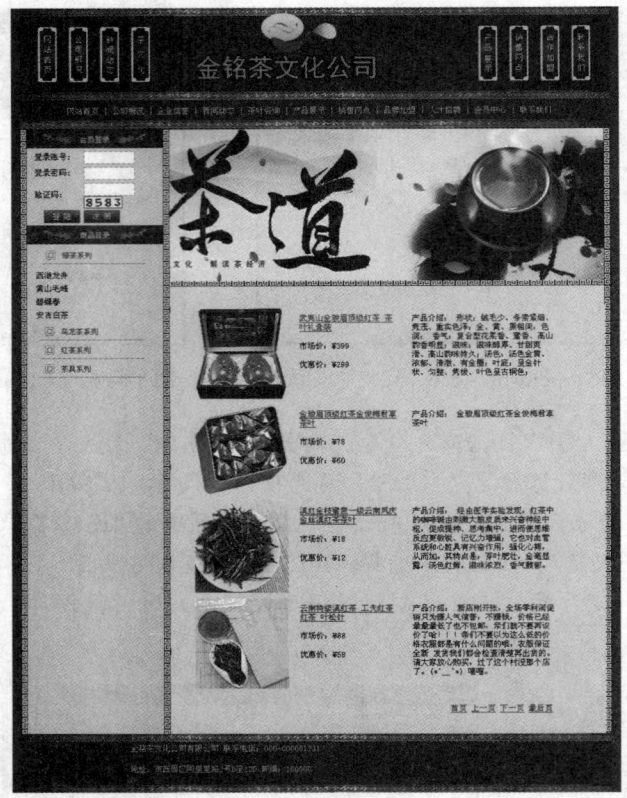

图 14-20　商品分类展示页面

○练习文件　实例素材/shop/index.html
○完成文件　实例素材/shop/class.asp

（1）打开"index.htm"网页文档，将其另存为"class.asp"，将左边的商品删除，将"高"设置为"100"，将右边的商品展示删除，如图 14-21 所示。

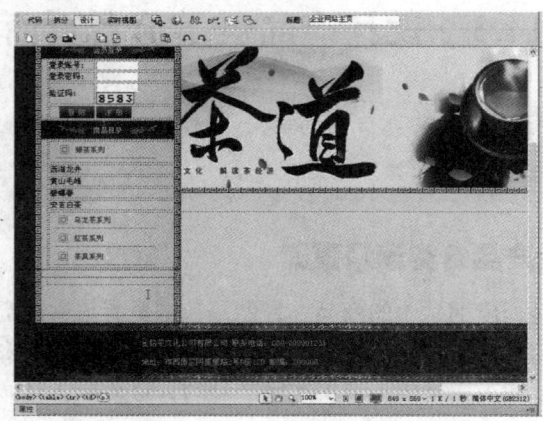

图 14-21　新建网页

第 14 小时 制作网站产品展示系统

（2）将光标放置在相应的位置，执行"插入"|"表格"命令，插入 2 行 3 列的表格，在第 1 行第 1 列单元格中插入图像"../images/cha.gif"，如图 14-22 所示。

（3）分别在相应的单元格中输入文字，如图 14-23 所示。

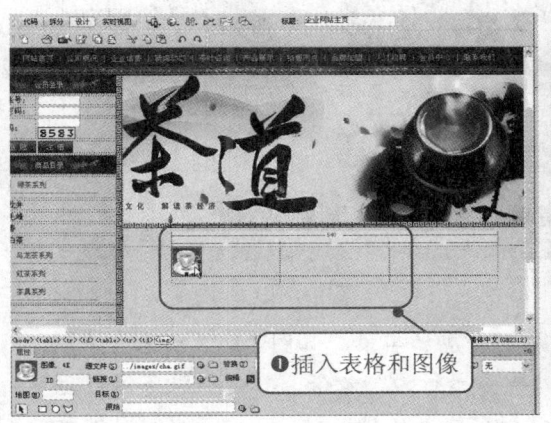

图 14-22　插入表格和图像　　　　　　图 14-23　输入文字

（4）执行"窗口"|"绑定"命令，打开"绑定"面板，在面板中单击  按钮，在弹出的菜单中选择"记录集（查询）"选项，打开"记录集"对话框。在该对话框的"名称"文本框中输入"Rs1"，"连接"下拉列表中选择"conn"，"表格"下拉列表中选择"Products"，"列"区域中单击"全部"单选按钮，"筛选"下拉列表中分别选择"CatalogID"、" = "、"URL 参数"和"CatalogID"，在"排序"下拉列表中分别选择"ProductID"和"降序"，单击"确定"按钮，创建记录集。如图 14-24 所示。

（5）按照步骤（4）的方法，创建记录集"Rs2"，如图 14-25 所示。

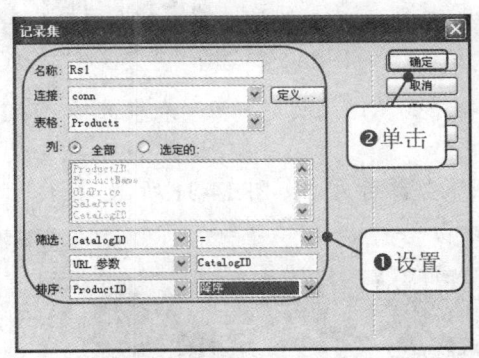
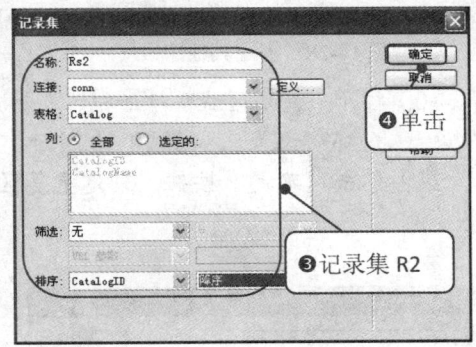

图 14-24　"记录集"对话框　　　　　　图 14-25　"记录集"对话框

（6）单击"确定"按钮，创建记录集，如图 14-26 所示。

（7）在文档中选中图片，在"绑定"面板中展开记录集"Rs1"，选中 Image 字段，单击  按钮，绑定字段，如图 14-27 所示。

253

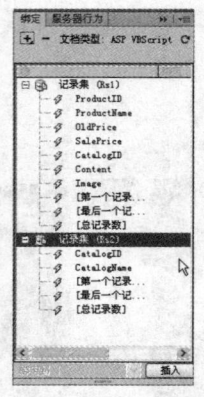

图 14-26　创建记录集

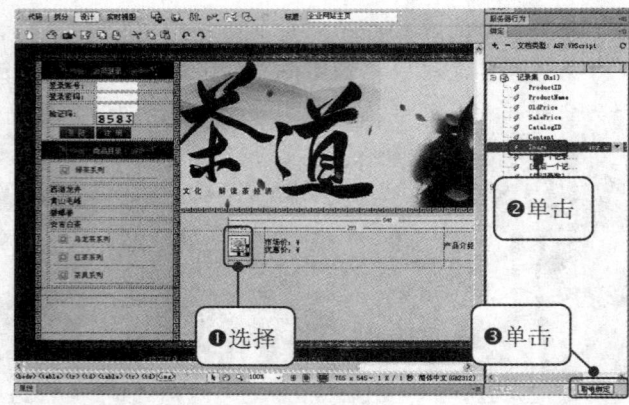

图 14-27　绑定字段

（8）按照步骤（7）的方法在相应的位置绑定相应的字段，如图 14-28 所示。

（9）选中第 1 行单元格，执行"窗口"|"服务器行为"命令，打开"服务器行为"面板，在面板中单击 ![+] 按钮，在弹出的菜单中选择"重复区域"选项，如图 14-29 所示。

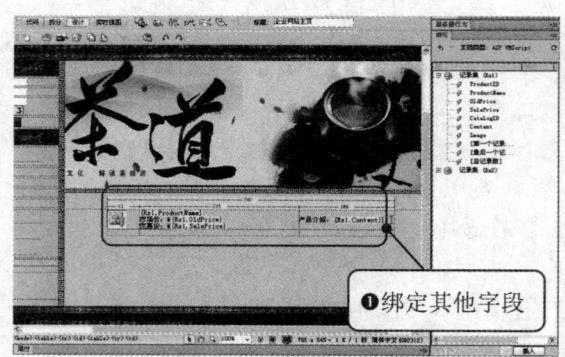

图 14-28　绑定其他字段

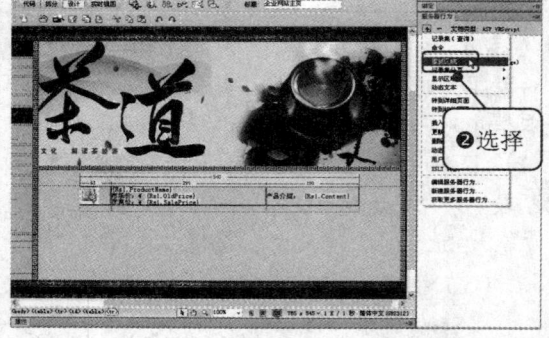

图 14-29　选择"重复区域"选项

（10）打开"重复区域"对话框，在对话框中的"记录集"下拉列表中选择"Rs1"，"显示"设置为"5"记录，如图 14-30 所示。

（11）单击"确定"按钮，创建重复区域服务器行为，如图 14-31 所示。

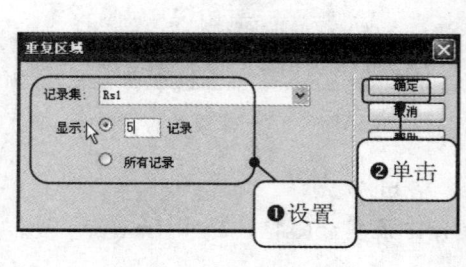

图 14-30　"重复区域"对话框

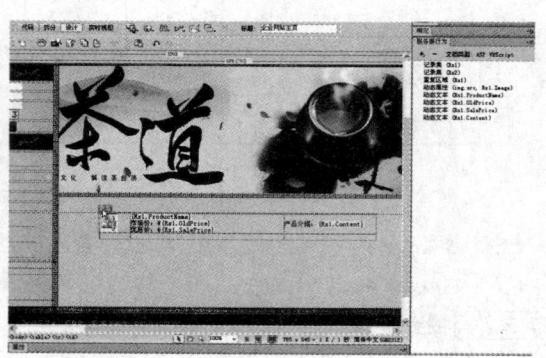

图 14-31　创建重复区域服务器行为

第 14 小时　制作网站产品展示系统

（12）将光标放置在左侧的商品分类中的单元格中，在"绑定"面板中展开记录集"Rs2"，选中 CatalogName 字段，单击 插入 按钮，绑定字段，如图 14-32 所示。

（13）选中左侧的单元格，单击"服务器行为"面板中的 ➕ 按钮，在弹出的菜单中选择"重复区域"选项，打开"重复区域"对话框，在对话框中的"记录集"下拉列表中选择"Rs2"，"显示"设置为"30"记录，如图 14-33 所示。

图 14-32　绑定字段

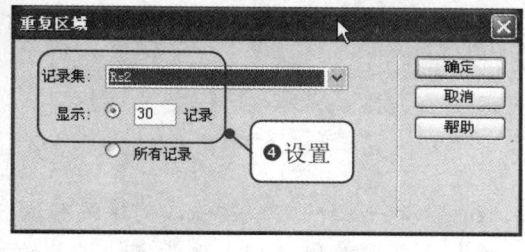

图 14-33　"重复区域"对话框

（14）单击"确定"按钮，创建重复区域服务器行为，如图 14-34 所示。

（15）选中右侧的第 2 行单元格，合并单元格，将"水平"设置为"右对齐"，并输入文字"首页　上一页　下一页　最后页"，如图 14-35 所示。

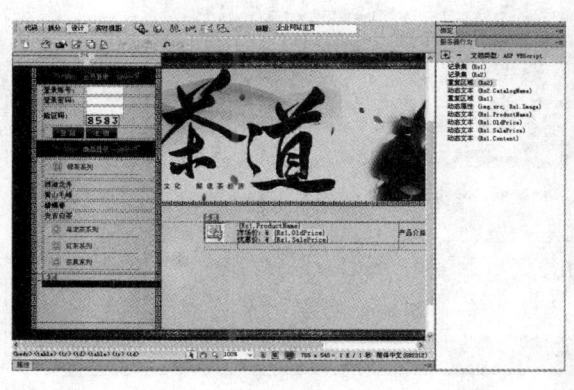

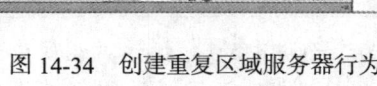

图 14-34　创建重复区域服务器行为

图 14-35　输入文字

（16）选中文字"首页"，单击"服务器行为"面板中的 ➕ 按钮，在弹出的菜单中选择"记录集分页"|"移至第一条记录"选项，如图 14-36 所示。

（17）打开"移至第一条记录"对话框，在对话框中的"记录集"下拉列表中选择"Rs1"，如图 14-37 所示。

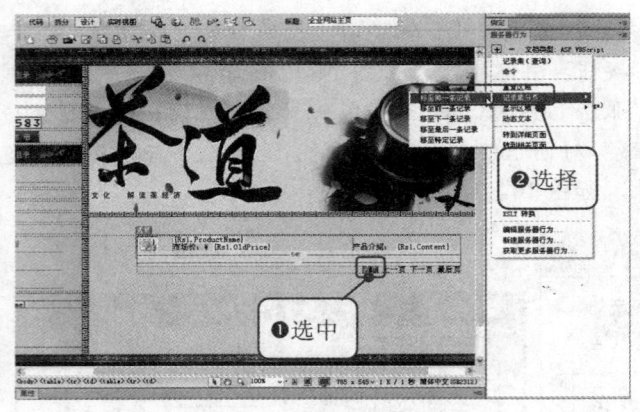
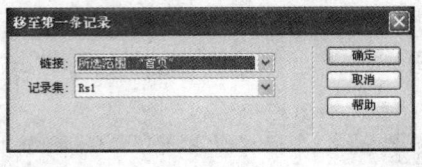

图 14-36　选择"移至第一条记录"选项　　　　图 14-37　"移至第一条记录"对话框

（18）单击"确定"按钮，创建服务器行为，如图 14-38 所示。

（19）按照步骤（15）至步骤（17）的方法分别对其他文字创建相应的服务器行为，如图 14-39 所示。

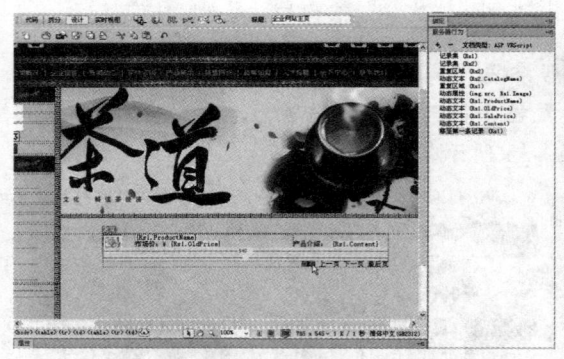
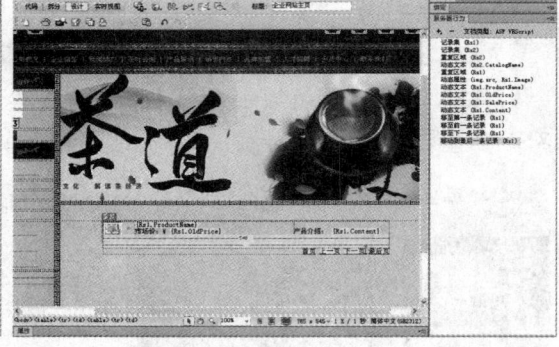

图 14-38　创建服务器行为　　　　　　　图 14-39　创建服务器行为

> **提示**　"上一页"添加服务器行为"移至前一条记录"，"下一页"添加服务器行为"移至下一条记录"，"最后页"添加服务器行为"移至最后一条记录"。

（20）选中{Rs1.ProductName}，单击"服务器行为"面板中的 按钮，在弹出的菜单中选择"转到详细页面"选项，打开"转到详细页面"对话框，如图 14-40 所示在该对话框的"详细信息页"文本框中输入"detail.asp"，"记录集"下拉列表中选择"Rs1"，"列"下拉列表中选择"ProductID"。单击"确定"按钮，创建转到详细页面服务器行为。

（21）选中左侧的{Rs2.CatalogName}，单击"服务器行为"面板中的 按钮，在弹出的菜单中选择"转到详细页面"选项，打开"转到详细页面"对话框，如图 14-41 所示。在该对话框的"详细信息页"文本框中输入"class.asp"，"记录集"下拉列表中选择"Rs2"，"列"下拉列表中选择"CatalogID"。

第 14 小时 制作网站产品展示系统

（22）单击"确定"按钮，创建转到详细页面服务器行为。

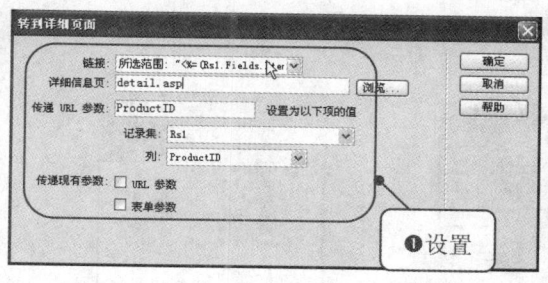
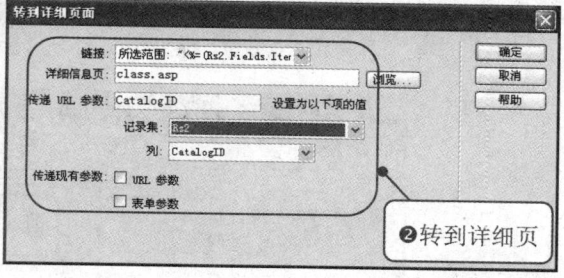

图 14-40 "转到详细页面"对话框　　　　图 14-41 "转到详细页面"对话框

14.3.2 设计商品详细信息页面

在商品分类展示页面中，单击商品的名称会转到另一个页面，也就是商品详细信息页面，如图 14-42 所示。这个页面制作时比较简单，主要是利用从商品表 Products 中创建记录集，然后绑定商品的相关字段即可。具体操作步骤如下。

练习文件　实例素材/ shop/index.html

完成文件　实例素材/shop/detail.asp

（1）打开"index.htm"网页文档，将其另存为"detail.asp"，在网页的右半部分插入 5 行 2 列的表格，合并相应的单元格，插入图像，并输入相应的文字，如图 14-43 所示。

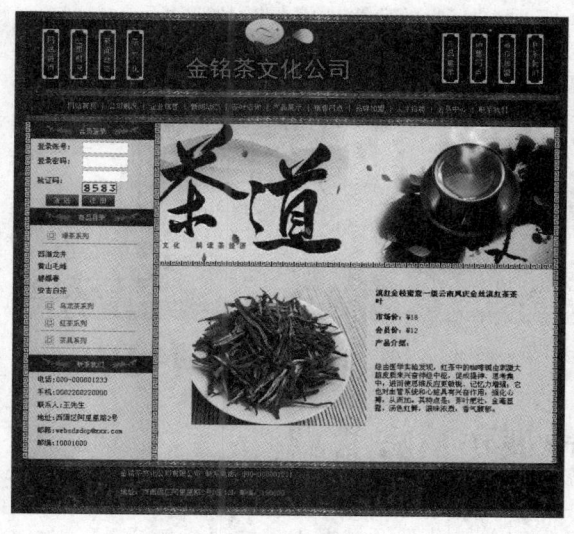
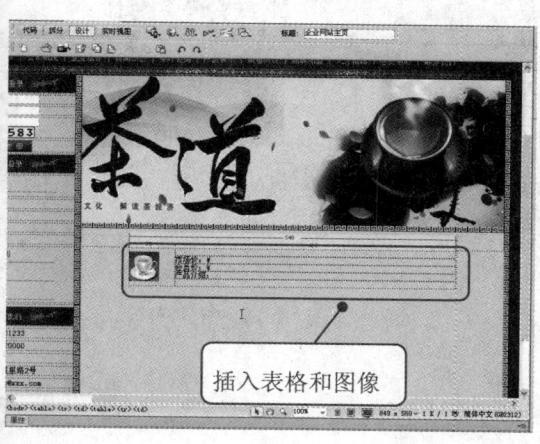

图 14-42 商品详细信息页面　　　　图 14-43 新建网页

（2）单击"绑定"面板中的  按钮，在弹出的菜单中选择"记录集（查询）"选项，打开"记录集"对话框，在对话框中的"名称"文本框中输入"Rs2"，在"连接"下拉列表中选择"conn"，在"表格"下拉列表中选择"Products"，"列"区域中选择"全部"单选按钮，

257

在"筛选"下拉列表中分别选择"ProductID"、"="、"URL 参数"和"ProductID",如图 14-44 所示。

(3)单击"确定"按钮,创建记录集,如图 14-45 所示。

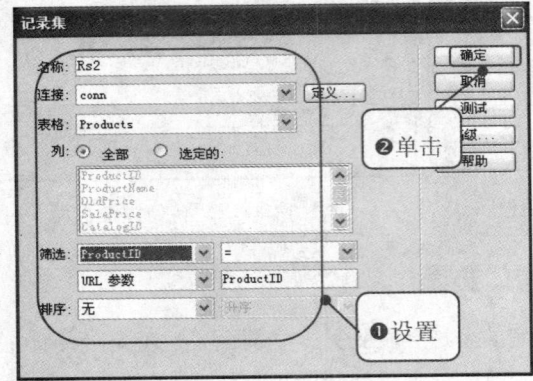
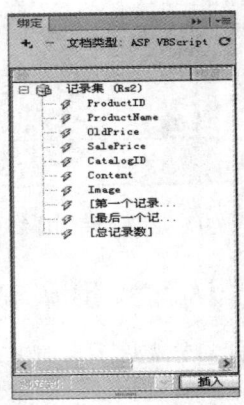

图 14-44 "记录集"对话框　　　　　　图 14-45 创建记录集

(4)选中图像,在"绑定"面板中展开记录集"Rs2",选中 Image 字段,单击 绑定 按钮,绑定字段,如图 14-46 所示。

(5)按照步骤(4)的方法,将其他字段绑定到相应的位置,如图 14-47 所示。

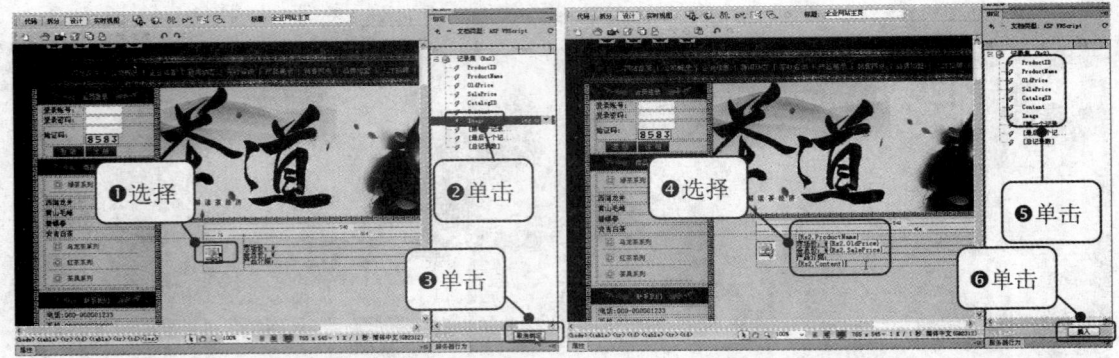

图 14-46 绑定字段　　　　　　　　　　图 14-47 绑定其他字段

14.4　设计产品展示后台管理

> 本节将讲述购物系统后台管理页面的制作。后台管理页面主要包括添加商品类别页面、添加商品页面、修改商品信息页面、删除商品页面和商品管理主页面。

第 14 小时 制作网站产品展示系统

14.4.1 制作添加产品页面

前台页面已经制作好,但要经常更新或添加新商品数据,必须要往数据库里输入新内容,所以,下面将制作一个新增商品分类页面和新增商品内容页面,制作这两个页面没有什么差别,都是建立好表单,然后插入使用记录服务器行为。新增商品分类页面如图 14-48 所示,新增商品内容页面如图 14-49 所示,具体操作步骤如下。

练习文件 实例素材/shop/index.html

完成文件 实例素材/shop/add-catalog.asp、add-Products.asp

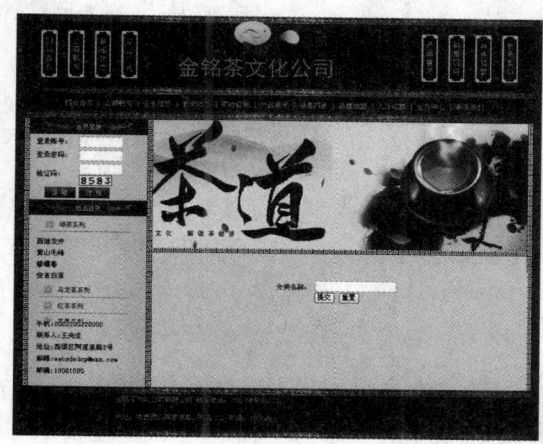

图 14-48 添加商品分类页面　　　图 14-49 添加商品页面

(1) 打开 "index.htm" 网页文档,将其分别保存为 "add-catalog.asp" 和 "add-Products.asp",如图 14-50 所示。

(2) 下面先制作 "add-catalog.asp" 网页,将光标放置在相应的位置,执行 "插入" | "表单" | "表单" 命令,插入表单,并在表单中输入文字,设置为 "居中对齐",如图 14-51 所示。

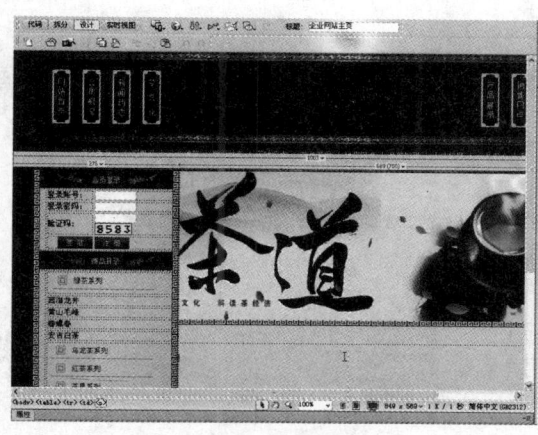 

图 14-50 新建网页　　　　　　　图 14-51 输入文字

259

(3)将光标放置在文字的右边,执行"插入"|"表单"|"文本域"命令,插入文本域,在"属性"面板中的"文本域"的名称文本框中输入"catalogname","字符宽度"设置为"20","类型"设置为"单行",如图14-52所示。

(4)将光标放置在文本域的右边,按Shift+Enter组合键换行,分别插入提交按钮和重置按钮,如图14-53所示。

图14-52　插入文本域　　　　　　　　　图14-53　插入按钮

(5)单击"绑定"面板中的 ➕ 按钮,在弹出的菜单中选择"记录集(查询)"选项,打开"记录集"对话框。在该对话框中的"名称"文本框中输入"Rs1",在"连接"下拉列表中选择"conn",在"表格"下拉列表中选择"Catalog","列"区域中单击"全部"单选按钮,在"排序"下拉列表中分别选择"CatalogID"和"升序",如图14-54所示。

(6)单击"确定"按钮,插入记录。

(7)单击"服务器行为"面板中的 ➕ 按钮,在弹出的菜单中选择"插入记录"选项,打开"插入记录"对话框。在该对话框中的"连接"下拉列表中选择"conn","插入到表格"下拉列表中选择"Catalog",在"插入后,转到"文本框中输入"ok-1.htm",如图14-55所示。

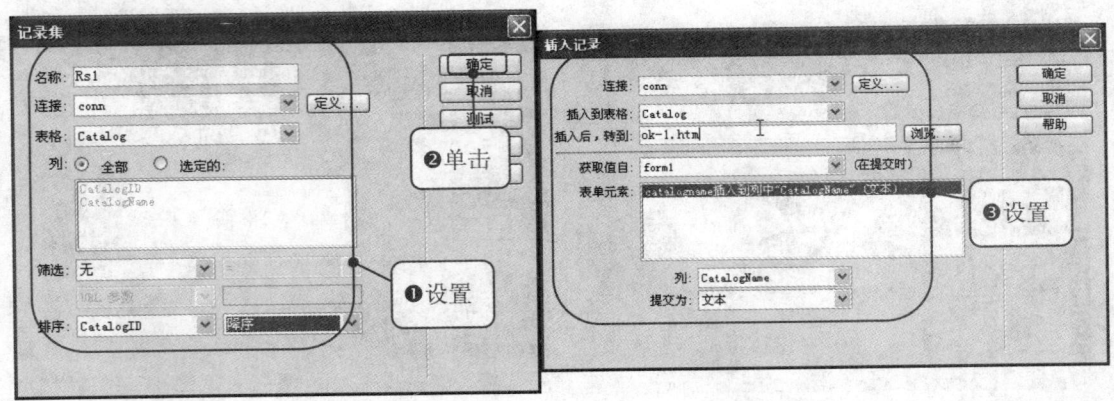

图14-54　"记录集"对话框　　　　　　图14-55　"插入记录"对话框

第 14 小时　制作网站产品展示系统

（8）单击"确定"按钮，插入记录，如图 14-56 所示，保存网页。

（9）将"add-catalog.asp"另存为"ok-1.htm"，删除整个表单，按 Enter 键换行，输入文字"提交成功，返回添加商品页面！"，对齐方式设置为"居中对齐"，如图 14-57 所示。

图 14-56　插入记录

图 14-57　输入文字

（10）选中文字"添加商品页面"，在"属性"面板中的"链接"文本框中输入"add-catalog.asp"，设置链接，如图 14-58 所示。

（11）打开"add-Products.asp"页面，将"add-catalog.asp"网页中的记录集"Rs1"复制到"add-Products.asp"页面中，如图 14-59 所示。

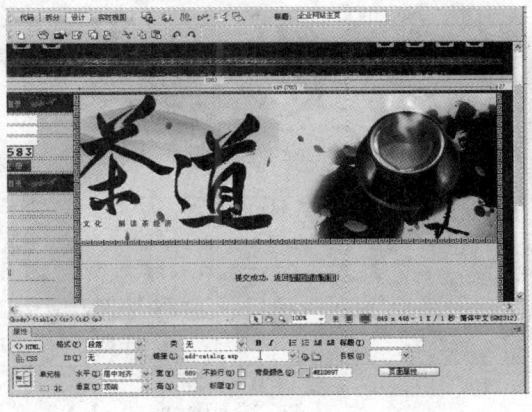

图 14-58　设置链接

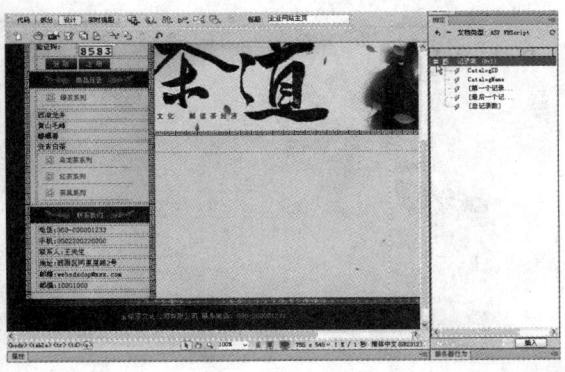

图 14-59　复制记录集

（12）单击"数据"插入栏中的"插入记录表单"按钮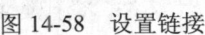，打开"插入记录表单"对话框。在该对话框中的"连接"下拉列表中选择"conn"，在"插入到表格"下拉列表中选择"Products"，在"插入后，转到"文本框中输入"ok-2.htm"，在"表单字段"中选中 ProductID，单击按钮删除，选中 ProductName，在"标签"文本框中输入"产品名称："，选中 OldPrice，在"标签"文本框中输入"市场价："，选中 SalePrice，在"标签"文本框中输入"优惠价："，选中 CatalogID，在"标签"文本框中输入"所属分类："，"显示为"下拉列表中选择"菜单"，单击下面的 菜单属性 按钮，打开"菜单属性"对话框。在该对话框中，"填充菜单项"

区域选择"来自数据库"单选按钮，如图 14-60 所示。选中"Content"，在"标签"文本框中输入"产品介绍:"，选中"Image"，在"标签"文本框中输入"图片路径:"，如图 14-61 所示。

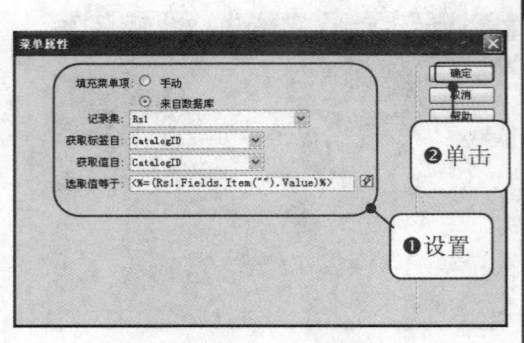

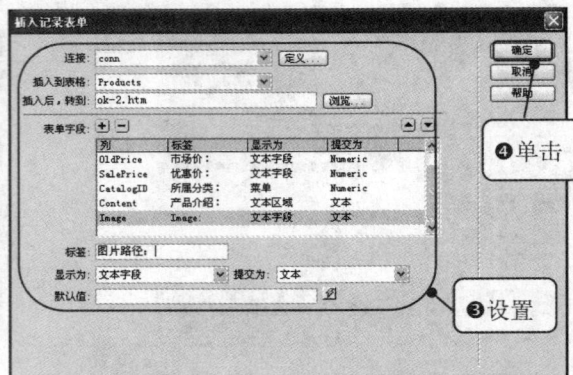

图 14-60　"菜单属性"对话框　　　　　图 14-61　"插入记录表单向导"对话框

（13）单击"确定"按钮，此时在页面中插入了一个完成的表单项，如图 14-62 所示。

（14）选中"产品介绍:"后面的文本域，在"属性"面板中将"类型"设置为"多行"，"字符宽度"设置为"30"，"行数"设置为"6"，如图 14-63 所示。

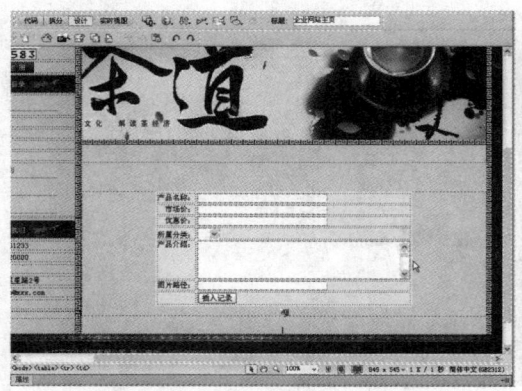

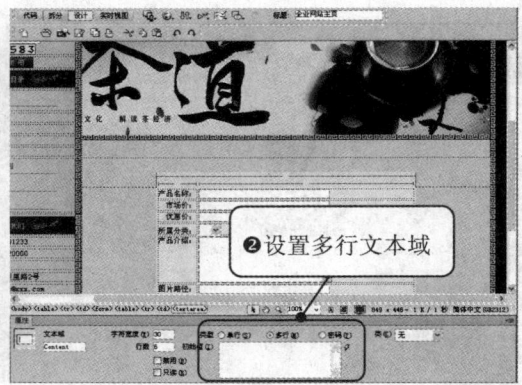

图 14-62　插入表单项　　　　　　　　图 14-63　设置属性

（15）打开"ok-1.htm"网页，将其另存为"ok-2.htm"网页，将文字"添加商品页面"的链接换为"add-Products.asp"，如图 14-64 所示。

第 14 小时 制作网站产品展示系统

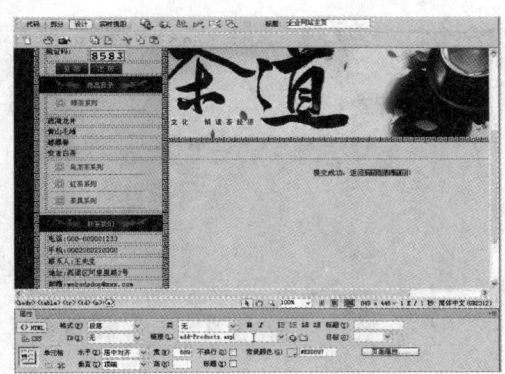

图 14-64 设置链接

14.4.2 制作产品管理页面

商品管理页面如图 14-65 所示，商品管理页面以表格的方式列出所有商品项目，然后再选择要修改或删除哪一条记录。具体操作步骤如下。

 实例素材/shop/index.html

 实例素材/shop/manage.asp

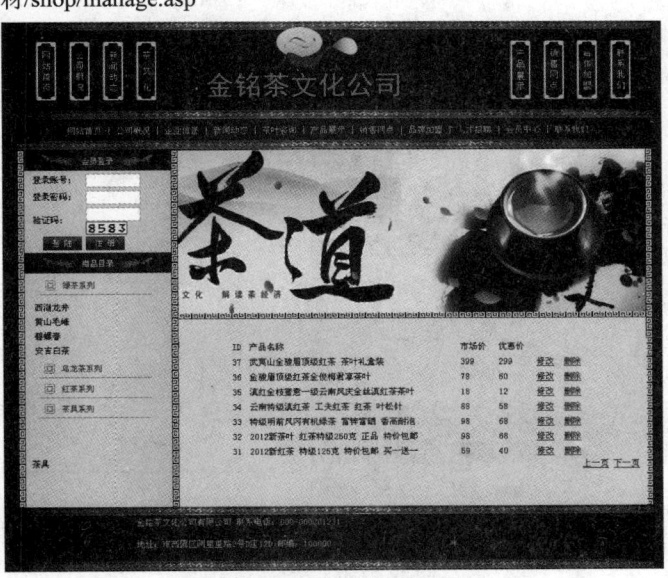

图 14-65 商品管理页面

（1）打开"index.htm"网页文档，将其另存为"manage.asp"，将左边的商品分类删除，将"高"设置为"100"，并将右边的商品展示删除，如图 14-66 所示。

263

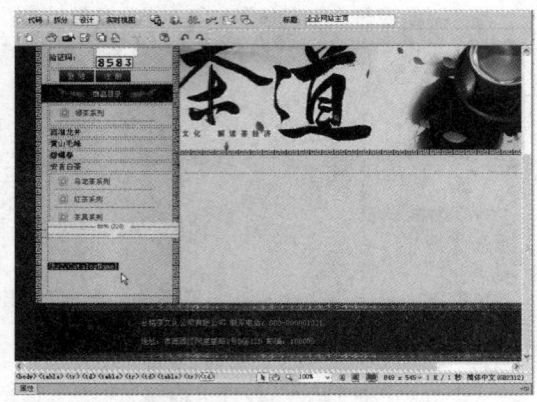

图 14-66　新建网页

（2）将光标放置在相应的位置，执行"插入"|"表格"命令，插入 2 行 6 列的表格，在相应的单元格中输入文字，如图 14-67 所示。

（3）单击"绑定"面板中的 ![+] 按钮，在弹出的菜单中选择"记录集（查询）"选项，打开"记录集"对话框。在该对话框中的"名称"文本框中输入"Rs1"，在"连接"下拉列表中选择"conn"，在"表格"下拉列表中选择"Products"，"列"区域中单击"全部"单选按钮，在"排序"下拉列表中分别选择"ProductsID"和"降序"，如图 14-68 所示。

（4）单击"确定"按钮，创建记录集。

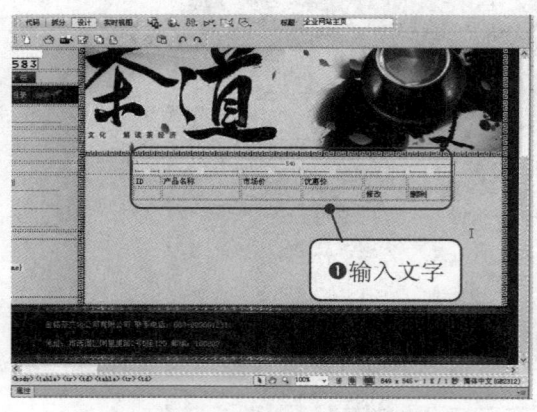

图 14-67　输入文字

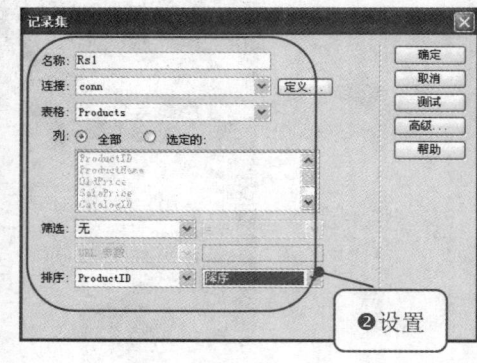

图 14-68　"记录集"对话框

（5）将光标放置在第 2 行第 1 列单元格中，在"绑定"面板中展开记录集"Rs1"，选中 ProductID 字段，单击 插入 按钮，绑定字段，如图 14-69 所示。

（6）按照步骤（5）的方法，分别在第 2 行其他的单元格中绑定相应的字段，如图 14-70 所示。

第 14 小时 制作网站产品展示系统

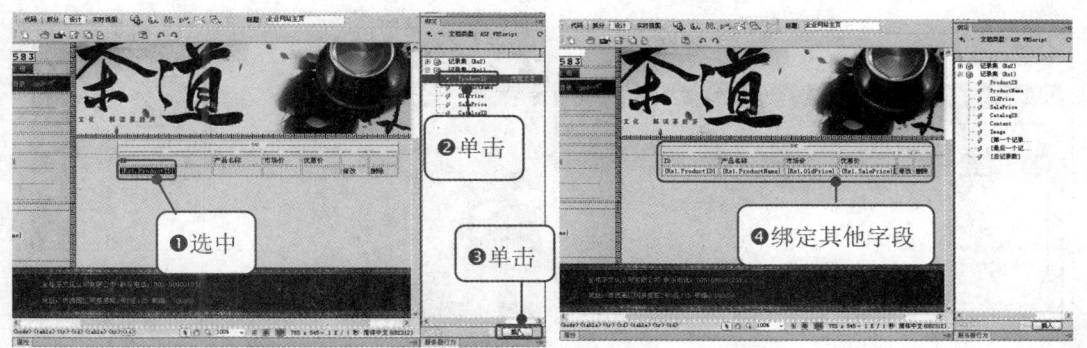

图 14-69 绑定字段　　　　　　　　图 14-70 绑定其他字段

（7）选中第 2 行单元格，单击"服务器行为"面板中的 ➕ 按钮，在弹出的菜单中选择"重复区域"选项，打开"重复区域"对话框。在该对话框中"记录集"下拉列表中选择"Rs1"，"显示"设置为"10"记录，如图 14-71 所示。

（8）单击"确定"按钮，创建重复区域服务器行为，如图 14-72 所示。

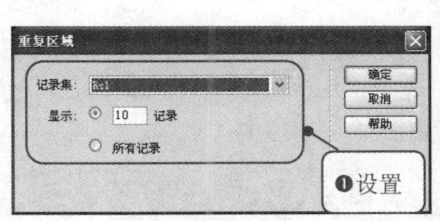
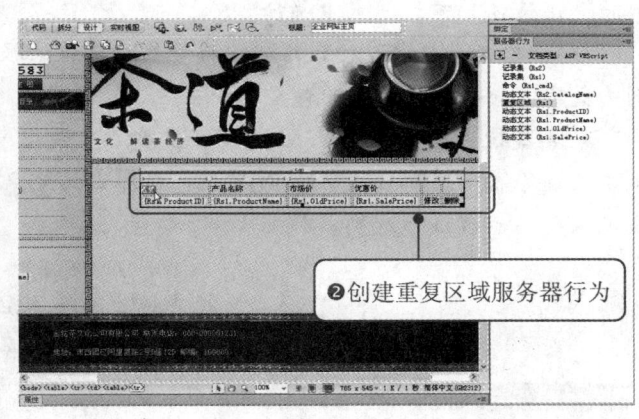

图 14-71 "重复区域"对话框　　　　图 14-72 创建重复区域服务器行为

（9）选中文字"修改"，单击"服务器行为"面板中的 ➕ 按钮，在弹出的菜单中选择"转到详细页面"选项，打开"转到详细页面"对话框，在对话框中的"详细信息页"文本框中输入"modify.asp"，单击"确定"按钮，创建转到详细页面服务器行为，如图 14-73 所示。

（10）按照步骤（9）的方法为文字"删除"创建转到详细页面服务器行为，在"详细信息页"文本框中输入"del.asp"。

（11）将光标放置在相应的位置，执行"插入"|"表格"命令，插入 1 行 1 列的表格，在单元格中将"水平"设置为"右对齐"，输入文字，如图 14-74 所示。

265

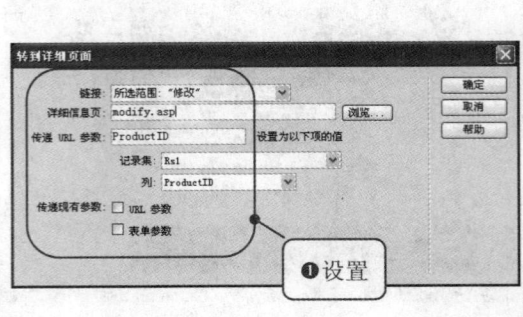

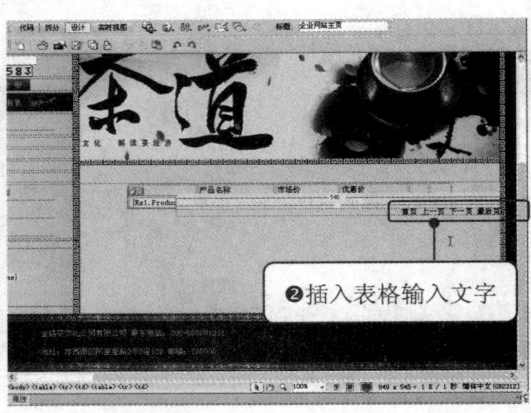

图 14-73 "转到详细页面"对话框　　　　　图 14-74 输入文字

（12）选中文字"首页"，单击"服务器行为"面板中的 + 按钮，在弹出的菜单中选择"记录集分页"|"移至第一条记录"选项，打开"移至第一条记录"对话框。在该对话框中的"记录集"下拉列表中选择"Rs1"，如图 14-75 所示。

（13）单击"确定"按钮，创建移至第一条记录服务器行为。按照步骤（12）的方法分别为文字"上一页"添加"移至前一条记录"服务器行为、"下一页"添加"移至下一条记录"服务器行为，"最后页"添加"移至最后一条记录"服务器行为。选中文字"首页"，单击"服务器行为"面板中的 + 按钮，在弹出的菜单中选择"显示区域"|"如果不是第一条记录则显示区域"选项，如图 14-76 所示。

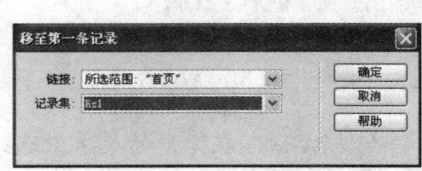

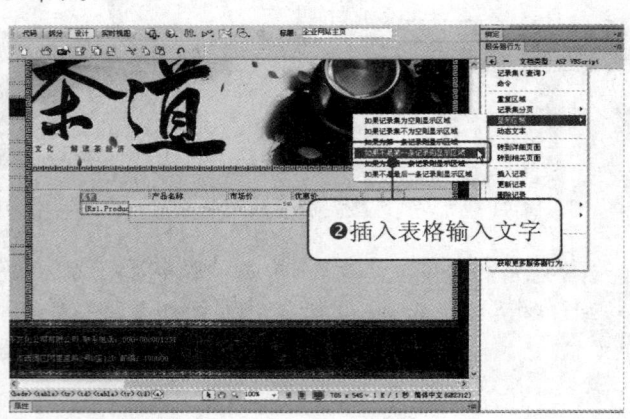

图 14-75 "移至第一条记录"对话框　　　　　图 14-76 输入文字

（14）打开"如果不是第一条记录则显示区域"对话框，在对话框中的"记录集"下拉列表中选择"Rs1"，如图 14-77 所示。

（15）单击"确定"按钮，创建"如果不是第一条记录则显示区域"服务器行为，如图 14-78 所示。

第 14 小时 制作网站产品展示系统

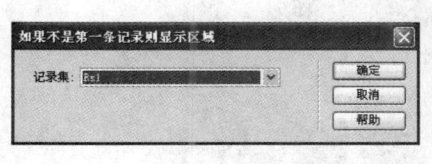
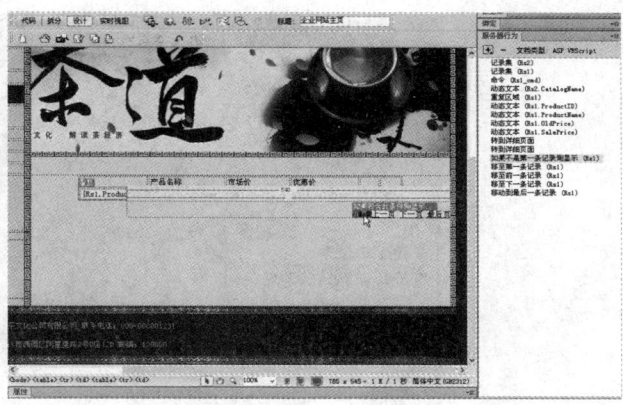

图 14-77 "如果不是第一条记录则显示区域"对话框　　图 14-78 创建服务器行为

（16）按照步骤（13）至步骤（15）的方法，为文字"上一页"添加"如果为最后一条记录则显示区域"服务器行为，"下一页"添加"如果为第一条记录则显示区域"服务器行为，"最后页"添加"如果不是最后一条记录则显示区域"服务器行为，如图 14-79 所示。

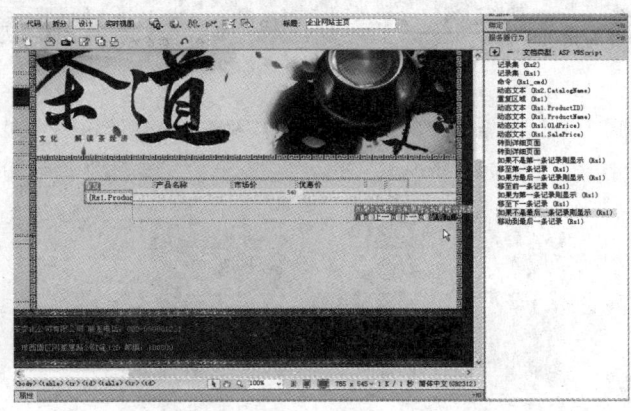

图 14-79 创建服务器行为

 **14.4.3 制作修改产品页面**

修改页面如图 14-80 所示，修改页面与前面插入记录基本类似，制作时主要是利用服务器行为中的更新记录来实现的。具体操作步骤如下。

- 练习文件　实例素材/shop/index.html
- 完成文件　实例素材/shop/modify.asp

267

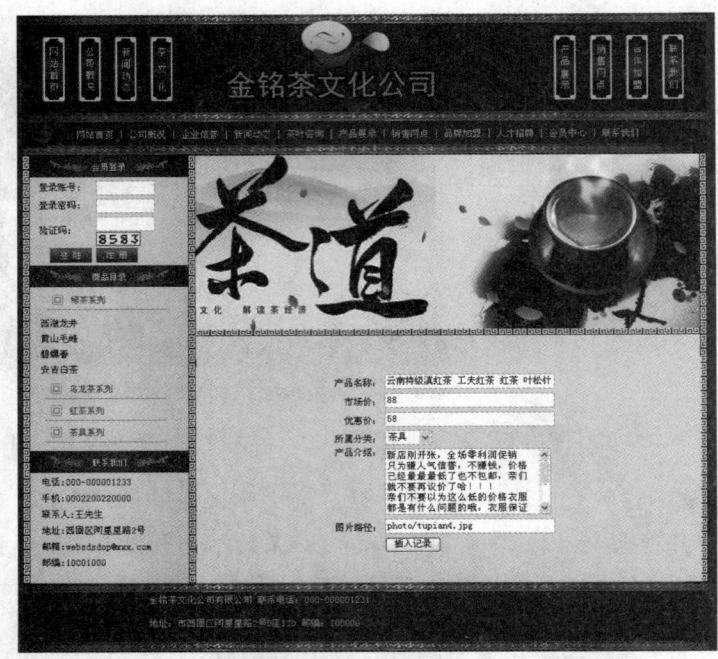

图 14-80　修改页面

（1）打开"add-Products.asp"网页，将其另存为"modify.asp"网页，在"服务器行为"面板中选中"插入记录（表单"form1"）"，单击 [−] 按钮删除，如图 14-81 所示。

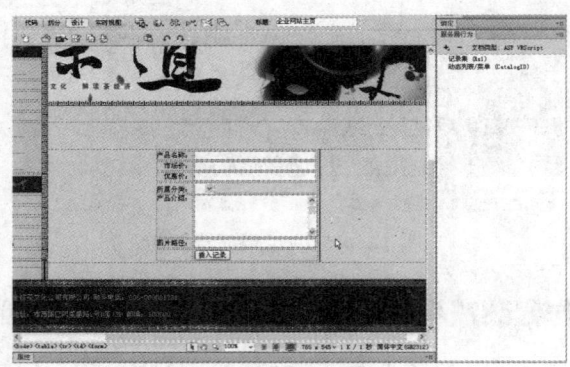

图 14-81　新建网页

（2）单击"绑定"面板中的 [+] 按钮，在弹出的菜单中选择"记录集（查询）"选项，打开"记录集"对话框。在该对话框中的"名称"文本框中输入"Rs2"，"连接"下拉列表中选择"conn"，"表格"下拉列表中选择"Products"，"列"区域中单击"全部"单选按钮，"筛选"下拉列表中分别选择"ProductsID"、" = "、"URL 参数"和"ProductsID"，如图 14-82 所示。

（3）单击"确定"按钮，创建记录集。

（4）选中表单中"产品名称"文本域，在"绑定"面板中展开记录集"Rs2"，选中

第 14 小时　制作网站产品展示系统

ProductName 字段，单击 绑定 按钮，绑定字段，如图 14-83 所示。

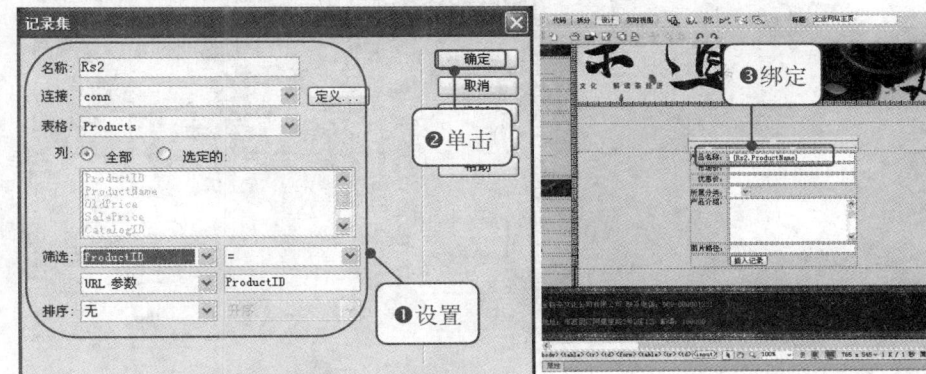

图 14-82　"记录集"对话框　　　　　　　　图 14-83　绑定字段

（5）按照步骤（4）的方法，在相应的位置绑定相应的字段，如图 14-84 所示。

（6）单击"服务器行为"面板中的 按钮，在弹出的菜单中选择"更新记录"选项，打开"更新记录"对话框。在该对话框中"连接"下拉列表中选择"conn"，"要更新的表格"下拉列表中选择"Products"，"选取记录自"下拉列表中选择"Rs2"，"在更新后，转到"文本框中输入"ok-3.htm"，如图 14-85 所示。

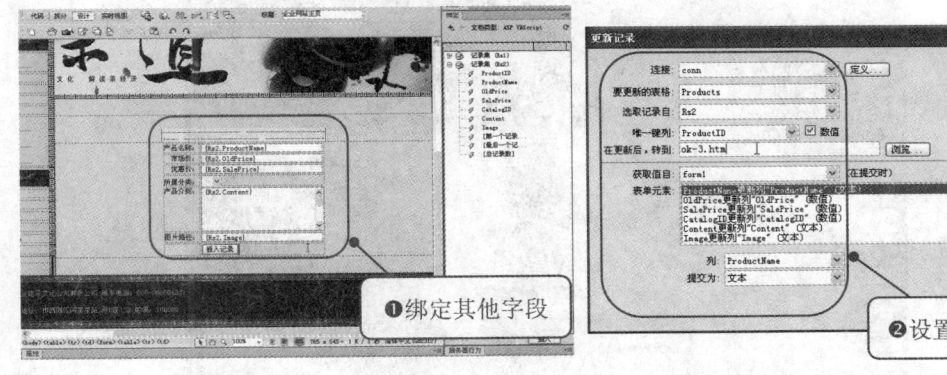

图 14-84　绑定其他字段　　　　　　　　图 14-85　"更新记录"对话框

（7）单击"确定"按钮，创建更新记录服务器行为，如图 14-86 所示。

（8）打开"ok-1.htm"网页，将其另存为"ok-3.htm"网页，将右边的文字删除，输入"修改成功，返回到商品管理页面！"，选中文字"商品管理页面"，在"属性"面板中的"链接"文本框中输入"manage.asp"，如图 14-87 所示。

269

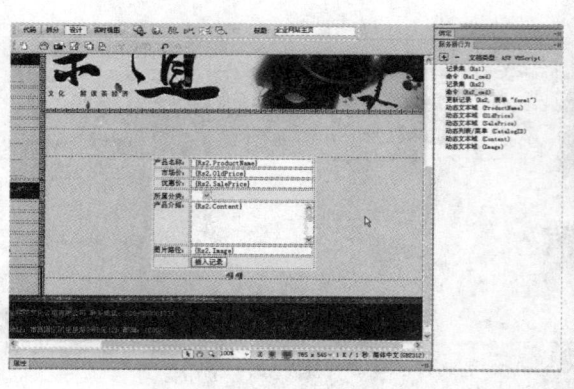
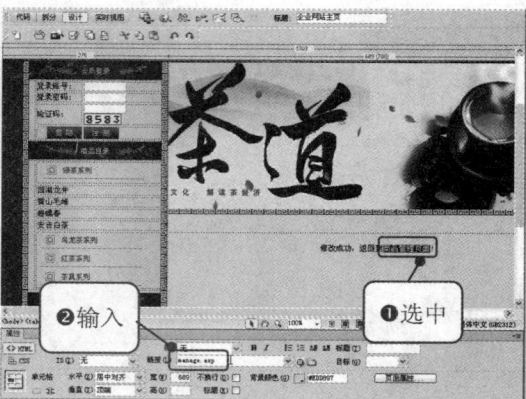

图 14-86　创建更新记录服务器行为　　　　　图 14-87　设置链接

 14.4.4　制作删除产品页面

删除页面把重复、多余和不再有效的数据从数据库中删除，以免浪费数据库中的资源。删除页面如图 14-88 所示，具体操作步骤如下。

练习文件　实例素材/shop/index.html

完成文件　实例素材/shop/del.asp

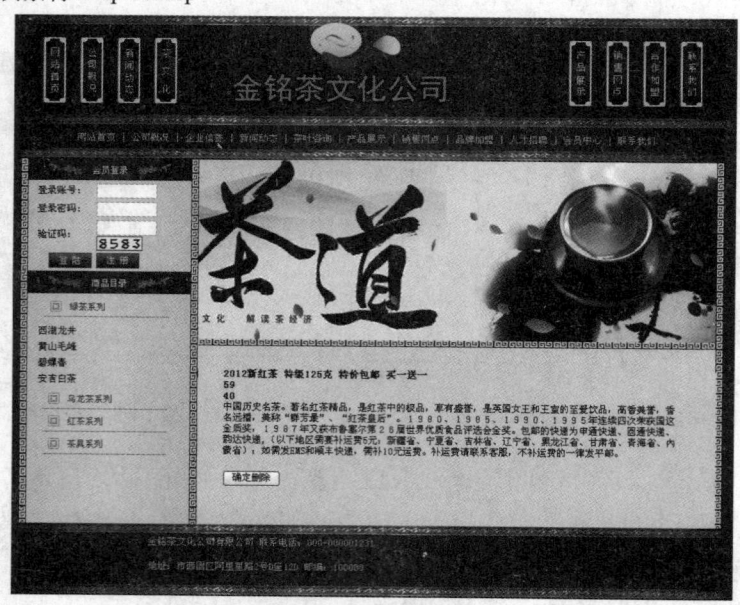

图 14-88　删除页面

（1）打开"index.htm"网页文档，将其另存为"del.asp"，将左边的商品分类删除，并将右边的商品展示删除，如图 14-89 所示。

第 14 小时 制作网站产品展示系统

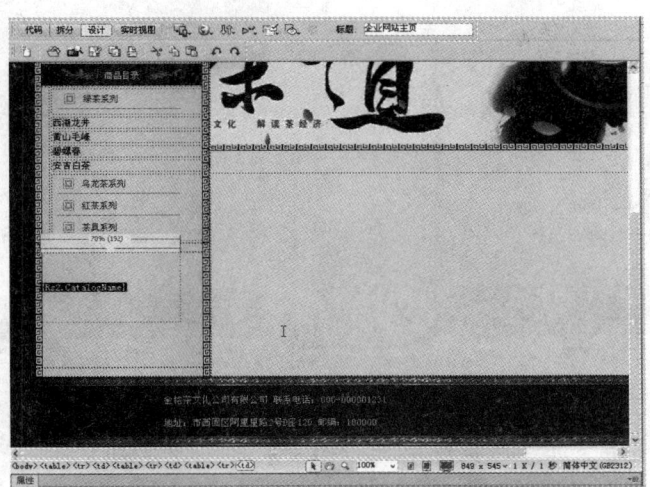

图 14-89 新建网页

（2）在"服务器行为"面板中双击记录集"Rs1"，打开"记录集"对话框，在对话框中"筛选"下拉列表中分别选择"ProductID"、"="、"URL 参数"和"ProductID"选项，其他不变，如图 14-90 所示。

（3）将光标放置在相应的位置，设置为"居中对齐"，在"绑定"面板中展开记录集"Rs1"，选中 ProductName 字段，单击 插入 按钮，绑定字段，如图 14-91 所示。

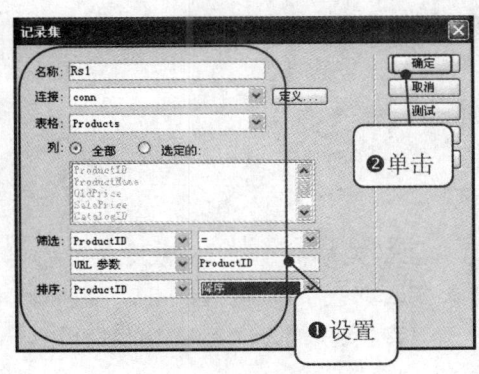

图 14-90 "记录集"对话框

图 14-91 绑定字段

（4）按照步骤（2）的方法，将字段绑定到相应的位置，如图 14-92 所示。

（5）将光标放置在相应的位置，执行"插入"|"表单"|"表单"命令，插入表单，如图 14-93 所示。

271

学用一册通：20小时网站建设完整案例实录

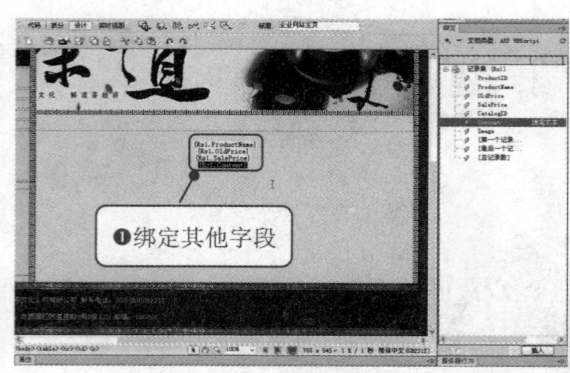
图 14-92 绑定其他字段

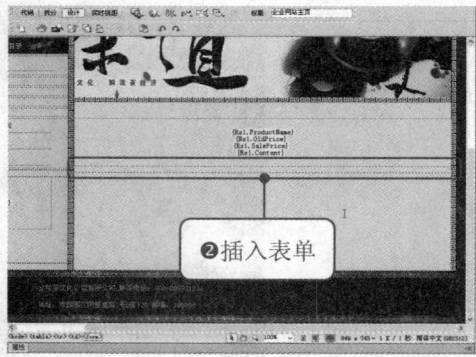
图 14-93 插入表单

（6）将光标放置在表单中，执行"插入"|"表单"|"按钮"命令，插入按钮，在"属性"面板的"值"文本框中输入文字"确定删除"，"动作"设置为"提交表单"，对齐方式设置为"居中对齐"，如图14-94所示。

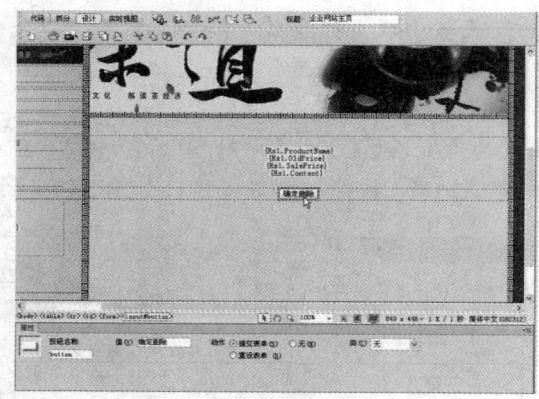
图 14-94 插入按钮

（7）单击"服务器行为"面板中的 + 按钮，在弹出的菜单中选择"删除记录"选项，打开"删除记录"对话框。在该对话框中的"连接"下拉列表中选择"conn"，"从表格中删除"下拉列表中选择"Products"，"选取记录自"下拉列表中选择"Rs1"，"在更新后，转到"文本框中输入"ok-4.htm"，如图14-95所示。

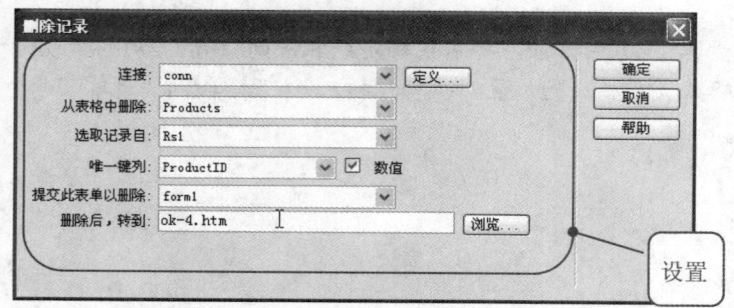
图 14-95 "删除记录"对话框

第 14 小时　制作网站产品展示系统

（8）单击"确定"按钮，创建删除记录服务器行为，如图 14-96 所示。

（9）打开"ok-3.htm"网页，将其另存为"ok-4.htm"，将右边的文字修改为"删除成功，返回到商品管理页面！"，如图 14-97 所示。

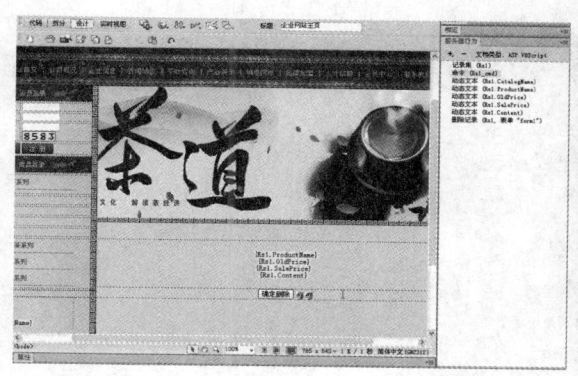

图 14-96　创建删除记录服务器行为　　　　　　　图 14-97　修改文字

14.5　专家秘籍

1．如何给网站增加购物车和在线支付功能？

本章详细讲述了商品展示系统的制作，但是在实际的购物网站中还有以下功能，这里限于篇幅就不再讲述了，有兴趣的读者可以尝试解决。

（1）增加购物车功能：增加购物车的功能是一个复杂而又烦琐的过程，可以利用购物车插件为网站增加一个功能完整的购物车系统。读者可以去网上下载一个购物车插件，安装上即可使用。

（2）在线支付功能：这就需要使用动态开发语言，如 ASP、PHP、JSP 等来实现。当然现在也有专门的第三方在线支付平台。

2．怎样使用"数据"插入栏？

在开发动态网页数据的时候，利用"服务器行为"面板上的菜单，是比较直接方便的一种方式，但对熟悉 Dreamweaver CS6 的用户来说，利用"应用程序"插入栏更快捷、有效，可以节约很多时间，"数据"插入栏如图 14-98 所示。

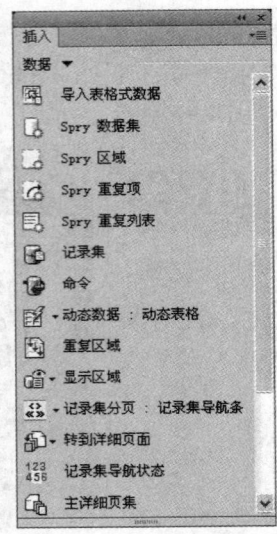

图 14-98　"数据"插入栏

- "记录集"：选择要显示的数据，是通过数据库查询中提取的信息集。
- "命令"：创建 SQL 代码变量、参数设置代码格式的命令。
- "动态数据"：动态 Web 站点要求有一个可从中检索和显示动态数据的数据源。Dreamweaver CS6 允许使用数据库、请求参数、URL 参数、服务器参数、表单参数、预存过程，以及其他动态数据。根据数据源的不同，可检索新数据以满足某个请求，也可以修改页面以满足用户需要。
- "重复区域"："重复区域"服务器行为允许在页面中显示记录集中的多条记录。任何动态数据选择都可以转变成重复的区域。然而，最常见的区域是表格、表格行或一系列表格行。
- "显示区域"："显示区域"服务器行为可以根据当前显示的记录的相关性，选择显示或隐藏页面上的项目。
- "记录集分页"：记录集分页可以定义为记录集导航栏，是具备分页导航功能的动态链接。
- "转到详细页面"：Dreamweaver 在所选文本周围放置一个特殊链接。当用户单击该链接时，"转到详细页面"服务器行为将一个包含记录 ID 的 URL 参数传递到详细页。
- "记录集导航状态"：显示数据记录从首条到末条的数据库 ID 数，并记录所有记录的总数。
- "主详细页集"：使用 Dreamweaver 可以创建以两个明细级别表示的页面集。主页列出记录，详细页显示有关各记录的更多详细信息。
- "插入记录"：用于生成一个使用用户在数据库中插入新记录的页，Dreamweaver 将服务器行为添加到页，该页允许用户通过填写 HTML 表单并单击"提交"按钮在数据表中插入记录。
- "更新记录"：用于生成一个使用用户在数据库中修改新记录的页。

第 14 小时　制作网站产品展示系统

- "删除记录"：可以删除数据库数据记录的表单行为。
- "用户身份验证"：用于验证用户是否登录、是否注册,以及限制用户对页的访问。
- "XSL 转换"：用于创建可执行服务器端 XSL 转换的 XSLT 页面。当应用程序服务器执行 XSL 转换时,包含 XML 数据的文件可以驻留在服务器上,也可驻留在 Web 上的任何地方。

3．怎样通过 SQL 来定义高级记录集？

使用高级"记录集"对话框编写自己的 SQL 语句,或使用图形化"数据库项"树来创建 SQL 语句。

（1）在"文档"窗口中打开要使用记录集的页面。

（2）执行"窗口"|"绑定"命令,显示"绑定"面板。

（3）在"绑定"面板中,单击 按钮并从弹出菜单中选择"记录集（查询）"。出现高级"记录集"对话框,如图 14-99 所示。

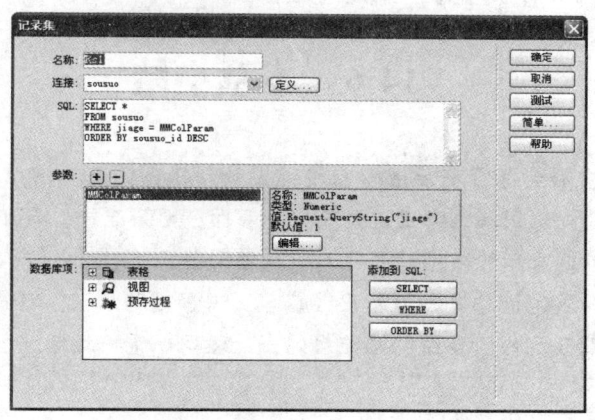

图 14-99　高级"记录集"对话框

- 在"名称"框中,输入记录集的名称。通常的做法是在记录集名称前添加前缀 rs,以将其与代码中的其他对象名称区分开。记录集名称只能包含字母、数字和下画线(_)。不能使用特殊字符或空格。
- 从"连接"弹出菜单中选择一个连接。
- 在 SQL 文本区域中输入一个 SQL 语句,或使用对话框底部的图形化"数据库项"树从所选的数据集生成一个 SQL 语句。
- 如果 SQL 语句包含变量,在"变量"区域中定义它们的值,方法是单击 按钮并输入变量名称、默认值和运行时值。
- 单击"测试"连接到数据库并创建一个记录集实例。如果 SQL 语句包含变量,则在单击"测试"前,请确保"变量"框的"默认值"列包含有效的测试值。如果成功,将出现一个显示记录集中数据的表格。每行包含一条记录,而每列表示该记录中的一个域,单击"确定"按钮,清除该记录集。

4．常见的保护数据库的方法

现在中小企业网站越来越多，而使用 IIS+ASP+Access 则是其最适用的建站方案。对于网站来说，最重要的莫过于安全了，而安全之中又莫过于保护数据库不被非法下载。因为数据库默认的扩展名为 mdb，如果能够猜出数据库的位置，那么即可不费吹灰之力将其下载。下面就介绍常见的保护数据库的方法。

（1）隐藏存储路径。按照常规来说，很多人习惯将数据库保存在网站的 data 目录下，并且命名为 data.mdb、admin.mdb 等非常容易被猜到的名字，这样的做法是非常危险的。对此，我们可以突破常规，重新创建一个没有任何含义的文件夹，并且将其隐藏在一个比较深的路径中，这样一般就不会被猜测到了。

（2）更改名称。默认的文件名极易被猜到，因此在更改存储路径的同时应同时更改其文件名。而更改文件名不仅要更改文件主名，扩展名同样要更改。例如，我们可以将其更改为 ASP 和 ASA 等不影响数据库查询的名字。更改扩展名后是无法通过 IE 浏览器直接下载的，因为打开后看到的是一大片乱码，对盗取者来说毫无用处。

14.6　本章小结

本章主要介绍了商品展示系统的设计制作，重点与难点是数据库创建和连接、建立记录集、绑定记录集中的字段、更新记录、删除记录、重复区域设置、分页显示和应用程序插入栏的使用等。通过对本章的学习，读者对商品展示系统的制作开发过程已经有了一个深刻的认识。在实践中多练习，进一步了解商品展示系统的功能及特点，就可以很好地制作出动态网页。

第  15 小时　制作网站主页

本章导读

在任何站点上，主页是最重要的页面，有比其他页面更大的访问量。有很多形象的比喻可以说明主页的作用：主页是对外的脸面，是网站的第一印象。"第一印象"的好坏，在很大程度上决定着访问者对网站的取舍。而这样的机会只有一次，如果第一印象不佳访问者就不会再来访问。这就要求主页设计不但要单纯、简练、清晰和精确，而且在强调艺术性的同时，更应该注重通过独特的风格和强烈的视觉冲击力，来鲜明地突出设计主题。

学习要点

◎ 网站主页设计指南
◎ 利用模板新建网页
◎ 制作新闻动态
◎ 制作产品展示
◎ 制作留言部分

本章学习流程

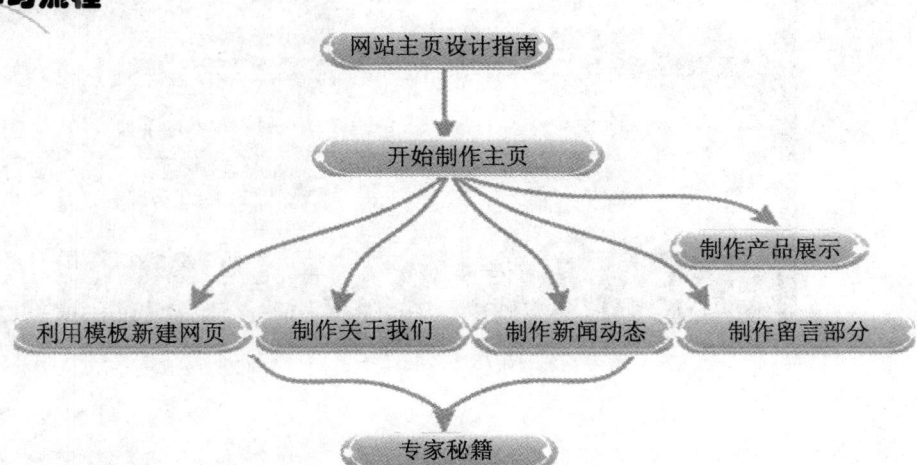

15.1 网站主页设计指南

根据企业网站的目的和功能规划网站内容,一般企业网站应包括:公司简介、产品介绍、服务内容、价格信息、联系方式、网上订单等基本内容。

网页设计一般要与企业整体形象一致,要符合 CI 规范。要注意网页色彩、图片的应用及版面规划,保持网页的整体一致性。在新技术的采用上要考虑主要目标访问群体的分布地域、年龄阶层、网络速度、阅读习惯等。

如图 15-1 所示的企业网站的页面中,水平线段和色块的运用形成一种强烈的形式感和视觉冲击力,能够在第一眼就产生兴趣,达到了吸引访问者注意力的目的,给整个主页增加了丰富、流畅、活泼、立体的气氛。左边的水平线上显示了主页的栏目导航,水平线的运用增加了网页的协调、严谨、庄严的风格。

设计制作以形象为主的企业网站时,应以企业自身的特点和企业文化作为网页设计的切入点,色彩搭配也应与企业相关,这样才能更好地提升企业形象,达到宣传效果。本例使用红色作为页面色彩的主色调与其他色彩搭配,能有效地衬托企业网站的庄严,红色的活力使该企业网站具有蓬勃向上的朝气。

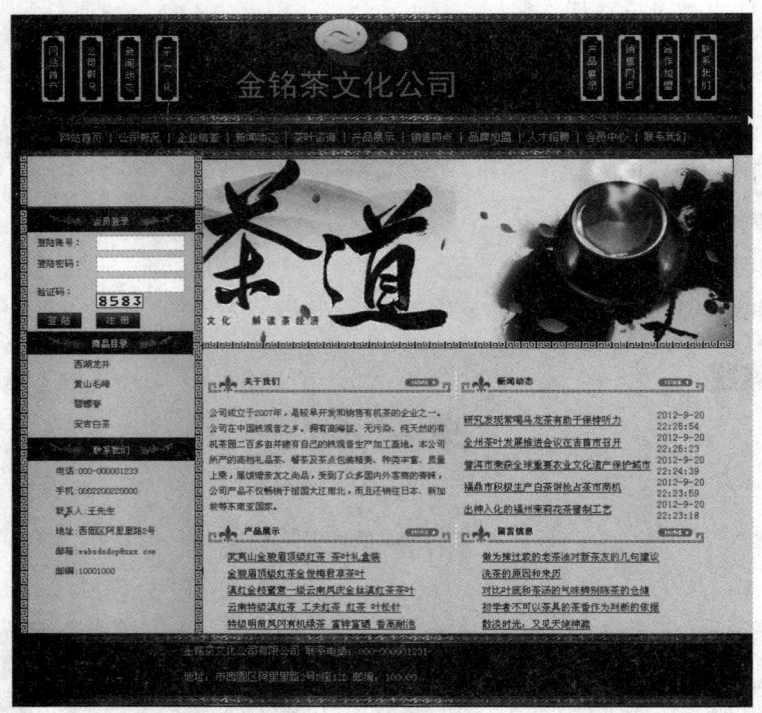

图 15-1 网站主页

第 15 小时　制作网站主页

15.2　开始制作主页

公司概况页面采用静态页面，主要功能是宣传企业，通过对公司的基本情况、文化理念、服务、产品的了解，使公司为更多客户所熟悉、信赖。

15.2.1　利用模板新建网页

由于网站的主页页面与其他页面整体风格类似，因此可以采用模板制作，利用模板新建网页具体操作步骤如下。

（1）执行"文件"|"新建"命令，弹出"新建文档"对话框，在对话框中执行"模板中的页"|"20小时建站实录"|"moban"命令，如图15-2所示。

（2）单击"创建"按钮，利用模板创建网页，如图15-3所示。

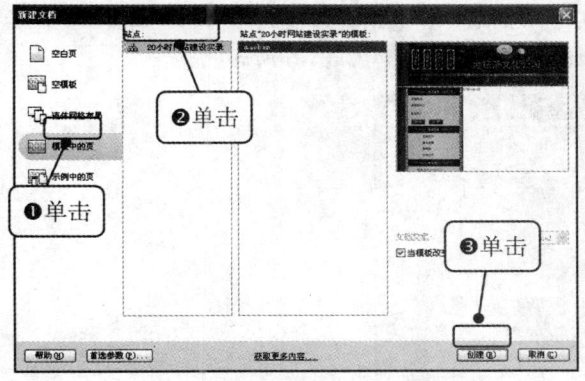

图 15-2　"新建文档"对话框　　　　　　图 15-3　创建文档网页

（3）执行"文件"|"保存"命令，弹出"另存为"对话框，在对话框中的"文件名"文本框中输入名称 index.asp，单击"保存"按钮，保存文档，如图15-4所示。

图 15-4　"另存为"对话框

15.2.2 制作关于我们的正文

关于我们部分主要是图片和文字,如图 15-5 所示,具体制作步骤如下。

图 15-5　右侧正文部分

(1)将光标置于可以编辑区域中,执行"插入"|"表格"命令,弹出"表格"对话框,在对话框中将"行数"设置为 2,"列数"设置为 1,如图 15-6 所示。

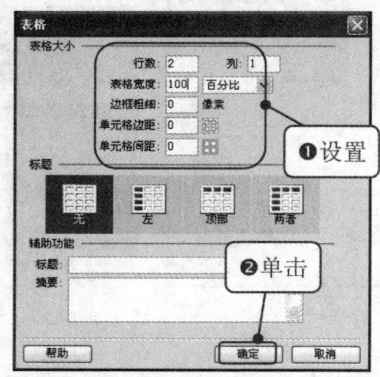

图 15-6　"表格"对话框

(2)单击"确定"按钮,插入表格,此表格记为表格 1,如图 15-7 所示。

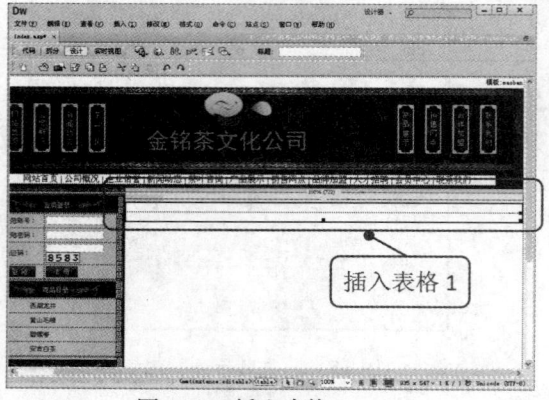

图 15-7　插入表格 1

第 15 小时　制作网站主页

（3）将光标置于表格 1 的第 1 行单元格中，执行"插入"｜"图像"命令，弹出"选择图像源文件"对话框，在对话框中选择图像文件 images/index_04.jpg，如图 15-8 所示。

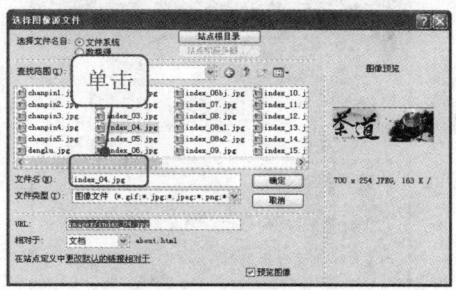

图 15-8　"选择图像源文件"对话框

（4）单击"确定"按钮，插入图像，如图 15-9 所示。

图 15-9　插入图像

（5）将光标置于表格 1 的第 2 行单元格中，插入图像文件 images/index_09.jpg，如图 15-10 所示。

图 15-10　插入图像

（6）将光标置于表格 1 下面，执行"插入"|"表格"命令，弹出"表格"对话框，在对话框中将"行数"设置为 4，"列数"设置为 2，如图 15-11 所示。

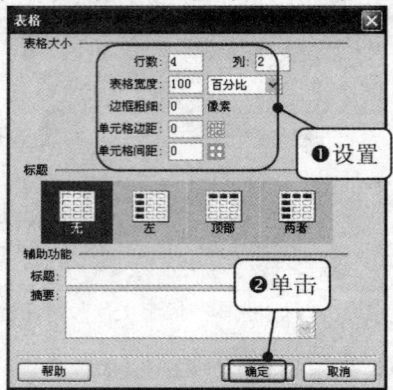

图 15-11　表格对话框

（7）单击"确定"按钮，插入表格 2，如图 15-12 所示。

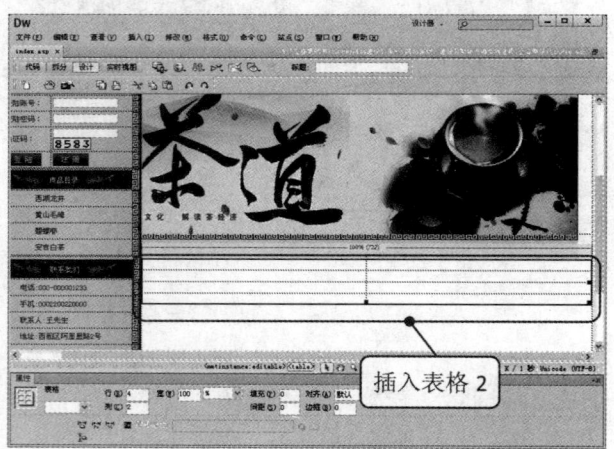

图 15-12　插入表格 2

（8）将光标置于表格 2 的第 1 行第 1 列中，执行"插入"|"图像"命令，弹出"选择图像源文件"对话框，在对话框中选择图像文件 images/about.jpg，如图 15-13 所示。

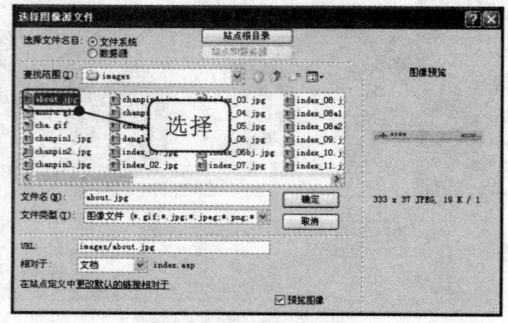

图 15-13　选择图像

第 15 小时　制作网站主页

（9）单击"确定"按钮，插入图像，如图 15-14 所示。

图 15-14　插入图像

（10）将光标置于表格 2 的第 2 行第 1 列中，执行"插入"|"表格"命令，插入 1 行 1 列的表格 3，设置表格宽度为 95%，居中对齐，如图 15-15 所示。

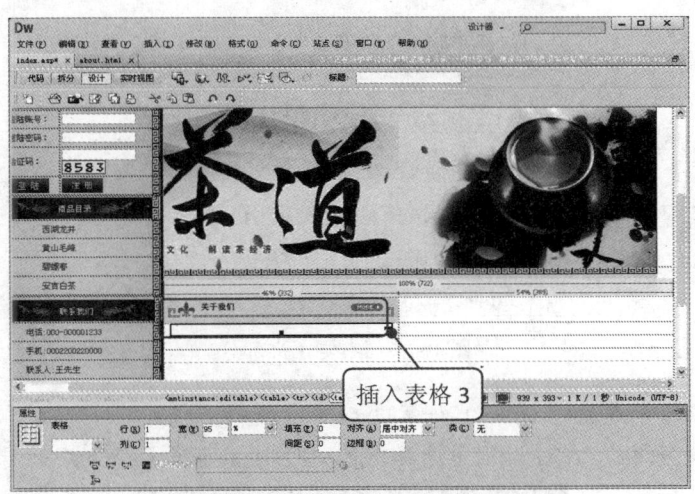

图 15-15　插入表格 3

（11）在表格内输入文字，如图 15-16 所示。

283

学用一册通：20 小时网站建设完整案例实录

图 15-16　输入文字

 **15.2.3　制作新闻动态**

新闻动态部分主要是从新闻表 news 中读取最新的新闻标题，如图 15-17 所示，具体制作步骤如下。

图 15-17　右侧正文部分

（1）将光标置于表格 2 的第 1 行第 2 列中，执行"插入"｜"图像"命令，弹出"选择图像源文件"对话框，在对话框中选择图像文件 images/news.jpg，如图 15-18 所示。

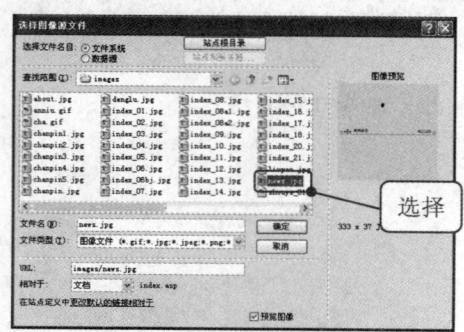

图 15-18　选择图像

第 15 小时　制作网站主页

（2）单击"确定"按钮，插入图像，如图 15-19 所示。

图 15-19　插入图像

（3）将光标置于表格 2 的第 2 行第 2 列中，执行"插入"|"表格"命令，插入 1 行 2 列的表格 4，设置表格宽度为 95%，居中对齐，如图 15-20 所示。

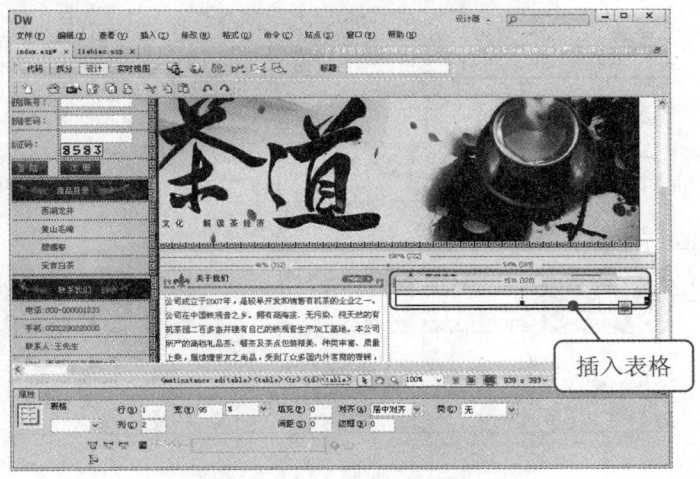

图 15-20　插入表格

（4）分别在单元格中输入"新闻标题"和"发表时间"，将"大小"设置为 13px，如图 15-21 所示。

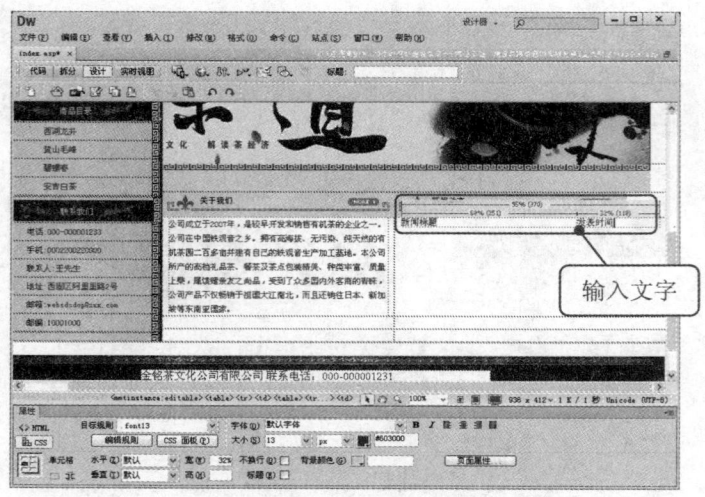

图 15-21　输入文字

（5）执行"窗口"|"绑定"命令，打开绑定面板，在面板中单击 按钮，在弹出菜单中选择"记录集查询"选项，如图 15-22 所示。

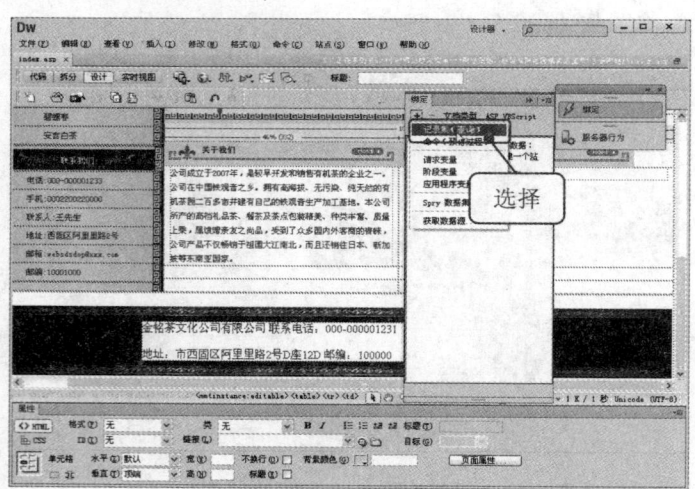

图 15-22　选择"记录集查询"

（6）打开"记录集"对话框，在对话框中的"名称"文本框中输入"Recordset1"，在"连接"下拉列表中选择"conn"，在"表格"下拉列表中选择"news"，在"列"区域中单击"全部"单选按钮，如图 15-23 所示。

第 15 小时　制作网站主页

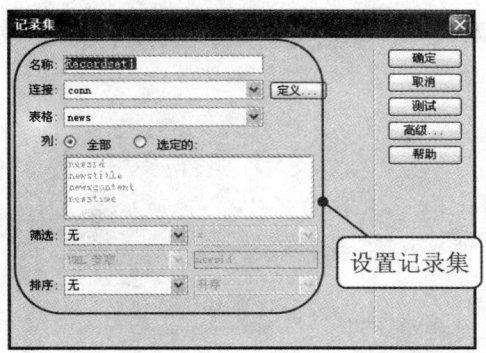

图 15-23　"记录集"对话框

（7）单击"高级"按钮，打开记录集高级对话框，在对话框中修改代码如图 15-24 所示。

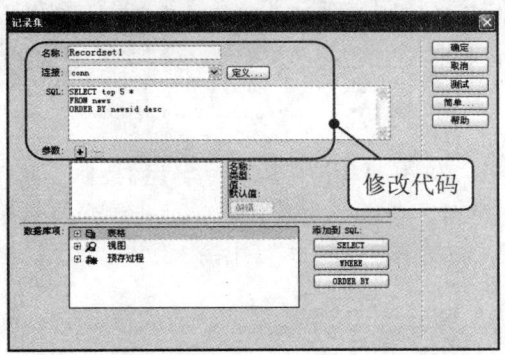

图 15-24　修改代码

（8）单击"确定"按钮，创建记录集，如图 15-25 所示。

（9）在文档中选中文字"新闻标题"，在"绑定"面板中展开记录集"Recordset1"，选中 newstitle 字段，单击右下角的 插入 按钮，绑定字段，如图 15-26 所示。

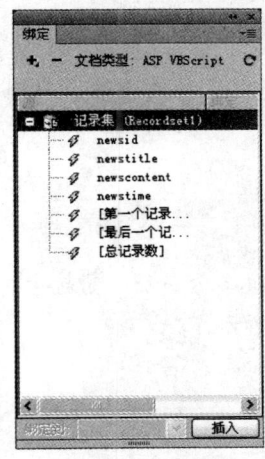

图 15-25　创建记录集

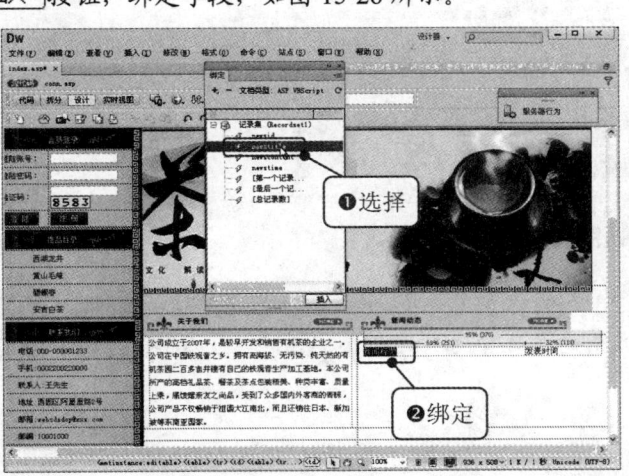

图 15-26　绑定 newstitle 字段

287

学用一册通：20 小时网站建设完整案例实录

（10）在文档中选中文字"发布时间"，在"绑定"面板中展开记录集"Rs1"，选中 newstime 字段，单击右下角的 插入 按钮，绑定字段，如图 15-27 所示。

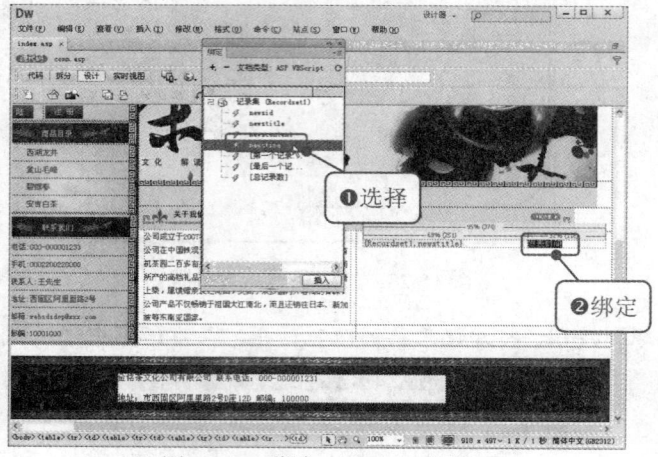

图 15-27　绑定 newstime 字段

（11）选中表格，单击"服务器行为"面板中的 按钮，在弹出的菜单中选择"重复区域"选项，如图 15-28 所示，打开"重复区域"对话框，在对话框中的"记录集"下拉列表中选择"Recordset1"，在"显示"文本框中输入"5"记录，单击"确定"按钮，创建重复区域，如图 15-29 所示。

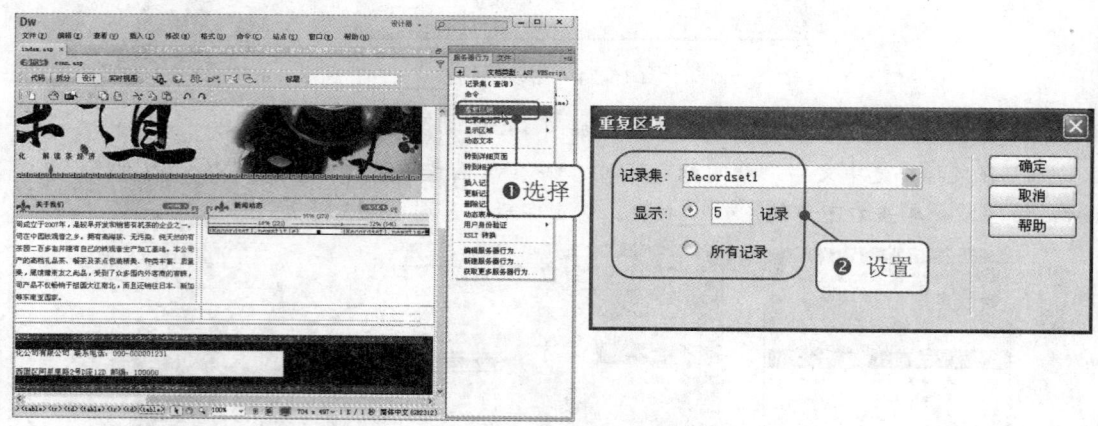

图 15-28　选择"重复区域"选项　　　　图 15-29　设置"重复区域"对话框

（12）在文档中选中 {Recordset1.newstitle} 占位符，单击"服务器行为"面板中的 按钮，在弹出的菜单中选择"转到详细页面"选项，如图 15-30 所示。

288

第 15 小时　制作网站主页

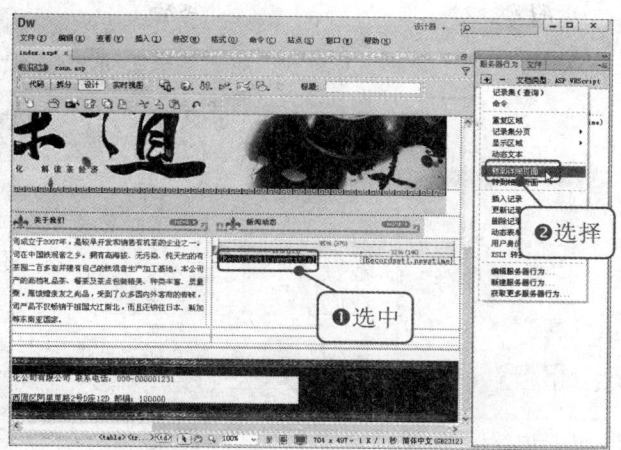

图 15-30　选择"转到详细页面"选项

（13）打开"转到详细页面"对话框，在对话框中的"详细信息页"文本框中输入"news/xiangxi.asp"，单击"确定"按钮，即可完成新闻列部分的创建。如图 15-31 所示。

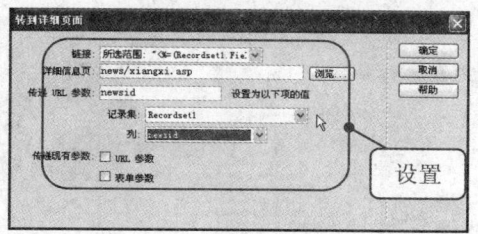

图 15-31　"详细信息页"设置

 **15.2.4　制作产品展示**

产品展示部分主要是从产品表中读取产品名称，如图 15-32 所示，具体制作步骤如下。

图 15-32　产品展示

（1）将光标放置在相应的位置，执行"插入"|"图像"命令，弹出"选择图像源文件"对话框，在对话框中选择图像文件 images/chanpin.jpg，如图 15-33 所示。

（2）单击"确定"按钮，插入图像，如图 15-34 所示。

289

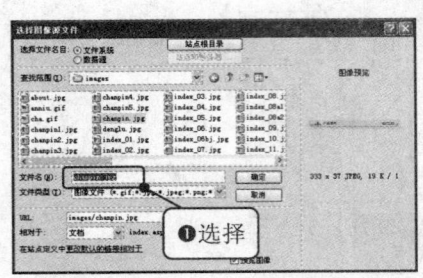
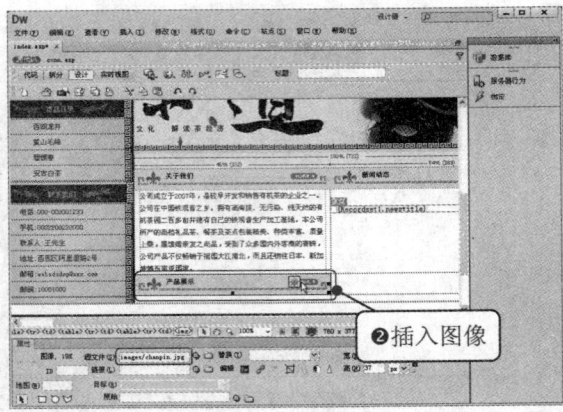

图 15-33 选择 chanpin 图像　　　　图 15-34 插入图像

（3）将光标放置在图像的下一单元格里，执行"插入"|"表格"命令，插入 1 行 1 列的表格，设置表格宽度为 90%，居中对齐，如图 15-35 所示。

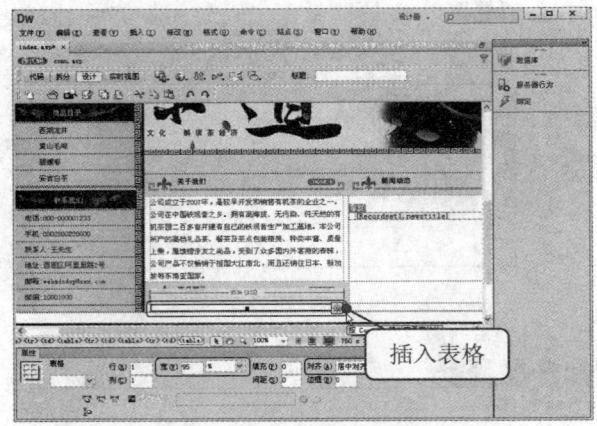

图 15-35 插入表格

（4）在单元格中输入文字，如图 15-36 所示。

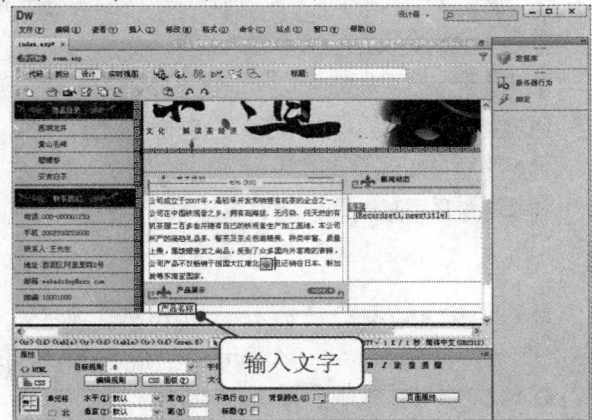

图 15-36 输入文字

第 15 小时　制作网站主页

（5）执行"窗口"|"绑定"命令，打开"绑定"面板，在面板中单击![+]按钮，在弹出的菜单中选择"记录集（查询）"选项，打开"记录集"高级对话框。在该对话框的"名称"文本框中输入"Recordset2"，在 SQL 中输入代码"SELECT top 5 *FROM Products ORDER BY ProductID desc"，单击"确定"按钮，创建记录集，图 15-37 所示。

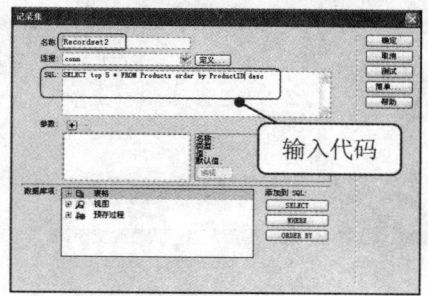

图 15-37　创建记录集

（6）在文档中选中文字"产品名称"，在"绑定"面板中展开记录集"Recordset2"，选中 ProductName 字段，单击 绑定 按钮，绑定字段，如图 15-38 所示。

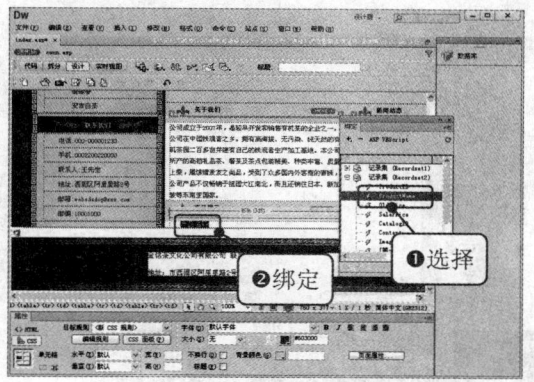

图 15-38　绑定 ProductName 字段

（7）选中单元格，执行"窗口"|"服务器行为"命令，打开"服务器行为"面板，在面板中单击![+]按钮，在弹出的菜单中选择"重复区域"选项，打开"重复区域"对话框，在对话框中的"记录集"下拉列表中选择"Rs1"，"显示"设置为"5"记录，如图 15-39 所示。

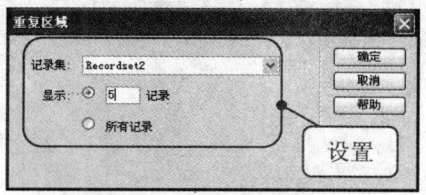

图 15-39　设置"重复区域"

（8）单击"确定"按钮，创建重复区域服务器行为，如图15-40所示。

图15-40　创建重复区域服务器行为

（9）在文档中选中{Recordset2.ProductName}占位符，单击"服务器行为"面板中的 按钮，在弹出的菜单中选择"转到详细页面"选项，如图15-41所示。

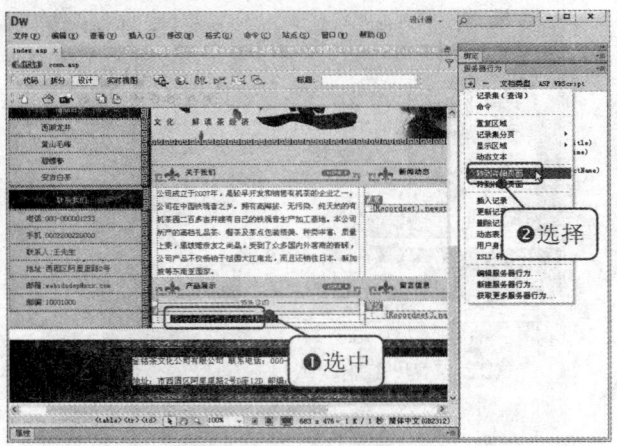

图15-41　选择"转到详细页面"选项

（10）打开"转到详细页面"对话框，在对话框中的"详细信息页"文本框中输入"shop/detail.asp"，单击"确定"按钮，即可完成新闻列部分的创建。如图15-42所示。

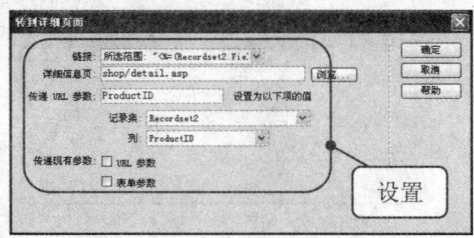

图15-42　"详细信息页"设置

第 15 小时　制作网站主页

15.2.5　制作留言部分

留言部分主要是显示最新的留言标题内容，如图 15-43 所示，具体制作步骤如下。

图 15-43　留言内容

（1）将光标放置在相应的位置，执行"插入"|"图像"命令，弹出"选择图像源文件"对话框，在对话框中选择图像文件 images/liuyan.jpg，如图 15-44 所示。

（2）单击"确定"按钮，插入图像，如图 15-45 所示。

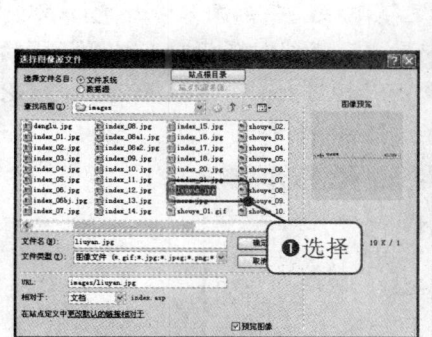

图 15-44　选择 liuyan 图像

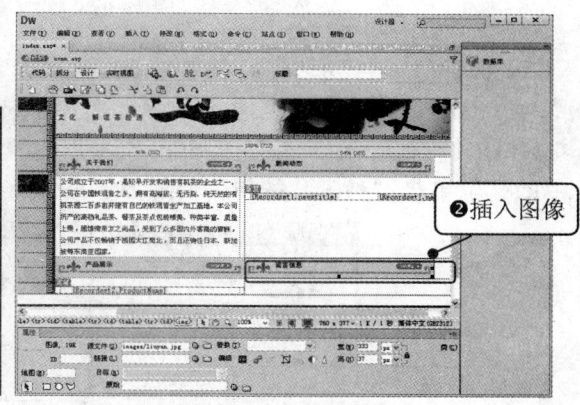

图 15-45　插入图像

（3）将光标放置在图像的下一单元格里，执行"插入"|"表格"命令，插入 1 行 1 列的表格，设置表格宽度为 90%，居中对齐，如图 15-46 所示。

图 15-46　插入表格

293

（4）在单元格中输入文字，如图 15-47 所示。

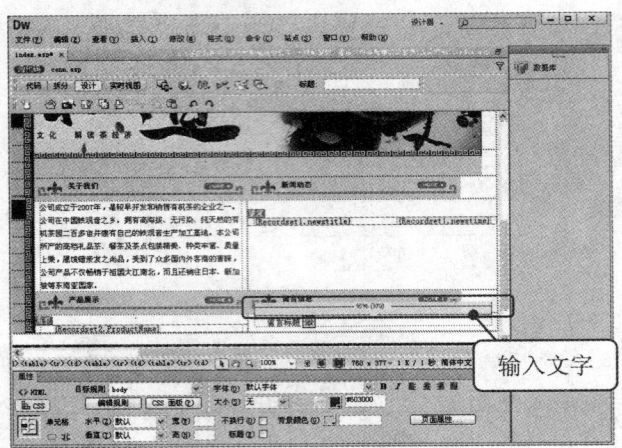

图 15-47　输入文字

（5）执行"窗口"|"绑定"命令，打开"绑定"面板，在面板中单击按钮，在弹出的菜单中选择"记录集（查询）"选项，打开"记录集"高级对话框。在该对话框的"名称"文本框中输入"Recordset3"，在 SQL 中输入代码"SELECT top 5 * FROM guest　ORDER BY id desc"，单击"确定"按钮，创建记录集。如图 15-48 所示。

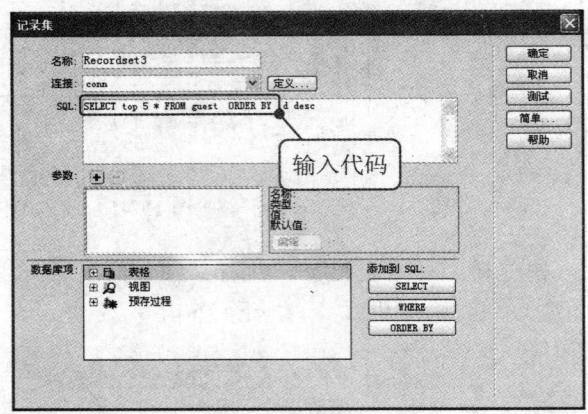

图 15-48　创建记录集

（6）在文档中选中文字"留言标题"，在"绑定"面板中展开记录集"Recordset3"，选中 title 字段，单击按钮，绑定字段，如图 15-49 所示。

第 15 小时　制作网站主页

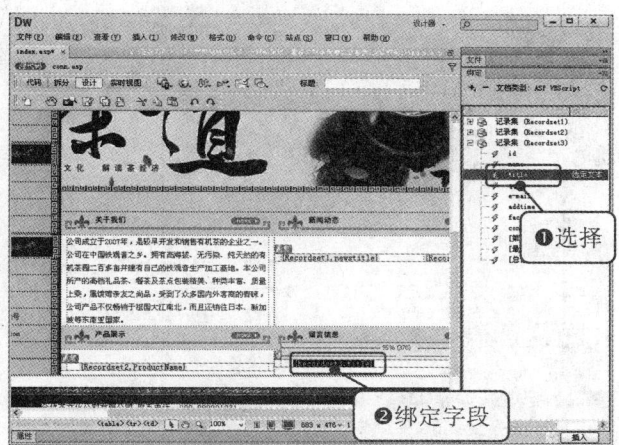

图 15-49　绑定 title 字段

（7）选中单元格，执行"窗口"|"服务器行为"命令，打开"服务器行为"面板，在面板中单击 + 按钮，在弹出的菜单中选择"重复区域"选项，打开"重复区域"对话框，在对话框中的"记录集"下拉列表中选择"Rs1"，"显示"设置为"5"记录，如图 15-50 示。

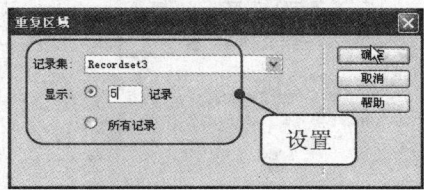

图 15-50　设置"重复区域"

（8）单击"确定"按钮，创建重复区域服务器行为，如图 15-51 所示。

图 15-51　创建重复区域服务器行为

（9）在文档中选中 {Recordset3.title} 占位符，单击"服务器行为"面板中的 + 按钮，在弹出的菜单中选择"转到详细页面"选项，如图 15-52 所示。

295

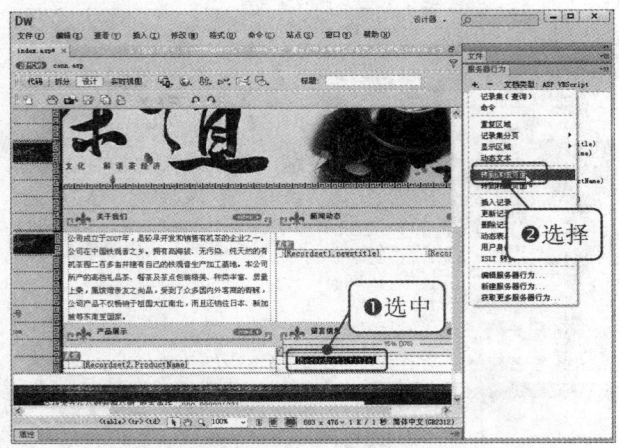

图 15-52 选择"转到详细页面"选项

（10）打开"转到详细页面"对话框，在对话框中的"详细信息页"文本框中输入"liuyan/browser.asp"，单击"确定"按钮，即可完成新闻列部分的创建，如图 15-53 所示。

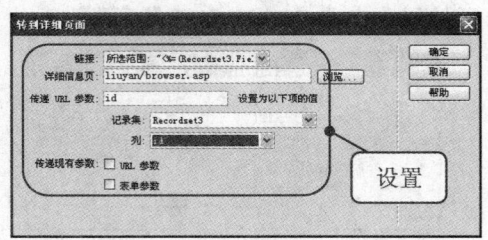

图 15-53 "详细信息页"设置

（11）最后给"关于我们"、"新闻动态"、"产品展示"、"留言信息"等部分添加背景颜色#ECD796，如图 15-54 所示。

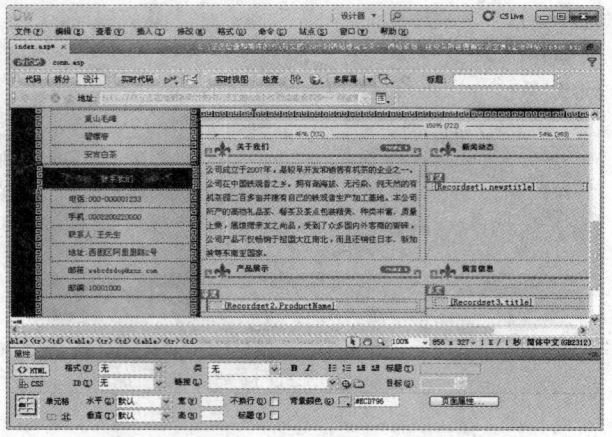

图 15-54 添加背景颜色

第 15 小时　制作网站主页

15.3　专家秘籍

1．SQL 查询语句怎么使用？

Select 语句是 SQL 的核心，从数据库中检索行，并允许从一个或多个表中选择一个或多个行或列。

语法：Select [Top（数值）] 字段列表 from 表 [where 条件] [order by 字段（ASC/DESC）] [group by]

例句：Select top 3 * form users Where user_name= "tutu " And data<#2003-1-1#

Top（数值）：数值是需要选取的记录数目，Top 表示选取表中前面的记录。例如，Top 5，选取前面 5 条记录。

字段列表：需要查询的字段列表，字段之间用逗号隔开。如果需要查询所有字段，则用"＊"替代。

表：列出需要查询的记录表名，可以同时查询多张表，表名之间用逗号隔开。

条件：查询需要满足的条件。

order by：查询出的记录按某个字段排序。ASC 升序，DESC 降序。

group by：按字段分类汇总。

提示：[ ]中的内容可以默认。例如，默认[Top（数值）]，则选取表中所有记录。

2．关系数据库有哪些属性？

●表：表是数据库的主要结构，每个表所代表的主题可以是一个对象或者是一个事件。

●字段：表示所属的表的主题的一个特征。

●记录：表示表的主题的一个独特的实例。

●键：键是一种特殊字段，分为主键与外键。

主键唯一地标识了表中的每条记录的一个字段或者多个字段（复合主键）。

外键：其他表的主键，作为 2 个表之间链接的纽带。

●视图：由来自数据库中的一个或者多个表的字段组成的一个虚拟的表，通常都是作为一个保存的查询来实现和引用。

●关系：一对一、一对多、多对多。

3．Select 语句有哪些关键字？

SELECT：必选，用来指定想要的结果中的列。

FROM：必选，用来指定从哪些地方提取要求的列。

WHERE：可选，用来过滤从 FROM 返回的行。

GROUP BY：可选，用来把信息分组。

HAVING：可选，用来过滤聚合函数的结果。

15.4 本章小结

> 如果你准备建立网站的主页，千万不要立刻开始制作页面。一定要好好的想一想，总体规划一下整个网站的结构。特别要考虑到网站的维护更新方便。一时兴起，想到什么就作什么，往往会使你的网站，虎头蛇尾，条理混乱，最终因维护困难而夭折。把所有的栏目内容都规划好了，再制作主页。

第 6 篇

发布与备案网站

- 第 16 小时　选择域名和空间
- 第 17 小时　网站的测试与发布
- 第 18 小时　网站备案获取合法身份

第 16 小时　选择域名和空间

知识导读

为了将自己的网站上传到互联网。需要有作为网址的域名及作为上传网页的网址空间——服务器。申请完域名和空间后，再利用 FTP 软件上传网页文件即可。

内容要点

- ◎ 域名的分类
- ◎ 选择最佳的域名
- ◎ 域名申请流程
- ◎ 服务器空间的几种类型
- ◎ 如何来选择网站的服务器空间
- ◎ 空间申请流程

本章学习流程

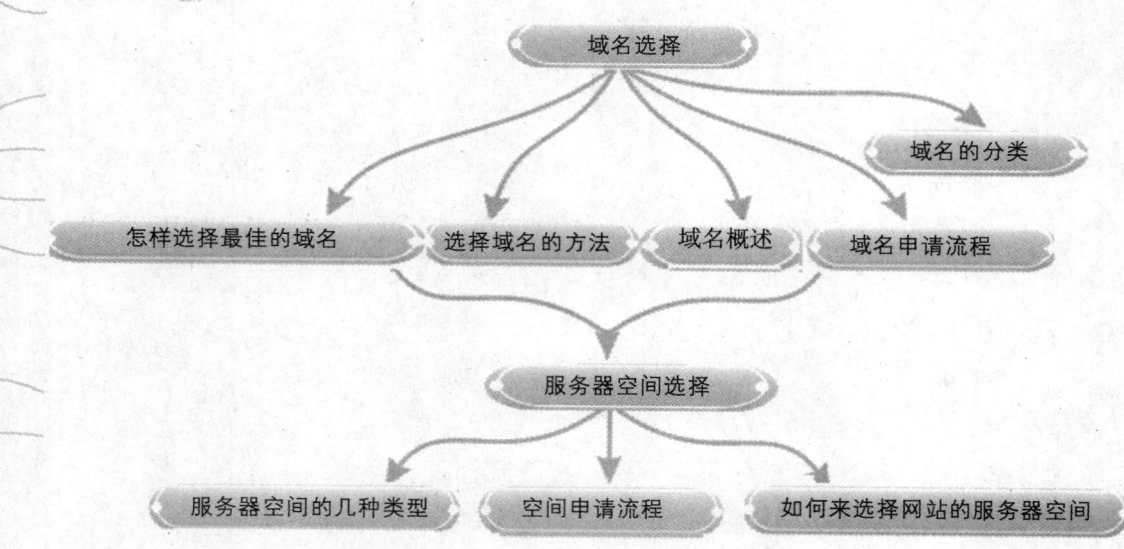

第 16 小时　选择域名和空间

16.1　域名选择

> 域名英文名为 Domain Name，是 Internet 上某台服务器的名称，通过域名可以访问到这台服务器上的内容。

 16.1.1　域名概述

互联网之所以成为网，是因为互联网具有网的特性，网上有很多的结点和网格，每一个结点上都有一台服务器，每台服务器都有地址，这个地址用 IP 地址表示。例如：127.0.0.1 这就是一个 IP 地址，它是由四个小于 256 的数字加上"."组成的。我们看到这个 IP 地址是不容易记忆和书写的，所以人类就发明了域名这个名词来代替，这就是域名一词的由来。

sina.com 就是一个完整的域名，它包含域名主体部分和域名后缀两个部分，主体部分是我们购买域名的时候自己注册的，就像现实中我们每个公司或商店的商标一样。这样的域名还有很多，如 baidu.com、163.com、taobao.com 等。

域名后缀有很多，有哪些域名后缀是我们经常用到的呢，每一个域名后缀又代表什么意思呢？.com、.net、.org、.edu、.gov、.ac、.cn、.info 等，这些都是我们经常遇到并使用的域名后缀，并且每一个域名后缀都有独立的含义。例如，.ac 是用于科研机构的，一般个人是无法注册的；.com 是用于企业网站的；.edu 是用于教育机构的，如北京大学和清华大学的网址都带有.edu 这个域名后缀；政府的英文单词是 government，所以政府的域名后缀为.gov；还有.net 用于互联网络信息中心和运行中心，.info 提供信息服务的企业等。

 16.1.2　节域名的分类

这么多的域名后缀，为了更好的记忆，我们从不同的地域和域名形式上对域名进行了分门别类，从地域上可分为国际域名和国家域名。

国际域名：顾名思义，就是能够在国际上流通而不受地域的限制，世界上任何国家和地区都可以使用，上面我们提到的很多域名后缀大多属于国际域名的范畴，如.com、.ac、.info、.net、.org、.edu、、gov……

国家域名：和国际域名是相对的，它是针对国家和地域进行分配的域名后缀，其中常用的包括：中国是.cn，美国是.us，日本是.jp，香港是.hk 等。

 16.1.3　选择域名的方法

好域名的基本原则是好记，基本要求是网友一想起你的网站，脑海里就会同时浮现出你的网站的域名，如想起"搜狐"脑海里就浮现出"sohu.com"。

好记的域名第一要简短（以不超过 6 个字符为宜），第二要有意义。这其实和人的名字一样，显然，三个字的名字比十个字的名字要好记，有意义的名字比无意义的名字要好记，对此我们或多或少都有体验。

好域名还要求易输入、易辨别，域名是由数字、字母和"-""_"组成的，数字、字母和

"-"都可以直接输入，"_"则需借助"Shift"键；另外，"-"和"_"也不易于辨别。所以，除非没有别的选择，否则域名里最好不要出现"-"或"_"。

以下是几种起域名的办法。

1）英文单词

应该说，最好的域名就是英文单词了，像"buy.com""love.com""china.com"这样的域名个个价值万金，不过，现在这样的域名已经很难申请到了。

2）汉语拼音

对中国人来说，一个好记的汉语拼音域名也许是不错的选择，尤其是网站仅面向国内。火热的淘宝（taobao.com）就是用的汉语拼音域名，还有 dangdang.com、suning.com 等都是采用汉语拼音来作为域名的。

3）数字

自 163 后，纯数字域名逐渐被世人所接受，后来的 263、3721、8848 等都取得了成功；不过这类域名现在也很难申请了，或者申请到但没什么意义。

4）缩写

① 多个单词（或者汉语拼音）的一般取每个单词（或者汉语拼音）的首字母，如美国在线的域名 aol.com，其中 aol 就是 Americanon line 的缩写。

② 一个长单词一般取单词的前几个字母，实际上国际顶级域名的后缀就是这么得来的，像 com、edu、org 分别是 commpany、education、organize 的缩写。

5）组合

英文单词、汉语拼音、数字，两两组合可以组合出很多适合的域名，如数字和英文，此类最著名的域名是 51job。

6）谐音

这类网站一般是先有中文名，然后根据谐音，生造出英文或者英文和数字的组合，如国内著名的电子商务站点爱购物（igo5）和好又多（hoyodo）就是代表，新浪、搜狐也可以归入此类。

16.1.4　怎样选择最佳的域名

前面介绍了域名的概念及分类，下面介绍怎样选择最佳的域名。域名购买时需要注意哪些技巧？

1. 选择知名域名供应商

知名品牌公司，无论是从服务，还是从产品质量上来说，都是购买域名时首选的供应商，因为这样后期的域名维护会非常省心和省力，这里给大家列出国内比较著名的域名供应商，如表 16-1 所示。

第 16 小时　选择域名和空间

表 16-1　著名域名供应商

域名商	国别
中国万网	中国
新网	中国
新网互联	中国
35 互联	中国
中资源	中国
商务中国	中国
时代互联	中国
西部数码	中国
美橙互联	中国
你好万维网	中国

2．挑选符合自己品牌的域名

选购的域名要把与网站相关的品牌词考虑进去，因为这样做能使你的网站后期在搜索引擎中有个好的表现。当然有的时候不能尽如人意，也许你想注册的域名已经被别人抢注了，因为域名是具有唯一性的，所以如果遇到这种情况，我们只能更换域名了。

3．选择常用域名后缀

这个是必需的，虽然.edu 和.org 本身就具有很高的权重，但是个人是无法直接注册的，需要从其他方面进行补充，用户习惯就是一个很好的方面，如.com 域名后缀由于本身就是用于企业单位的，所以一般企业可以直接使用这样的域名后缀。

4．购买老域名

这也是一个很好的方法，因为老的域名会因为年限原因，积累一定的权重，权重即为 PR 值，这个可以直接影响到你的网站排名，所以能找到一个老域名而且又和你的行业相关也是很好的。

5．域名简单易记

域名简单易记毫无疑问能为你的网站加分，一个简单易记的网站域名可以让用户很容易记住，也可以方便用户再次光临你的网站。

6．域名尽量包含关键词

如果你想网站在搜索引擎中有个很好的表现，域名中带有关键词，能够让百度等搜索引擎更容易识别你的网站是做什么的。

购买域名就像是公司或商店在国家工商局注册商标一样，非常重要，所以选购的时候一定要注意以上所提到的技巧，不然会影响到后期的网站推广和网站营销。

16.1.5 域名申请流程

万网是中国最大的域名服务商,拥有多年域名注册管理经验。注册域名仅需简单五步:查询域名—购买域名—填写域名注册信息—支付—购买成功,如图 16-1 所示。下面就讲述在万网的域名申请流程,具体操作步骤如下。

(1)首先进入万网的域名注册页面查询域名有没有被注册,如图 16-2 所示。

图 16-1　域名申请流程　　　　　　　　图 16-2　查询域名

(2)进入域名查询结果页面,勾选所要注册的域名,单击"所选域名加入购物车"按钮,如图 16-3 所示。

图 16-3　单击"所选域名加入购物车"按钮

(3)进入查看购物车页面,单击"立即结算"按钮,如图 16-4 所示。

第 16 小时 选择域名和空间

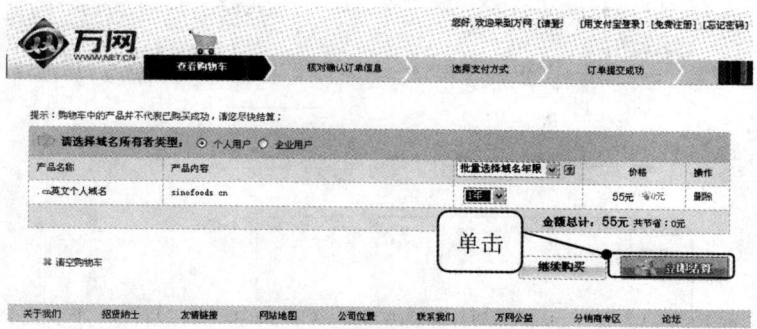

图 16-4 查看购物车

（4）进入核对确认订单页面，如图 16-5 所示。

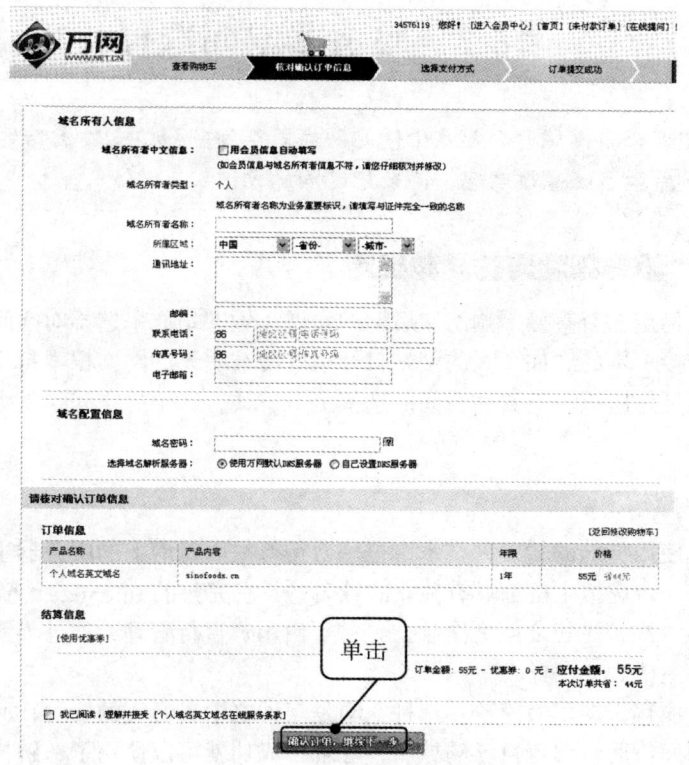

图 16-5 核对确认订单页面

（5）填写完注册信息页面，单击"确认订单，继续下一步"按钮，进入选择付款方式页面，如图 16-6 所示，付款完成后即可成功注册域名。

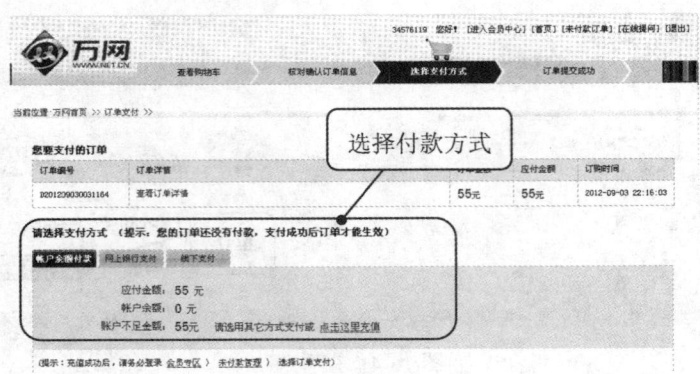

图 16-6　选择付款方式

16.2　服务器空间选择

建好一个网站，只要找个网站服务器空间把网站文件上传到空间，绑定域名后就可以通过域名访问我们的网站了。

16.2.1　服务器空间的几种类型

一个空间的稳定与否直接影响网站后期的发展。做网站如果选不对空间的话，那后期带来的麻烦事是一堆接一堆的，如今天的网站打开速度慢，明天的网站根本打不开，后天网站一会能打开一会打不开。所以，不要在空间的选择上节省钱，选个好空间是重中之重。一般有下面几种空间类型。

1．虚拟主机

虚拟主机是使用特殊的软硬件技术，把一台运行在因特网上的服务器主机分成一台台"虚拟"的主机，每一台虚拟主机都具有独立的域名，具有完整的 Internet 服务器（WWW、FTP、E-mail 等）功能，虚拟主机之间完全独立，并可由用户自行管理，在外界看来，每一台虚拟主机和一台独立的主机完全一样。

好处：价格便宜，使用最简单。这种空间是三种之中最便宜的一种，而且使用也是最简单的。只要在控制面板后台绑定自己的域名，等解析成功就可以使用了，解析时间要看空间商的不同而有所差别。

不足之处：流量有所限制，大家都知道虚拟主机就是在一个服务器分出来的若干个版块，那么如果自己的网站流量相对来说比较大的话，也会影响带宽。而导致同服务器的其他网站受到访问速度的困扰，所以很多空间商都限制了每台虚拟主机的流量。即使不限流量，如果你的网站流量大的话，那么访问速度也会有所下降。

第 16 小时　选择域名和空间

2．VPS 主机

VPS（Virtual Private Server，虚拟专用服务器）技术，将一部服务器分割成多个虚拟专享服务器的优质服务。每个 VPS 都可分配独立公网 IP 地址、独立操作系统、独立超大空间、独立内存、独立 CPU 资源、独立执行程序和独立系统配置等。用户除了可以分配多个虚拟主机及无限企业邮箱外，更具有独立服务器功能，可自行安装程序，单独重启服务器。

好处：价格实惠，服务态度好。价格相对三种来说算是中等水平。虚拟主机实际上提供的是服务器硬盘特定空间服务，而 VPS 主机采用先进的虚拟化技术，为用户提供一个虚拟专用的服务器，所以在隔离、安全、资源保障、用户自主管理等多个方面性能优异。

不足之处：操作性比较麻烦。特别是对于新手来说，要花几天或一个星期来熟悉才可以自己随心所欲地操作。

3．独立主机服务器

独立主机是指客户独立租用一台服务器来展示自己的网站或提供自己的服务，比虚拟主机有空间更大，速度更快，CPU 计算独立等优势，当然价格也更贵。

好处：对排名有较好的提升。这就是为什么越来越多的人宁愿花点钱选独立服务器，而不选价格最便宜的虚拟主机，而且独立服务器还有独立 IP。

不足之处：价格太贵了，一般小站都支撑不了。所以，如果没足够的资金还是考虑前面两种。一定要对服务器安全有一定的认识才行，否则出了安全漏洞，损失就很大了。

 16.2.2　如何来选择网站的服务器空间

一个网站是否能够健康地成长，选择一个合适的服务器空间也是非常重要的，下面就来介绍如何选择网站的服务器空间。

1．空间的类型要依据本人的需求来定

目前的空间类型有虚拟主机、VPS、独立主机。对普通用户来说虚拟主机和合租的性价比最高。关于大型网站，由于规模和安全等要素的考虑，可以运用主机托管的方式；VPS 则是介于虚拟主机与托管之间比较好的选择。对速度有很高要求的企业，或者有很多分站的企业可以考虑采用集群主机方式的云主机。

2．注意同 IP 站点的数目

很多空间都是几十人甚至几百人公用的，必须要留意同一个服务器里面网站的数目，网站数目当然是越少越好，网站越多服务器的速度会越慢。网站太多，在安全方面也存在很大的问题，千里之堤毁于蚁穴，只需一个网站安全有问题，也许整个服务器就瘫痪了。

3．注意同 IP 站点的质量和类型

我们无法控制空间商将服务器空间卖给谁，也控制不了他人买了空间会用来做什么站，我们能控制的只有本人的选择。假如一个服务器内，存在很多的垃圾站，我们将站点建立在这样一个服务器上，那根本上就别想做好了，由于一个站点作弊，连带整个服务器的网站被黑的事

307

例也很多，所以在选择空间的时候，最好要查查同 IP 站点的质量和类型。

4．稳定性

对于服务器的稳定性也是非常重要的，如果你的服务器空间经常隔三差五的打不开，这对于网站必然是巨大的打击。当搜索引擎蜘蛛正在爬行你的网站的时候经常出现突然无法爬行的情况，这样肯定会让你的网站不被搜索引擎信任。这样会大大减少搜索引擎蜘蛛的爬行与抓取，这样对于网站页面的收录肯定是会受到影响的，特别是一个没有任何权重的新站，搜索引擎会一直认为你的网站没有准备好，甚至是认为你关闭了你的网站。所以我们在选择空间的时候不能什么便宜买什么，一定要考量一下主机的稳定性，看一看口碑如何，最好先试用一段时间。

5．访问速度

很多劣质的服务器空间打开的速度实在是太慢了，这将严重影响网站的用户体验。当我们打开一个网页反应太慢时，我们往往会选择直接关闭这个网站，这样就大大地增加了网站的跳出率。同时搜索引擎蜘蛛来抓取我们的网页时，也是以一个游客的身份来访问我们的网站的，当蜘蛛爬行抓取网页受到阻扰时，可能就放弃了停止继续爬行，这个时候我们的网站的收录也会受到影响，搜索引擎的最终目的就是服务于用户，访问速度慢跳出率增高对于网站肯定是不利的。所以我们选择服务器空间一定要选择访问速度快的优质空间。

6．能否供应数据备份

备份方法分为两种，一种是空间商备份，一种是本人打包下载到当地备份。数据备份可以在网站受到毁坏的时候，最大限度地挽回损失，这个功用十分适用。假如空间商不供应，也不必太在意，我们可以本人进行备份。然而要留意一个问题，很多空间商限制 FTP 的流量，假如我们自行打包下载备份的次数很频繁，会将 FTP 流量用完，今后真正想添加文件时，没有流量可用了，需要额外付费去提高流量限制。

7．功能支持

服务器的功能支持还包含了很多方面，当然是越完善越好，是否支持 url 静态化就是一个非常重要的功能，无论是 Linux 主机还是 Windows 主机都是可以支持这个功能的，做好 url 静态化对于 SEO 来说也是非常有帮助的。同时有的主机也会支持 301 跳转和 404 页面，直接可以在主机后台设置，使用起来非常方便，同时还发现有些主机是不支持服务器日志的，最好是选择能够支持服务器日志的，这样我们就可以通过查看服务器日志了解到网站准确的状况。

总而言之，一个好的服务器空间对于网站的影响是非常大的，一个稳定的空间可以让网站平稳地发展，一个劣质的空间可能让你前面做出的很多努力全部白费，所以我们在选择服务器空间时一定要好好地选择。

16.2.3　空间申请流程

下面以虚拟主机的申请流程为例，讲述在万网申请空间的过程，具体操作步骤如下。

（1）进入万网主机页面，如图 16-7 所示，在这里选择主机类型和型号。

第 16 小时　选择域名和空间

图 16-7　进入万网主机页面

（2）选择一款虚拟主机类型，单击底部的"加入购物车"按钮，进入购物车页面，如图 16-8 所示。

图 16-8　加入购物车

（3）单击"立即结算"按钮，进入核对确认订单信息页面，如图 16-9 所示。

图 16-9　核对确认订单信息页面

（4）单击"确认订单，继续下一步"按钮，进入选择支付方式页面，如图 16-10 所示。付款后即可成功申请空间。

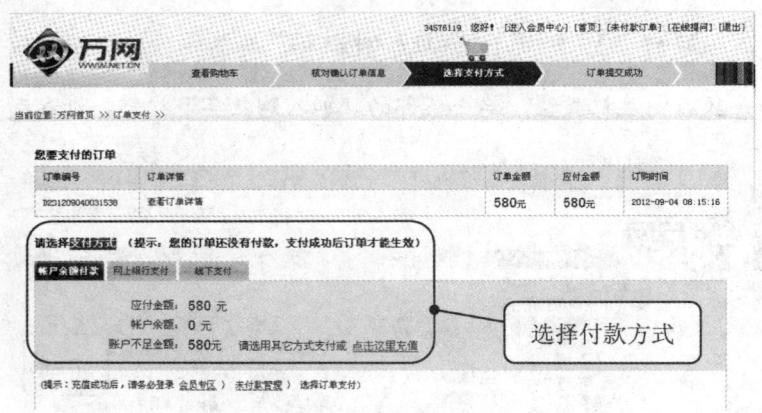

图 16-10　选择支付方式页面

16.3　专家秘籍

1．中文通用域名注册服务商与 CNNIC 是什么关系？

CNNIC 作为中文通用域名注册管理者，负责维护中文域名注册数据库，以确保互连网络的稳定运作。域名注册服务商将直接面对广大用户，依靠自己的力量和自身的优势更好地为用户提供包括中文通用域名的注册服务以及其他与中文通用域名相关的各项服务。

2．虚拟主机与主机托管、主机租用有什么区别？

主机托管（Server Co-Location）即客户拥有自己的硬件服务器，并可选择自行提供软件系统或者由服务商来提供，享受专业的服务器托管服务，包括稳定的网络带宽，恒温、防尘、防

第 16 小时　选择域名和空间

火、防潮、防静电。客户拥有对服务器完全的控制权限,可自主决定运行的系统和从事的业务。

主机租用(Dedicated Hosting)即客户无须自己购置服务器,而租用服务商一整台服务器资源。这二者相对于虚拟主机,成本都会非常高,管理人员技术要求也会很高。

而虚拟主机,用户无须任何技术,所有的维护都是由服务商完成,成本非常低,也是现在企业所普遍选择的。

3. 一个空间里有多个网站是否要申请多个备案?

如果一个虚拟主机中放置了多个网站、使用多个域名,只能办理一个备案证书,共用一个备案号。在申请时须将其他域名全部填写在表格中的"域名列表"项目中。

4. 什么是 FTP? FTP 有哪些功能?

FTP(File Transfer Protocol)是 Internet 上用来传送文件的协议(文件传输协议)。它是为了我们能够在 Internet 上互相传送文件而制定的文件传送标准,规定了 Internet 上文件如何传送。也就是说,通过 FTP 协议,我们就可以跟 Internet 上的 FTP 服务器进行文件的上传(Upload)或下载(Download)等动作。对于虚拟主机用户来说,FTP 主要是用于将用户的网站上传至虚拟主机或者将网页从主机上下载至本地。

5. 网站访问的速度由哪些因素决定?

(1)服务器的硬件配置(包括服务器的类型、CPU、硬盘速度、内存大小、网卡速度等);

(2)服务器所在的网内环境与速度;

(3)服务器所在的网络环境与 Internet 骨干网相连的速率;

(4)ChinaNet 的国际出口速率;

(5)访问者的 ISP(Internet 接入服务提供商)与 ChinaNet 之间的专线速率;

(6)访问者的 ISP(Internet 接入服务提供商)向客户端开放的端口接入速率;

(7)访问者计算机的配置,Modem 的速率、电话线路的质量等。

16.4　本章小结

> 工欲善其事,必先利其器。好的开端是良好的一半,如果想要把一件事情做完美,首先把需求做好,这样到时候做起来才能游刃有余,做网站也是除了把网站做美观外,还要挑选个好的空间和域名这样才能让大家更喜欢点击和顺利访问。

第 17 小时　网站的测试与发布

本章导读

网站制作完毕,需要发布到 Web 服务器上,才能够让别人浏览,现在,上传网站的工具有很多,有些网页制作工具本身就带有 FTP 功能,利用这些 FTP 工具,可以很方便地把网站发布到服务器上。

学习要点

- ◎ 报告
- ◎ 检查站点范围的链接
- ◎ 改变站点范围的链接
- ◎ 查找和替换
- ◎ 清理文档 HTML/XHTML
- ◎ 使用 Dreamweaver 上传
- ◎ 使用 FTP 软件上传

第 17 小时　网站的测试与发布

本章学习流程

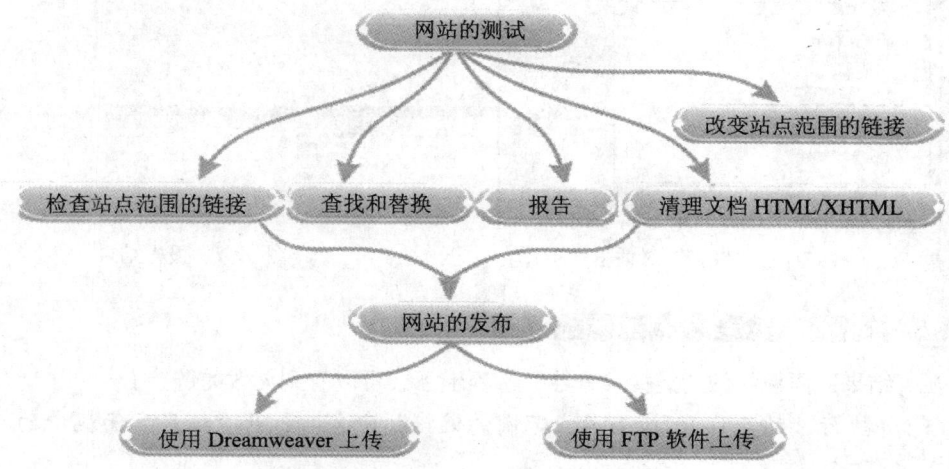

17.1　网站的测试

> 整个网站可能有成千上万的链接，发布网页前，需要对这些链接进行测试，如果对每个链接都进行手工测试，会浪费很多时间，Dreamweaver 中的站点管理器就提供了对整个站点的链接进行快速检查的功能。

 **17.1.1　报告**

Dreamweaver 提供了一种快速有效的方法来检查站点。

执行"站点"｜"报告"命令，打开"报告"对话框，如图 17-1 所示，在"报告在"下拉列表中有 4 种类型。

- 当前文档：在文档窗口中已经打开的文件。
- 整个当前本地站点：所定义的根文件夹下面的所有文件。
- 站点中的已选文件：在站点管理器的"文件"列表中所选定的文件。
- 文件夹：选择某个文件夹。

选择报告的类别和运行的报告类型，单击"运行"按钮，即可创建报告。结果列表会出现在站点的报告面板中，如图 17-2 所示。

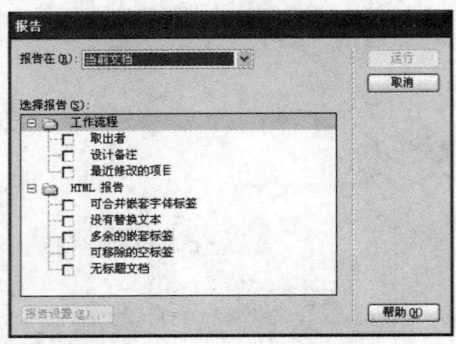

图17-1 "报告"对话框

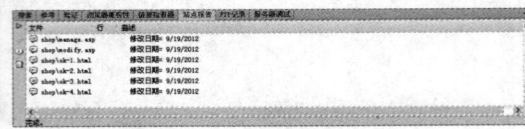

图17-2 报告结果

17.1.2 检查站点范围的链接

在"结果"面板中的"链接检查器"选项卡下，可以看到无效的链接。

（1）执行"站点"｜"检查站点范围的链接"命令，打开"结果"面板中的"链接检查器"选项卡。

（2）在面板中的"显示"文本右侧的下拉列表中选择"断掉的链接"选项，可以看到无效的链接，如图17-3所示。

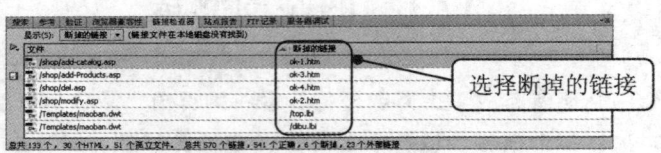

图17-3 无效的链接

17.1.3 改变站点范围的链接

如果想改变网站中成千上万个链接中的一个，可能会涉及很多文件。而且链接是相互的，如果改变其中一个，其他网页中与此相关的链接也要改变，一个一个地打开相关网页去修改，是一件非常麻烦的事情。Dreamweaver有专门的功能可以实现此项修改，具体的操作步骤如下。

（1）执行"站点"｜"改变站点范围的链接"命令，打开"更改整个站点链接"对话框，如图17-4所示。

（2）单击"浏览文件"按钮，设置"更改所有的链接"和"变成新链接"参数，如图17-5所示。

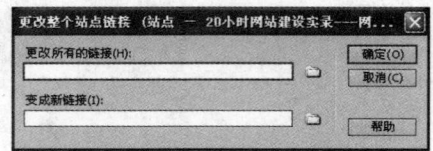

图17-4 "更改整个站点链接"对话框

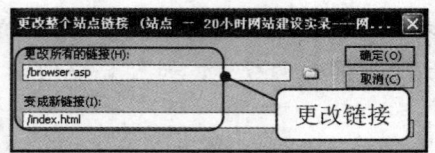

图17-5 设置"更改整个站点链接"对话框

（3）单击"确定"按钮，打开"更新文件"对话框，询问是否更新所有与发生改变的

第 17 小时　网站的测试与发布

链接有关的页面，如图 17-6 所示，单击"更新"按钮，完成更新。

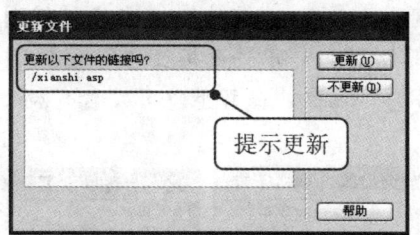

图 17-6　"更新文件"对话框

17.1.4　查找和替换

Dreamweaver 提供了与 Word 类似的查找和替换功能，使用该功能可以快速地修改大量相同的错误，或替换相同的字符。无论是代码还是文档内容，也无论是单一的文档，还是整个网站内所有的文档，都可以一次性完成修改操作。

执行"编辑"│"查找和替换"命令，弹出"查找和替换"对话框，如图 17-7 所示。

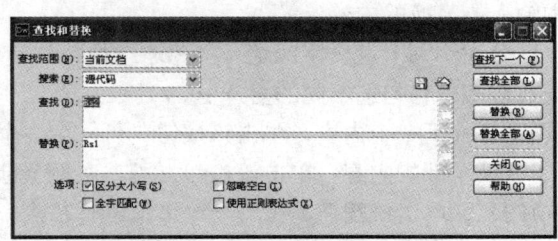

图 17-7　"查找和替换"对话框

在"查找范围"下拉列表中选择"所选文字"、"当前文档"、"打开的文档"、"文件夹"、"站点中选定的文件"和"整个当前本地站点" 6 个选项之一。

其中，"所选文字"是查找所选的文字，"当前文档"指打开的当前文档，"打开的文档"是指当前打开的文档。若选择"文件夹"选项，会在右侧出现输入文件路径的文本框，如图 17-8 所示，单击文本框右侧的"搜索文件"按钮，弹出"选择搜索文件夹"对话框，在对话框中选择一个文件夹，如图 17-9 所示。

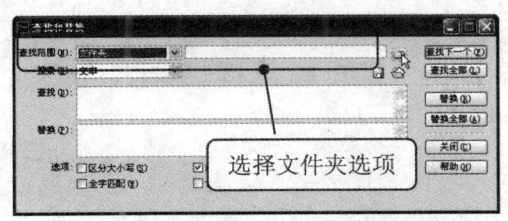

图 17-8　"查找和替换"对话框

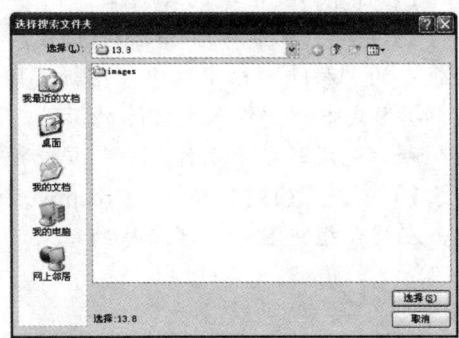

图 17-9　"选择搜索文件夹"对话框

315

"搜索"下拉列表中有"源代码"、"文本"、"文本(高级)"和"指定标签"4个选项。其中,"源代码"是在代码视图中搜索,"文本"是在设计视图中搜索。若选择"文本(高级)"选项后,在其右侧的下拉列表中有"在标签中"和"不在标签中"两个选项,如图17-10所示。若选择"指定标签"选项,在其下方有"含有属性"和"设置属性"等设置选项,如图17-11所示。

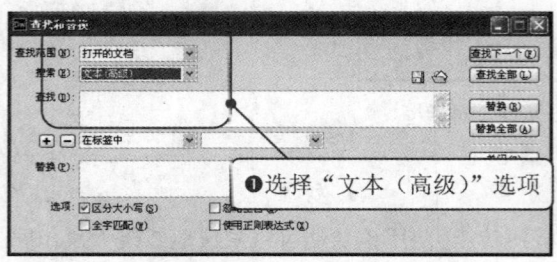
图17-10 选择"文本(高级)"选项

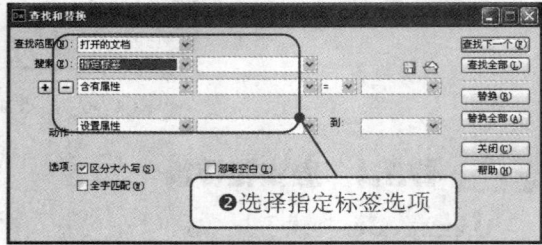
图17-11 选择"指定标签"选项

在"查找"列表框中输入要查找的内容。

在"替换"列表框中输入要替换的内容。

在"选项"栏中有"区分大小写"、"全字匹配"、"忽略空白"、"使用正则表达式"4 个复选框,可以根据不同的查找替换内容勾选不同的复选框。

"查找下一个"按钮用于查找下一个内容,单击该按钮,可一个一个地进行查找。

"查找全部"按钮用于替换全部的内容,单击该按钮,可一次性全部查找。

"替换"按钮用于替换内容,单击该按钮,可一个一个地进行替换。

"替换全部"是指替换全部的内容,单击此按钮,可以一次性地全部进行替换。

单击"关闭"按钮,将关闭"查找和替换"对话框。

单击"帮助"按钮,将显示 Dreamweaver 查找和替换的帮助内容。

17.1.5 清理文档 HTML/XHTML

清理文档就是清理一些空标签或者在 Word 中编辑时所产生的一些多余的标签,具体的操作步骤如下。

(1)打开需要清理的文档。

(2)执行"命令"|"清理 HTML"命令,弹出"清理 HTML/XHTML"对话框,在对话框中的"移除"栏中选中"空标签区块"和"多余的嵌套标签"复选框,或者在"指定的标签"文本框中输入要删除的标签,并在"选项"栏中勾选"尽可能合并嵌套的<font>标签"和"完成时显示动作记录"复选框,如图17-12所示。

(3)单击"确定"按钮,Dreamweaver 自动开始清理工作。清理完毕后,弹出一个提示框,在提示框中显示清理工作的结果,如图17-13所示。

第 17 小时　网站的测试与发布

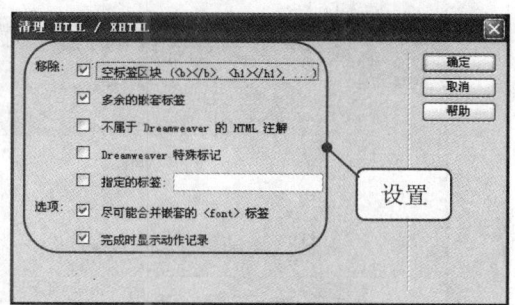

图 17-12　"清理 HTML/XHTML"对话框

图 17-13　显示清理工作的结果

（4）执行"命令"|"清理 Word 生成的 HTML"命令，弹出"清理 Word 生成的 HTML"对话框，如图 17-14 所示。

（5）在对话框中切换到"详细"选项卡，勾选相应的复选框，如图 17-15 所示，单击"确定"按钮清理相应的内容。

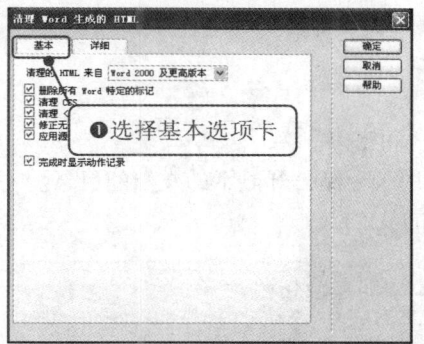

图 17-14　"清理 Word 生成的 HTML"对话框

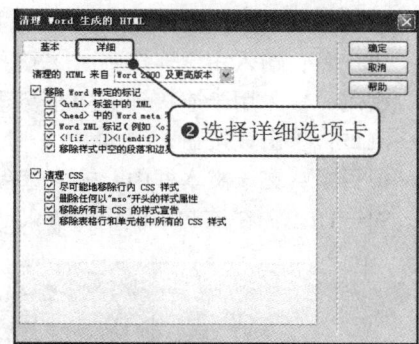

图 17-15　"详细"选项卡

17.2　网站的发布

用户可以利用 Dreamweaver 软件自带的上传功能，也可以利用专门的 FTP 软件上传网站。

17.2.1　使用 Dreamweaver 上传

利用 Dreamweaver 上传网站的具体操作步骤如下。

（1）执行"站点"|"管理站点"命令，打开"管理站点"对话框，如图 17-16 所示。

（2）在对话框中单击"编辑"按钮，弹出"站点设置对象 效果"对话框，在对话框中选择"服务器"选项卡，如图 17-17 所示。

317

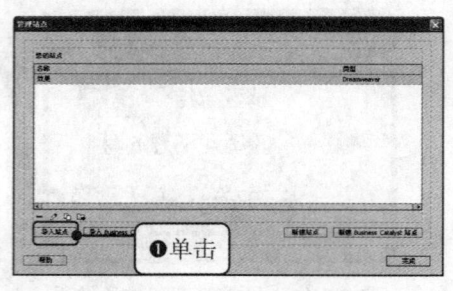

图 17-16 "管理站点"对话框

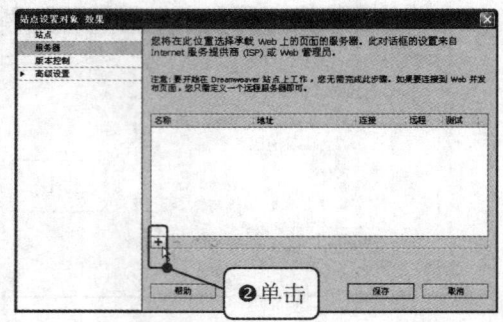

图 17-17 选择"服务器"选项卡

（3）单击"添加新服务器"按钮，弹出如图 17-18 所示的对话框，在"连接方法"下拉列表中选择"FTP"，其他设置参数的含义如下。

> 服务器名称：指定新服务器的名称。
> 连接方法：选择"FTP"。
> FTP 地址：输入远程站点的 FTP 主机的 IP 地址。
> 用户名：输入用于连接到 FTP 服务器的登录名。
> 密码：输入用于连接到 FTP 服务器的密码。
> 测试：单击该按钮，测试 FTP 地址、用户名和密码。
> 根目录：在该文本框中，输入远程服务器上用于存储公开显示的文档的目录。
> Web URL：在该文本框中，输入 Web 站点的 URL。

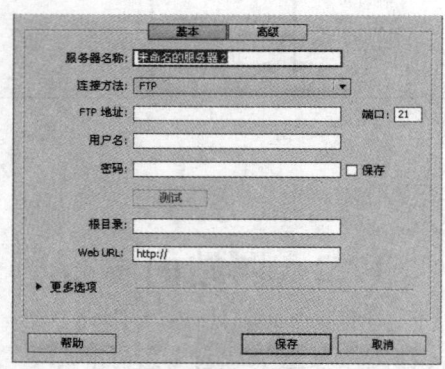

图 17-18 远程信息设置

（4）设置完相关的参数后，单击"测试"按钮，完成远程信息测试。

（5）在"文件"面板中单击"展开/折叠"，展开"文件"面板，如图 17-19 所示。

（6）在面板中单击"连接到远端主机"按钮，建立与远程服务器的连接，如图 17-20 所示。

第 17 小时　网站的测试与发布

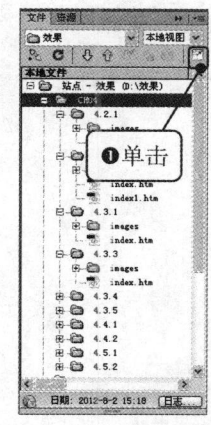

图 17-19　"文件"面板

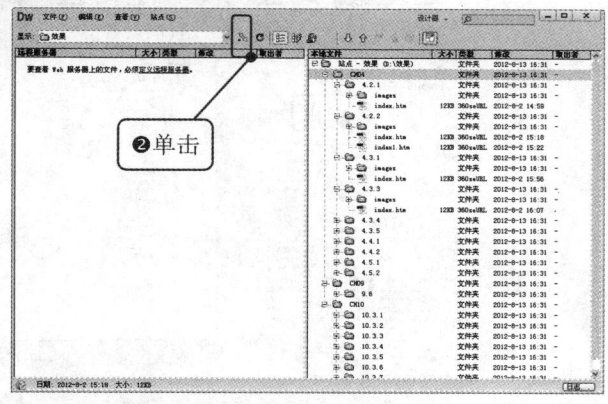

图 17-20　连接远程服务器

（7）连接到服务器后，按钮会自动变为闭合状态，并在一旁亮起一个小绿灯，列出远端网站的接收目录，右侧窗口显示为"本地信息"，在本地目录中选择要上传的文件，单击"上传文件"按钮，上传文件。

17.2.2　使用 FTP 软件上传

CuteFtp 是一款非常受欢迎的 FTP 工具，界面简洁，并具有支持断点续传、操作简单方便等特征使其在众多的 FTP 软件中脱颖而出，无论是下载软件还是更新主页，CuteFtp 是一款不可多得的好工具。

（1）启动 CuteFtp，如图 17-21 所示。

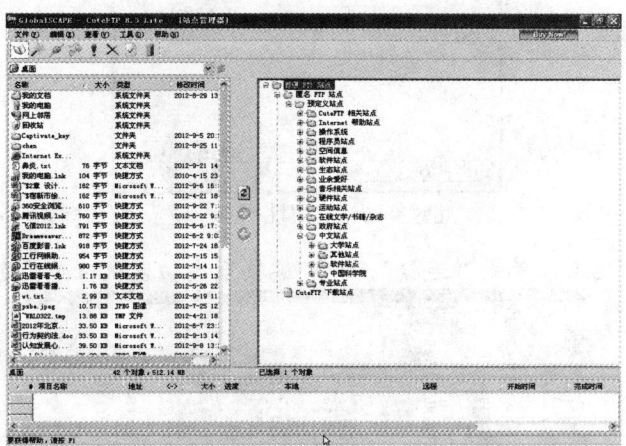

图 17-21　启动 CuteFtp

（2）执行"文件"|"新建"|"FTP 站点"命令，如图 17-22 所示。

319

学用一册通：20 小时网站建设完整案例实录

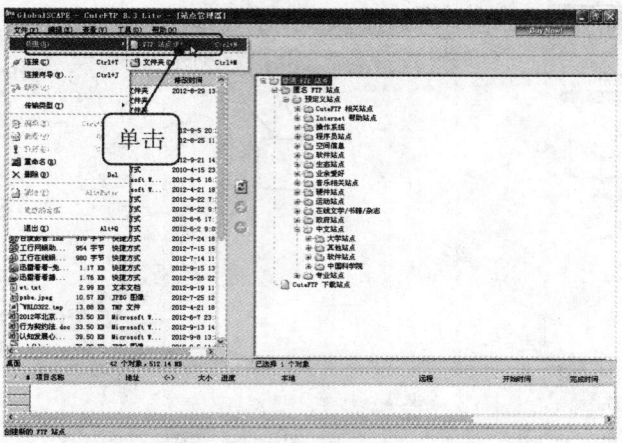

图 17-22 执行新建 FTP 站点命令

（3）弹出"此对象的站点属性：无标题（1）"对话框，在"一般"选项卡中的"标签"文本框中输入标签，"主机地址"中输入 IP 地址或域名都可，"用户名"文本框中填写用户名（管理员用户名），"密码"中输入密码。输入密码时，文本框中只有*字，防止被别人看到，如图 17-23 所示。

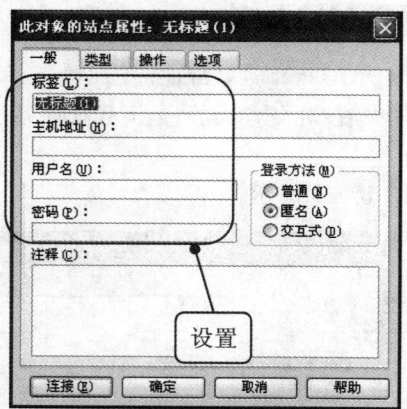

图 17-23 "此对象的站点属性：无标题（1）"对话框

（4）连接远程站点：单击"连接"，即可连接至虚拟主机目录，如图 17-24 所示。

图 17-24 连接至虚拟主机

320

第 17 小时　网站的测试与发布

现在我们所看到的界面分为以下四部分。

上部：命令区域（工具栏和菜单）。

中间（分左右两边）。

左边：本地区域，即本地硬盘，上面两个小框可以选择驱动器和路径。

右边：远程区域即远端服务器，双击目录图标可进入相关目录。

下部：记录区域，从此区域可以看出进程，程序已进行到哪一步。

（5）上传网页：从本地区域选定要上传的网页或文件，双击或用鼠标拖至远程区即可完成上传工作，如图 17-25 所示。

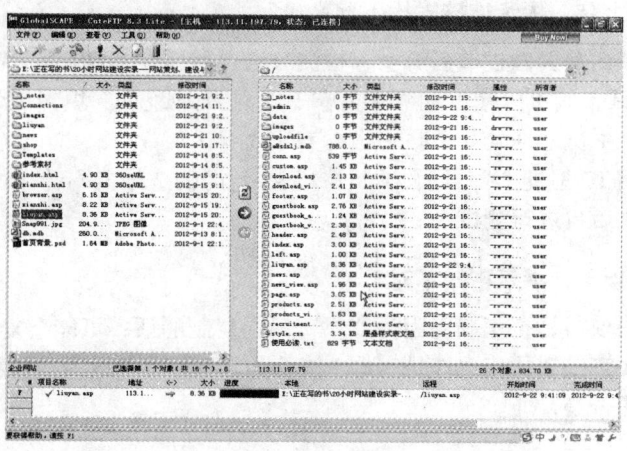

图 17-25　上传

（6）相关操作：连接至远程服务器后可利用鼠标右键中的常用选项对远端文件和目录进行操作，如删除、重命名、移动、修改属性、建立目录等，如图 17-26 所示。

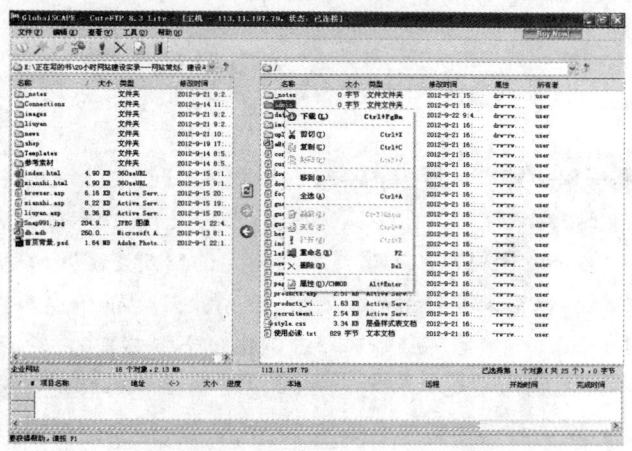

图 17-26　相关操作

（7）经过以上操作就可以将网页顺利上传至虚拟主机。

17.3 专家秘籍

1．为什么会出现无法上传网页，FTP故障－提示"无法连接服务器"错误。

问题出现原因：FTP客户端程序设置问题，客户上网线路问题，FTP服务器端问题。

处理方法：建议客户使用Cute Ftp软件来上传客户的网页，在"FTP主机地址处"最好填写IP地址，如果客户上传时提示socket错误的话，检查一下使用软件的编辑菜单下的连接中防火墙里是否有一个使用了pasv模式，如果使用了，取消勾选此选项即可连接主机。

2．为什么无法上传，提示连接时找不到主机？

首先检查一下域名是否做过域名解析，检测方法：可以在DOS提示符下输入ping域名，如果可以ping通的话，则可以在FTP软件中"FTP主机地址处"填写域名，如果ping不通的话，则需要在"FTP主机地址处"填写主机的IP地址。

注意：建议使用IP地址上传页面，同时，某些地区的拨号上网的169对FTP有限制。所以最好更换上网方式后再进行测试。

3．为什么无法上传，提示密码不对？

查看登录名密码填写是否正确，因为如果密码是复制的话，可能会复制出空格。另外，初始密码都是英文和数字排列的，也许是字母l被认为是数字1。最后，要看一下你在FTP登录时选择的登录类型是否是普通。

4．什么是FTP断点续传？

有时用户通过FTP下传文件需要历时数小时，万一线路中断，不具备FTP断点续传的FTP服务器就只能从头重传；"虚拟主机"上的FTP服务器具有FTP断点续传能力，允许用户从上传断线的地方继续传输，这样大大减少了用户的烦恼。

17.4 本章小结

网站系统制作完成以后，并不能直接投入运行，还必须进行全面、完整的测试，包括本地测试、网络测试等多个环节。测试完成以后，设计开发人员必须为Web网站系统准备或申请充足的空间资源，以便Web网站系统能够发布到该空间中去运行。而且，为了保证Web网站系统的正常运行和有效工作，发布以后的维护和管理工作是十分必要的。

本章紧紧围绕与网站系统的测试和发布相关的内容进行了概要的描述和指导，帮助读者熟悉相关的概念、形成必要的意识。

第  18 小时　网站备案获取合法身份

知识导读

网站建设完成以后，接下来就是维护更新和推广了，在推广之前不要忘记网站备案。其实网站备案并没有什么神秘的，给网站备案就好比人要办一张身份证，只要按照国家的规定和正规的流程来进行备案，顺利拿到合法的备案号就行了。

内容要点

◎ 什么是网站备案
◎ 为什么要备案
◎ 哪些网站需要 ICP 备案
◎ 完整备案基本流程
◎ 经营性网站备案

本章学习流程

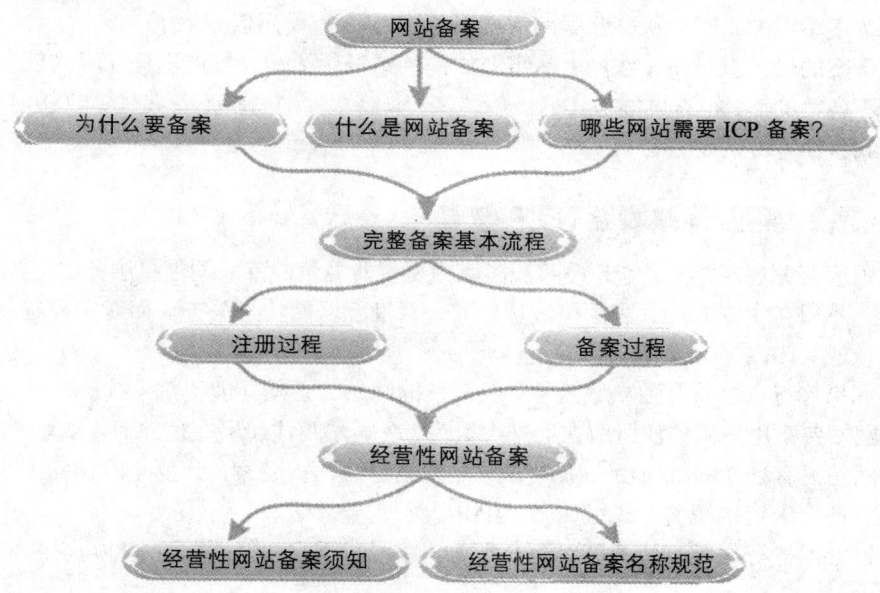

18.1 网站备案

> 为了规范网络经济秩序，增加网站经营主体的透明度，保护消费者和经营者的合法权益，每个网站均需备案。

18.1.1 什么是网站备案

网站备案是根据国家法律法规需要网站的所有者向国家有关部门申请的备案，现在主要有 ICP 备案和公安局备案。ICP 备案可以自主通过官方备案网站 http://www.miibeian.gov.cn 在线备案或者通过当地电信部门两种方式来进行备案。

互联网信息服务可分为经营性信息服务和非经营性信息服务两类。

经营性信息服务是指，通过互联网向上网用户有偿提供信息或者网页制作等服务活动。凡从事经营性信息服务业务的企事业单位应当向省、自治区、直辖市电信管理机构或者国务院信息产业主管部门申请办理互联网信息服务增值电信业务经营许可证。申请人取得经营许可证后，应当持经营许可证向企业登记机关办理登记手续。

非经营性互联网信息服务，是指通过互联网向上网用户无偿提供具有公开性、共享性信息的服务活动。凡从事非经营性互联网信息服务的企事业单位，应当向省、自治区、直辖市电信管理机构或者国务院信息产业主管部门申请办理备案手续。非经营性互联网信息服务提供者不得从事有偿服务。

18.1.2 为什么要备案

为了规范互联网信息服务活动，促进互联网信息服务健康有序发展，根据规定，国家对经营性互联网信息服务实行许可制度，对非经营性互联网信息服务实行备案制度。未取得许可或者未履行备案手续的，不得从事互联网信息服务，否则就属于违法行为。

网站备案的目的就是防止在网上从事非法的网站经营活动，打击不良互联网信息的传播，如果网站不备案的话，很有可能被查处以后关停，非经营性网站自主备案是不收任何手续费的，可以自行到备案官方网站去备案。

18.1.3 哪些网站需要 ICP 备案

根据国家有关规定，在中华人民共和国境内提供非经营性互联网信息服务，应当办理备案。未经备案，不得在中华人民共和国境内从事非经营性互联网信息服务。而对于没有备案的网站将予以罚款或关闭。

（1）如果你有一个具有独立域名的非经营性的网站，必须办理备案手续。

（2）网站备案用户依照注册所在地进行填写，公司填写注册所在地，个人填写户籍所在地。

（3）网站只有独立的 IP 地址，没有域名也需要办理网上备案。只要是能访问到这个网站就需要备案，所有绑定的域名、二级域名、IP 地址都需要登记。

（4）网站没做好之前，暂不需要网上备案，在网站开通之前进行备案即可。

第 18 小时　网站备案获取合法身份

（5）同一用户拥有多个域名，并放在同一服务器上，将只针对主体进行备案，即对网站主办者进行备案，多个域名应在"域名列表"中全部列出。

（6）审核需要的时间将按照流程尽快完成审核手续。时间长短由同时报备单位数量多少而决定。可经常浏览自己的邮箱，如审核通过后会将电子证书发送到你自己的邮箱里。

18.2　完整备案基本流程

怎样进行网站的备案呢？网站备案具体有哪些流程呢？下面以使用万网代备案为例讲述备案的流程。

18.2.1　注册过程

备案前首先注册，在万网代备案系统注册的具体操作步骤如下。

（1）进入 http://ba.hichina.com，在登录页面单击"免费注册"按钮，如图 18-1 所示。

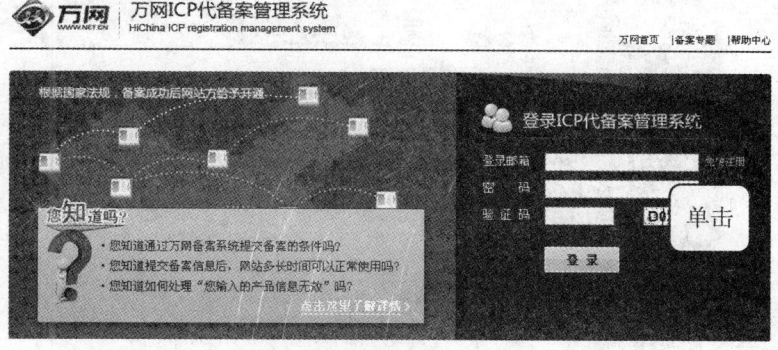

图 18-1　登录万网代备案系统

（2）进入注册流程后，第一步填写登录邮箱和密码，如图 18-2 所示。

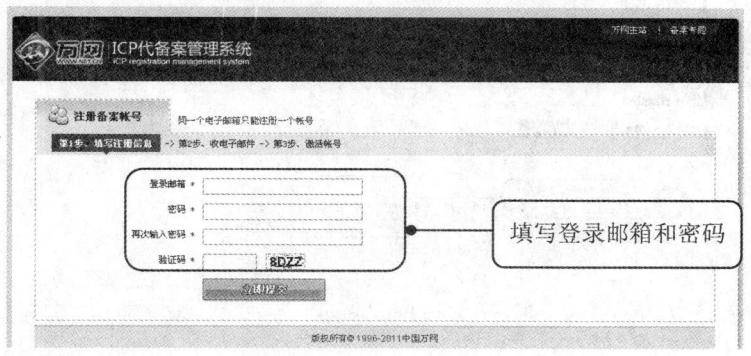

图 18-2　填写登录邮箱和密码

325

（3）提示请查收电子邮件并激活账号，如图18-3所示。

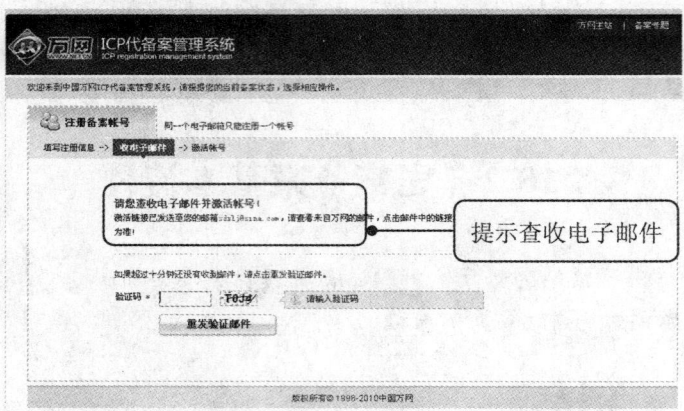

图18-3　提示请查收电子邮件

（4）系统发送激活邮件至你的登录信箱，单击邮件中的链接激活账户，如图18-4所示。

图18-4　单击邮件中的链接激活账户

（5）完成了激活，就可以开始在万网代备案系统备案，如图18-5所示。

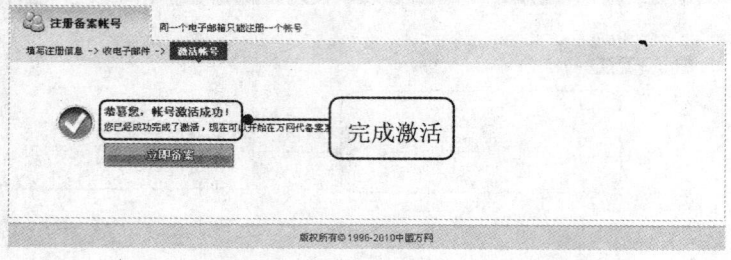

图18-5　完成激活

第 18 小时　网站备案获取合法身份

18.2.2　备案过程

在万网申请空间以后，可以使用万网代备案系统快速备案，具体操作步骤如下。

（1）进入登录万网代备案系统 http://ba.hichina.com，输入登录邮箱、密码和验证码后单击"登录"按钮，如图 18-6 所示。

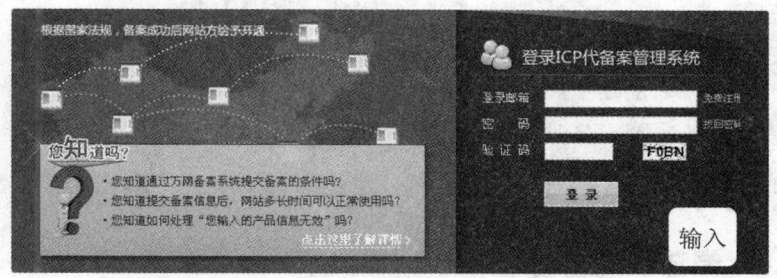

图 18-6　登录万网代备案系统

（2）进入提交备案页面，单击"立即备案"按钮，如图 18-7 所示。

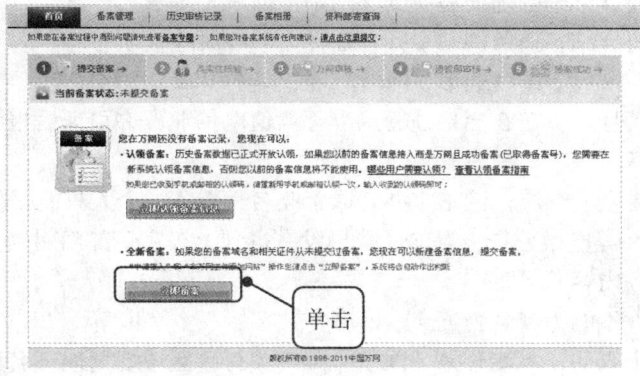

图 18-7　单击"立即备案"按钮

（3）验证基本信息，请按照提示输入信息，系统会验证信息是否有效，如图 18-8 所示验证基本信息。

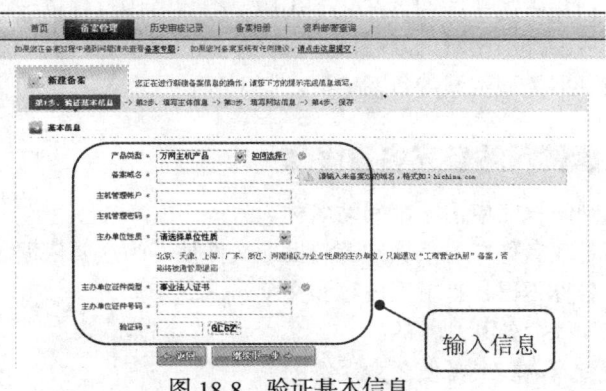

图 18-8　验证基本信息

（4）接着填写主办者信息，网站信息等，填写完成后，提交备案信息即可。通过审核后，备案成功。

18.3 经营性网站备案

> ICP 备案是属于网站的，每个网站均需备案，备案是免费的。而 ICP 经营许可证是属于公司的，是证明本公司利用网站经营，取得合法性收入的证件，和网站没有必然的关系。

18.3.1 经营性网站备案须知

ICP 经营许可证必须直接在相关的电信管理机关递交可行性报告等资料，需要缴纳一定的行政费用，受理以后拿到证件。具体要求如下：

（1）通信地址要详细，明确能够找到该网站主办者。
（2）证件地址要详细，按照网站主办者证件上的注册地址填写。
（3）网络购物、WAP、即时通信、网络广告、搜索引擎、网络游戏、电子邮箱、有偿信息、短信彩信服务为经营性质，需在当地通管局办理增值电信业务许可证后报备以上网站。非经营性主办者勿随意报备。
（4）综合门户为企业性质，网站主办者以企业名义报备。个人只能报备个人性质网站。
（5）博客、BBS 等电子公告，目前通管局没有得到上级主管部门明确文件，暂不受理，请勿随意选择以上服务内容。
（6）网站名称：不能为域名、英文、姓名、数字、三个字以下。

网站主办者为个人的，不能开办"国字号"、"行政区域规划地理名称"和"省会"命名的网站。

网站主办者为企业的，不能开办"国字号"命名的网站，如"中国××网"，且报备的公司名称不能超范围，如公司营业执照上的公司名称为"成都××网"请勿报备"四川××网"。

（7）网站名称或内容若涉及新闻、文化、出版、教育、医疗保健、药品和医疗器械、影视节目等，请提供省级以上部门出示的互联网信息服务前置审批文件，通管局未看到前置审批批准文件前将不再审核以上类型网站的备案申请。

18.3.2 经营性网站备案名称规范

（1）每个经营性网站只能申请一个网站名称。
（2）经营性网站备案名称以通信管理部门批准文件核准为主要依据。
（3）经营性网站名称不得含有下列内容和文字：
● 有损于国家和社会公共利益的。
● 可能对公众造成欺骗或者使公众误解的。

第 18 小时　网站备案获取合法身份

- 有害于社会主义道德风尚或者有其他不良影响的。
- 其他具有特殊意义的不宜使用的名称。
- 法律、法规有禁止性规定的。

（4）使用以下名称的经营性网站备案申请不予受理：

- 网站名称与已备案的经营性网站名称重复的。
- 使用备案失效后未满 1 年的网站名称的。
- 违反本办法第三条规定的。
- 备案经营性网站名称含有驰名商标和著名商标的文字部分（含中、英文及汉语拼音或其缩写），应当提交相关证明材料。

18.4　专家秘籍

1．通过万网备案系统提交备案信息条件？

目前备案是通过域名所指向的空间服务提供商的备案系统进行提交备案信息，如果没有万网有效主机业务，无法通过万网系统提交备案，若你的域名指向其他公司的主机业务，建议与主机空间服务提供商联系，便于你提交备案信息。

2．提交备案时为什么提示"证件冲突"？

证件冲突是由于新建或变更备案信息时，你填写的证件类型和号码已存在备案信息，建议修改证件类型和号码并重新提交备案，通管局审核通过后即可备案成功。

3．已经通过备案，修改什么信息需要重新进行真实性核验？

修改主体关键信息中任意一项都需要进行真实性核验。主体关键信息包括：主办单位或主办人全称，主办单位性质，主办单位证件类型，主办单位证件号码，负责人姓名，负责人证件类型，负责人证件号码。

注意：申请接入、非万网主体下添加网站及认领业务成功后第一次修改任何信息，都强制需要真实性核验，具体核验要求以当地通管局要求为准。

4．备案顺利通过的必要条件

（1）主体信息真实有效；

（2）网站信息真实、完整正确；

（3）各项信息完全符合填写要求。

18.5 本章小结

网站备案的目的就是防止在网上从事非法的网站经营活动,打击不良互联网信息的传播,如果网站不备案的话,很有可能被查处以后关停。所有的网站都需要备案,这样就保证了整个网络环境的正常运行,对广大网民来说是件好事。但是也会有一些网站所有者会在网站备案的时候遇到一些问题。

第 7 篇

网站的维护与营销推广

- 第 19 小时　网站的安全与运营维护
- 第 20 小时　网站推广

第 19 小时 网站的安全与运营维护

本章导读

随着计算机的飞速发展,信息网络已经成为社会发展的重要保证,其中网络信息遍布各企事业单位,还涉及国家的政府、军事、文教等各个领域。网络的安全问题随着网络破坏行为的日益猖狂而开始得到重视。目前网站建设已经不仅仅考虑具体功能模块的设计,而是将技术的实现与网络安全结合起来。

内容要点

◎ 掌握 Web 服务的高级设置

◎ 掌握反黑客技术

◎ 掌握网站运营

◎ 掌握网站日常维护与管理

◎ 整站的备份

◎ 数据库的备份

第 19 小时 网站的安全与运营维护

本章学习流程

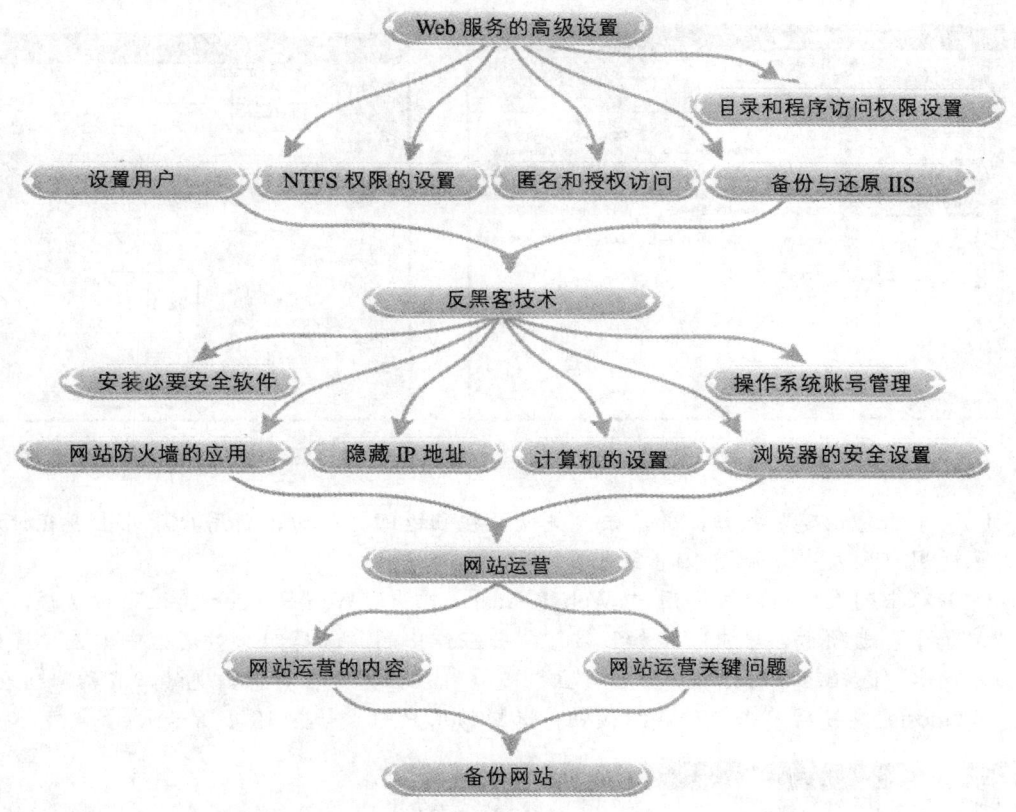

19.1 Web 服务的高级设置

> Web 服务器高级设置的主要内容是对访问权限的控制,这部分的设置主要是在 IIS 中的"属性"对话框中进行的。下面通过实例介绍 Web 服务高级设置的主要应用。

19.1.1 设置用户

用户是登录操作系统时所输入的用户名。其中用户的权限由系统管理员进行分配,用户的权限将影响到访问者对网站的操作及 FTP 等 WWW 服务,它最终将决定访问者所具有的权限。下面将介绍如何在 Windows XP 的"计算机管理"控制台中创建用户,具体操作步骤如下。

(1)执行"开始"|"所有程序"|"管理工具"|"计算机管理"命令,打开"计算机管理"窗口,如图 19-1 所示。展开左侧管理控制中的"本地用户和组"选项,执行"用户"命令。

(2)执行"操作"|"新用户"命令,弹出"新用户"对话框,添加用户名、全名、描述等信息,并设置密码,如图19-2所示。

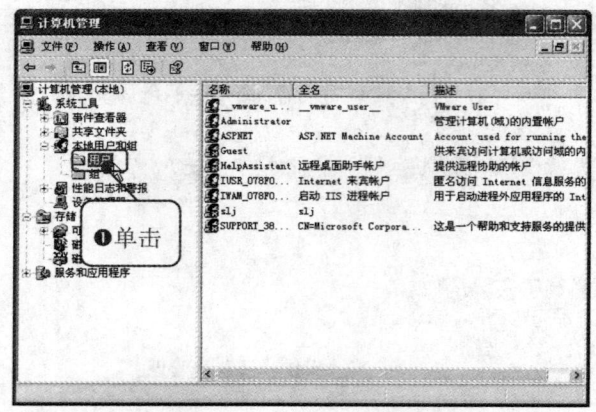

图19-1 "计算机管理"窗口　　　　图19-2 "新用户"对话框

(3)单击"创建"按钮,并单击"关闭"按钮返回。此时,新用户账号出现在计算机管理器的用户列表中,如图19-3所示。

(4)双击列表中新添加的用户Web_Reader,弹出"Web_Reader属性"对话框,切换至"隶属于"选项卡,单击"添加"按钮,并在弹出的"选择组"对话框中单击"高级"按钮,弹出"选择组"对话框,单击"立即查找"按钮,并在其下出现的"名称"列表中,选中"Guests",最后单击"确定"按钮,选择该用户组,如图19-4所示。

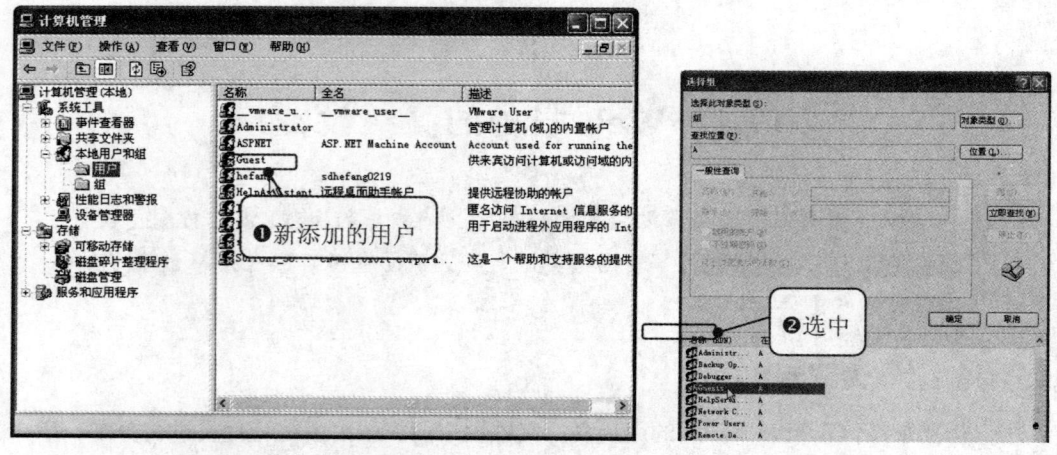

图19-3 添加的新用户　　　　图19-4 "选择组"对话框

(5)再次单击"确定"按钮,完成用户组的添加,如图19-5所示。

第 19 小时　网站的安全与运营维护

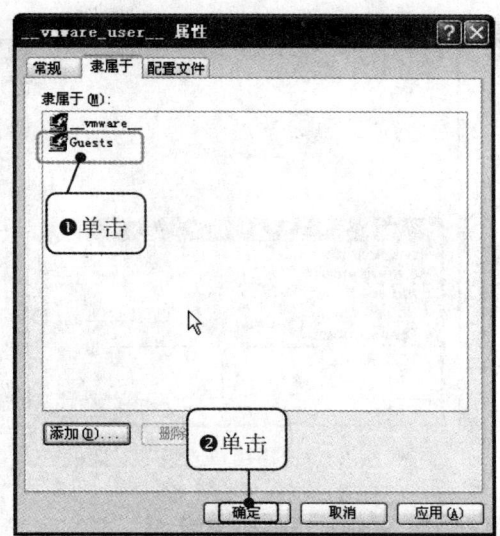

图 19-5　用户组添加结果

19.1.2　NTFS 权限的设置

由于有了 NTFS 权限这个特性，那么在 Windows XP 中就可以实现对某个账户只允许读取某个文件夹或者某个文件的功能。实现该功能的前提条件就是电脑的分区必须是 NTFS 分区，如果是 FAT 或者 FAT 32 分区的话，那么该功能是无法实现的。NTFS 分区是一个非常好的选择，将大大提高系统的稳定性和安全性。

下面将介绍如何设置文件夹 "Web" 的权限，解决在编辑、更新或删除操作时，网页出现的数据库被占用或用户权限不足的问题，具体操作步骤如下。

（1）选中文件夹 "Web"，单击鼠标右键，在弹出的快捷菜单中执行 "属性" 命令，弹出 "Web 属性" 对话框，切换至 "安全" 选项卡，如图 19-6 所示。

（2）单击 "添加" 按钮，在弹出的 "选择用户或组" 对话框中，添加 Everyone 用户组，如图 19-7 所示。

（3）单击 "确定" 按钮，返回到 "Web 属性" 对话框，选中 "组或用户名称" 列表框中的 "Everyone" 用户组，并在其下的权限列表框的 "修改" 选项中勾选 "允许" 复选框，单击 "确定" 按钮即可，如图 19-8 所示。

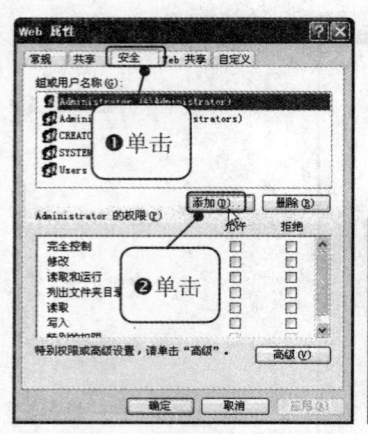
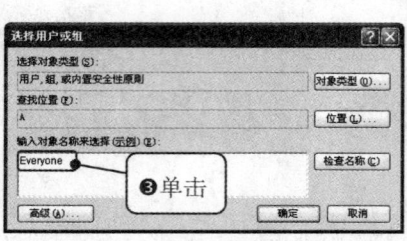

图 19-6 "安全"选项卡　　　　图 19-7 "选择用户或组"对话框　　　图 19-8 设置用户组权限

 19.1.3 目录和应用程序访问权限的设置

目录和应用程序访问权限是由 IIS 服务器的权限设置的，它与上节讨论的 NTFS 权限是互相独立的，并共同限制用户对站点资源的访问。目录和应用程序的访问权限并不能对用户身份进行识别，因此它所做出的限制是一般性的，对所有的访问者都起作用。

指定目录和应用程序访问权限是在网站的属性对话框的"主目录"选项卡中进行的，其设置界面如图 19-9 和图 19-10 所示。

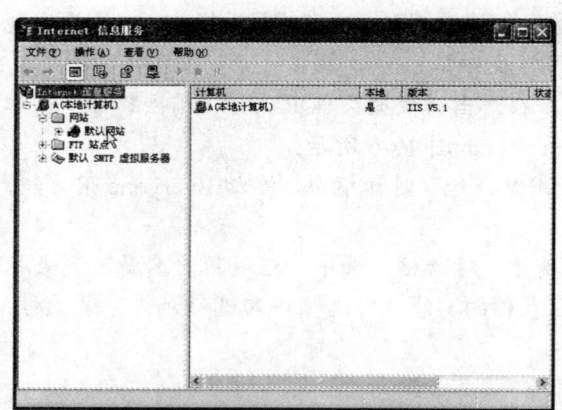
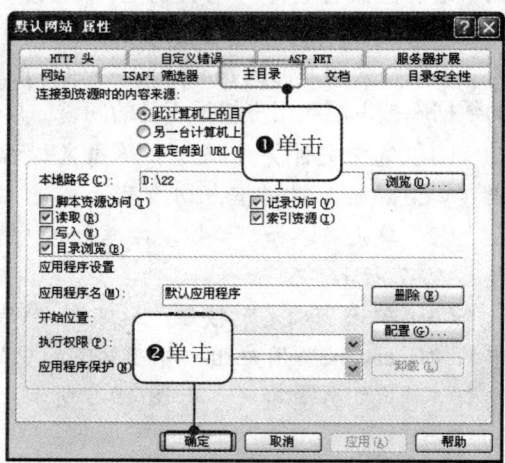

图 19-9 "Internet 信息服务"窗口　　　　图 19-10 "默认网站属性"对话框

 提示　　目录和应用程序访问权限分别对网站中的目录及应用程序文件进行权限的限制。其中前者针对非应用程序文件，包括网页、所有数据库文件等，其权限类型主要有"读取"和"写入"。后者则是针对使用脚本语言编写的脚本程序文件和可执行应用程序文件，其权限有"无权限"、"纯脚本"、"脚本和可执行程序"3 种类型。

第 19 小时　网站的安全与运营维护

"主目录"选项卡中的"读取"和"写入"复选框用于配制目录访问权限。一般意义上的网页浏览和文件下载操作在"读取"权限的许可下就可以进行了。而对于允许用户添加内容的网站（如搜集用户信息的网站或专门的个人主页空间），就要考虑指定"写入"权限了。

19.1.4　匿名和授权访问控制

首先来看一下匿名和授权访问的基本概念。前面我们已经知道只有拥有合法的用户账号才能对 Windows 系统进行访问，对于基于 Windows XP 系统的 IIS 也不例外。但是，在打开网站主页时并没有要求我们输入用户名和密码。这是因为在通常情况下，网站是允许匿名访问的，即无须再输入账号，自动使用匿名访问账号并继承匿名访问权限。

一旦用户所访问的资源不允许匿名访问，IIS 就会要求用户提供合法的用户名和密码，这就是授权访问。授权访问要求用户拥有合法的 Windows XP 账号，且必须具有相应的权限。

在默认情况下，IIS 对任意站点都是允许匿名访问的，如果出于站点安全性等考虑需要禁止匿名访问时，则应按照如下步骤进行配置。

（1）在 IIS 中用鼠标右键单击管理控制树中需要禁止匿名访问的 Web 站点图标，在弹出的快捷菜单中执行"属性"命令，弹出"默认网站属性"对话框，选择"目录安全性"选项卡。

（2）在"匿名访问和身份验证控制"选项组中单击"编辑"按钮，如图 19-11 所示。

（3）在弹出的"身份验证方法"对话框中取消勾选"匿名访问"复选框，如图 19-12 所示。单击"确定"按钮返回。

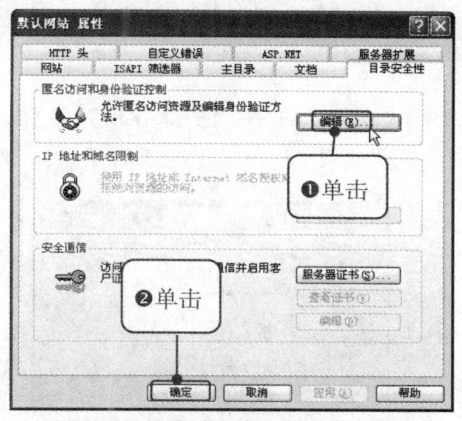
图 19-11　"目录安全性"选项卡

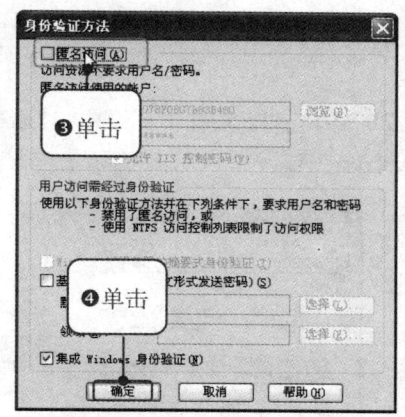
图 19-12　取消勾选"匿名访问"复选框

当然，对于公共性质的网站而言，并不需要禁止匿名访问，但在某些情况下还需要对匿名访问用户账号进行配置。在"身份验证方法"对话框中选择"匿名访问"复选框，然后单击右侧的"浏览"按钮，弹出"选择用户"对话框，根据前面"添加用户组"的操作步骤，加入指定的用户或用户组。

有时网站管理员可能并不满意使用 IUSR_computername 作为匿名访问账号名，出于安全考虑或管理方便，往往需要指定另一个账号作为匿名访问账号。这时只需单击"用户名"文本框右侧的"浏览"按钮,从"选择用户"对话框中指定新的匿名访问账号,单击"确定"按钮即可。

19.1.5 备份与还原 IIS

很多以本地计算机为服务器,开放 Web 或 FTP 服务的朋友都喜欢使用简单易行的 Windows 2000/XP 自带的 IIS 作为服务器架设工具,因此就需要了解如何备份与还原 IIS。因为当遇到被黑客入侵而破坏 IIS 设置等情况下,如果能够直接还原为事先配置好的状态,无疑会在很大程度上提高工作效率。备份与还原 IIS 的具体操作步骤如下。

(1)执行"开始"|"所有程序"|"管理工具"|"计算机管理"命令,打开"计算机管理"窗口,用鼠标右键单击"Internet 信息服务"选项,在弹出的快捷菜单中执行"所有任务"|"备份/还原配置"命令,如图 19-13 所示。

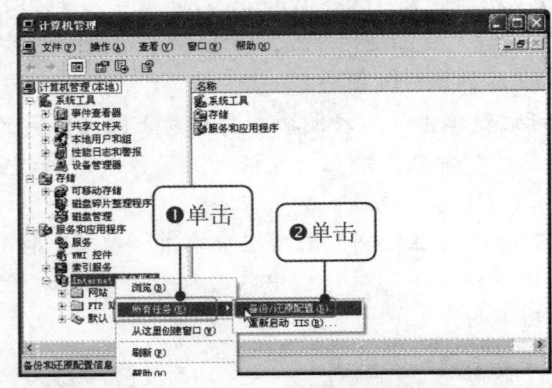

图 19-13　"计算机管理"窗口

(2)弹出"配置备份/还原"对话框,如图 19-14 所示。单击"创建备份"按钮,弹出"配置备份"对话框,设置"配置备份名称"为"网站建设",如图 19-15 所示。

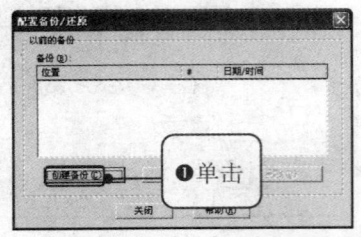

图 19-14　"配置备份/还原"对话框

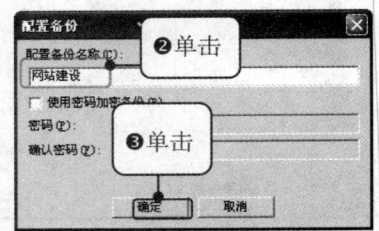

图 19-15　设置配置备份名称

(3)单击"确定"按钮,在弹出的"Internet 服务管理器"对话框中单击"是"按钮,完成 IIS 的备份,如图 19-16 所示。

(4)IIS 备份完毕后,返回到"配置备份/还原"对话框,选择创建的名为"网站建设"的备份,并单击"还原"按钮,即可实现 IIS 的还原,如图 19-17 所示。

第 19 小时　网站的安全与运营维护

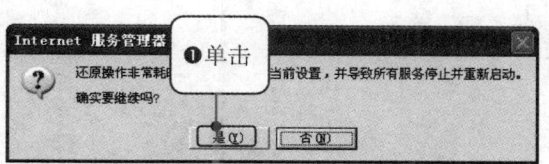

图 19-16　信息提示对话框

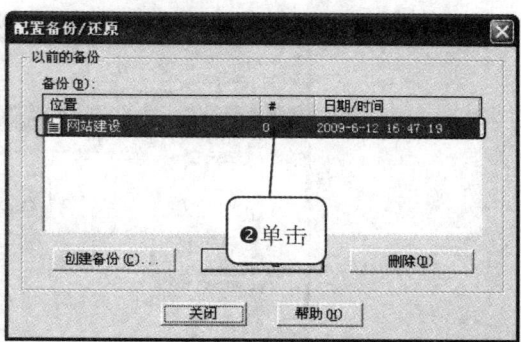

图 19-17　还原 IIS

19.2　反黑客技术

> 黑客原指热心于计算机技术、水平高超的电脑专家，尤其是程序设计人员。但到了今天，黑客一词已被用于泛指那些专门利用电脑搞破坏或恶作剧的人。网络是黑客破坏计算机的主要途径，目前 90%以上的流行计算机病毒都是通过网络进行传播的。为了保障系统的正常运行，维护网络安全，要求管理员必须具备一定的反黑客技术。下面简要介绍几种在 Windows XP 操作系统平台上常见的反黑客技术。

19.2.1　计算机的设置

计算机的设置是比较基础的内容，同时也是反黑客技术最直接的方式，下面介绍常见的计算机安全设置。

1．取消文件夹隐藏共享

在默认状态下，Windows XP 会开启所有分区的隐藏共享，执行"控制面板"|"管理工具"|"计算机管理"命令，在打开的窗口中选择"系统工具"|"共享文件夹"|"共享"选项，如图 19-18 所示，可以看到硬盘上的分区名后面都加了一个"$"。大多数个人用户系统 Administrator 的密码都为空，入侵者可以轻易看到 C 盘的内容，这就给网络安全带来了极大的隐患。

339

学用一册通：20 小时网站建设完整案例实录

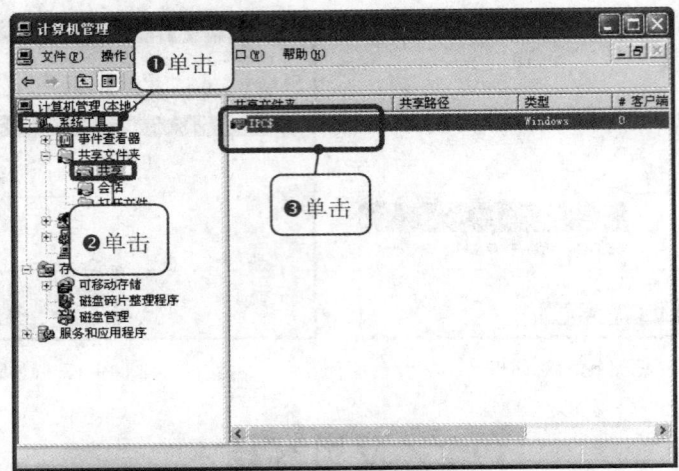

图 19-18　隐藏共享

消除默认共享的方法很简单，执行"开始"|"运行"命令，弹出"运行"对话框，在对话框中输入"regedit"，如图 19-19 所示。打开注册表编辑器，进入"HKEY_LOCAL_MACHINE"|"SYSTEM"|"CurrentControlSet"|"Sevices"|"Lanmanworkstation"|"parameters"，新建一个名为"autosharewks"的双字节值，并将其值设为"0"，关闭 admin$ 共享，如图 19-20 所示。然后重新启动电脑，这样共享就取消了。

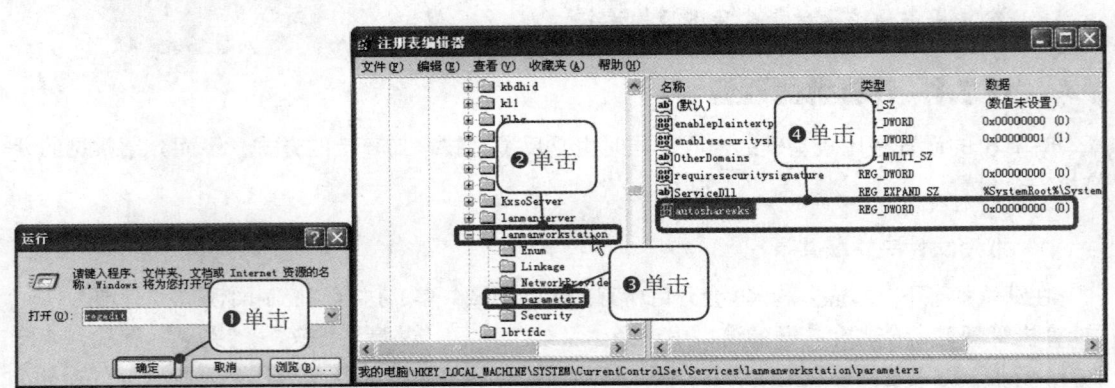

图 19-19　"运行"对话框　　　　　　　　图 19-20　新建 autosharewks 值

2．删掉不必要的协议

对于服务器和主机来说，一般只需安装 TCP/IP 协议就够了。用鼠标右键单击"网上邻居"，在弹出的快捷菜单中执行"属性"命令，再用鼠标右键单击"本地连接"选项，在弹出的快捷菜单中执行"属性"命令，卸载不必要的协议。其中 NetBIOS 是很多安全缺陷的根源，对于不需要提供文件和打印共享的主机，还可以将绑定在 TCP/IP 协议的 NetBIOS 关闭，避免针对NETBIOS 的攻击。执行"TCP/IP 协议"|"属性"|"高级"命令，进入"高级 TCP/IP 设置"对话框，选择"WINS"选项卡，勾选"禁用 TCP/IP 上的 NetBIOS"复选框，关闭 NetBIOS，

第 19 小时 网站的安全与运营维护

如图 19-21 所示。

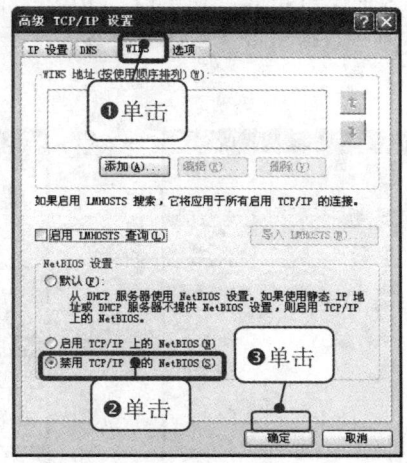

图 19-21 关闭 NetBIOS

3．关闭"文件和打印共享"

文件和打印共享是一个非常有用的功能，但在不需要时，也是黑客入侵的安全漏洞。所以在没有使用"文件和打印共享"的情况下，可以将它关闭。

首先进入"控制面板"，并双击"安全中心"图标，进入"Windows 安全中心"，如图 19-22 所示，单击"Windows 防火墙"链接，弹出"Windows 防火墙"对话框，选择"例外"选项卡，取消勾选"程序和服务"列表框中的"文件和打印机共享"复选框，如图 19-23 所示。

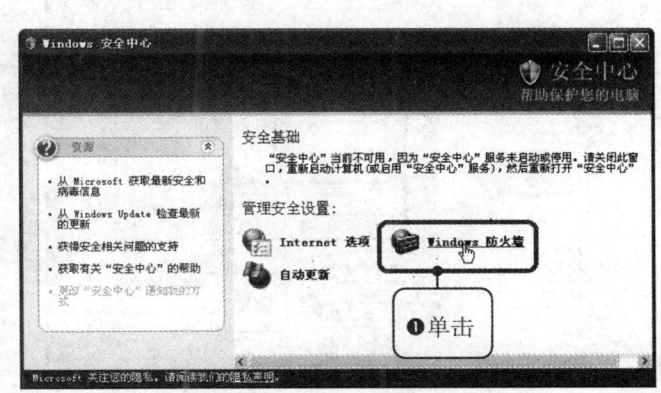

图 19-22 Windows 安全中心

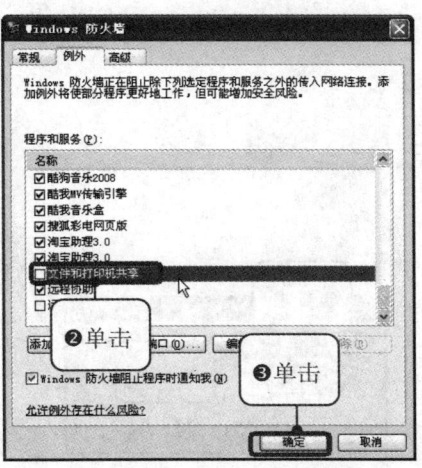

图 19-23 取消勾选复选框

4．停用 Guest 账号

有很多入侵都是通过 Guest 账号进一步获得管理员密码或者权限的。如果不想让自己的计

341

算机被别人控制,那么将其禁用为好。执行"控制面板"|"管理工具"|"计算机管理"命令,在窗口中执行"系统工具"|"本地用户和组"|"用户"命令,如图19-24所示,用鼠标右键单击"Guest"图标,在弹出的快捷菜单中执行"属性"命令,在"常规"选项卡中勾选"账户已停用"复选框,如图19-25所示。

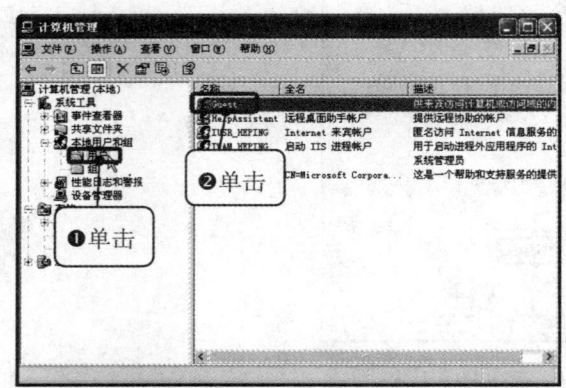

图 19-24 本地用户

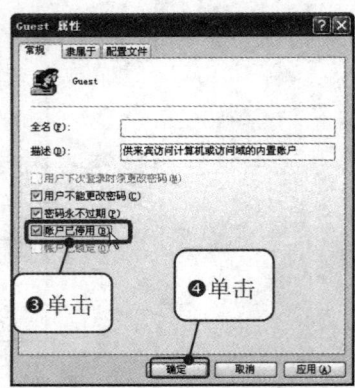

图 19-25 停用 Guest 账户

5.禁止建立空链接

在默认情况下,任何用户都可以通过空链接连上服务器,并通过枚举账号猜测密码。因此必须禁止建立空链接,其方法是修改注册表。

执行"开始"|"运行"命令,弹出"运行"对话框,在对话框中输入"regedit",如图19-26所示。打开注册表编辑器,进入"HKEY_LOCAL_MACHINE"|"System"|"CurrentControlSet"|"Control"|"Lsa",将 DWORD 值"restrictanonymous"的键值改为"1"即可,如图19-27所示。

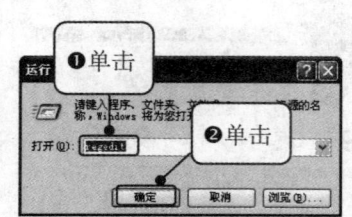

图 19-26 "运行"对话框

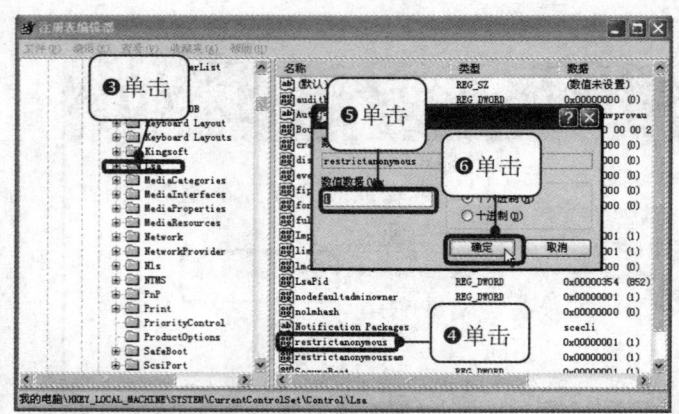

图 19-27 修改键值

19.2.2 隐藏 IP 地址

黑客经常利用一些网络探测技术来查看主机信息,主要目的就是得到网络中主机的 IP 地

第 19 小时 网站的安全与运营维护

址。IP 地址在网络安全上是一个很重要的概念,如果攻击者知道了服务器的 IP 地址,等于为攻击准备好了目标,黑客可以向这个 IP 发动各种进攻,如 DoS(拒绝服务)攻击、Floop 溢出攻击等。

隐藏 IP 地址的主要方法是使用代理服务器。与直接连接到互联网相比,使用代理服务器能保护上网用户的 IP 地址,从而保障上网安全。代理服务器的原理是在客户机和远程服务器之间架设一个"中转站",当客户机向远程服务器提出服务要求后,代理服务器首先截取用户的请求,然后将服务请求转交给远程服务器,从而实现客户机和远程服务器之间的联系。很显然,使用代理服务器后,其他用户只能探测到代理服务器的 IP 地址,而不是服务器真正的 IP 地址,这就实现了隐藏服务器 IP 地址的目的,保障了上网安全。

下面介绍如何通过 Internet Explorer 浏览器来设置代理服务器,进而实现隐藏 IP 地址的目的,具体操作步骤如下。

(1)启动 Internet Explorer 浏览器,执行"工具"|"Internet 选项"命令,弹出"Internet 选项"对话框,选择"连接"选项卡,如图 19-28 所示。

(2)单击"局域网设置"按钮,弹出"局域网(LAN)设置"对话框,选择"为 LAN 使用代理服务器"复选框,激活下面的"地址"文本框,输入代理服务器的 IP 地址,并设置具体的端口号,最后单击"确定"按钮,完成代理服务器的设置,如图 19-29 所示。

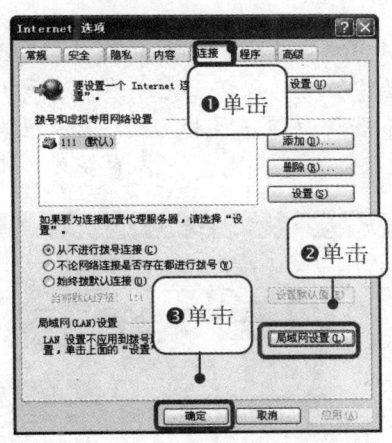
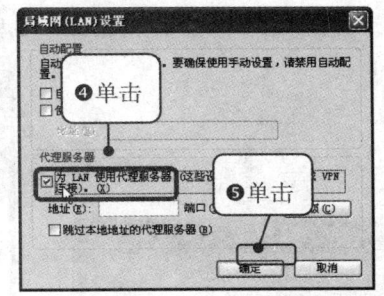

图 19-28 "Internet 选项"对话框　　　　图 19-29 设置代理服务器

19.2.3 操作系统账号管理

Administrator 账号拥有最高的系统权限,一旦该账号被人利用,后果将不堪设想。黑客入侵的常用手段之一就是试图获得 Administrator 账号的密码,在一般情况下,系统安装完毕后,Administrator 账号的密码为空,因此要重新配置 Administrator 账号。

首先是为 Administrator 账号设置一个强大复杂的密码,然后重命名 Administrator 账号,再创建一个没有管理员权限的 Administrator 账号欺骗入侵者。这样一来,入侵者就很难弄清楚哪个账号真正拥有管理员权限,也就在一定程度上降低了危险性。下面介绍通过控制面板为 Administrator 账号创建一个密码,具体操作步骤如下。

343

（1）执行"控制面板"|"管理工具"|"计算机管理"命令，在窗口中执行"系统工具"|"本地用户和组"|"用户"命令，接下来在右侧的用户列表窗口中，选中"Administrator"账号并单击鼠标右键，在弹出的快捷菜单中执行"设置密码"命令，如图19-30所示。

（2）此时将弹出设置账号密码的警告提示对话框，如图19-31所示。

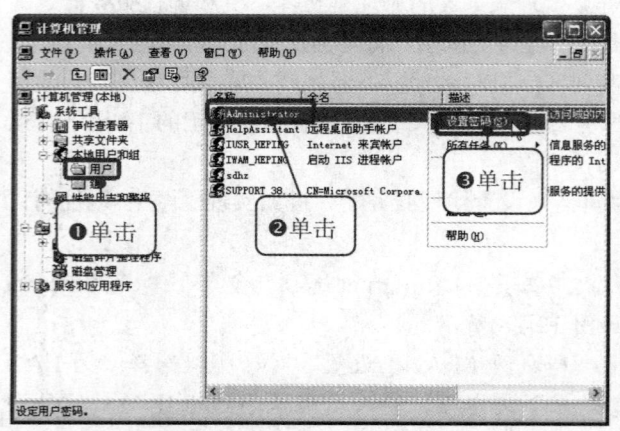

图19-30　执行"设置密码"命令

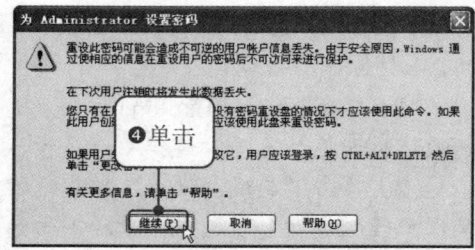

图19-31　警告提示对话框

（3）单击"继续"按钮，将弹出"为Administrator设置密码"对话框，如图19-32所示，这里连续两次输入相同的登录密码。最后单击"确定"按钮，完成账户密码的设置。

（4）在用户列表窗口中，选中"Administrator"账号并单击鼠标右键，在弹出的快捷菜单中执行"重命名"命令，如图19-33所示，可以根据自己的需要为其重命名。

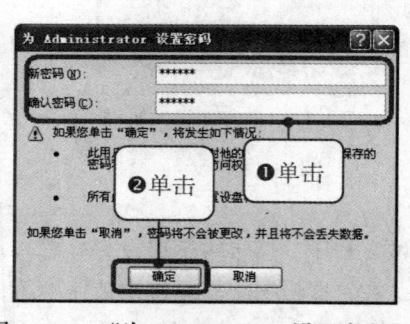

图19-32　"为Administrator设置密码"对话框

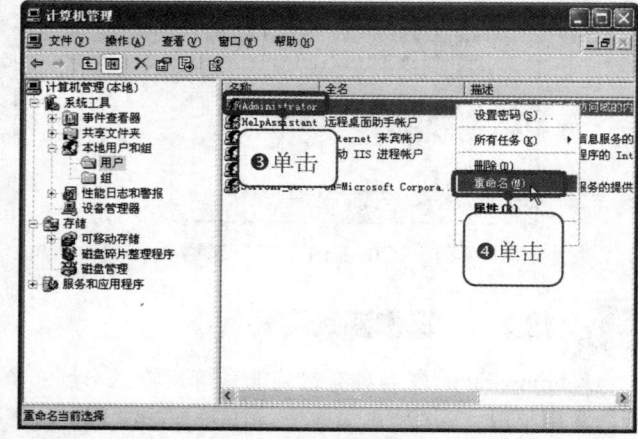

图19-33　执行"重命名"命令

19.2.4　安装必要的安全软件

除了通过各种手动方式来保护服务器操作系统外，还应在计算机中安装并使用必要的防黑软件、杀毒软件和防火墙。在上网时打开它们，这样即便有黑客进攻服务器，系统的安全也是

第 19 小时 网站的安全与运营维护

有保证的。

木马程序会窃取所植入电脑中的有用信息,因此也要防止被黑客植入木马程序。在下载文件时先放到自己新建的文件夹中,再用杀毒软件来检测,起到提前预防的作用。

19.2.5 做好浏览器的安全设置

虽然 ActiveX 控件和 Applet 有较强的功能,但也存在被人利用的隐患,如网页中的恶意代码往往就是利用这些控件来编写的。所以要避免恶意网页的攻击只有禁止这些恶意代码的运行。IE 对此提供了多种选择,具体设置步骤如下。

(1)启动 Internet Explorer 浏览器,执行"工具"|"Internet 选项"命令,弹出"Internet 选项"对话框,选择"安全"选项卡,如图 19-34 所示。

(2)单击"自定义级别"按钮,弹出"安全设置-Internet 区域"对话框,然后将 ActiveX 控件与相关选项禁用,如图 19-35 所示。

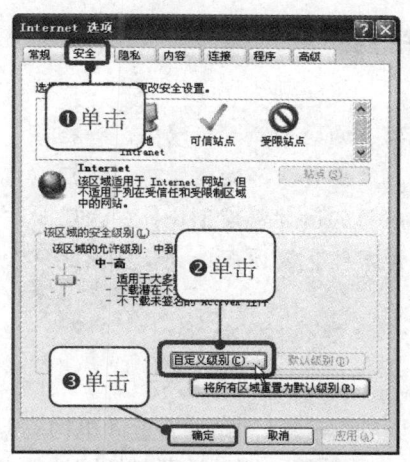

图 19-34 "Internet 选项"对话框

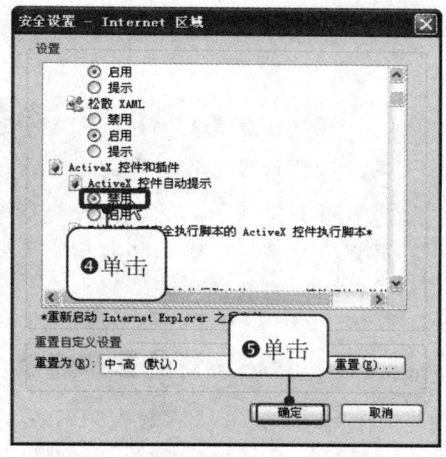

图 19-35 禁用 ActiveX 控件与相关选项

19.2.6 网站防火墙的应用

防火墙作为网络安全最主要和最基本的基础设施,已经得到广大用户的认同,是成熟的技术、成熟的产品和成熟的市场。随着信息技术的发展,防火墙市场近几年得到了突飞猛进的发展,信息安全已经得到了各个行业的高度重视,特别是防火墙产品的应用已经延伸到银行、保险、证券、邮电、军队、海关、税务、政府等各个行业。因此,防火墙产品已经成为国内安全产品竞争的焦点。目前我们将其分为硬件防火墙和软件防火墙。

1. 硬件防火墙产品

国内硬件防火墙的品牌较多,但专注于信息安全的厂商却不多,尤其是"芯片"级的防火墙就更少了。如果以架构划分,芯片级防火墙基于专门的硬件平台,专有的 ASIC 芯片使它们比其他种类的防火墙速度更快、处理能力更强、性能更高,因此漏洞相对比较少。不过价格相对较贵，做这类防火墙的国内厂商并不多，如天融信。另外一种方式是以 X86 平台为代表的通用 CPU 芯片，它是目前使用较为广泛的一种方式。这种类型的厂商较多，如启明星辰、联想网御、华为等。一般而言，产品价格相对于前者较低。第三类就是网络处理器（NP），一般只用于低端路由器、交换机等数据通信产品，由于开发难度高和开发成本低、开发周期短等原因，进入这一门槛的标准相对较低，也拥有部分客户群体。

2．软件防火墙产品

所谓防火墙指的是一个由软件和硬件设备组合而成且在内部网和外部网之间、专用网与公共网之间的界面上构造的保护屏障，是一种获取安全性方法的形象说法。它是一种计算机硬件和软件的结合，使 Internet 与 Intranet 之间建立起一个安全网关（Security Gateway），从而保护内部网免受非法用户的入侵，防火墙主要由服务访问政策、验证工具、包过滤和应用网关 4 个部分组成。

19.3 网站运营

网站运营是指网站的产品管理、内容运营、内容更新、市场推广等相关的运营管理工作。广义上包含了网站策划、产品开发、网络营销、客户服务等多个环节。狭义上特指在网站建设完成后的运营管理工作，如内容策划、营销活动策划和客户服务等，也就是说网络营销体系中一切与网站后期运作有关的工作。

19.3.1 网站运营的工作内容

创建一个网站，对于大多数人并不陌生。尤其是已经拥有自己网站的企业和机构。但是，提到网站运营可能很多人不理解，对网站运营的重要性也不明确。网站运营包括网站需求的分析和整理、频道内容建设、网站策划、产品维护和改进、各部门协调工作 5 个方面的具体内容。

1．网站需求的分析和整理

对于一名网站运营人员来说，最为重要的就是要了解需求，在此基础上，提出网站具体的改善建议和方案，对这些建议和方案要与大家一起讨论分析，确认是否具体可行。必要时，还要进行调查取证或分析统计，综合评出这些建议和方案的可取性。

需求创新，直接决定了网站的特色，有特色的网站才会更有价值，才会更吸引用户来使用。例如，新浪每篇编辑后的文章里常会提供与内容极为相关的另外内容链接，供读者选择，这就充分考虑了用户的兴趣需求。网站细节的改变，应当是基于对用户需求把握而产生的。

需求的分析还包括对竞争对手的研究。研究竞争对手的产品和服务，看看他们最近做了哪些变化，判断这些变化是不是真的具有价值。如果能够为用户带来价值的话，完全可以采纳为己所用。

第 19 小时　网站的安全与运营维护

2．频道内容建设

频道内容建设是网站运营的重要工作。网站内容决定了网站是什么样的网站。当然，也有一些功能性的网站，如搜索、即时聊天等，只是提供了一个功能，让用户去自由使用。使用这些功能最终仍是为了获取想要的信息。

频道内容建设，更多的工作是由专门的编辑人员来完成，内容包括频道栏目规划、信息编辑和上传、信息内容的质量提升等。编辑人员做的也是网站运营范畴内的工作，属于网站运营工作中的重要成员。很多小网站或部分大型网站，网站编辑人员也承担着网站运营人员的角色，他们不仅要负责信息的编辑，还要提需求、做方案等。

3．网站策划

网站策划，包括前期市场调研、可行性分析、策划文档撰写、业务流程说明等内容。策划是建设网站的关键。一个网站，只有真正策划好了，最终才会有可能成为好的网站。因为前期的网站策划涉及更多的市场因素。

应根据需求来进行有效的规划。文章标题和内容如何显示、广告如何展示等，都需要进行合理和科学的规划。页面规划和设计是不一样的。页面规划较为初级，而页面设计则上升到了更高的层次。

4．产品维护和改进

产品的维护和改进工作，其实与需求的分析和整理有一些相似之处。但在这里，更强调的是产品的维护工作。产品维护工作更多的应是对顾客已购买产品的维护工作，响应顾客提出的问题。

在大多数网络公司中，都有比较多的客服人员。很多时候，客服人员对技术、产品等问题可能不是非常清楚，对顾客的不少问题又未能进行很好的解答，这时就需要运营人员分析和判断问题，或对顾客给出合理的说法，或把问题交给技术人员去处理，或找出更好的解决方案。

5．各部门协调工作

这一部分的工作内容更多体现的是管理角色。因为网站运营人员深知整个网站的运营情况，知识相对来说比较全面，与技术人员、美工、测试、业务的沟通协调工作，更多地是由网站运营人员来承担。作为网站运营人员，沟通协调能力是必不可少的。要与不同专业性思维打交道，在沟通的过程中，可能碰上许多不理解或难以沟通的现象，这都属于比较正常的问题。

优秀的网站运营人才，要求具备行业专业知识、文字撰写能力、方案策划能力、沟通协调能力、项目管理能力等方面的素质。

19.3.2　网站运营的关键问题

网站运营是网站能否持续成长的关键。网站运营需要做很多细节性的工作，但这些细节工作需要从一套系统和规范出发，而不是做到哪里算哪里，这样才能建立起一套良好的运营系统。下面介绍网站运营方面的关键问题。

学用一册通：20 小时网站建设完整案例实录

1. 定位

做网站的第一目的是赢利，所以网站第一件事是要找准市场，定好位，还要有清晰的赢利模式，所以网站架设前的市场分析和投资收益分析是必不可少的。网站的市场是什么？如何赢利？作为网站运营者在建设网站前一定要非常清楚。

2. 团队

市场找到了，赢利模式确定了，接下来就是团队的搭建。如何打造一个高效的网站运营团队是非常重要的，需要多少人，都需要什么样的人，这都是根据网站的规模来确定的。如何以最少的成本去运营网站是最需要考虑的事，即使有了风险投资，也要慎重使用。任何事情都是需要团队来完成的，但团队并不意味着人越多越好，应该搭建一个最需要的团队。

3. 服务

网站一定要让用户接受并产生价值，并做好推广、内容和服务。网站必须要有自己独特的东西，用户凭什么记住你的网站？用户为什么上你的网站？

4. 发展

网站经营团队搭建好了，网站也做好了，推广也做得不错，也获得了客户的认可，那么就要考虑发展的问题了。网站不可能一下子做得很大，起步的时候都是按照当初的实际情况来规划网站的，但是网站的规模总是会变的。要么变小直到网站关闭，要么变大。当网站规模变大时，就得考虑整个团队的建设和管理问题了，尽量打造高效的团队，而不要盲目地扩充团队的规模。

5. 创新

网站稳定经营一段时间以后，就必须考虑如何创新了，因为很多人发现了你的网站，知道这种网站能赚钱，并且很多人在疯狂模仿。所以一定要保持独特的方式，让别人没办法快速模仿。

19.4 备份网站

> 作为一个网站的拥有者和管理者，网站是我们最大的财富，在面对错综复杂的网络环境时，我们必须保证网站的正常运作。但很多的情况是我们无法掌控和预测的，如黑客的入侵、硬件的损坏、人为的误操作等，都可能对网站产生毁灭性的打击。所以，作为网站管理人员，我们应该定期备份网站数据，在遇到意外时能将损失降低到最小。

 19.4.1 整站的备份

网站备份并不复杂，最重要的其实就是建立起网站备份的观念和习惯。好的观念可以帮助我们更好地运营网站，而好的习惯能帮助我们在发展网站过程中减少一些不必要的麻烦。网站

第 19 小时　网站的安全与运营维护

备份简单说来无非就是整站备份和数据库备份。

对于整站的备份，一般情况来说，除了一些定期备份和特殊事件的备份外。一般网站文件有变动的情况下，最好要备份一次，如网站模板的变更、网站功能的增删，这类备份的目的主要是担心网站文件的变动引起整站的不稳定或造成网站其他功能和文件的丢失。一般来说，由于文件的变动频率较小，备份的周期相对较长，可以在每次变动网站相关文件前，进行网站文件的备份。一般可以通过远程目录打包的方式，将整站目录打包并且下载到本地，这种方式是最简便的。而对于一些大型网站，网站目录包含大量的静态页面、图片和其他的一些应用程序，就可以通过 FTP 数据备份工具，将网站目录下的相关文件直接下载本地，根据备份时间在本地实现定期打包和替换。这样可以最大限度地保证网站的安全性和完整性。

19.4.2　数据库的备份

数据库对于一个网站来说，其重要性不言而喻。网站文件损坏，我们可以通过一些技术还原手段来恢复，如模板文件丢失，换一套模板；网站文件丢失，可以再重新安装一次网站程序，但如果数据库丢失，相信技术再强的站长也是无力回天。相对于网站数据库而言，变动的频率就很大了，相对来说备份的频率相对来说会更频繁一些。一般一些服务较好的 IDC，通常是每周帮忙备份一次数据库。对于一些运用建站 CMS 做网站的站长来说，在后台都有非常方便的数据库一键备份，通过自动备份到指定的网站文件夹当中，如果你还不放心，可以使用 FTP 工具，将远程的备份数据库下载到本地，真正实现数据库的本地、异地双备份。

19.5　本章小结

由于一般网站设计者更多地考虑满足用户应用，如何实现业务。很少考虑网站应用开发过程中所存在的漏洞，这些漏洞在不关注安全代码设计的人员眼里几乎不可见，大多数网站设计开发者、网站维护人员对网站攻防技术的了解甚少，在正常使用过程中，即便存在安全漏洞，正常的使用者并不会察觉。网站越重要，安全问题所造成的危害就越大，现在，网络安全问题已成为网站管理上的焦点。

第 20 小时 网站推广

本章导读

很多网友虽然做了网站,但是不知道怎么去推广,和别人一样去付出心血却得不到很好的回报,总觉得别人成功了自己很失败。网站推广就是指如何让更多人知道你的网站。推广网站的形式多样,包括网站登录、广告推广、邮件推广、电视推广、搜索引擎推广和报刊推广等媒体推广。

内容要点

◎ 掌握为什么要推广网站
◎ 掌握搜索引擎推广
◎ 电子邮件营销
◎ 博客营销
◎ 社区营销式的推广
◎ QQ 营销
◎ 网络做广告
◎ 传统网下营销

第 20 小时　网站推广

本章学习流程

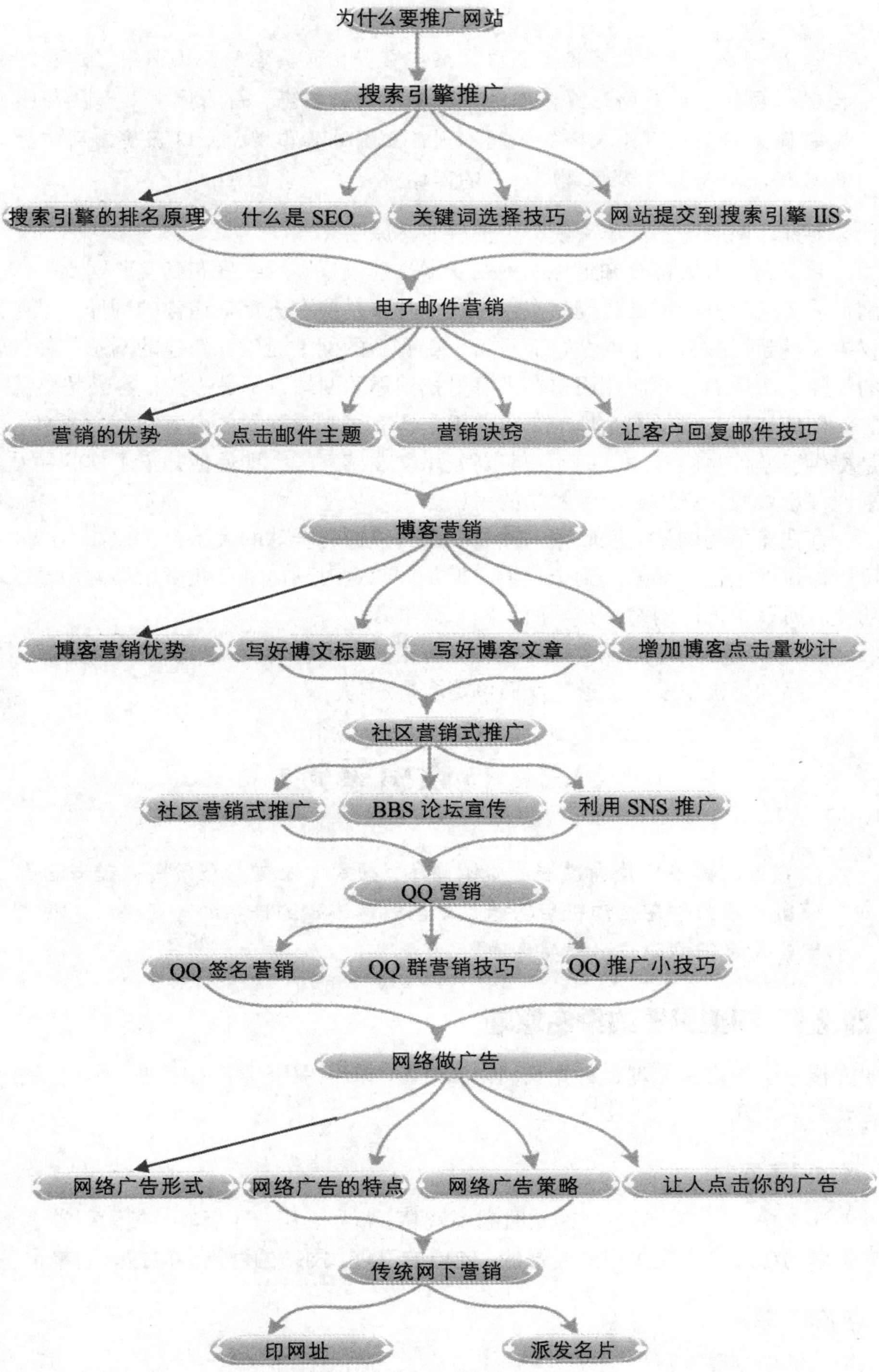

```
              为什么要推广网站
                    ↓
              搜索引擎推广
        ┌────────┼────────┬────────┐
    搜索引擎的排名原理  什么是 SEO  关键词选择技巧  网站提交到搜索引擎 IIS
                    ↓
              电子邮件营销
        ┌────────┼────────┬────────┐
     营销的优势  点击邮件主题  营销诀窍  让客户回复邮件技巧
                    ↓
              博客营销
        ┌────────┼────────┬────────┐
    博客营销优势  写好博文标题  写好博客文章  增加博客点击量妙计
                    ↓
              社区营销式推广
        ┌────────┼────────┐
    社区营销式推广  BBS 论坛宣传  利用 SNS 推广
                    ↓
                 QQ 营销
        ┌────────┼────────┐
     QQ 签名营销  QQ 群营销技巧  QQ 推广小技巧
                    ↓
              网络做广告
        ┌────────┼────────┬────────┐
    网络广告形式  网络广告的特点  网络广告策略  让人点击你的广告
                    ↓
              传统网下营销
              ┌──────┐
           印网址      派发名片
```

351

20.1　为什么要推广网站

> 在网络经济与电子商务迅猛发展的今天，很多企业都认识到了建立站点的必要性。但是网站建好以后，如果不进行推广，那么网站的产品与服务在网上就仍然不为人所知，起不到建立网站的作用，所以在建立网站后即应着手利用各种手段推广自己的网站。

为什么要推广网站呢？简单来说，至少有如下原因。

第一，并不是所有人都会知道你的网站。网站建设好以后，发布到互联网上，人们可以直接输入网址或者通过其他网站访问站点。但是，并不是所有人都知道你的网址，全球网站几千万个，仅中国就超过数百万个网站，而且每天都有新的网站诞生，新建的网站往往很快就陷入了网站的汪洋大海里面，如何让用户在大海里找到你的网站，不是一件很容易的事情。

第二，即使知道了你的网站地址，也并不是所有人都对网站的内容和服务感兴趣。如果你的网站是提供股票信息服务的，而用户只对娱乐交友感兴趣，即使他知道了你的网站地址，但是对他来说，不炒股，就不会成为网站的用户。

第三，存在竞争的网站。互联网网站是一个可以通向全球的大平台，比如生产儿童用品的网站，可以通过网站把产品推广到全世界，但是同时这对其他推广儿童用品的网站来说，也有同样的功效。所以，推广网站还必须面临网站竞争者。

第四，并不一定好的产品就会最终成功。有很多很出色的产品，但是因为没有多少人知道它，而次的产品如果被很多人知道，反而可能取得成功。

20.2　搜索引擎推广

> 搜索引擎推广是通过搜索引擎优化，搜索引擎排名及研究关键词的流行程度和相关性在搜索引擎的结果页面取得较高的排名的营销手段。搜索引擎优化对网站的排名至关重要。

20.2.1　搜索引擎的排名原理

要研究搜索引擎排名原理，首先我们得知道影响搜索引擎排名的因素，影响搜索引擎排名的因素主要有下面几个。

1．网站服务器

服务器速度快了，蜘蛛爬行你网站时效率就高。慢了，用户不喜欢，搜索引擎也不太喜欢。因为搜索引擎的标准是围绕用户的爱好的。同样的道理，网站的稳定性对搜索引擎也至关重要。

2．网站的内容

（1）网站的内容要丰富。

第 20 小时　网站推广

（2）网站原创内容要多。
（3）尽量用文本来表现内容。

3. title 和 meta 设计

（1）每个页面的 title 和 meta 标签都要不同，并且要与该页面的内容相符合。
（2）title 和 meta 的长度要控制合理：title 尽量不要超过 30 个汉字。网页描述 meta 标签不要超过 100 个字。

4. 网页文本和图片

（1）大标题尽量要使用。
（2）文本中的的关键词用加粗或者加重。
（3）网页中的图片要加上 alt 注释：加 alt 注释的图片，是网页中的重要图片，如产品图片等，网页中的修饰图片不要乱加，加 alt 注释只是为了说明图片的内容。

5. 域名、文件名、URL 路径

1）网站域名

如果做英文网站，直接采用包含关键词的域名非常有助于排名。如果是中文网站，可以考虑一下全拼的域名因为各大搜索引擎都可以很好地识别拼音了。这样对你的排名也非常有利。

2）文件名

中文网站无所谓，如果你做英文网站，文件名要用关键词，并且各个单词之间要用中横线"-"分开，这点很重要，不要用下横线。

3）URL 的权重

二级域名比栏目页具有优势：abc.web.com 比 www.web.com/abc/有排名优势。在规划 url 的时候，需要注意这点。但目录的层次不要太深。最多不要超过 3 层，因为你的层次越深，权重越低。

6. 网站的导航构架

（1）导航结构要清晰明了。
（2）超链接要用文本链接。
（3）各个页面要有相关链接。

20.2.2　什么是 SEO

搜索引擎优化（Search Engine Optimization，SEO）指遵循搜索引擎的搜索原理，对网站结构、网页文字语言和站点间互动等进行合理规划部署，让网站建设各项基本要素适合搜索引擎的检索原则，从而使搜索引擎收录尽可能多的网页，并在搜索引擎自然检索结果中排名靠前，最终达到网站推广的目的。通过 SEO 这样一套基于搜索引擎的营销思路，为网站提供生态式的自我营销解决方案，让网站在行业内占据领先地位，从而获得品牌收益。

SEO 优化主要包括两个部分：站内优化和站外优化。站内优化是站长完全就可以控制的，它主要是对网站不合理的结构进行调整，对冗长多余的 HTML 代码进行优化。网站结构只有利于蜘蛛的爬取，才有可能出现收录和好的排名。除此之外，站外优化也是十分重要的。站外优化主要就是外部链接的建设。

20.2.3 关键词选择技巧

我们知道，在搜索引擎中检索信息都是通过输入关键词来实现的。因此关键词非常关键。它是整个网站登录过程中最基本也是最重要的一步，是进行网页优化的基础。如果关键字选择不当，可能你选择的关键字很少有人去搜索，流量也不会大。关键字选错会影响整个网站的流量。选择关键字需要注意下面几点。

1．揣摩用户心理

要仔细揣摩潜在用户的心理，设想他们在查询信息时最可能使用的关键词，并一一将这些关键词记录下来。不必担心列出的关键词会太多，相反你找到的关键词越多，覆盖面也越大，也就越有可能从中选出最佳的关键词。

2．选择有效的关键字

关键字是描述你的网站及服务的词语，选择适当的关键字是建立一个高访问量网站的第一步。选择关键字的一个重要技巧是选取那些常为人们在搜索时所用到的关键字。

3．选择相关的关键词

对商家来说，挑选的关键字必须与自己的网站或服务有关。不要听信那些靠毫不相干的热门关键词吸引更多访问量的宣传，那样做会浪费很多资金，而且毫无意义。

4．关键词竞争度要适中

想在短时间内见效，最好不要把竞争程度非常激烈的词语作为主关键词，这些关键词要想在搜索引擎中获得好的排名，是非常不容易的，并且你要有足够的时间和耐性。应该选择一些竞争度适中的关键词，这些关键词不仅容易排名靠前，而且花费也不会很多。

5．符合用户搜索习惯

关键字要符合用户的搜索习惯，不要把一些大家都不知道的词作为主关键字。也不要把你自以为用户都比较关注的词作为关键词，实际上，在没有清楚分析和调查之前，最好不要这么做，也许用户根本就不会关注这些关键词。

20.2.4 将网站提交到各大搜索引擎

如何使自己的网站让别人知道，成为网站成功与否的关键。登录搜索引擎的目的是更有效地进行网站推广。到新浪、搜狐、百度、谷歌、雅虎等一些大的搜索引擎网站去登录一下，会给你带来意想不到的效果。图 20-1 所示为百度搜索引擎登录页面。

第 20 小时　网站推广

图 20-1　百度搜索引擎登录页面

可以把自己的网站提交给各个搜索引擎，这样在各个搜索引擎就能找到你的网站了，虽然不是每个都能通过，但是勤劳一点总是会有几个通过的。

方法很简单：首先在浏览器中打开每个网站的登录口，然后把你的网址输入进去就行了。

百度搜索网站登录口：http://www.baidu.com/search/url_submit.html

Google 网站登录口：http://www.google.cn/intl/zh-CN_cn/add_url.html

雅虎中国网站登录口：http://search.help.cn.yahoo.com/h4_4.html

中搜网站登录口：http://ads.zhongsou.com/register/page.jsp

网易有道搜索引擎登录口：http://tellbot.youdao.com/report

英文雅虎登录口：http://search.yahoo.com/info/submit.html

TOM 搜索网站登录口：http://search.tom.com/tools/weblog/log.php

新浪爱问网站登录口：http://search.tom.com/tools/weblog/log.php

新浪登录口（收费）：http://bizsite.sina.com.cn/newbizsite/docc/index-2jifu-03.htm

20.3　电子邮件营销

电子邮件是我们平时比较常用的工具，但要是运用到推广上，可能有人就没有想到这里了。我们来看看怎样用邮件来推广网站的吧。

 20.3.1　电子邮件营销的优势

以电子邮件为主要的推广手段，常用的方法包括电子刊物、会员通信、专业服务商的电子邮件广告等。基于用户许可的 E-mail 营销与滥发邮件不同，如图 20-2 所示即为利用电子邮件推广网站商品。

图 20-2　电子邮件推广网站商品

参加电子邮件营销推广的优势有以下几点。

1．即时性强

相比其他网络营销手段，电子邮件营销速度非常快。搜索引擎优化需要几个月甚至几年的努力，才能充分发挥效果。博客营销更是需要时间及大量的文章，而电子邮件营销只要有邮件数据库在手，发送邮件后几小时之内就会看到效果，产生订单。

因特网使商家可以立即与成千上万潜在的和现有的顾客取得联系。研究表明，绝大多数互联网用户在 24 小时内会对收到的 E-mail 做出回复，而在直接邮寄活动中，平均回复率不到 2%。

2．响应率高

由于发送 E-mail 的成本极低且具有即时性，因此相对于电话或邮寄，顾客更愿意响应营销活动。相关调查报告显示，E-mail 的点击率比网络横幅广告和旗帜广告的点击率平均高约 5%~15%，E-mail 的转换率比网络横幅广告和旗帜广告的转换率平均高约 10%~30%。

3．成本低

电子邮件营销之所以效果出众，甚至造成垃圾邮件横行，最重要的原因之一是成本十分低廉。由于营销活动无须印刷或邮寄费用，因此 E-mail 营销的单位信息成本要远远低于直接邮寄。

4．针对性强

E-mail 营销具有很强的定向性，可以针对特定的人群发送特定的邮件。首先，根据需要将客户按行业或地域等方面进行分类，然后针对目标客户进行电子邮件群发，使宣传一步到位。

第 20 小时　网站推广

20.3.2　让客户一定回复你的邮件技巧

如果你辛辛苦苦地给潜在客户发送了大量的电子邮件，而客户收到后看也不看就直接删除到垃圾箱里，这样你的工作是不是白做了呢？下面介绍几条让客户看到邮件后回复的技巧。

（1）邮件标题是客户求购的商品名称，而不要加其他的多余语言，这样，客户打开你邮件的可能性一般可达到 80% 以上。

（2）开头语言简洁，一带而过，可立即拉近与客户的距离，而对客户来说过多的废话实在是多余。

（3）简洁开头后，必须立即进入正文，即报价，因为客户最关心的无非是商品规格与价格而已。简洁的开头和商品报价如图 20-3 所示。

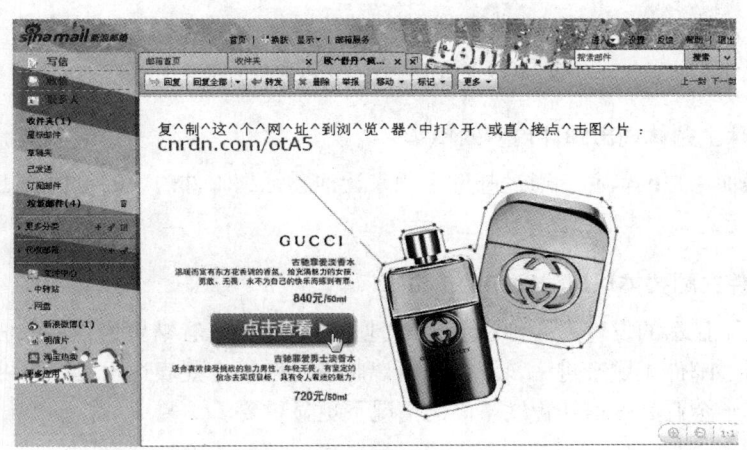

图 20-3　简洁的开头和商品报价

（4）所报的价必须是实价，必须与现有的市场行情相吻合。价太低，客户知道你不是做该行的，不会理你；价太高也会吓跑客户，客户也不会回复你。所以切勿乱报价，应了解清楚、多比较后再报价。

20.3.3　吸引用户点击的邮件主题

正因为邮件营销使用的时间比较久，为大众了解最多。所以邮件营销"遭拒"的概率也是最高的，尤其是大量的"垃圾邮件"让许多用户头痛。当用户收到邮件时，第一眼看到的就是邮件主题，所以一封有效的邮件，必定有一个吸引人又有效的主题。电子邮件主题设计的基本原则是尽可能让邮件主题发挥其应有的营销作用。图 20-4 所示的电子邮件营销的邮件标题非常吸引人。

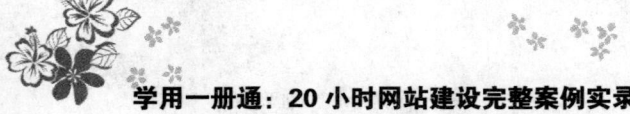

图 20-4　电子邮件营销的邮件标题

1. 电子邮件主题体现出邮件内容的精华

这样可以增加用户的信心，通过邮件主题来让他感觉到邮件内容的价值，迅速做出打开邮件详细阅读的决定。

2. 电子邮件主题要体现出对客户的价值

发件人中除了显示的发件人名称和 E-mail 地址之外，很难容纳更为详尽的信息，对发件人的信任还需要通过邮件主题来进一步强化，所以邮件主题一定要表达出对客户可能会带来的价值，尤其客户对于企业品牌信任程度不高的情况下更显重要。

3. 电子邮件主题体现出品牌或者产品信息

有独特价值的产品、信息或者给人印象深刻的品牌要出现在邮件主题中，尽可能将重要的营销信息展示出来，即使用户不阅读邮件内容也会留下一定印象，这是可以监测到的 E-mail 效果之外获得的意外效果。

4. 电子邮件主题含有丰富的关键词

在邮件主题中设置关键词，除了增加用户的印象之外，也是为了让用户在检索收件箱中的邮件时增加被发现的机会，因为部分用户收到邮件后并不一定马上对邮件中的信息做出回应，有些甚至可能在 1 个月之后才突然想到曾经收到的某个邮件中含有自己所需要的信息。

5. 电子邮件主题不宜过于简单或过于复杂

尽管没有严格的标准来限制邮件主题的字数，但保持在一定合理的范围之内，既能反映出比较重要的信息，又不至于在邮件主题栏默认的宽度内看不到有价值的信息。一般说来，电子邮件主题保持在 8～20 个汉字范围内是比较合适的。

为了让邮件主题发挥最佳的效果，在尽可能保证邮件主题符合基本原则的前提下，还需要对邮件主题进行一定的测试，尤其对于重要的邮件，更有必要通过测试来进一步确认邮件主题

第 20 小时　网站推广

是否最优。如果可能，拟订几个不同的邮件主题，分别征求部分用户的意见，从中选择一个最好的。

20.3.4　邮件推广营销的营销诀窍

如今有不少电子邮件营销服务商提供了预先设计好的模板，客户可以根据自己的需要来进行选择。虽然使用了模板，但是最好还是要进行一些特殊的设计。比如使用什么颜色与字体、字体的大小，如何安排正文内容等。通过以下的技巧，你所创建出的营销邮件不仅能具有良好的视觉效果，而且还可获取较高的成功率。

1）将网站 logo 固定在同一位置

在每次发送营销邮件时，也要借机树立网站的品牌形象。将网站 logo 置入每封 E-mail 中是一种有效的方法。最好是将 logo 固定在同一位置，可以是 E-mail 顶部的显眼处。

2）善用 E-mail 预览框架

近期一份调查显示，70%的客户会被邮件预览吸引，进而打开邮件进行仔细阅读。这意味着你的客户或潜在客户在决定完整打开邮件之前，或许只会注意到 E-mail 中的一部分。因此，确保你的网站 logo 及其他重要的信息都能够显示在预览窗口内。

3）使用统一字体

在一封营销邮件中，一般建议最多使用两种字体。比如一种字体用来撰写正文，另一种字体用来显示大小标题。可以使用诸如 Arial、TimesNewRoman 或 Verdana 等标准字体来加强通用性。因为如果使用了非常规的字体，有些客户的电脑不一定能正常识别。

4）运用不同颜色来强调重点

在决定使用哪种颜色时，应优先考虑使用网站的基准色。持续使用一种基准色是突出网站品牌形象的关键。运用不同颜色来高亮显示邮件正文中重要的内容，能帮助浏览者更轻松地抓住重点。

5）简洁明了、突出重点

许多客户在浏览营销邮件时都是一目十行，因此，你的 E-mail 只有几秒钟时间来决定能否吸引他们的注意力。保持 E-mail 的简洁明了、重点明确是一个有效的方法。专家也发现，许多邮件都可以在初稿的基础上再减少将近一半的内容，同时也不会影响表达的完整性。

6）使用图片作为补充

在营销邮件中加入图片能让 E-mail 更加生动并引人注目，帮助你更好地传递信息。但如果图片质量太差，反而会影响浏览者对你网站的印象。因此在选择图片时，要挑选那些简单、易于理解，并且与正文内容有直接关联的图片。图 20-5 所示为电子邮件推广中精选的图片。

359

图 20-5　电子邮件推广中精选的图片

7）行文排版、巧用空行

空行可以让浏览者的眼睛得到休息。否则，面对一大堆没有划分段落的文章，他们不知从何阅读。确保你的邮件在标题、正文与其他主要内容之间保留足够的空行。

8）简约而不简单

在设计上有这么一句名言：简约而不简单。那些看上去整齐划一，能够明确表达信息的邮件更能获得反响。邮件营销的目标是让浏览者看后采取一些行动，比如访问你的网站，获取一些产品信息等。

20.4　博客营销

在网络中拥有自己的博客，平时在其中写一下自己的心情是目前大多数网民都会做的事情，但是利用博客也可以推广自己的网站，这方面也不能忽略。

20.4.1　博客营销的优势

1）便于与网友互动，降低策划成本

很多企业在推出产品初期进行大量的意见收集和分析，而通过阅读别人博客言论不仅扩大调查范围，还可以与用户群进行交流，降低策划成本。如图 20-6 所示的博客营销便于与网友互动。

第 20 小时　网站推广

图 20-6　博客营销便于与网友互动

2）品牌推广

这里的推广还可以是个人品牌，在品牌推广方面，博客往往能够达到润物细无声的效果。

3）减少广告费用

广告主不需要频繁在博客中投放广告，由于博客更容易受到搜索引擎青睐，广告主在投放广告时更容易被搜索引起收录。

4）更容易贴近用户

不像其他网站，博客先天的优势就是用户对博客有一种信任感，由于博客具有良好的互动性，且信息更新速度快，用户可以方便地在博客中交流，相互访问，能牢牢地吸引感兴趣的群体不断参与其中。

通过博客，网民可以把自己的观点、经营思想、知识等信息与网友互动，达到"先卖思想，后卖产品"的至高境界。当博客掌握在头脑灵活的人手中时，它就成了一种强大的营销工具，这时博客营销就应运而生，现在由于越来越多的网民开始阅读博客文章，博客也成为一种有力的营销手段。

20.4.2 怎样写好博文标题

一篇好的博文不仅要有好的内容，也需要有一个引人入胜的标题。标题是文章的眼睛，能否在茫茫网海中尽快抓住网友的注意力，标题是关键。一个平淡无奇的标题，是不会吸引太多人去看的，这样再好的内容也会失去它的价值。好的博文标题吸引人去点击如图20-7所示。

图20-7 好的博文标题吸引人去点击

怎样才能写出好的标题呢？以下是几种常用的技巧。

（1）紧贴热点。适当贴紧当前的时事和热门话题，用当前的时事和热门话题做标题，可以增加博客排名，增加流量，如超级女生最喜欢的10款裙子。

（2）牛人教育式。以"牛人"或专家的口吻写一些文章，可以增加点击率。如xxx网站SEO专家教你做宣传。

（3）数字式的标题篇。如我的10大宣传法宝，这种标题也很容易吸引网友的注意。

（4）"如何"式标题篇。这类标题一般写的知识和建议比较强，这类文章大家都喜欢看，因为从中可能会学到一点小知识。比如，如何写好博文标题的几种方式、如何让原创文章给搜索引擎更快收录等。

（5）提问式标题篇。通过提问引起人的好奇心，提一个小问题，如果读者恰好也想知道这个问题的答案的话，他们就会点进来看，如想要网络赚钱，你做好了吗。

（6）命令式的标题篇。这种标题读起来非常有力，有时候能起到意想不到的效果，尤其是否定式的。如站长友情链接不能违背的十个理由、新网站一定要遵守搜索引擎收录规则等。

（7）真相揭秘式。利用人的好奇心，在一个信息不太透明的社会，大家最喜欢听到的是各种真相，人类的求知本能也让大家更喜欢探索未知的秘密。如小心被宰！网上炒股的惊天秘密。

20.4.3 怎样写好博客文章

博客文章最重要的就是内容了，一篇好的内容是读者能够认真看下去的必要条件，也是传达作者理念和博客营销效果最大化必须具备的东西。同时也是留住读者，以及后续回访者的基础条件。丰富的博文内容，可以从以下几个方面来挖掘。

第 20 小时　网站推广

（1）产品功能故事化。博客营销文章要学会写故事，更要学会把自己的产品功能写到故事中去。通过一些生动的故事情节，自然地让产品自己说话。

如何做到故事化？这需要博主平日多留意身边的事情，以及老顾客的反馈情况，凡是和产品有关的事，即使是一些鸡毛蒜皮的小事，只要能给产品带来正面的影响都可以写。如果你有足够的想象力，甚至可以编故事，当然这个故事一定要围绕着产品展开。

（2）产品形象情节化。当我们宣传自己的产品时，总会喊一些口号，这样做虽然也能达到一定的效果，但总不能使自己的产品深入人心，打动客户，感动客户。因此最好的方法就是把你对产品的赞美情节化，让人们通过感人的情节来认知你的产品。这样客户记住了瞬间的情节，也就记住了你的产品。

（3）行业问题热点化。在博客文章写作过程中，一定要抓行业的热点，不断地提出热点，才能引起客户的关注，通过行业的比较显示出自己产品的优势。要做到这些也就要求博主平时关注时事，关注同行。知己知彼，方能百战不殆。

（4）表现形式多样化。生动的文章表现形式会给人耳目一新的感觉，可以从不同的角度，不同的层次来展示产品。可以以拟人的形式或者是童话形式等。越有创意的写法，越能让读者耳目一新，也就记忆越深刻。

（5）产品博文系列化。这一点非常重要，博客营销不是立竿见影的电子商务营销工具，需要长时间地坚持不懈。因此，在博文写作中，一定要坚持系列化，就像电视连续剧一样，不断有故事的发展，还要有高潮，这样博文影响力才大，才能留住读者。

（6）博文字数精短化。博客不同于传统媒体的文章，既要论点明确，论据充分，又要短小耐读：既要情节丰富感人至深，又不能花太多的阅读时间。所以，一篇博文最好不要超过 1000 字，坚持短小精悍是博客营销的重要法则。

（7）博文内容有价值。博客文章真正能起到营销作用在于文章能给予读者所需要的东西。博客营销和其他博客的最大区别就在此，其他的博客可以抒发情感、随心所欲地写，但营销博客不可以，不仅要保证每篇博文带来应有的信息量，还要有知识含量、趣味性，另外要有经验的分享，让访客每访问你的博客都有所收获。这是黏住客户最好的方法。

20.4.4　增加博客点击量妙计

快速提升博客排名，提高博客访问量是很多博主关心的问题。如何才能增加、提高博客流量，让博客的流量一路飙升？

毫无疑问，经常更新你的博客，同时经常去别人博客，通过留言、评论等与他人建立沟通往来是最基本的博客推广、交流方式。但是现在很多人写博客，都是一时心血来潮，很少有人能坚持下来，能经常有空去看博友的文章并评论的人更是少之又少。

很多成功的博客并不是像黄牛一样只默默耕耘，他们的成功其实都用了一些技巧，采用了一些事半功倍的博客推广方法，今天我们来分享这些博客经验技巧，让默默无闻而充满才华的博主得到更多展示，结识更多朋友，让博客迅速为人所知。

1. 合理布置博客

很多人都以为博客要布置得非常有个性：黑背景、到处闪闪发光的 GIF 动画、文字上面还漂浮着一层 Flash，其实这样的布置看起来确实非常美，但非常不利于阅读，打开速度也慢。访客来你的博客是看文章的，博客的布置要以简洁、快速，符合大家习惯为好，标新立异只能使你孤立。

2. 将博客提交到各大搜索引擎

博客搜索是搜索引擎针对博客内容所提供的搜索服务。随着博客的兴起，各大搜索引擎纷纷推出了博客搜索功能。如果你的博客能被抓取到各大搜索引擎博客搜索的索引库中的话，那将会给你的博客带来更多的访问量。那么如何让搜索引擎收录你的博客呢？具体方法介绍如下。

在收录前，每隔两三天就去提交一次，搜索引擎就收录你的博客主页。

收录后，有了新的内容再去提交一次，搜索引擎就收录你的新内容。

那么去哪些搜索引擎提交博客呢？以下是搜索引擎博客网站免费收录入口地址。

（1）百度搜索引擎博客收录地址：http://utility.baidu.com/blogsearch/submit.php

（2）谷歌搜索引擎博客收录地址：http://blogsearch.google.com/ping?hl=zh-CN

（3）搜狗搜索引擎博客收录地址：http://www.sogou.com/feedback/blogfeedback.php

（4）有道搜索引擎博客收录地址：http://tellbot.yodao.com/report?type=BLOG&keyFrom=help

3. 积极参加各类博客活动

比如最近流行的父亲节征文活动，加入这些活动，不仅博客访问量大了，还有可能获得奖金，何乐而不为呢？记得在博客活动中加入你的博客地址。

4. 制作视频、图片，并在上面放上你的博客地址

这种效果是显而易见的，你可以在自己制作的电影、漫画上面加上自己的博客地址，然后传播出去，很多人看了之后都会去看原始出处的。

5. 加入一个好圈子

随着个人博客的兴起，博客圈子作为个人博客推广的平台也越来越受到人们的重视和关注。很多博客托管平台都提供了"圈子"功能，供每个博主去建立自己的圈子，并招揽更多的博友加入其中。

6. 善待每个评论和留言

很多博主都有一个通病，要么非常在意博客上的留言和评论，要么根本不去看留言和评论。这就造成了两个极端，前者是见到评论中不利于自己的话语或与自己意见相左的内容就删除，后者则是随你怎么说，他只管贴博文。

其实作为一个博主，通过评论和留言与读者进行交流是一个最好的互动。对于那些跑到博客上来发广告的，特别是商业广告的，当然是杀无赦。而那些对你的博文观点有表扬或批评意见的，则说明最起码这些人是你的忠实读者，阅读完了你的文章，而且觉得有必要和你说几句

第 20 小时　网站推广

话。不管说好说坏，起码别人愿意和你聊一聊，证明你的文章有价值。

对于表扬，你可以回复一下或到对方的博客上踩一踩，加深对方对你的好感。而对于那些批评的留言，也不要随意删除，除非对方用的是辱骂方式。

7．和其他博客交换链接

链接在一定程度上代表着站点的重要性。链接越多，你的站点就越重要，越有利于提高博客引擎搜索的排名。广泛地和其他网站或博客交换链接，交换链接越多，你的博客就越容易被访问到。

20.5　社区营销式的推广

在网络中拥有自己的博客，平时在其中写一下自己的心情是目前大多数网民都会做的事情，但是利用博客也可以推广自己的网站，这方面也不能忽略。

20.5.1　什么是社区营销式推广

社区营销式的网站推广就是利用社区平台大量聚集的人群，向他们发布网站信息和链接地址，或者利用社区网站的人际关系，达到口碑传播营销效果。社区包括论坛、博客、交友网站、聊天室、视频分享等各种 Web 2.0 概念的网站。

社区推广可用多种载体，从文字、图片、音频到视频，都可以使用，你可以去论坛发帖，进行各种软文推广，也可以利用热点音频、视频或者免费下载软件、PPT 等作为载体把网站推广出去。这其中的关键点是如何才能够吸引用户的关注，如果关注度达到一定的程度，就能产生滚雪球效应，关注的人会越来越多。

在资金不足，而创意丰富的阶段，可以自行设计并制作推广网站的内容，如网站通过特定内容和事件推广了网站。当然，在进行创意推广的时候，如果别人已经做了，再做相同的事情，效果不一定好。

当这些能够吸引用户关注的内容通过社区传播出去，就能成为一个很好的网站推广方式。由于有创意的内容往往不是很容易获得，所以，如果有一定的资金，利用社区网站的用户资源，因为社区网站推广往往有自己的优势，比如可进行定向的广告投放，如根据社区的人群进行区分，婴儿用品的网站广告投放给育儿社区交流群体。

在进行社区网站推广工作中首先需要注意的是不能把自己的网站强推给受众，而需要讲究一定的方法和技巧。

20.5.2　BBS 论坛宣传

论坛营销以互动传播的特性，最能使阅读者产生共鸣，图 20-8 所示为 BBS 论坛推广网站。论坛营销注意以下一些问题。

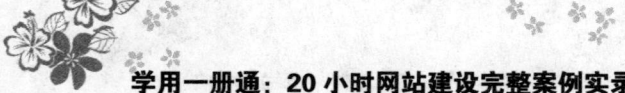

图 20-8　BBS 论坛推广网站

论坛营销要求帖子短时间内冲到论坛顶部或者被版主推荐，如果短时间内达不到预想的效果可能这篇帖子就被淹没了。

论坛营销要求帖子针对性强，不仅能够以准确的语言引起读者的兴趣，更能以准确的回复达到预期的效果。

论坛营销要求所有的帖子能够即时回复，问题要即时解决，要的就是速度。千万不能拖，一旦负面消息多了，控制就会变得很困难，回天乏术。

论坛营销一定要选好你所要进行营销的论坛。不同的论坛有不同的特点，用户群体、言语风格、回复模式都有所不同。这就要我们针对不同的论坛准备不同的帖子，设计不同的回复帖。

要做好论坛的回复控制，一定要有足够多的账号资源，即"马甲"。论坛营销每个马甲都要不一样，站在不同的角度说话，提升我们宣传的可信度。

论坛营销并不是发广告。目前在不少论坛上可以看到很多恶意发放的广告，需要注意的是这并不是论坛营销。恶意在论坛上发放广告直接可以造成论坛用户对你的反感，一般比较细心的论坛管理员会直接禁止你的 ID。

20.5.3　利用 SNS 推广网站

SNS 平台在近几年的中国互联网市场得到了较快速的发展，微博的生长壮大让商家们对微博的营销价值期望甚高，SNS 平台也是如此。SNS 的服务拥有着强大的用户群体，SNS 平台上成功的营销案例也是不乏的，巧妙地运用 SNS 进行网站推广也会达到意想不到的收获。

第 20 小时　网站推广

（1）找准自己的位置。要根据自己的网站特点选择相应的平台，找到相应的平台以后，需要找到自己的相应群体，这样在以后的推广过程中会方便很多。

（2）注册平台账号，加上自己的客户。找到适合自己的推广平台以后，就要想着去平台注册相应的账号，加上自己的目标客户，或是建立相应的群组，邀请相应的客户群体加入群组，形成目标圈子以后的推广就会方便很多。SNS 的用户群体是很庞大的，对于站长们推广来说，加入的群组越多越好，加入的群体和自己的目标用户越精准越好。

（3）利用平台应用推广。SNS 平台的内部应用功能是很多的，站长们也要知道如何运用其内部功能，最大化推广自己的产品。

（4）信息的完善。在个人资料中要完善自己的信息：如头像、个人资料、个人简介、个人签名等，这些信息都需要你添加和你产品有关的信息，头像最好使用真实的图像，在图像中可以加入适当的推广信息，但不要太过于广告化。个人资料是好友进入你主页第一眼看到的，所以个人资料的设置一定要仔细，描述要详细，广告信息也要加入，但不能太多影响用户体验。

（5）个人心情日记记录。利用 SNS 平台的个人心情和日记的记录，用一句话广告放在个人心情中，但不要每天都放同样的语句，经常可以换一些，这样可以吸引用户的关注，这样才能带来推广自己信息的效果。发表日志中可以用软文的形式来代替，在日志中发一些软文性质的文章，软文不能太硬性，广告的性质不能太明显。日志和心情发表完成后，最后是能利用分享的功能，把信息分享给好友和用户。

（6）及时关注好友动态。当好友发表一篇日志时，你要及时地去看，不管好不好都要做评论，评论的时候尽量说一些符合实际的话。并邀他来看自己发表的文章，这时可以将网站链接地址留在评论里，这样当其他人再来评论时，看到你的留言，有可能会进入你的网站。除这以外，你还要关注好友的心情状态及生日等这些最为常见的细节，可以给好友送礼物，在附言里写上几句好听的话送给他附带自己的网站链接，邀他去看，这样的成功率很高。

20.6　QQ 营销

> 在网络中拥有自己的博客，平时在其中写一下自己的心情是目前大多数网民都会做的事情，但是利用博客也可以推广自己的网站，这方面也不能忽略。

20.6.1　设置 QQ 签名营销

QQ 个人设置中有一栏个性签名，这里可以根据自己的爱好、心情来设置自己与众不同的个性签名。当然也可以利用 QQ 签名添加自己的广告，如添加自己的网站名称。下面讲述 QQ 签名推广网站的方法，具体操作步骤如下。

（1）登录 QQ 后，右键单击 QQ 头像，在弹出的快捷菜单中，执行"设置"｜"个人设置"命令，如图 20-9 所示。

（2）在"个人设置"对话框中，设置个性签名，如图 20-10 所示。

（3）当好友与你聊天时聊天窗口上 QQ 头像右边就是设置的 QQ 签名，如图 20-11 所示。这样就可以利用 QQ 签名推广自己的网站了。

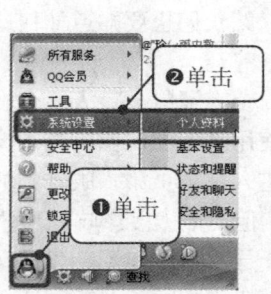

图 20-9　执行"个人设置"命令

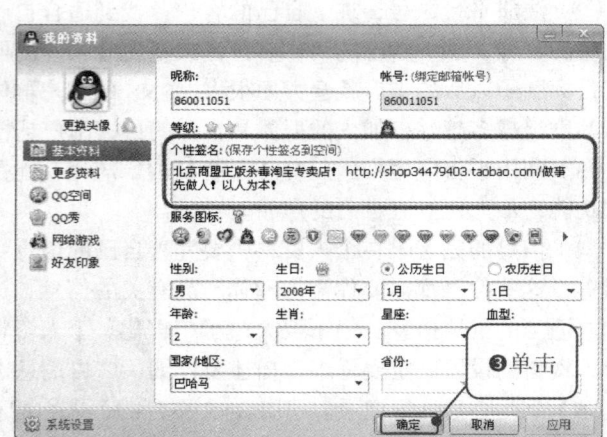

图 20-10　设置个性签名

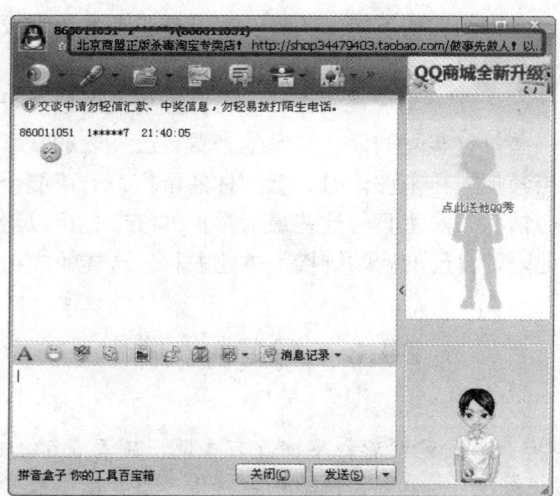

图 20-11　QQ 签名

20.6.2　QQ 群营销技巧

目前每个 QQ 基本都加入或拥有过 QQ 群，如此强大的资源，一定要好好利用，那么怎么利用 QQ 群进行营销呢？

1．如何推广群，提升群人气

选择相关性、人气高的群做推广，入群后别急着推广自己，降低被踢的概率。等熟悉了群内成员后，了解群规后，可见机插话，为群解决问题，提升知名度，获取好感。但是也不能急，当广告发到让别人感觉不像是广告而是诱惑的时候，就是最高境界。

第 20 小时　网站推广

2．利用 QQ 群进行营销

加入群的都是相关的需求者。例如，学习群可以做讨论、培训形式，产品群可以定期提供活动推广产品，服务群则可以提供服务资讯，交友群则需要创造良好的交友氛围。采用的方法需要根据群的特点来进行。

3．如何带动群互动性？

最好的方法就是定期组织相关话题讨论，话题起初开展都会有不顺利的时候，但是长期坚持下去，形成习惯，情况就不一样了。要懂得如何利用 QQ 群进行营销带动人气，也要懂得什么时候转移话题，什么时候提升话题，什么时候带动话题，必须面面俱到。

4．如何维护群众及群质量？

群上难免有竞争者，不相关的广告发布者，该删除的绝不手软，这是维护群质量的一个不得已的做法。尽可能打造一个文明有质量的群，对于情况恶劣者应该予以管理。要掌握如何化解群员矛盾的方法，最好的方法是私下化解。打造一个良好口碑的 QQ 群，达到推广的目的才是最重要的。

20.6.3　QQ 营销推广小技巧

QQ 是目前国内使用最多的聊天工具，使用得好可以提高曝光率，获得营销效果。

1．QQ 网名吸引潜在用户的关注

以营销为目的的网名是需要优化的，要让名字起到广告的效果，也让网名能够在好友中获得排名靠前。在 QQ 名称前加特殊符号、以英文命名、以靠前的英文字母开头都可以让自己的 QQ 在群里、在好友里排名靠前。

2．QQ 状态影响你在群里的排名

QQ 分为很多种状态，在线、隐身、我想聊天、忙碌等。其中将状态设置为我想聊天，即可获得第一排名，即使在群里，都会排在群主前面。

3．利用群空间提高曝光率

多去群空间发布论坛文章、发布群相册、发布群话题等，可以在群的动态内显示出你的更新信息，从而吸引别人的眼球。

4．群发消息也要讲究技巧

群发消息要注意的技巧就是给不同组别的人编辑发布不同的消息，以适应好友的需求。还有一种方式，就是去加陌生人，当然多数会被拒绝了。但是加其为好友的时候，都会填写"好友请求"的内容，一般有固定的字数限制。

5．利用 QQ 空间、校友空间做好博客营销

这个就像是你的个人博客，从空间名称、签名、日志、相册、说说心情、空间资料等都可

以适当地做好自己的的推广活动。

6. QQ 游戏也能提高你的知名度

QQ 游戏的基本资料设置好，然后经常进入一下，这样就会让自己提高曝光率了，别以为你在玩游戏，你只是为了让别人更多地看到你的出现而已。

7. 串门、访客留言，以吸引别人的眼球

将自己的个人资料、个人签名设置好，然后去其他人的空间内转悠，留下足迹就好了，会吸引潜在的客户群。

8. QQ 好友问问，树立行业专家典范

这个就像是百度知道一样。不过只要你回答了，都会第一时间通知你的好友，这个比百度知道的推广更为主动快捷。

9. QQ 印象、宠物串门、赠送空间礼物、进行 QQ 秀合影、好友买卖等互动交往

以上提到的都是利用 QQ 的推广方式，能够让你的好友关注你，提高你的友好度和曝光率，为你的空间带来流量。不管是宠物、礼物、游戏等一切可以随心设置名称、签名的地方，都可以植入自己的广告，这样串来串去就能提高自己的曝光率，也起到一定的宣传效果。

20.7 网络做广告

作为一种新兴媒体的互联网，正以前所未有的速度在世界各国广泛、迅速地发展和普及，信息化的浪潮推动了网络的发展，网络广告因此成为促使消费者接受新的服务方式的有效手段。与传统广告相比，网络广告具有众多的优越性。

20.7.1 网络广告及其主要形式

与传统的四大传播媒体（报纸、杂志、电视、广播）广告及近来备受垂青的户外广告相比，网络广告具有得天独厚的优势，是实施现代营销媒体战略的重要部分。Internet 是一个全新的广告媒体，速度最快效果很理想，是中小企业扩展壮大的很好途径，对于广泛开展国际业务的公司更是如此。

1. 网幅广告(包含 Banner、Button、通栏、竖边、巨幅等)

网幅广告是以 GIF、JPG、Flash 等格式建立的图像文件，定位在网页中大多用来表现广告内容，同时还可使用 Java 等语言使其产生交互性，用 Shockwave 等插件工具增强表现力。图 20-12 所示为网站横幅广告。

第 20 小时　网站推广

图 20-12　网站横幅广告

2. 文本链接广告

文本链接广告是以一排文字作为一个广告，点击可以进入相应的广告页面。这是一种对浏览者干扰最少，但却较为有效果的网络广告形式。有时候，最简单的广告形式效果却最好。文本链接广告位置的安排非常灵活，可以出现在页面的任何位置，可以竖排也可以横排，每一行就是一个广告，单击每一行都可以进入相应的广告页面。图 20-13 所示为文本链接广告。

图 20-13　文本链接广告

3. 弹出式广告

访客在请求登录网页时强制插入一个广告页面或弹出广告窗口。它们有点类似电视广告，都是打断正常节目的播放，强迫观看。插播式广告有各种尺寸，有全屏的也有小窗口的，而且互动的程度也不同，从静态的到全部动态的都有。浏览者可以通过关闭窗口不看广告，但是它们的出现没有任何征兆，而且肯定会被浏览者看到。图 20-14 所示为弹出式广告。

学用一册通：20 小时网站建设完整案例实录

图 20-14　弹出式广告

4．赞助广告

赞助式广告多种多样。常见的赞助式广告包括：内容赞助式广告，即通过广告与网页内容相结合，向网民传播广告信息；节目/栏目赞助式广告，即结合特定专栏/节目发布相关广告信息，图 20-15 所示为赞助广告。

图 20-15　赞助广告

5．与内容相结合的广告

广告与内容的结合可以说是赞助式广告的一种，从表面上看起来它们更像网页上的内容而并非广告。在传统的印刷媒体上，这类广告都会有明显的标示，指出这是广告，而在网页上通常没有清楚的界限。

6．Rich Media

一般指使用浏览器插件或其他脚本语言、Java 语言等编写的具有复杂视觉效果和交互功能的网络广告。这些广告的使用是否有效，一方面取决于站点的服务器端设置，另一方面取决于

第 20 小时　网站推广

访问者浏览器是否能查看。一般来说，Rich Media 能表现更多、更精彩的广告内容。

7. 其他新型广告

视频广告、路演广告、巨幅连播广告、翻页广告、祝贺广告等。图 20-16 所示为视频广告。

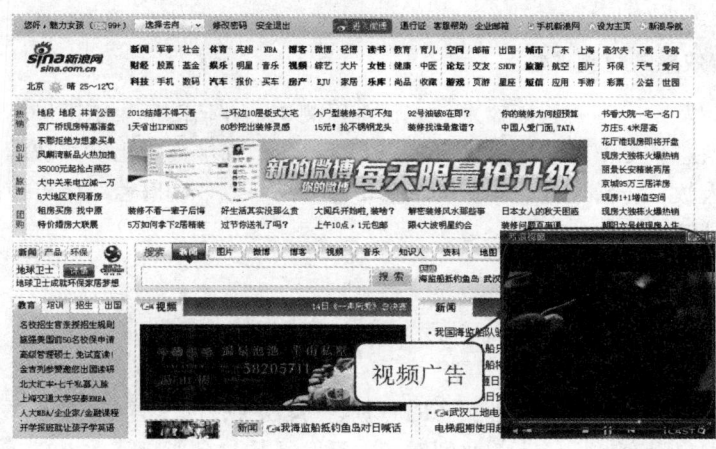

图 20-16　视频广告

20.7.2　网络广告的特点

1. 传播对象面广

网络广告的对象是与互联网相连的所有计算机终端客户，通过互联网将产品、服务等信息传送到世界各地，其世界性广告覆盖范围使其他广告媒介望尘莫及。

2. 表现手段丰富多彩

网络广告采用文字介绍、声音、图片、颜色、音乐等于一体的丰富表现手段，具有报纸电视的各种优点，更加吸引受众。网络广告制作成本低、时效长及高科技形象将使越来越多的工商企业选择网络广告作为重要国际广告媒体之一。

3. 内容种类繁多，信息面广

网络广告的内容大到飞机、小到口香糖均可上网做广告。庞大的互联网网络广告能够容纳难以计量的内容和信息，它的广告信息面之广、量之大是报纸、电视无法比拟的。如报纸广告的信息量受到版面篇幅限制；电视广告的信息量受到频道播出时间和播出费用的限制。

4. 多对多的传播过程

报纸广告基本是一对一的传播过程，电视传媒则是一对多的方式，而互联网上的广告则是多对多的传播过程。之所以这样，是因为在互联网上有众多的信息提供者和信息接受者，他们既在互联网上发布广告信息，也从网上获取自己所需产品和服务的广告信息。

5. 网络广告具有较高的经济性

传统广告的投入成本非常高，它们的空间和时间有限且价格昂贵，广告篇幅越大，收费就越高。而网络广告的平均费很低，并可以进行全球性传播。因此网络广告在价格上具有极强的竞争力。

6. 网络广告效果的可测评性

运用传统媒体发布广告的营销效果是比较难以测试、评估的，无法准确测算有多少人接收到所发布的广告信息，更不可能统计出有多少人受广告的影响而做出购买决策。网络广告则可以随时获得访问人数、访问过程、浏览的主要信息等记录，以随时监测广告投放的有效程度，从而及时调整营销策略。

20.7.3 网络广告策略

1. 网络广告时间策略

网络广告时间策略是指网络广告发布的时机、时段、时序、时限等策略。一则制作非常精致的网络广告，如果没有运用恰当的时间发布的话，往往也会影响其效果。一则好的网络广告时间策略不仅能提高网络广告的浏览率，还能节省网络广告费用。

2. 网络广告心理策略

网络广告心理策略是指针对用户购买过程中不同阶段的心理特征，进行网络广告诉求，从而引导消费者从认知产品直至实现购买的一种策略。在所有网络广告中，消费者不是简单的被动接受，而是主动的选择，消费者可以根据自己的要求、喜好，选择是否接受，以及接受哪些广告信息。

3. 网络广告网站策略

网络广告网站策略是指网络广告在发布时选择网站的一种策略。网站是开展网络营销的基础，同时也是开展网络营销的最有力的工具。能否选择恰当的网站对于企业能否成功地进行网络广告，乃至是否能够成功地进行网络营销起着越来越关键的作用。

4. 重视网络广告创新

互联网的技术、硬件、传播方式以及它与传统媒体的巨大差异，决定了网络广告不仅需要全新技术的运用、全新理念的支撑，全新内容的充实，更需要创新的思维和持续的创意作为后盾。其实，网络广告的目的就是要达到广告主的预期效果，除了传统的广告模式外，其他任何行之有效的模式都可以采用，从而突破人们脑中固有的广告印象。

20.7.4 怎样让人疯狂点击你的广告

1. 利用人们的逆反心理

比如在广告条上加上文字："千万不要点击这里！"使用这种方法要慎重考虑才行。

第 20 小时 网站推广

2. 广告条上的文字设计得越吸引人越好

现在的广告中常用的一些文字有打折、全面、强劲、热卖等文字，这些文字用户只要看一眼就可能会心动。但切记使用的文字应该与你提供的服务相关，并代表了其中的特点，否则用户会有受骗的感觉。如图 20-17 所示的广告条上的文字吸引人。

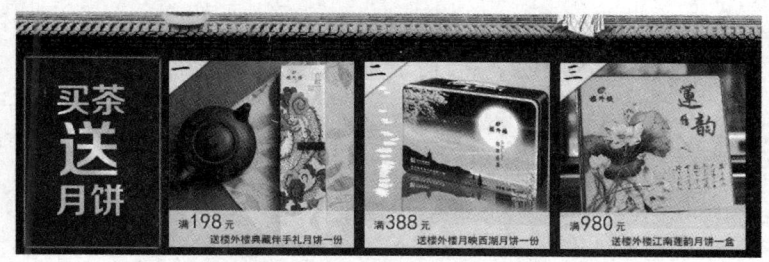

图 20-17　广告条上的文字吸引人

3. 在广告条上显示有打折或优惠等文字的信息

人们总是在寻找合适的买卖，总有人钟情于物美价廉的事物。你可以通过提供价格折扣、购买即有额外赠送等促销的服务来吸引人们。

4. 在广告中显示证明书之类的图片

如果你有厂家的资格认证书，或者产品认证书，如果是金牌优质之类的证书就更好了，你完全可以将证书放在广告里，这都是比文字更有说服力的东西，会增加人们对你的信赖。

5. 可以让一个有名气的人为你做广告

这些人对一些顾客的群体的选择意向会有潜在的影响力，而这些顾客会因为相信这些名人而相信你的产品和服务。

6. 在广告中加入强有力的服务保证

你可以将你的保证加在广告标题中，比如三年质保，一个月内包退包换等。

7. 提示人们点击你的广告条

有些刚上网的用户可能并不知道你的广告条可以点击，而有些用户可能会下意识跟从你的提示，所以在广告条上加一句"点击这里"确实会增加点击次数。

8. 添加试用文字

告诉人们可以试用你的产品或服务，人们的感觉是试用不必承担任何责任和费用，所以也就会毫不犹豫地点击广告。

9. 添加免费文字

人们都喜欢免费的东西，你要提供的免费服务应该与你的目标顾客相关，如果免费的服务确实很吸引人，他们就一定会点击广告。

20.8 传统网下营销

还可以利用传统的媒介推广自己的网站,下面就讲述几种常见的方法。

20.8.1 将网址印在信纸、名片、宣传册、印刷品上

社会上流行派发的传单一般成本极低。现在许多企业采用的加胶印制比较精美的彩色传单也才0.2元左右一张。派发传单的工钱也不过一人一天30元左右。

一份宣传单送到消费者手上的时候,要用突出醒目的标题吸引他,让他不至于将广告单扔掉而是饶有兴趣地阅读详细的文字内容,那么广告上的文字内容就必须要做到让看到的消费者产生到店里消费的欲望。详细地说明你的产品或者服务,并且用煽情的语言让消费者有强烈的到你店里或公司来探索的欲望。

这对于那些没有多少钱做广告的小商家来讲,传单广告是上上之选。许多成功人士在创业之初就靠传单掘得第一桶金,传单不仅成本低且覆盖面比较广。如在大的超市门口派发基本可以到达超市覆盖的区域;如果传单随报纸夹送,覆盖面更广。传单的针对性相对电视报纸广告的针对性要强一些,女性用品的传单可由发单人员送到女性消费者手中。

传单广告的一个最大优点是派发简单易行。发单人员只要用手袋拎一袋传单就可以随时随地派发了。

20.8.2 多参与活动,派发名片

现在有各种沙龙、俱乐部,如果你是卖化妆品的,选择参加一些白领的活动或女性沙龙等,这样你参加活动发出去的名片就更有针对性了。

也许你会说,既然大多是在网上宣传的,大家谁也见不到谁,做名片岂不是浪费成本吗?店虽然开在网上,但你是生活中的你,给买家邮寄商品也是在现实中进行的。设计一张独具个性的名片,印上自己的联系方式和小店的地址,在邮寄商品时不妨放几张进去。因为外观设计精美,买家自然舍不得丢弃,如有机会,对方一定会将它展示给别人,这样等于是在帮你做宣传了。

20.9 本章小结

很多人认为,只要自己的网站制作完成了就算大功告成,别人就可以很快知道,但是实际上没有推广的网站每天的流量只有几个人次,甚至几天都没有人访问。所以说网站建设完成后的首要工作应该就是网站推广。无论是展示型的企业网站还是营销为目的的网站,获得正常的流量都很重要。经过推广的网站可以更好地提高企业知名度、快速获得统计数据和反馈信息。

附录 A HTML 常用标记手册

1. 跑马灯

标 记	功 能
`<marquee>...</marquee>`	普通卷动
`<marquee behavior=slide>...</marquee>`	滑动
`<marquee behavior=scroll>...</marquee>`	预设卷动
`<marquee behavior=alternate>...</marquee>`	来回卷动
`<marquee direction=down>...</marquee>`	向下卷动
`<marquee direction=up>...</marquee>`	向上卷动
`<marquee direction=right>...</marquee>`	向右卷动
`<marquee direction=left>...</marquee>`	向左卷动
`<marquee loop=2>...</marquee>`	卷动次数
`<marquee width=180>...</marquee>`	设定宽度
`<marquee height=30>...</marquee>`	设定高度
`<marquee bgcolor=FF0000>...</marquee>`	设定背景颜色
`<marquee scrollamount=30>...</marquee>`	设定卷动距离
`<marquee scrolldelay=300>...</marquee>`	设定卷动时间

2. 字体效果

标 记	功 能
`<h1>...</h1>`	标题字（最大）
`<h6>...</h6>`	标题字（最小）
`<b>...</b>`	粗体字
`<strong>...</strong>`	粗体字（强调）
`<i>...</i>`	斜体字
`<em>...</em>`	斜体字（强调）
`<dfn>...</dfn>`	斜体字（表示定义）
`<u>...</u>`	底线
`<ins>...</ins>`	底线（表示插入文字）
`<strike>...</strike>`	横线
`<s>...</s>`	删除线
`<del>...</del>`	删除线（表示删除）
`<kbd>...</kbd>`	键盘文字
`<tt>...</tt>`	打字体
`<xmp>...</xmp>`	固定宽度字体（在文件中空白、换行、定位功能有效）

续表

标 记	功 能
<plaintext>...</plaintext>	固定宽度字体（不执行标记符号）
<listing>...</listing>	固定宽度小字体
<font color=00ff00>...</font>	字体颜色
<font size=1>...</font>	最小字体
<font style =font-size:100 px>...</font>	无限增大

3．区断标记

标 记	功 能
<hr>	水平线
<hr size=9>	水平线（设定大小）
<hr width=80%>	水平线（设定宽度）
<hr color=ff0000>	水平线（设定颜色）
 	（换行）
<nobr>...</nobr>	水域（不换行）
<p>...</p>	水域（段落）
<center>...</center>	置中

4．链接

标 记	功 能
<base href=地址>	（预设好链接路径）
<a href=地址></a>	外部链接
<a href=地址 target=_blank></a>	外部链接（另开新窗口）
<a href=地址 target=_top></a>	外部链接（全窗口链接）
<a href=地址 target=页框名></a>	外部链接（在指定页框链接）

5．图像/音乐

标 记	功 能
<img src=图片地址>	贴图
<img src=图片地址 width=180>	设定图片宽度
<img src=图片地址 height=30>	设定图片高度
<img src=图片地址 alt=提示文字>	设定图片提示文字
<img src=图片地址 border=1>	设定图片边框
<bgsound src=MID 音乐文件地址>	背景音乐设定

6．表格

标 记	功 能
<table aling=left>...</table>	表格位置，置左
<table aling=center>...</table>	表格位置，置中
<table background=图片路径>...</table>	背景图片的 URL=就是路径网址
<table border=边框大小>...</table>	设定表格边框大小（使用数字）

附录 A HTML 常用标记手册

续表

标 记	功 能
<table bgcolor=颜色码>...</table>	设定表格的背景颜色
<table borderclor=颜色码>...</table>	设定表格边框的颜色
<table borderclordark=颜色码>...</table>	设定表格暗边框的颜色
<table borderclorlight=颜色码>...</table>	设定表格亮边框的颜色
<table cellpadding=参数>...</table>	指定内容与网格线之间的间距(使用数字)
<table cellspacing=参数>...</table>	指定网格线与网格线之间的距离(使用数字)
<table cols=参数>...</table>	指定表格的栏数
<table frame=参数>...</table>	设定表格外框线的显示方式
<table width=宽度>...</table>	指定表格的宽度大小(使用数字)
<table height=高度>...</table>	指定表格的高度大小(使用数字)
<td colspan=参数>...</td>	指定储存格合并栏的栏数(使用数字)
<td rowspan=参数>...</td>	指定储存格合并列的列数(使用数字)

7. 分割窗口

标 记	功 能
<frameset cols="20%,*">	左右分割,将左边框架分割大小为20%右边框架的大小浏览器会自动调整
<frameset rows="20%,*">	上下分割,将上面框架分割大小为20%下面框架的大小浏览器会自动调整
<frameset cols="20%,*">	分割左右两个框架
<frameset cols="20%,*,20%">	分割左中右三个框架
<frameset rows="20%,*,20%">	分割上中下三个框架
<!--...-->	批注
<A HREF TARGET>	指定超链接的分割窗口
<A HREF=#锚的名称>	指定锚名称的超链接
<A HREF>	指定超链接
<A NAME=锚的名称>	被链接点的名称
<ADDRESS>....</ADDRESS>	用来显示电子邮箱地址
<B>	粗体字
<BASE TARGET>	指定超链接的分割窗口
<BASEFONT SIZE>	更改预设字形大小
<BGSOUND SRC>	加入背景音乐
<BIG>	显示大字体
<BLINK>	闪烁的文字
<BODY TEXT LINK VLINK>	设定文字颜色
<BODY>	显示本文

	换行
<CAPTION ALIGN>	设定表格标题位置
<CAPTION>...</CAPTION>	为表格加上标题
<CENTER>	向中对齐
<CITE>...<CITE>	用于引经据典的文字
<CODE>...</CODE>	用于列出一段程序代码

续表

标　　记	功　　能
<COMMENT>...</COMMENT>	加上批注
<DD>	设定定义列表的项目解说
<DFN>...</DFN>	显示"定义"文字
<DIR>...</DIR>	列表文字卷标
<DL>...</DL>	设定定义列表的卷标
<DT>	设定定义列表的项目
<EM>	强调之用
<FONT FACE>	任意指定所用的字形
<FONT SIZE>	设定字体大小
<FORM ACTION>	设定户动式窗体的处理方式
<FORM METHOD>	设定户动式窗体之资料传送方式
<FRAME MARGINHEIGHT>	设定窗口的上下边界
<FRAME MARGINWIDTH>	设定窗口的左右边界
<FRAME NAME>	为分割窗口命名
<FRAME NORESIZE>	锁住分割窗口的大小
<FRAME SCROLLING>	设定分割窗口的滚动条
<FRAME SRC>	将 HTML 文件加入窗口
<FRAMESET COLS>	将窗口分割成左右的子窗口
<FRAMESET ROWS>	将窗口分割成上下的子窗口
<FRAMESET>...</FRAMESET>	划分分割窗口
<H1>~<H6>	设定文字大小
<HEAD>	标示文件信息
<HR>	加上分网格线
<HTML>	文件的开始与结束
<I>	斜体字
<IMG ALIGN>	调整图形影像的位置
<IMG ALT>	为你的图形影像加注
<IMG DYNSRC LOOP>	加入影片
<IMG HEIGHT WIDTH>	插入图片并预设图形大小
<IMG HSPACE>	插入图片并预设图形的左右边界
<IMG LOWSRC>	预载图片功能
<IMG SRC BORDER>	设定图片边界
<IMG SRC>	插入图片
<IMG VSPACE>	插入图片并预设图形的上下边界
<INPUT TYPE NAME value>	在窗体中加入输入字段
<ISINDEX>	定义查询用窗体
<KBD>...</KBD>	表示使用者输入文字
<LI TYPE>...</LI>	列表的项目（可指定符号）
<MARQUEE>	跑马灯效果
<MENU>...</MENU>	条列文字卷标

附录 A HTML 常用标记手册

续表

标　记	功　能
<META NAME="REFRESH" CONTENT URL>	自动更新文件内容
<MULTIPLE>	可同时选择多项的列表栏
<NOFRAME>	定义不出现分割窗口的文字
<OL>...</OL>	有序号的列表
<OPTION>	定义窗体中列表栏的项目
<P ALIGN>	设定对齐方向
<P>	分段
<PERSON>...</PERSON>	显示人名
<PRE>	使用原有排列
<SAMP>...</SAMP>	用于引用字
<SELECT>...</SELECT>	在窗体中定义列表栏
<SMALL>	显示小字体
<STRIKE>	文字加横线
<STRONG>	用于加强语气
<SUB>	下标字
<SUP>	上标字
<TABLE BORDER=n>	调整表格的宽线高度
<TABLE CELLPADDING>	调整数据域位之边界
<TABLE CELLSPACING>	调整表格线的宽度
<TABLE HEIGHT>	调整表格的高度
<TABLE WIDTH>	调整表格的宽度
<TABLE>...</TABLE>	产生表格的卷标
<TD ALIGN>	调整表格字段之左右对齐
<TD BGCOLOR>	设定表格字段之背景颜色
<TD COLSPAN ROWSPAN>	表格字段的合并
<TD NOWRAP>	设定表格字段不换行
<TD VALIGN>	调整表格字段之上下对齐
<TD WIDTH>	调整表格字段宽度
<TD>...</TD>	定义表格的数据域位
<TEXTAREA NAME ROWS COLS>	窗体中加入多少列的文字输入栏
<TEXTAREA WRAP>	决定文字输入栏是否自动换行
<TH>...</TH>	定义表格的表头字段
<TITLE>	文件标题
<TR>...</TR>	定义表格每一行
<TT>	打字机字体
<U>	文字加底线
<UL TYPE>...</UL>	无序号的列表（可指定符号）
<VAR>...</VAR>	用于显示变量

附录 B JavaScript 语法手册

1. JavaScript 函数

描述	语言要素
返回文件中的 Automation 对象的引用	GetObject 函数
返回代表所使用的脚本语言的字符串	ScriptEngine 函数
返回所使用的脚本引擎的编译版本号	ScriptEngineBuildVersion 函数
返回所使用的脚本引擎的主版本号	ScriptEngineMajorVersion 函数
返回所使用的脚本引擎的次版本号	ScriptEngineMinorVersion 函数

2. JavaScript 方法

描述	语言要素
返回一个数的绝对值	abs 方法
返回一个数的反余弦	acos 方法
在对象的指定文本两端加上一个带 name 属性的 HTML 锚点	anchor 方法
返回一个数的反正弦	asin 方法
返回一个数的反正切	atan 方法
返回从 X 轴到点（y, x）的角度（以弧度为单位）	atan2 方法
返回一个表明枚举算子是否处于集合结束处的 Boolean 值	atEnd 方法
在 String 对象的文本两端加入 HTML 的<big>标识	big 方法
将 HTML 的<blink>标识添加到 String 对象中的文本两端	blink 方法
将 HTML 的<B>标识添加到 String 对象中的文本两端	bold 方法
返回大于或等于其数值参数的最小整数	ceil 方法
返回位于指定索引位置的字符	charAt 方法
返回指定字符的 Unicode 编码	charCodeAt 方法
将一个正则表达式编译为内部格式	compile 方法
返回一个由两个数组合并组成的新数组	concat 方法（Array）
返回一个包含给定的两个字符串的连接的 String 对象	concat 方法（String）
返回一个数的余弦	cos 方法
返回 VBArray 的维数	dimensions 方法
对 String 对象编码，以便在所有计算机上都能阅读	escape 方法
对 JavaScript 代码求值然后执行之	eval 方法
在指定字符串中执行一个匹配查找	exec 方法
返回 e（自然对数的底）的幂	exp 方法
将 HTML 的<TT>标识添加到 String 对象中的文本两端	fixed 方法
返回小于或等于其数值参数的最大整数	floor 方法

附录 B　JavaScript 语法手册

续表

描　　述	语言要素
将 HTML 带 Color 属性的<Font>标识添加到 String 对象中的文本两端	fontcolor 方法
将 HTML 带 Size 属性的<Font>标识添加到 String 对象中的文本两端	fontsize 方法
返回 Unicode 字符值的字符串	fromCharCode 方法
使用当地时间返回 Date 对象的月份日期值	getDate 方法
使用当地时间返回 Date 对象的星期几	getDay 方法
使用当地时间返回 Date 对象的年份	getFullYear 方法
使用当地时间返回 Date 对象的小时值	getHours 方法
返回位于指定位置的项	getItem 方法
使用当地时间返回 Date 对象的毫秒值	getMilliseconds 方法
使用当地时间返回 Date 对象的分钟值	getMinutes 方法
使用当地时间返回 Date 对象的月份	getMonth 方法
使用当地时间返回 Date 对象的秒数	getSeconds 方法
返回 Date 对象中的时间	getTime 方法
返回主机的时间和全球标准时间（UTC）之间的差（以分钟为单位）	getTimezoneOffset 方法
使用全球标准时间（UTC）返回 Date 对象的日期值	getUTCDate 方法
使用全球标准时间（UTC）返回 Date 对象的星期几	getUTCDay 方法
使用全球标准时间（UTC）返回 Date 对象的年份	getUTCFullYear 方法
使用全球标准时间（UTC）返回 Date 对象的小时数	getUTCHours 方法
使用全球标准时间（UTC）返回 Date 对象的毫秒数	getUTCMilliseconds 方法
使用全球标准时间（UTC）返回 Date 对象的分钟数	getUTCMinutes 方法
使用全球标准时间（UTC）返回 Date 对象的月份值	getUTCMonth 方法
使用全球标准时间（UTC）返回 Date 对象的秒数	getUTCSeconds 方法
返回 Date 对象中的 VT_DATE	getVarDate 方法
返回 Date 对象中的年份	getYear 方法
返回在 String 对象中第一次出现子字符串的字符位置	indexOf 方法
返回一个 Boolean 值，表明某个给定的数是否是有穷的	isFinite 方法
返回一个 Boolean 值，表明某个值是否为保留值 NaN（不是一个数）	isNaN 方法
将 HTML 的<I>标识添加到 String 对象中的文本两端	italics 方法
返回集合中的当前项	item 方法
返回一个由数组中的所有元素连接在一起的 String 对象	join 方法
返回在 String 对象中子字符串最后出现的位置	lastIndexOf 方法
返回在 VBArray 中指定维数所用的最小索引值	lbound 方法
将带 HREF 属性的 HTML 锚点添加到 String 对象中的文本两端	link 方法
返回某个数的自然对数	log 方法
使用给定的正则表达式对象对字符串进行查找，并将结果作为数组返回	match 方法
返回给定的两个表达式中的较大者	max 方法
返回给定的两个数中的较小者	min 方法
将集合中的当前项设置为第一项	moveFirst 方法
将当前项设置为集合中的下一项	moveNext 方法
对包含日期的字符串进行分析，并返回该日期与 1970 年 1 月 1 日零点之间相差的毫秒数	parse 方法

续表

描　　述	语言要素
返回从字符串转换而来的浮点数	parseFloat 方法
返回从字符串转换而来的整数	parseInt 方法
返回一个指定幂次的底表达式的值	pow 方法
返回一个 0 和 1 之间的伪随机数	random 方法
返回根据正则表达式进行文字替换后的字符串的复制	replace 方法
返回一个元素反序的 Array 对象	reverse 方法
将一个指定的数值表达式舍入到最近的整数并将其返回	round 方法
返回与正则表达式查找内容匹配的第一个子字符串的位置	search 方法
使用当地时间设置 Date 对象的数值日期	setDate 方法
使用当地时间设置 Date 对象的年份	setFullYear 方法
使用当地时间设置 Date 对象的小时值	setHours 方法
使用当地时间设置 Date 对象的毫秒值	setMilliseconds 方法
使用当地时间设置 Date 对象的分钟值	setMinutes 方法
使用当地时间设置 Date 对象的月份	setMonth 方法
使用当地时间设置 Date 对象的秒值	setSeconds 方法
设置 Date 对象的日期和时间	setTime 方法
使用全球标准时间（UTC）设置 Date 对象的数值日期	setUTCDate 方法
使用全球标准时间（UTC）设置 Date 对象的年份	setUTCFullYear 方法
使用全球标准时间（UTC）设置 Date 对象的小时值	setUTCHours 方法
使用全球标准时间（UTC）设置 Date 对象的毫秒值	setUTCMilliseconds 方法
使用全球标准时间（UTC）设置 Date 对象的分钟值	setUTCMinutes 方法
使用全球标准时间（UTC）设置 Date 对象的月份	setUTCMonth 方法
使用全球标准时间（UTC）设置 Date 对象的秒值	setUTCSeconds 方法
使用 Date 对象的年份	setYear 方法
返回一个数的正弦	sin 方法
返回数组的一个片段	slice 方法（Array）
返回字符串的一个片段	Slice 方法（String）
将 HTML 的<SMALL>标识添加到 String 对象中的文本两端	small 方法
返回一个元素被排序了的 Array 对象	sort 方法
将一个字符串分割为子字符串，然后将结果作为字符串数组返回	split 方法
返回一个数的平方根	sqrt 方法
将 HTML 的<STRIKE>标识添加到 String 对象中的文本两端	strike 方法
将 HTML 的<SUB>标识放置到 String 对象中的文本两端	Sub 方法
返回一个从指定位置开始并具有指定长度的子字符串	substr 方法
返回位于 String 对象中指定位置的子字符串	substring 方法
将 HTML 的<SUP>标识放置到 String 对象中的文本两端	sup 方法
返回一个数的正切	tan 方法

附录 B JavaScript 语法手册

续表

描 述	语言要素
返回一个 Boolean 值，表明在被查找的字符串中是否存在某个模式	test 方法
返回一个从 VBArray 转换而来的标准 JavaScript 数组	toArray 方法
返回一个转换为使用格林威治标准时间（GMT）的字符串的日期	toGMTString 方法
返回一个转换为使用当地时间的字符串的日期	toLocaleString 方法
返回一个所有的字母字符都被转换为小写字母的字符串	toLowerCase 方法
返回一个对象的字符串表示	toString 方法
返回一个所有的字母字符都被转换为大写字母的字符串	toUpperCase 方法
返回一个转换为使用全球标准时间（UTC）的字符串的日期	toUTCString 方法
返回在 VBArray 的指定维中所使用的最大索引值	ubound 方法
对用 escape 方法编码的 String 对象进行解码	unescape 方法
返回 1970 年 1 月 1 日零点的全球标准时间（UTC）（或 GMT）与指定日期之间的毫秒数	UTC 方法
返回指定对象的原始值	valueOf 方法

3. JavaScript 对象

描 述	语言要素
启用并返回一个 Automation 对象的引用	ActiveXObject 对象
提供对创建任何数据类型的数组的支持	Array 对象
创建一个新的 Boolean 值	Boolean 对象
提供日期和时间的基本存储和检索	Date 对象
存储数据键、项对的对象	Dictionary 对象
提供集合中的项的枚举	Enumerator 对象
包含在运行 JavaScript 代码时发生的错误的有关信息	Error 对象
提供对计算机文件系统的访问	FileSystemObject 对象
创建一个新的函数	Function 对象
是一个内部对象，目的是将全局方法集中在一个对象中	Global 对象
一个内部对象，提供基本的数学函数和常数	Math 对象
表示数值数据类型和提供数值常数的对象	Number 对象
提供所有的 JavaScript 对象的公共功能	Object 对象
存储有关正则表达式模式查找的信息	RegExp 对象
包含一个正则表达式模式	正则表达式对象
提供对文本字符串的操作和格式处理，判定在字符串中是否存在某个子字符串及确定其位置	String 对象
提供对 VisualBasic 安全数组的访问	VBArray 对象

4. JavaScript 运算符

描 述	语言要素
将两个数相加或连接两个字符串	加法运算符（+）
将一个值赋给变量	赋值运算符（=）
对两个表达式执行按位与操作	按位与运算符（&）

续表

描 述	语言要素
将一个表达式的各位向左移	按位左移运算符（<<）
对一个表达式执行按位取非（求非）操作	按位取非运算符（~）
对两个表达式指定按位或操作	按位或运算符（|）
将一个表达式的各位向右移，保持符号不变	按位右移运算符（>>）
对两个表达式执行按位异或操作	按位异或运算符（^）
使两个表达式连续执行	逗号运算符（,）
返回 Boolean 值，表示比较结果	比较运算符
复合赋值运算符列表	复合赋值运算符
根据条件执行两个表达式之一	条件（三元）运算符（?:）
将变量减一	递减运算符（--）
删除对象的属性，或删除数组中的一个元素	delete 运算符
将两个数相除并返回一个数值结果	除法运算符（/）
比较两个表达式，看是否相等	相等运算符（==）
比较两个表达式，看一个是否大于另一个	大于运算符（>）
比较两个表达式，看是否一个小于另一个	小于运算符（<）
比较两个表达式，看是否一个小于等于另一个	小于等于运算符（<=）
对两个表达式执行逻辑与操作	逻辑与运算符（&&）
对表达式执行逻辑非操作	逻辑非运算符（!）
对两个表达式执行逻辑或操作	逻辑或运算符（||）
将两个数相除，并返回余数	取模运算符（%）
将两个数相乘	乘法运算符（*）
创建一个新对象	new 运算符
比较两个表达式，看是否具有不相等的值或数据类型不同	非严格相等运算符（!==）
包含 JavaScript 运算符的执行优先级信息的列表	运算符优先级
对两个表达式执行减法操作	减法运算符（-）
返回一个表示表达式的数据类型的字符串	typeof 运算符
表示一个数值表达式的相反数	一元取相反数运算符（-）
在表达式中对各位进行无符号右移	无符号右移运算符（>>>）
避免一个表达式返回值	void 运算符

5. JavaScript 属性

描 述	语言要素
返回在模式匹配中找到的最近的九条记录	$1...$9Properties
返回一个包含传递给当前执行函数的每个参数的数组	arguments 属性
返回调用当前函数的函数引用	caller 属性
指定创建对象的函数	constructor 属性
返回或设置关于指定错误的描述字符串	description 属性
返回 Euler 常数，即自然对数的底	E 属性
返回在字符串中找到的第一个成功匹配的字符位置	index 属性
返回 number.positiue_infinity 的初始值	Infinity 属性

附录 B JavaScript 语法手册

续表

描　　述	语言要素
返回进行查找的字符串	input 属性
返回在字符串中找到的最后一个成功匹配的字符位置	lastIndex 属性
返回比数组中所定义的最高元素大 1 的一个整数	length 属性（Array）
返回为函数所定义的参数个数	length 属性（Function）
返回 String 对象的长度	length 属性（String）
返回 2 的自然对数	LN2 属性
返回 10 的自然对数	LN10 属性
返回以 2 为底的 e（即 Euler 常数）的对数	LOG2E 属性
返回以 10 为底的 e（即 Euler 常数）的对数	LOG10E 属性
返回在 JavaScript 中能表示的最大值	Max_value 属性
返回在 JavaScript 中能表示的最接近零的值	Min_value 属性
返回特殊值 NaN，表示某个表达式不是一个数	NaN 属性（Global）
返回特殊值（NaN），表示某个表达式不是一个数	NaN 属性（Number）
返回比 JavaScript 中能表示的最大的负数（-Number.MAX_VALUE）更负的值	Negatiue_infinity 属性
返回或设置与特定错误关联的数值	Number 属性
返回圆周与其直径的比值，约等于 3.141592653589793	PI 属性
返回比 JavaScript 中能表示的最大的数（Number.MAX_VALUE）更大的值	Positive_infinity 属性
返回对象类的原型引用	Prototype 属性
返回正则表达式模式的文本的拷贝	source 属性
返回 0.5 的平方根，即 1 除以 2 的平方根	Sqrt1_2 属性
返回 2 的平方根	Sqrt2 属性

6．JavaScript 语句

描　　述	语言要素
终止当前循环，或者如果与一个 label 语句关联，则终止相关联的语句	break 语句
包含在 try 语句块中的代码发生错误时执行的语句	catch 语句
激活条件编译支持	@cc_on 语句
使单行注释被 JavaScript 语法分析器忽略	//（单行注释语句）
使多行注释被 JavaScript 语法分析器忽略	/*..*/（多行注释语句）
停止循环的当前迭代，并开始一次新的迭代	continue 语句
先执行一次语句块，然后重复执行该循环，直至条件表达式的值为 false	do...while 语句
只要指定的条件为 true，就一直执行语句块	for 语句
对应于对象或数组中的每个元素执行一个或多个语句	for...in 语句
声明一个新的函数	function 语句
根据表达式的值，有条件地执行一组语句	@if 语句
根据表达式的值，有条件地执行一组语句	if...else 语句
给语句提供一个标识符	Labeled 语句
从当前函数退出并从该函数返回一个值	return 语句
创建用于条件编译语句的变量	@set 语句
当指定的表达式的值与某个标签匹配时，即执行相应的一个或多个语句	switch 语句

续表

描　述	语言要素
对当前对象的引用	this 语句
产生一个可由 try...catch 语句处理的错误条件	throw 语句
实现 JavaScript 的错误处理	try 语句
声明一个变量	var 语句
执行语句直至给定的条件为 false	while 语句
确定一个语句的默认对象	with 语句

附录 C　CSS 属性一览表

1. CSS - 文字属性

语　言	功　能
color : #999999;	文字颜色
font-family : 宋体,sans-serif;	文字字体
font-size : 9pt;	文字大小
font-style:itelic;	文字斜体
font-variant:small-caps;	小字体
letter-spacing : 1pt;	字间距离
line-height : 200%;	设置行高
font-weight:bold;	文字粗体
vertical-align:sub;	下标字
vertical-align:super;	上标字
text-decoration:line-through;	加删除线
text-decoration:overline;	加顶线
text-decoration:underline;	加下画线
text-decoration:none;	删除链接下画线
text-transform : capitalize;	首字大写
text-transform : uppercase;	英文大写
text-transform : lowercase;	英文小写
text-align:right;	文字右对齐
text-align:left;	文字左对齐
text-align:center;	文字居中对齐
text-align:justify;	文字两端对齐
vertical-align 属性	
vertical-align:top;	垂直向上对齐
vertical-align:bottom;	垂直向下对齐
vertical-align:middle;	垂直居中对齐
vertical-align:text-top;	文字垂直向上对齐
vertical-align:text-bottom;	文字垂直向下对齐

2. CSS - 项目符号

语　言	功　能
list-style-type:none;	不编号
list-style-type:decimal;	阿拉伯数字

续表

语　　言	功　　能
list-style-type:lower-roman;	小写罗马数字
list-style-type:upper-roman;	大写罗马数字
list-style-type:lower-alpha;	小写英文字母
list-style-type:upper-alpha;	大写英文字母
list-style-type:disc;	实心圆形符号
list-style-type:circle;	空心圆形符号
list-style-type:square;	实心方形符号
list-style-image:url(/dot.gif)	图片式符号
list-style-position:outside;	凸排
list-style-position:inside;	缩进

3. CSS - 背景样式

语　　言	功　　能
background-color:#F5E2EC;	背景颜色
background:transparent;	透视背景
background-image : url(image/bg.gif);	背景图片
background-attachment : fixed;	浮水印固定背景
background-repeat : repeat;	重复排列-网页默认
background-repeat : no-repeat;	不重复排列
background-repeat : repeat-x;	在 x 轴重复排列
background-repeat : repeat-y;	在 y 轴重复排列
background-position : 90% 90%;	背景图片 x 与 y 轴的位置
background-position : top;	向上对齐
background-position : buttom;	向下对齐
background-position : left;	向左对齐
background-position : right;	向右对齐
background-position : center;	居中对齐

4. CSS - 链接属性

语　　言	功　　能
a	所有超链接
a:link	超链接文字格式
a:visited	浏览过的链接文字格式
a:active	按下链接的格式
a:hover	鼠标转到链接
cursor:crosshair	十字体
cursor:s-resize	箭头朝下
cursor:help	加一问号
cursor:w-resize	箭头朝左
cursor:n-resize	箭头朝上

附录C CSS 属性一览表

续表

语　言	功　能
cursor:ne-resize	箭头朝右上
cursor:nw-resize	箭头朝左上
cursor:text	文字 I 型
cursor:se-resize	箭头斜右下
cursor:sw-resize	箭头斜左下
cursor:wait	漏斗

5. CSS - 边框属性

语　言	功　能
border-top : 1px solid #6699cc;	上框线
border-bottom : 1px solid #6699cc;	下框线
border-left : 1px solid #6699cc;	左框线
border-right : 1px solid #6699cc;	右框线
solid	实线框 2+6010
47dotted	虚线框
double	双线框
groove	立体内凸框
ridge	立体浮雕框
inset	凹框
outset	凸框

6. CSS - 表单

语　言	功　能
<input type="text" name="T1" size="15">	文本域
<input type="submit" value="submit" name="B1">	按钮
<input type="checkbox" name="C1">	复选框
<input type="radio" value="V1" checked name="R1">	单选按钮
<textarea rows="1" name="1" 　cols="15"></textarea>	多行文本域
<select　size="1"　name="D1"><option>选 项 1</option> <option>选项 2</option></select>	列表菜单

7. CSS - 边界样式

语　言	功　能
margin-top:10px;	上边界
margin-right:10px;	右边界值
margin-bottom:10px;	下边界值
margin-left:10px;	左边界值

8. CSS - 边框空白

语言	功能
padding-top:10px;	上边框留空白
padding-right:10px;	右边框留空白
padding-bottom:10px;	下边框留空白
padding-left:10px;	左边框留空白

附录 D　VBScript 语法手册

1. VBScript 函数

函　　数	说　　明
Abs 函数	当相关类的一个实例结束时将发生
Array 函数	返回一个 Variant 值，其中包含一个数组
Asc 函数	返回与字符串中首字母相关的 ANSI 字符编码
Atn 函数	返回一个数的反正切值
CBool 函数	返回一个表达式，该表达式已被转换为 Boolean 子类型的 Variant
CByte 函数	返回一个表达式，该表达式已被转换为 Byte 子类型的 Variant
CCur 函数	返回一个表达式，该表达式已被转换为 Currency 子类型的 Variant
CDate 函数	返回一个表达式，该表达式已被转换为 Date 子类型的 Variant
CDbl 函数	返回一个表达式，该表达式已被转换为 Double 子类型的 Variant
Chr 函数	返回与所指定的 ANSI 字符编码相关的字符
CInt 函数	返回一个表达式，该表达式已被转换为 Integer 子类型的 Variant
CLng 函数	返回一个表达式，该表达式已被转换为 Long 子类型的 Variant
Cos 函数	返回一个角度的余弦值
CreateObject 函数	创建并返回对 Automation 对象的一个引用
CSng 函数	返回一个表达式，该表达式已被转换为 Single 子类型的 Variant
CStr 函数	返回一个表达式，该表达式已被转换为 String 子类型的 Variant
Date 函数	返回当前的系统日期
DateAdd 函数	返回已加上所指定时间后的日期值
DateDiff 函数	返回两个日期之间所隔的天数
DatePart 函数	返回一个给定日期的指定部分
DateSerial 函数	返回所指定的年月日的 Date 子类型的 Variant
DateValue 函数	返回一个 Date 子类型的 Variant
Day 函数	返回一个 1~31 之间的整数，包括 1 和 31，代表一个月中的日期值
Eval 函数	计算一个表达式的值并返回结果
Exp 函数	返回 e（自然对数的底）的乘方
Filter 函数	返回一个从零开始编号的数组，包含一个字符串数组中符合指定过滤标准的子集
Fix 函数	返回一个数的整数部分
FormatCurrency 函数	返回一个具有货币值格式的表达式，使用系统控制面板中所定义的货币符号
FormatDateTime 函数	返回一个具有日期或时间格式的表达式
FormatNumber 函数	返回一个具有数字格式的表达式
FormatPercent 函数	返回一个被格式化为尾随一个％字符的百分比（乘以 100）表达式
GetLocale 函数	返回当前的区域 ID 值
GetObject 函数	从文件中返回一个 Automation 对象的引用

续表

函 数	说 明
GetRef 函数	返回一个过程的引用,该引用可以绑定到一个事件
Hex 函数	返回一个字符串,代表一个数的十六进制值
Hour 函数	返回一个 0~23 之间的整数,包括 0 和 23,代表一天中的小时值
InputBox 函数	在一个对话框中显示提示信息,等待用户输入文本或单击按钮,并返回文本框中的内容
InStr 函数	返回一个字符串在另一个字符串中首次出现的位置
InStrRev 函数	返回一个字符串在另一个字符串中出现的位置,从字符串尾开始计算
Int 函数	返回一个数的整数部分
IsArray 函数	返回一个布尔值,指明一个变量是否为数组
IsDate 函数	返回一个布尔值,指明表达式是否可转换为一个日期
IsEmpty 函数	返回一个布尔值,指明变量是否已进行初始化
IsNull 函数	返回一个布尔值,指明一个表达式是否包含非有效数据 (Null)
IsNumeric 函数	返回一个布尔值,指明一个表达式是否可计算出数值
IsObject 函数	返回一个布尔值,指明一个表达式是否引用一个有效的 Automation 对象
Join 函数	返回一个字符串,该字符串由一个数组中所包含的子字符串连接而成
LBound 函数	返回数组的指定维上最小可用的下标
LCase 函数	返回一个已转换为小写的字符串
Left 函数	返回字符串左端的指定数量的字符
Len 函数	返回一个字符串中的字符数或存储一个变量所需的字节数
LoadPicture 函数	返回一个图片对象,仅在 32 位平台上可用
Log 函数	返回一个数的自然对数值
LTrim 函数	返回一个已删除串首空格的复制字符串
Mid 函数	返回在一个字符串中指定数量的字符
Minute 函数	返回 0~59 之间的一个整数,包括 0 和 59,代表一个小时中的分钟值
Month 函数	返回 0~12 之间的一个整数,包括 0 和 12,代表一年中的月份值
MonthName 函数	返回一个字符串,指明所指定的月份
MsgBox 函数	在对话框中显示一条消息,等待用户单击某个按钮,并返回一个值,该值指明用户单击的是哪个按钮
Now 函数	返回与计算机的系统日期和时间相对应的当前日期和时间
Oct 函数	返回一个字符串,代表一个数的八进制值
Replace 函数	返回一个字符串,其中指定的子字符串已被另一个子字符串替换了指定的次数
RGB 函数	返回一个代表 RGB 颜色值的整数
Right 函数	返回字符串中从右端开始计的指定数量的字符
Rnd 函数	返回一个随机数
Round 函数	返回一个数,该数已被舍入为小数点后指定位数
RTrim 函数	返回一个复制的字符串,其中已删除结尾的空格
ScriptEngine 函数	返回一个代表正在使用的脚本语言的字符串
ScriptEngineBuildVersion 函数	返回正在使用的脚本引擎的版本号
ScriptEngineMajorVersion 函数	返回正在使用的脚本引擎的主版本号
ScriptEngineMinorVersion 函数	返回正在使用的脚本引擎的次要版本号
Second 函数	返回一个 0~59 之间的整数,包括 0 和 59,代表一分钟内的多少秒

附录 D　VBScript 语法手册

续表

函　　数	说　　明
Sgn 函数	返回一个整数，指明一个数的正负
Sin 函数	返回一个角度的正弦值
Space 函数	返回一个由指定数量的空格组成的字符串
Split 函数	返回一个从零开始编号的一维数组，其中包含指定数量的字符串
Sqr 函数	返回一个数的平方根
StrComp 函数	返回一个值，指明字符串比较的结果
String 函数	返回一个指定长度的重复字符串
StrReverse 函数	返回一个字符串，其中指定字符串中的字符顺序颠倒过来
Tan 函数	返回一个角度的正切值
Time 函数	返回一个子类型为 Date 的 Variant，指明当前的系统时间
Timer 函数	返回 12:00 AM（午夜）后已经过的秒数
TimeSerial 函数	返回一个子类型为 Date 的 Variant，包含特定时分秒的时间
TimeValue 函数	返回一个子类型为 Date 的 Variant，包含时间
Trim 函数	返回一个复制的字符串，其中已删除串首和串尾的空格
TypeName 函数	返回一个字符串，其中提供了一个变量的 Variant 子类型信息
UBound 函数	返回一个数字的指定维上可用的最大下标
UCase 函数	返回一个已转换为大写的字符串
VarType 函数	返回一个值，指明一个变量的子类型
Weekday 函数	返回一个整数，代表一周中的第几天
WeekdayName 函数	返回一个字符串，指明所指定的是星期几
Year 函数	返回一个代表年份的整数

2. VBScript 对象

对　　象	说　　明
Class 对象	提供对已创建类的事件的访问途径
Dictionary 对象	用于保存数据主键，值对的对象
Err 对象	包含与运行时错误相关的信息
FileSystemObject 对象	提供对计算机文件系统的访问途径
Match 对象	提供对一个正则表达式匹配的只读属性的访问途径功能
Matches 集合	正则表达式 Match 对象的集合
RegExp 对象	提供简单的正则表达式支持
SubMatches 集合	提供对正则表达式子匹配字符串的只读值的访问

3. VBScript 属性

属　　性	说　　明
Description 属性	返回或设置与一个错误相关联的描述性字符串
FirstIndex 属性	返回搜索字符串中找到匹配项的位置
Global 属性	设置或返回一个布尔值
HelpContext 属性	设置或返回帮助文件中某个主题的上下文 ID
HelpFile 属性	设置或返回一个帮助文件的完整可靠的路径

续表

属　性	说　明
IgnoreCase 属性	设置或返回一个布尔值，指明模式搜索是否区分大小写
Length 属性	返回搜索字符串中所找到的匹配的长度
Number 属性	返回或设置指明一个错误的一个数值
Pattern 属性	设置或返回要被搜索的正则表达式模式
Source 属性	返回或设置最初产生该错误的对象或应用程序的名称
Value 属性	返回在一个搜索字符串中找到的匹配项的值或文本

4．VBScript 语句

语　句	说　明
Call 语句	将控制权交给一个 Sub 或 Function 的过程
Class 语句	声明一个类的名称
Const 语句	声明用于替换文字值的常数
Dim 语句	声明变量并分配存储空间
Do...Loop 语句	当某个条件为 True 时或在某个条件变为 True 之前重复执行一个语句块
Erase 语句	重新初始化固定大小的数组的元素和释放动态数组的存储空间
Execute 语句	执行一条或多条指定语句
ExecuteGlobal 语句	在一个脚本的全局命名空间中执行一条或多条语句
Exit 语句	退出 Do...Loop、For...Next、Function 或 Sub 代码块
For...Next 语句	重复地执行一组语句达指定次数
For Each...Next 语句	针对一个数组或集合中的每个元素重复执行一组语句
Function 语句	声明一个 Function 过程的名称、参数和代码
If...Then...Else 语句	根据一个表达式的值而有条件地执行一组语句
On Error 语句	激活错误处理
Option Explicit 语句	强制显式声明一个脚本中的所用变量
Private 语句	声明私有变量并分配存储空间
Property Get 语句	声明一个 Property 过程的名称、参数和代码，该过程取得（返回）一个属性的值
Property Let 语句	声明一个 Property 过程的名称、参数和代码，该过程指定一个属性的值
Property Set 语句	声明一个 Property 过程的名称、参数和代码，该过程设置对一个对象的引用
Public 语句	声明公共变量并分配存储空间
Randomize 语句	初始化随机数生成器
ReDim 语句	声明动态数组变量并在过程级别上分配或重新分配存储空间
Rem 语句	包括程序中的解释性说明
Select Case 语句	根据一个表达式的值，相应地执行一组或多组语句
Set 语句	将一个对象引用赋给一个变量或属性
Sub 语句	声明一个 Sub 过程的名称、参数和代码
While...Wend 语句	给定条件为 True 时执行一系列语句
With 语句	对单个对象执行一系列语句

附录 D VBScript 语法手册

5. VBScript 方法

方法	说明
Clear 方法	清除 Err 对象的所有属性设置
Execute 方法	对一个指定的字符串进行正则表达式搜索
Raise 方法	产生一个运行时错误
Replace 方法	替换正则表达式搜索中所找到的文本
Test 方法	对一个指定的字符串进行正则表达式搜索

6. VBScript 语法错误

错误编号	说明
1052	在类中不能有多个默认的属性/方法
1044	调用 Sub 时不能使用圆括号
1053	类初始化或终止不能带参数
1058	只能在 Property Get 中指定 "Default"
1057	说明 "Default" 必须同时说明 "Public"
1005	需要 "("
1006	需要 ")"
1011	需要 "="
1021	需要 "Case"
1047	需要 "Class"
1025	需要语句的结束
1014	需要 "End"
1023	需要表达式
1015	需要 "Function"
1010	需要标识符
1012	需要 "If"
1046	需要 "In"
1026	需要整数常数
1049	在属性声明中需要 Let, Set 或 Get
1045	需要文字常数
1019	需要 "Loop"
1020	需要 "Next"
1050	需要 "Property"
1022	需要 "Select"
1024	需要语句
1016	需要 "Sub"
1017	需要 "Then"
1013	需要 "To"
1018	需要 "Wend"
1027	需要 "While" 或 "Until"
1028	需要 "While"、"Until" 或语句未结束
1029	需要 "With"

续表

错误编号	说　明
1030	标识符太长
1014	无效字符
1039	无效"exit"语句
1040	无效"for"循环控制变量
1013	无效数字
1037	无效使用关键字"Me"
1038	"loop"没有"do"
1048	必须在一个类的内部定义
1042	必须为行的第一个语句
1041	名称重定义
1051	参数数目必须与属性说明一致
1001	内存不足
1054	Property Let 或 Set 至少应该有一个参数
1002	语法错误
1055	不需要的"Next"
1015	未终止字符串常数

附录 E　ADO 对象方法属性详解

1. ADO 对象

对象	说明
Command	Command 对象定义了将对数据源执行的指定命令
Connection	代表打开的、与数据源的连接
DataControl (RDS)	将数据查询 Recordset 绑定到一个或多个控件上（例如，文本框、网格控件或组合框），以便在 Web 页上显示 ADOR.Recordset 数据
DataFactory (RDS Server)	实现对客户端应用程序的指定数据源进行读/写数据访问的方法
DataSpace (RDS)	创建客户端代理以便自定义位于中间层的业务对象
Error	包含与单个操作（涉及提供者）有关的数据访问错误的详细信息
Field	代表使用普通数据类型的数据的列
Parameter	代表与基于参数化查询或存储过程的 Command 对象相关联的参数或自变量
Property	代表由提供者定义的 ADO 对象的动态特性
RecordSet	代表来自基本表或命令执行结果的记录的全集。任何时候，Recordset 对象所指的当前记录均为集合内的单个记录

2. ADO 集合

集合	说明
Errors	包含为响应涉及提供者的单个错误而创建的所有 Error 对象
Fields	包含 Recordset 对象的所有 Field 对象
Parameters	包含 Command 对象的所有 Parameter 对象
Properties	包含指定对象实例的所有 Property 对象

3. ADO 方法

方法	说明
AddNew	创建可更新的 Recordset 对象的新记录
Append	将对象追加到集合中。如果集合是 Fields，可以先创建新的 Field 对象然后再将其追加到集合中
AppendChunk	将数据追加到大型文本、二进制数据 Field 或 Parameter 对象
BeginTrans、CommitTrans 和 RollbackTrans	按如下方式管理 Connection 对象中的事务进程： BeginTrans - 开始新事务。 CommitTrans - 保存任何更改并结束当前事务。它也可能启动新事务。 RollbackTrans - 取消当前事务中所作的任何更改并结束事务。它也可能启动新事务
Cancel	取消执行挂起的、异步 Execute 或 Open 方法调用
Cancel (RDS)	取消当前运行的异步执行或获取

续表

方　　法	说　　明
CancelBatch	取消挂起的批更新
CancelUpdate	取消在调用 Update 方法前对当前记录或新记录所作的任何更改
CancelUpdate (RDS)	放弃与指定 Recordset 对象关联的所有挂起更改，从而恢复上一次调用 Refresh 方法之后的值
Clear	删除集合中的所有对象
Clone	创建与现有 Recordset 对象相同的复制 Recordset 对象。可选择指定该副本为只读
Close	关闭打开的对象及任何相关对象
CompareBookmarks	比较两个书签并返回它们相差值的说明
ConvertToString	将 Recordset 转换为代表记录集数据的 MIME 字符串
CreateObject (RDS)	创建目标业务对象的代理并返回指向它的指针
CreateParameter	使用指定属性创建新的 Parameter 对象
CreateRecordset (RDS)	创建未连接的空 Recordset
Delete(ADO Parameters Collection)	从 Parameters 集合中删除对象
Delete(ADO Fields Collection)	从 Fields 集合删除对象
Delete(ADO Recordset)	删除当前记录或记录组
Execute (ADO Command)	执行在 CommandText 属性中指定的查询、SQL 语句或存储过程
Execute (ADO Connection)	执行指定的查询、SQL 语句、存储过程或特定提供者的文本等内容
Find	搜索 Recordset 中满足指定标准的记录
GetChunk	返回大型文本或二进制数据 Field 对象的全部或部分内容
GetRows	将 Recordset 对象的多个记录恢复到数组中
GetString	将 Recordset 按字符串返回
Item	根据名称或序号返回集合的特定成员
Move	移动 Recordset 对象中当前记录的位置
MoveFirst、MoveLast、MoveNext 和 MovePrevious	移动到指定 Recordset 对象中的第一个、最后一个、下一个或前一个记录并使该记录成为当前记录
MoveFirst、MoveLast、MoveNext、MovePrevious (RDS)	移动到显示的 Recordset 中的第一个、最后一个、下一个或前一个记录
NextRecordset	清除当前 Recordset 对象并通过提前命令序列返回下一个记录集
Open(ADO onnection)	打开到数据源的连接
Open (ADO Recordset)	打开游标
OpenSchema	从提供者获取数据库模式信息
Query (RDS)	使用有效的 SQL 查询字符串返回 Recordset
Refresh	更新集合中的对象以便反映来自提供者的可用对象以及特定于提供者的对象
Refresh (RDS)	对在 Connect 属性中指定的 ODBC 数据源进行再查询并更新查询结果
Requery	通过重新执行对象所基于的查询，更新 Recordset 对象中的数据
Reset(RDS)	根据指定的排序和筛选属性对客户端 Recordset 执行排序或筛选操作
Resync	从基本数据库刷新当前 Recordset 对象中的数据
Save (ADO Recordset)	将 Recordset 保存（持久）在文件中
Seek	搜索 Recordset 的索引以便快速定位与指定值相匹配的行，并将当前行的位置更改为该行

附录 E ADO 对象方法属性详解

续表

方 法	说 明
SubmitChanges (RDS)	将本地缓存的可更新 Recordset 的挂起更改提交到在 Connect 属性中指定的 ODBC 数据源中
Supports	确定指定的 Recordset 对象是否支持特定类型的功能
Update	保存对 Recordset 对象的当前记录所做的所有更改
UpdateBatch	将所有挂起的批更新写入磁盘

4. ADO 事件

事 件	说 明
BeginTransComplete、CommitTransComplete 和 RollbackTransComplete(ConnectionEvent) 方法	以下 Event 处理方法将在 Connection 对象的关联操作执行完成后进行调用 BeginTransComplete 在 BeginTrans 操作后调用 CommitTransComplete 在 CommitTrans 操作后调用 RollbackTransComplete 在 RollbackTrans 操作后调用
ConnectComplete 和 Disconnect (Connection Event)方法	在连接开始后调用 ConnectComplete 方法 在连接结束后调用 Disconnect 方法
EndOfRecordset (RecordsetEvent)方法	当试图移动到超过 Recordset 末尾时,调用 EndOfRecordset 方法
ExecuteComplete (Connection Event) 方法	命令执行完成之后,调用 ExecuteComplete 方法
FetchComplete (RecordsetEvent)方法	当在长异步操作中所有记录已经被恢复(获取)到 Recordset 之后,调用 FetchComplete 方法
FetchProgress (Recordset Event)方法	在长异步操作期间定期调用 FetchProgress 方法,以便报告当前有多少行已经被恢复(获取)到 Recordset 中
InfoMessage (Connection Event)方法	在 ConnectionEvent 操作期间一旦出现警告,则调用 InfoMessage 方法
onError (Event) 方法 (RDS)	在操作期间一旦发生错误,则调用 onError 方法
onReadyStateChange (Event)方法(RDS)	一旦 ReadyState 属性的值发生更改,则调用该方法
WillChangeField 和 FieldChangeComplete (RecordsetEvent)方法	在挂起操作更改 Recordset 中一个或多个 Field 对象的值之前,则调用 WillChangeField 方法。 在挂起操作更改一个或多个 Field 对象的值之后,则调用 FieldChangeComplete 方法
WillChangeRecord 和 RecordChangeComplete (RecordsetEvent)方法	在 Recordset 中一个或多个记录(行)发生更改之前,将调用 WillChangeRecord 方法。 在一个或多个记录发生更改之后,将调用 RecordChangeComplete 方法
WillChangeRecordset 和 RecordsetChangeComplete (RecordsetEvent)方法	在挂起操作更改 Recordset 之前调用 WillChangeRecordset 方法。 在 Recordset 已经更改之后,将调用 RecordsetChangeComplete 方法
WillConnect (ConnectionEvent) 方法	在连接开始之前调用 WillConnect 方法。在挂起连接中使用的参数作为输入参数提供,并可以在方法返回之前更改。该方法可以返回取消挂起连接的请求
WillExecute (ConnectionEvent)方法	WillExecute 方法在对该连接执行挂起命令之前调用,使用户能够检查和修改挂起执行的参数。该方法可以返回取消挂起连接的请求
WillMove 和 MoveComplete (RecordsetEvent)方法	在挂起操作更改 Recordset 中的当前位置之前,调用 WillMove 方法。 Recordset 中的当前位置发生更改之后,调用 MoveComplete 方法

401

5. ADO 属性

属性	说明
AbsolutePage	指定当前记录所在的页
AbsolutePosition	指定 Recordset 对象当前记录的序号位置
ActiveCommand	指示创建关联的 Recordset 对象的 Command 对象
ActiveConnection	指示指定的 Command 或 Recordset 对象当前所属的 Connection 对象
ActualSize	指示字段的值的实际长度
Attributes	指示对象的一项或多项特性
BOF 和 EOF	BOF 指示当前记录位置位于 Recordset 对象的第一个记录之前 EOF 指示当前记录位置位于 Recordset 对象的最后一个记录之后
Bookmark	返回唯一标识 Recordset 对象中当前记录的书签,或者将 Recordset 对象的当前记录设置为由有效书签所标识的记录
CacheSize	指示缓存在本地内存中的 Recordset 对象的记录数
CommandText	包含要根据提供者发送的命令文本
CommandTimeout	指示在终止尝试和产生错误之前执行命令期间需等待的时间
CommandType	指示 Command 对象的类型
Connect	设置或返回对其运行查询和更新操作的数据库名称
ConnectionString	包含用于建立连接数据源的信息
ConnectionTimeout	指示在终止尝试和产生错误前建立连接期间所等待的时间
Count	指示集合中对象的数目
CursorLocation	设置或返回游标服务的位置
CursorType	指示在 Recordset 对象中使用的游标类型
DataMember	指定要从 DataSource 属性所引用的对象中检索的数据成员的名称
DataSource	指定所包含的数据将被表示为 Recordset 对象的对象
DefaultDatabase	指示 Connection 对象的默认数据库
DefinedSize	指示 Field 对象所定义的大小
Description	描述 Error 对象
Direction	指示 Parameter 表示的是输入参数、输出参数还是既是输出又是输入参数,或该参数是否为存储过程返回的值
EditMode	指示当前记录的编辑状态
ExecuteOptions (RDS)	指示是否启用异步执行
FetchOptions	设置或返回异步获取的类型
Filter	指示 Recordset 的数据筛选条件
FilterColumn (RDS)	设置或返回计算筛选条件的列
FilterCriterion (RDS)	设置或返回在筛选值中使用的计算操作符
FilterValue (RDS)	设置或返回用于筛选记录的值
Handler (RDS)	设置或返回包含扩展 RDSServer.DataFactory 功能的服务器端自定义程序(处理程序)的名称的字符串,以及处理程序所用的任何参数,它们均由逗号(",")分隔
HelpContext 和 HelpFile	指示与 Error 对象关联的帮助文件和主题。 HelpContextID-返回帮助文件中主题的、按长整型值返回的上下文 ID。 HelpFile -返回字符串,用于计算帮助文件的完整分解路径
Index	指示对 Recordset 对象当前生效的索引的名称

附录 E ADO 对象方法属性详解

续表

属　性	说　明
InternetTimeout (RDS)	指示请求超时前将等待的毫秒数
IsolationLevel	指示 Connection 对象的隔离级别
LockType	指示编辑过程中对记录使用的锁定类型
MarshalOptions	指示要被调度返回服务器的记录
MaxRecords	指示通过查询返回 Recordset 的记录的最大数目
Mode	指示用于更改 Connection 中数据的可用权限
Name	指示对象的名称
NativeError	指示针对给定 Error 对象的特定提供者的错误代码
Number	指示用于唯一标识 Error 对象的数字
NumericScale	指示 Parameter 或 Field 对象中数字值的范围
Optimize	指示是否应该在该字段上创建索引
OriginalValue	指示发生任何更改前已在记录中存在的 Field 的值
PageCount	指示 Recordset 对象包含的数据页数
PageSize	指示 Recordset 中一页所包含的记录数
Precision	指示在 Parameter 对象中数字值或数字 Field 对象的精度
Prepared	指示执行前是否保存命令的编译版本
Provider	指示 Connection 对象提供者的名称
RecordCount	指示 Recordset 对象中记录的当前数目
RecordsetandSourceRecordset(RDS)	指示从自定义业务对象中返回的 ADOR.Recordset 对象
ReadyState(RDS)	在 RDS.DataControl 对象获取数据到它的 Recordset 对象中时反映其进度
Server (RDS)	设置或返回 Internet Information Server (IIS)名称和通讯协议
Size	指示 Parameter 对象的最大大小（按字节或字符）
Sort	指定一个或多个 Recordset 以之排序的字段名，并指定按升序还是降序对字段进行排序
SortColulmn (RDS)	设置或返回记录以之排序的列
SortDirection (RDS)	设置或返回用于指示排序顺序是升序还是降序的布尔型值
Source (ADO Error)	指示产生错误的原始对象或应用程序的名称
Source (ADO Recordset)	指示 Recordset 对象（Command 对象、SQL 语句、表的名称或存储过程）中数据的来源
SQL (RDS)	设置或返回用于检索 Recordset 的查询字符串
SQLState	指示给定 Error 对象的 SQL 状态
State	对所有可应用对象，说明其对象状态是打开或是关闭。 对执行异步方法的 Recordset 对象，说明当前的对象状态是连接、执行或是获取
Status	指示有关批更新或其他大量操作的当前记录的状态
StayInSync	在分级 Recordset 对象中，指示当父行位置更改时，对基本子记录（即"子集"）的引用是否更改
Type	指示 Parameter、Field 或 Property 对象的操作类型或数据类型
UnderlyingValue	指示数据库中 Field 对象的当前值
Value	指示赋给 Field、Parameter 或 Property 对象的值
Version	指示 ADO 版本号

电子工业出版社 Broadview

博文视点·IT出版旗舰品牌

博文视点诚邀精锐作者加盟

九载耕耘奠定专业地位

《代码大全》、《Windows内核情景分析》、《加密与解密》、《编程之美》、《VC++深入详解》、《SEO实战密码》、《PPT演义》……

"圣经"级图书光耀夺目，被无数读者朋友奉为案头手册传世经典。

潘爱民、毛德操、张亚勤、张宏江、昝辉Zac、李刚、曹江华……

"明星"级作者济济一堂，他们的名字熠熠生辉，与IT业的蓬勃发展紧密相连。

九年的开拓、探索和励精图治，成就**博**古通今、**文**圆质方、**视**角独特、**点**石成金之计算机图书的风向标杆：博文视点。

"凤翱翔于千仞兮，非梧不栖"，博文视点欢迎更多才华横溢、锐意创新的作者朋友加盟，与大师并列于IT专业出版之巅。

以书为证彰显卓越品质

英雄帖

江湖风云起，代有才人出。
IT界群雄并起，逐鹿中原。
博文视点诚邀天下技术英豪加入，
指点江山，激扬文字
传播信息技术，分享IT心得

● 专业的作者服务 ●

博文视点自成立以来一直专注于IT专业技术图书的出版，拥有丰富的与技术图书作者合作的经验，并参照IT技术图书的特点，打造了一支高效运转、富有服务意识的编辑出版团队。我们始终坚持：

善待作者——我们会把出版流程整理得清晰简明，为作者提供优厚的稿酬服务，解除作者的顾虑，安心写作，展现出最好的作品。

尊重作者——我们尊重每一位作者的技术实力和生活习惯，并会参照作者实际的工作、生活节奏，量身制定写作计划，确保合作顺利进行。

提升作者——我们打造精品图书，更要打造知名作者。博文视点致力于通过图书提升作者的个人品牌和技术影响力，为作者的事业开拓带来更多的机会。

联系我们

博文视点官网：http://www.broadview.com.cn
新浪官方微博：http://weibo.com/broadviewbj
投稿电话：010-51260888 88254368
CSDN官方博客：http://blog.csdn.net/broadview2006/
腾讯官方微博：http://t.qq.com/bowenshidian
投稿邮箱：jsj@phei.com.cn

关于本书用纸的温馨提示

亲爱的读者朋友：您所拿到的这本书使用的是**环保轻型纸**！

环保轻型纸在制造过程中添加化学漂白剂较少，颜色更接近于自然状态，具有纸质轻柔、光反射率低、保护读者视力等优点，其成本略高于胶版纸。为给您带来更好的阅读体验并与读者共同支持环保，我们在没有提高图书定价的前提下，使用这种纸张。愿我们共同分享纸质图书的阅读乐趣！